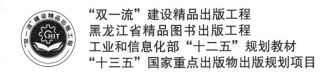

"双一流"建设精品出版工程
黑龙江省精品图书出版工程
工业和信息化部"十二五"规划教材
"十三五"国家重点出版物出版规划项目

金属材料及其熔炼原理

METALLIC MATERIALS AND MELTING PRINCIPLE

苏彦庆　李新中　主编

U0222659

哈尔滨工业大学出版社
HARBIN INSTITUTE OF TECHNOLOGY PRESS

内 容 简 介

本书主要介绍金属材料及其凝固加工和新材料制备过程中材料的组织形成及性能特点和金属材料熔化、熔炼基本知识和技术。全书共分6章,第1章主要介绍金属材料发展过程及熔炼技术在这一过程中所发挥的作用;第2章主要介绍金属结构材料,包括钢、铁黑色金属和铝、镁、铜、钛、镍等有色合金及难熔合金;第3章主要介绍金属功能材料,包括形状记忆合金、超导材料、储氢合金;第4章主要介绍金属材料熔炼过程的热力学与动力学基础;第5章主要介绍合金熔体质量控制理论与方法;第6章主要介绍用于金属材料熔炼的各种熔炼技术及应用过程中的相关问题。

本书内容紧密联系金属材料本身特性及加工特性,既突出原理,又反映当今技术现状及未来的发展趋势,可作为材料科学与工程专业本科生教材,也可为研究生和相关技术人员提供参考。

图书在版编目(CIP)数据

金属材料及其熔炼原理/苏彦庆,李新中主编.—哈尔滨:
哈尔滨工业大学出版社,2020.12
ISBN 978－7－5603－5987－8

Ⅰ.①金… Ⅱ.①苏… ②李… Ⅲ.①金属材料-高等学校-
教材 ②熔炼-高等学校-教材 Ⅳ.①TG14 ②TF111

中国版本图书馆 CIP 数据核字(2016)第 093457 号

策划编辑	许雅莹 孙连嵩
责任编辑	张 颖
封面设计	屈 佳
出版发行	哈尔滨工业大学出版社
社 址	哈尔滨市南岗区复华四道街 10 号 邮编 150006
传 真	0451－86414749
网 址	http://hitpress.hit.edu.cn
印 刷	黑龙江艺德印刷有限责任公司
开 本	787 mm×1 092 mm 1/16 印张 19.5 字数 487 千字
版 次	2020 年 12 月第 1 版 2020 年 12 月第 1 次印刷
书 号	ISBN 978－7－5603－5987－8
定 价	44.00 元

(如因印装质量问题影响阅读,我社负责调换)

前　言

金属材料是一类重要的工程材料,是材料科学的研究对象,也是材料加工的加工对象,具有极为广泛的应用领域。金属材料本身的性能,无论对成形过程,还是对其应用过程中的可靠性都具有决定性影响,只有在充分了解金属材料本身的各方面特性后,才能充分发挥金属材料的潜在性能。金属材料种类发展很快,原有各类教材的内容已不能反映当今的金属材料整体发展。本书主要介绍有关金属材料的种类及特性与成分、组织、工艺、性能、效能的内在关系。

金属材料的研究与制备大都经历液固转变过程,金属材料的熔体质量对其后续的加工性能、服役性能都有重要影响。本书对与熔炼过程相关的一些理论做了较多介绍,而且,近年来新的熔炼原理及技术也有较大发展,应在教学过程中及时地介绍给学生。因此本书的另一个任务是介绍金属材料凝固加工及新材料制备过程中有关材料熔化、熔炼的基本知识和技术,了解材料熔融状态质量的评估方法及其对凝固过程、材料最终性能的影响。

限于作者水平,书中难免存在不足和疏漏之处,敬请各位专家、读者批评指正。

编　者

2020 年 6 月

目　　录

第1章 绪 论

1.1 金属材料的发展

　　材料是人类文明发展的三大支柱(材料、信息、管理)之一,近年来,科学技术迅速发展,人们对材料的要求越来越高,各种高新材料及替代材料层出不穷。

　　纵观人类历史,每种重要材料的发现和广泛利用,都会把人类支配和改造自然的能力提高到一个新水平,给社会生产力和人类生活水平带来巨大的变化,把人类的物质文明和精神文明向前推进一步,各类结构材料相对重要性随年代的变化如图1.1所示。

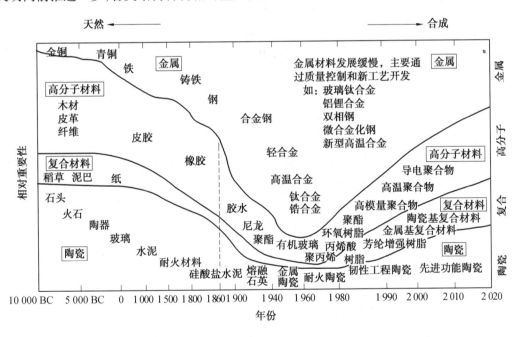

图1.1　各类结构材料相对重要性随年代的变化

1. 金属材料促进人类社会的发展

　　早在100万年以前,人类开始用石头做工具,使人类进入旧石器时代。大约1万年以前,人类开始对石头进行加工,使之成为精致的器皿或工具,从而使人类进入新石器时代。在新石器时代,人类已知道使用自然铜和天然金,但毕竟数量太少,分散稀少,没有对人类社会产生重要影响。在8 000～9 000年前,人类还处于新石器时代,但已发明了用黏土成形,再火烧固化而成为陶器。陶器的出现,不但用于器皿,而且成为装饰品,是对精神文明的一大促进,历史上虽无陶器时代,但其对人类文明的贡献是不可估量的。在烧制陶器过程中,偶然发现了金属铜和锡,当然那时还不明白这是铜、锡的氧化物在高温下被碳还原的产物,进而又生产出色泽鲜艳、又能浇铸成形的青铜器,从而使人类进入青铜器时代。青铜器时代必须具备这样一个特点:青铜器在人们的生产、生活中占据重要地位,偶然地制造和使用青铜器的时代不能认定为青铜时代。当时的人们已经可以熔铸出复杂结构的各种器具,如图1.2所示。这是人类较大量利用金属的开始,也是人类文明发展的重要里程碑。

(a) 中国商代司母戊大方鼎　　　(b) 商代四羊方尊　　　(c) 越王勾践剑

图1.2　青铜器时代的青铜器具

青铜是红铜(纯铜)与锡或铅的合金,因为颜色青灰,故名青铜,熔点为700～900 ℃,比红铜的熔点(1 083 ℃)低。锡的质量分数为10%的青铜,硬度为红铜的4.7倍,性能良好。青铜器时代初期,青铜器具用量较小,或以石器为主;进入中后期,用量逐步增加。自从有了青铜器和随着用量的增加,农业和手工业的生产力水平提高,物质生活条件也渐渐丰富。青铜出现后,对提高社会生产力起了划时代的作用。

当人们在冶炼青铜的基础上逐渐掌握了冶炼铁的技术后,铁器时代就到来了。公元前13～14世纪,人类已开始用铁。目前世界上出土的最古老的冶炼铁器是土耳其(安纳托利亚)北部赫梯先民墓葬中出土的铜柄铁刃匕首,距今4 500年。中国目前发现的最古老的冶炼铁器是甘肃省临潭县磨沟寺洼文化墓葬出土的两块铁条,距今3 510～3 310年。3 000年前铁工具比青铜工具更为普遍,中国古代的铁器具如图1.3所示。

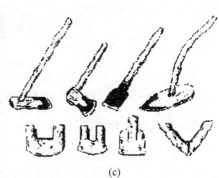

(a)　　　　　　(b)　　　　　　　　　(c)

图1.3　中国古代的铁器具

(a)距今2 800年的春秋时期的玉炳铁剑;(b)距今2 600年的秦国铜柄铁剑;(c)战国时代的铁农具

随着世界文明的进步,18 世纪发明了蒸汽机,19 世纪发明了电动机。对金属材料提出了更高的要求,同时对钢铁冶金技术产生了更大的推动作用。1854 年和 1864 年先后发明了转炉炼钢和平炉炼钢,使世界钢产量飞速发展。如 1850 年世界钢产量为 6 万 t,1890 年达 2 800 万 t,大大促进了机械制造、铁道交通及纺织工业的发展。随着电炉冶炼开始,不同类型的特殊钢相继问世,如 1887 年高锰钢、1900 年 18-4-1(W18Cr4V)高速钢、1903 年硅钢及 1910 年奥氏体镍铬(Cr18Ni8)不锈钢,人类进入了现代物质文明。

在此前后,铜、铝也得到大量应用,而后镁、钛和很多稀有金属都相继出现,从而使金属材料在整个 20 世纪占据了结构材料的主导地位。

铝、镁、钛等金属的密度小,分别为 2.78 g/cm^3、1.74 g/cm^3 和 4.52 g/cm^3,通常被称为轻金属,其相应的铝合金、镁合金、钛合金称为轻合金。

铝合金导热性好、易于成形、价格较低,已经在航空航天、交通运输、轻工建材、通信、电子等领域获得了广泛应用,2003 年世界及我国铝产量已分别达到 3 235 万 t 和 540 万 t。

镁合金具有比强度、比刚度高,阻尼性、切削加工性、导热性好,电磁屏蔽能力强等优点,在交通、通信、电子和航空航天等领域的应用前景十分广泛,2003 年世界和我国原镁产量已分别达到 51 万 t 和 34 万 t,且以每年 20% 的速度迅速增长。

钛合金耐蚀性好、耐热性高,比刚度、比强度高,是航空航天、石油化工、生物医学等领域的重要材料,在尖端科学和高技术方面发挥着重要作用。2003 年世界和我国的海绵钛产量分别达到 6 万多 t 和 6 000 多 t。

金属通常都具有高强度和优良的导电性、导热性、延展性,其中部分金属还具有放射性。除汞以外,金属在常温下以固体形式存在。现在已知的化学元素有 107 种,其中 94 种存在于自然界,13 种是人造的。自然界中的 94 种元素,其中金属元素有 72 种,非金属元素有 22 种。金属元素中黑色金属有 3 种,有色金属有 69 种,具体如下:

黑色金属:铁、锰、铬。

有色金属:除铁、锰、铬以外的金属元素。

重金属:密度超过 4.5 g/cm^3 的元素,铜、镍、钴、铅、锌、铋、锡、镉、锑、汞(10 种)。

贵金属:金、银、铂、锇、铱、钌、铑、钯(8 种)。

轻金属:铝、镁(2 种)。

稀有轻金属:铍、锂、铷、铯(4 种)。

稀有高熔点金属:钨、钼、钽、铌、钒、钛、锆、铪、铼(9 种)。

稀有分散性金属:镓、铟、铊、锗(4 种)。

稀土金属:钪、钇、镧、镧系元素(16 种)。

放射性金属:镭、钋、钫、锝、钷、锕系元素(11 种)。

碱金属和碱土金属:钾、钠、钙、锶、钡(5 种)。

材料既是人类社会进步的里程碑,又是社会现代化的物质基础与先导。特别是先进材料的研究、开发与应用反映着一个国家科学技术与工业水平。现代科学技术的发展与先进材料的成功应用密不可分,以材料发展为标志的时代特征如图 1.4 所示。

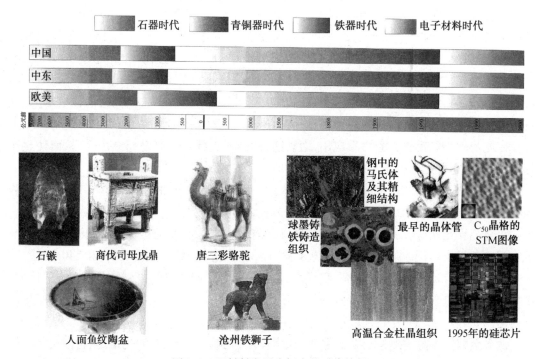

图1.4 以材料发展为标志的时代特征

2. 材料科学与工程的区别与联系

材料科学所包括的内容往往被理解为研究材料的组织、结构与性质的关系,探索自然规律,属于基础研究。实际上,材料是面向实际、为经济建设服务的,是一门应用科学,研究与发展材料的目的在于应用,而又必须通过合理的工艺流程才能制备出具有实用价值的材料,通过批量生产才能成为工程材料。因此,在"材料科学"这个名词出现后不久,就提出了"材料科学与工程"。

材料工程是指研究材料在制备过程中的工艺和工程技术问题。许多大学的冶金系、材料系也就此改变了名称,多数改为"材料科学与工程系",偏重基础方面的称"材料科学系",偏重工艺方面的称"材料工程系"。第一部《材料科学与工程百科全书》由美国麻省理工学院(MIT)的科学家主编,由英国 Pergamon 自 1986 年陆续出版。它对材料科学与工程的定义为:材料科学与工程是研究有关材料组成、结构、制备工艺流程与材料性能和用途的关系的知识产生及其运用。换言之,材料科学与工程是研究材料组成、结构、生产过程、材料性能与使用效能以及它们之间的关系。

作为材料成型与控制工程专业的研究及加工对象,合金本身的特性是本专业学生必须了解的基础知识。结构/成分、合成/制备、性质、效能称为材料科学与工程的四个基本要素(basic elements),如图 1.5(a)所示。

考虑在四要素中的结构/成分并非同义词,即相同成分或组成通过不同的合成或加工方法,可以得出不同结构,从而材料的性质或使用效能都不会相同。因此,用五个基本要素的模型,即成分、合成/制备、组织结构、性质和效能(performance)来分析材料更合理。如果把它们连接起来,则形成一个六面体(hexahedron),如图 1.5(b)所示。

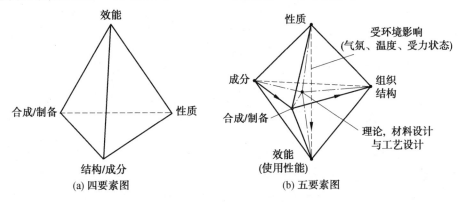

图 1.5　材料科学与工程要素图

通过一定的技术手段使材料的服役性能有显著提高,这样的材料可称为先进材料,包括新材料及传统材料的升级。先进材料通常与新技术有关联。尽管从材料发展需要和共性来看,有必要形成一门材料科学,但是由于各类材料的学科基础不同,还存在不小的分歧,特别是无机材料与有机材料之间分歧较大。

新一代金属材料主要有以下特征:

(1)超细晶。

只有获得超细晶组织才能在"强度翻番"后具有良好强韧性配合。细晶技术应当是研究提高材料强韧性的首选途径。

(2)高洁净度。

材料在使用时承受了更高应力,使裂纹形成和扩展的敏感性增加。按照断裂力学的基本概念,在相同条件下,受力越大,要求临界裂纹尺寸(以夹杂物大小作为内在不可避免的裂纹)越小。

(3)高均匀性。

凝固过程中,由于传热规律造成顺序凝固。无论模铸还是连铸,都会带来低熔点元素的宏观偏析。随后的高温加热及大变形量轧制,都难以消除偏析。现代冶金的发展趋势是流程越来越紧凑,过程越来越快,材料组织向非平衡发展。为改善均匀性,在凝固过程中应尽可能减少柱状晶,争取获得全等轴晶的组织,在杂质总量不变的情况下,提高均匀性相当于提高洁净度。

为了实现材料的最终利用,必须重视加工过程,因此有必要从加工的角度探讨如何提高材料服役性能,创造新材料,材料与工艺对性能的贡献如图 1.6 所示。针对已有材料、采用已有工艺生产所需产品是企业承担的任务,而在利用新技术、开发新材料的基础上获得新产品是研究单位承担的主要任务。

材料成型及控制工程领域所涉及的金属成形通常可分为液态成形、塑性成形和半固态成形、焊接与连接成形等,它们都是以热和力有机结合而发挥作用的,其中涉及熔融过程的成形技术占有重要地位。

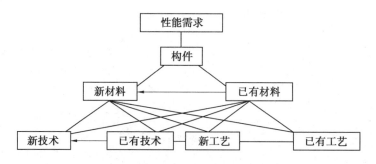

图1.6　材料与工艺对性能的贡献

　　传统铸造是金属在液态下充型并凝固成形的方法,如图1.7所示,考察指标和影响因素多达几十个。广义上,铸造是材料在具有较好流动性条件下成形固化得到一定结构的构件的方法,如最近兴起的快速成形技术,激光同轴送粉增材制造示意图如图1.8所示。

图1.7　传统铸造流程

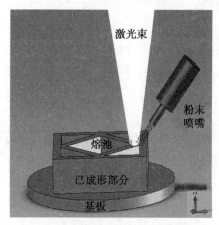

图1.8　激光同轴送粉增材制造示意图

　　凝固是一个非常复杂的过程,可能形成特征鲜明的各种组织,不同凝固条件下的凝固组织如图1.9所示。

　　金属材料是重要的工程材料,具有广泛的应用领域。作为材料成型与控制工程专业的加工对象,其本身的特性是必须了解的基础知识。金属材料本身的特性无论对成形过程,还是对其应用过程中的可靠性都具有决定性影响,只有在充分了解金属材料本身的各方面特性后,才能充分发挥金属材料的特殊性能。

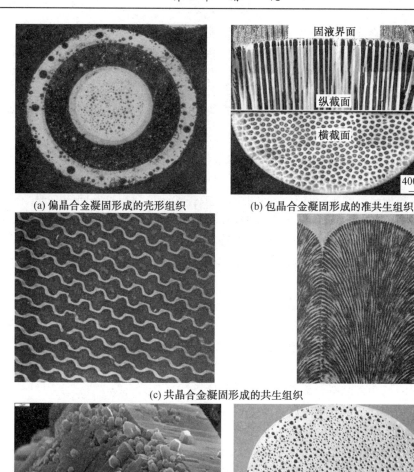

(a) 偏晶合金凝固形成的壳形组织

(b) 包晶合金凝固形成的准共生组织

(c) 共晶合金凝固形成的共生组织

(d) 颗粒增强复合组织

(e) 气相共生形成的多孔组织

图 1.9　不同凝固条件下的凝固组织

随着人们对材料本性认识越来越深入,对材料的需求越来越广泛,人们将金属材料从用途方面总体上分为两大类,即金属结构材料和金属功能材料。

1.2　熔炼技术的发展

在新石器时代晚期,人类已开始加工和使用金属,最先使用的金属是红铜,即未经有意加入其他金属的"纯铜"。红铜起初多来源于天然铜。仅采用锤敲打击的加工方法,称为冷锻法,这还不是冶炼,但是当人们有了长期用火,特别是制陶的丰富经验后,为铜的冶铸提供了必要的条件。

熔铸技术被掌握后,人们便更有效地利用红铜。纯铜可延可展,锤打不破,任意赋形,使用久后还可重新改铸,这些优点(金属的基本性能),是石器无法相比的。

人工材料起自金属,金属材料的发展始于采矿、冶金技术。经青铜器-铁器-钢的生产形成早期冶金行业与铸冶工艺——早期的材料生产。历史表明,工业材料发展早期,材料是以钢铁为中心的冶金(冶炼)-凝固(铸造)-塑性成形(锻造)的材料加工工业体系。

在地球上以纯元素存在的金属品种数量非常少,如除陨铁外地壳中没有天然的纯铁。为了满足人类生产生活的需要,必须从矿石中提取所需的金属元素。然而,到目前为止或今后可预见的几十年里,还找不出一种能够完全替代金属材料,并像金属材料那样从人们生活到宇航等宽广领域中广泛应用的材料。

用于提取各种金属的矿石具有不同的特性,故提取金属要根据不同的原理,采用不同的生产工艺过程和设备,从而形成了冶金的专门学科——冶金学。冶金学以研究金属的提取、加工和改进金属性能的各种技术为重要内容,发展到还包括对金属成分、组织结构、性能和有关基础理论的研究。就其研究领域而言,冶金学分为提取冶金学和物理冶金学两门学科。提取冶金学是研究如何从矿石中提取金属或金属化合物的生产过程,由于该过程伴有化学反应,故又称化学冶金;物理冶金学是通过成形加工制备出有一定性能的金属或合金材料,研究其组成、结构的内在联系,以及在各种条件下的变化规律,为有效地使用和发展特定性能的金属材料服务,包括金属学、粉末冶金、金属铸造、金属压力加工等分支学科。

火法冶金是指在高温下矿石经熔炼与精炼反应及熔化作业,使其中的金属和杂质分开,获得较纯金属的过程。所需能源主要靠燃料燃烧供给。

湿法冶金是指在常温或低于100 ℃下,用溶剂处理矿石或精矿,使所要提取的金属溶解于溶液中,而其他杂质不溶解,然后再从溶液中将金属提取和分离出来的过程。

电冶金是利用电能提取和精炼金属的方法,按电能形式可分为电化学冶金和电热冶金两类。电化学冶金是利用电化学反应使金属从含金属的盐类的水溶液或熔体中析出。前者称为溶液电解,如铜的电解精炼,可列入湿法冶金;后者称为熔盐电解,如电解铝,可列入火法冶金。冶金方法基本上是火法和湿法,钢铁冶金主要用火法,而有色金属冶炼则火法和湿法兼有。

90%以上金属结构材料经铸造、锻压、焊接加工成形,所有铸件、锻坯、焊材均需经过"凝固过程",也必须经过熔化(熔炼)过程。

熔炼与熔化是不同的,熔化更多关注物理状态的变化,而熔炼更多关注熔体质量的变化。如图1.10所示,可以将熔炼相关的要素关联在一张图中,焦点是熔体,盛纳在坩埚中,通过一定的热源输入能量是金属原材料熔化并发生物理化学变化,这种变化源自于金属原材料内部的反应,也可以源自金属原材料与熔炼环境之间的反应,熔炼环境有包括气氛和熔渣。

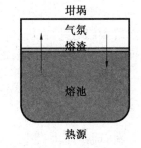

图1.10　熔炼相关的要素

可以将熔炼过程总结为"1234"。1个目标:获得合格的合金熔体,2个界面:气渣界面和渣液界面,3个相:气相、渣相和金属熔池相,4个要求:熔体温度、熔体成分、熔体含气量、熔体含渣量。

本书将围绕上述要素进行介绍,并梳理它们间的理论关系及一般控制方法。

1.2.1　熔炼目的及熔体质量要求

金属熔炼的基本目的是熔化/熔炼出化学成分符合要求、纯洁度高的合金熔体,使熔体温度满足要求,为铸造成各种形状的铸锭或铸件提供必要条件。具体如下:

(1)获得化学成分均匀并且符合要求的合金。

金属材料的组织和性能,除受生产过程中的各种工艺因素影响外,在很大程度上取决于它的化学成分。化学成分均匀是指金属熔体的合金元素分布均匀,无偏析现象。化学成分符合要求是指合金的成分和杂质含量应在国家标准或行业标准范围内,此外,为保证制品的最终性能和后续加工工艺性能(包括铸造性能),应将某些元素含量和杂质控制在最佳范围内。合金成分范围:一般金属材料的成分都控制在一定范围内。虽然合金成分范围越窄,合金的质量越好,但在实际生产中很难实现。例如,1Cr18Ni9Ti 合金,按照国家标准其成分范围为:$w(C) \leqslant 0.12\%$,$w(Mn) \leqslant 2.0\%$,$w(Si) \leqslant 0.8\%$,$w(Cr) = 17\% \sim 19\%$,$w(Ni) = 8.0\% \sim 11.0\%$,$w(Ti) = 0.8\% \sim 1.5\%$。成分控制精度是熔炼工艺水平的重要标志。一般合金中都加入一些微量的合金化元素以提高合金的性能,常用微量元素如 B、Ce、La、Zr、Mg、Ca、Ba、Hf、Y 等。之所以称为微量元素,是因为这些元素的质量分数一般不超过 1%,过多的微量元素对性能的改善不明显甚至使性能恶化,而材料的成本大幅度提高。因此对微量元素的控制在冶金过程中非常重要。

(2)获得纯洁度高的合金熔体。

熔体纯洁度高是指在熔炼过程中通过熔体净化手段,降低熔体中的杂质含量和含气量,减少金属氧化物和其他非金属夹杂物,尽量避免在铸锭或铸件中形成气孔、疏松、夹杂等破坏金属连续性的缺陷。纯净度是针对材料中的杂质提出的。金属材料中的杂质一般包括非金属元素杂质、气体、非金属夹杂物和金属元素杂质。杂质的存在会严重地影响材料的性能。气体主要指熔炼环境中的 H_2、O_2、N_2 等。气体元素在金属中形成化合物或气孔而影响金属的性能。非金属元素杂质主要为 S、P,钢中的 S、P 主要来源于矿石、燃料及熔剂。非金属夹杂物包括氧化物、氮化物、硫化物及硅酸盐四种类型,它们会破坏基体的连续性,引起应力集中及疲劳断裂,降低塑性、韧性、可焊性及耐腐蚀性。金属杂质如 Pb、Sn、As、Sb、Bi 等,这些金属元素的存在会显著地降低合金钢的机械性能。

由于高温合金中合金元素多,对氮、氧等气体杂质元素吸附性强,合金中氮含量即使在 0.001 5% 左右也会使铸件显微孔隙度大为增加。氮元素在合金中极易形成夹杂物影响合金的机械性能。由于高温合金中添加的金属钛是很重要的强化元素,而其对氮有很强的吸附性。氮在高温合金中主要以氮化钛的形式存在。TiN 在晶界偏析,对合金机械性能影响较大。即使少量 TiN 析出,也会作为碳化物等析出的核心,形成碳化物包裹氮化物的碳氮化物,块状碳化物将阻塞枝晶间通道,使合金液的流动性和补缩性降低,碳化物周围会形成显微疏松,这会加速合金的破坏过程,使合金质量和性能降低。S 元素是高温合金中主要的杂质元素,合金的抗张强度、持久寿命和高温塑性受 S 含量的影响较大。当 S 的质量分数低于 0.009% 时,对合金性能的影响较小;当 S 的质量分数为 0.009% ~ 0.022% 时,合金性能大幅度下降;当 S 的质量分数超过 0.022% 时,合金性能已降低到最低值。S 对高温合金性能的影响主要是因为 S 元素易偏聚于晶界,降低其晶界的结合力。随着 S 含量的增加,降低了晶界能,弱化晶界,影响合金的持久性能。

（3）使金属熔体温度满足要求。

熔体温度的控制对铸锭或铸件的性能控制极其重要,获得满足要求的熔体温度,是浇铸出形状完整、内部质量良好的铸锭或铸件的前提条件。金属熔体结构与温度是直接相关的,通过适当的熔体温度处理,可以改善合金的组织性能和提高综合力学性能。因此,熔炼不仅只是获得熔融的合金,在熔体温度合理调控方面有更重要的任务。

在化学成分及铸造条件完全相同的情况下,铸铁的力学性能有很大差异,这种现象只能用铸铁中存在遗传性来解释。实验证明,在液态时经受过热处理的高炉铸铁可以得到高质量的铸件。金属凝固前的温度以及熔体的热历史对最后凝固的组织和性能有重要影响。液态金属中包含有大量的团簇结构,其数量和尺寸大小共同决定了其是否能成为临界晶核,液态金属的凝固过程是一个团簇结构不断地形成和长大的过程。液态金属中的原子基团的特征不仅与金属的种类和合金成分有关,而且与熔体的温度有关。熔体温度越高,有序原子基团尺寸越小,无序区越大,即熔体结构越均匀。关于熔体过热温度对凝固组织的影响有两种不同的理解。一种观点认为,在熔体温度较低的条件下,熔体结构仍将保持与固相结构相类似的特点;当升高到一定温度时,熔体转变成无序状态;同时当降温冷却时,这种反向转变进行得相当缓慢;当熔体从高温开始降温凝固时,这种无序的高温熔体结构就容易保持到固态结构中。另一种观点从热力学角度出发,认为熔体过热使组织细化是自发结晶的结果,而熔体是由多相态组成,特别是在液相线温度附近,当熔体温度较低时,熔体中存在许多可以形核的多相组织质点;随熔体过热程度的增大,会导致可以作为结晶质点的多相组织的溶解和活性降低,熔体逐渐变得均匀化。因此,作为结晶质点的多相组织在少量过热条件下,结晶核心数量的减少导致熔体凝固后晶粒尺寸的增大;当熔体温度过热到某一特定温度后,熔体热力学过冷度的增大将导致自发结晶使熔体凝固后晶粒得到细化。金属在液态时其原子基团的特征对金属的最终铸态组织有重要影响。对凝固过程的研究逐步延伸到凝固开始前的液态金属结构对凝固组织的影响。

熔体温度处理是根据材料熔体结构与温度的对应关系及其在冷却和凝固过程中的演化规律,借助于一定的热作用,通过一定的方法人为地增加金属液凝固冷却速率和过冷度,使凝固过程偏离平衡状态,进而改变熔体结构以及变化进程,从而改善材料和制品的铸态组织、结构和性能的工艺过程。熔体温度处理能很大程度地细化合金组织,提高合金的综合性能,是挖掘材料性能的有效途径。

（4）废料的回收。

金属材料的回收具有重要的社会价值和经济价值,大部分的金属材料是可以回收再利用的。通过对可以回收利用的金属废料进行重新熔炼或冶炼,可以使金属材料完全重新利用或者冶炼成其他合金。

美国对于从事收集和处理有色金属废品与废料的企业给予优惠政策,建立了大量的有色金属废品与废料的回收站。美国已经成为当今全球废旧金属回收再利用的效率较高国家之一。其回收的废金属主要有三个来源:①发生交通意外报废的金属回收;②达到使用年限的废金属回收;③没有达到使用年限但被遗弃的废旧金属回收。而处理这些废旧金属也主要是先将废旧金属进行表面清理,之后分类回炉熔炼铸造。英国政府 2020 年投资建设了金属材料回收利用研究中心,预计在 2050 年实现金属材料的 100% 回收利用。日本再生铝产量已达到铝总产量的 99%。

由于钛及钛合金独特的加工工艺特点,加工成材的成品率都比较低,一般在 50% 左右。钛及钛合金的生产过程会产生大量的残废金属,如何利用这些残废金属,便成为钛加工业一项重要的任务。钛及钛合金的熔炼过程是在真空下进行的,块状残废料经过表面处理、净化、混合到新炉料中压制电极重熔,添加 25%~30% 残废料的情况下,可生产出具有良好室温和高温力学性能的 TC4 材。在钛及钛合金众多的残废料中,根据其状态主要分为两大类:屑状残料和块状残料。屑状残料因其自身的加工特点和状态,在回收过程中工序复杂,且不易去除高低密度夹杂,故将屑状残料回收处理主要用于民用领域。而块状残料以易于回收处理,且成分易于控制等优点是残废料回收处理的重点,目前通过自耗电极电弧炉(VAR)或电子束炉可实现部分钛合金的回收利用。

我国有色金属工业发展迅速,2018 年 10 种有金属产量达 5 688 万 t,自 2002 年以来连续 17 年位居世界第一。然而,我国有色金属资源保障形势严峻,原生矿资源经历年开采,矿石品位下降,资源日渐枯竭,原料保障严重依赖国外进口。我国有色金属为高耗能产业,每年消耗大量化石燃料,产生大量温室效应气体。有色金属工业是典型的重污染行业,产生大量废渣、废水和废气,对环境造成严重危害。有色金属冶金面临严重的资源、能源和环境问题,成为制约我国有色金属工业发展的瓶颈。

随着我国经济的快速发展,有色金属需求量日益增长。巨大的市场需求刺激着有色金属产业的发展,我国已成为世界最大的有色金属生产国和消费国。1949—1978 年,我国有色金属生产及消费量增长极其缓慢,共生产铜、电解铝、铅、锌、镍、锡、锑、镁、钛等常用有色金属 1 310 万 t。1979—2000 年,随着国民经济的稳步发展,我国有色金属生产与消费量开始较快增长,共生产 10 种常用有色金属 6 930 万 t,是此前 30 年生产总的 5.3 倍。2001—2018 年,我国有色金属生产及消费开始进入高速增长阶段。2002 年我国 10 种有色金属产量超过 1 000 万 t 大关,达到 1 012 万 t,并首次超过美国跃居世界第一位;2007 年超过 2 000 万 t 大关,达到 2 370 万 t;2010 年超过 3 000 万 t,达到 3 136 万 t;2012 年超过 4 000 万 t 大关,达到 4 025 万 t;2015 年超过 5 000 万 t 大关,达到 5 159 万 t;2018 年我国 10 种常用有色金属产量达到 5 688 万 t,连续 17 年位居世界第一。

据估算,每生产 1 t 原生有色金属,平均需要开采 70 t 原生矿物,而利用有色金属二次资源,可节约能 85%~95%,降低生产成本 50%~70%。铝是可回收性最强与回收价值高的结构金属材料,废铝是一种非常好的铝资源,废铝的再生能耗仅相当于原铝提取能耗的 5%。再生铝产业在节约资源、降低排放方面有着巨大的潜力和优势,每生产 1 t 再生铝,可减少排放二氧化碳 0.8 t,减少排放硫氧化物 0.06 t,节水 10.5 t,减少固体材料用量 11 t,减少废液废渣处理量 1.9 t,免剥离地表土石 0.6 t,免采掘脉石 6.1 t,在产量相同条件下,生产再生铝的建厂投资仅为生产原生铝的十分之一。再生铝的主要生产工艺为预处理、熔炼、合金调配与精炼 4 个环节,随着科技的进步,铝的回收率可以达到 98%。再生铜生产的能耗也仅为原生铜生产能耗的 16%。因此资源循环的节能潜力非常明显,加大资源循环力度,有色金属工业单位产量能耗及总能耗将大大降低。

我国铅、锌、锡等再生有色金属产量虽然在全球占有明显优势,但在资源循环利用水平方面与国外仍存在较大差距。2017 年再生铅产量占全国铅产量的比例达 43.36%,但均低于西方发达国家的 46%;2017 年再生锌产量占锌总产量仅为 10.73%,而美国的再生锌产量占锌总产量的 50% 以上;目前我国再生锡循环利用暂时形成一定规模,而工业发展国家已实现再生锡产量相当原生锡产量的 60% 以上。

我国铅、锌、锡等资源的循环利用亟须进一步提升。当前,我国有色金属资源循环产业既面临着难得的发展机遇,也面临着严峻的挑战。总体来看,我国有色金属资源循环产业已具备一定的规模,但我国有色金属循环再生产量占总产量的比例不到 30%,与保障产业可持续发展的目标要求还有较大差距,与发达国家相比产业竞争力还亟待提高,有色金属资源循环发展模式及发展路径仍需要积极调整。

1.2.2　金属材料熔炼技术分类

从熔点仅几十度的金属镓、铯,到熔点高达三千多度的金属钨、钼等,从可直接在大气下熔炼的金属铝、锌、钢,到在熔融状态下几乎跟所有气体和固体反应的钛、锆等,金属材料的熔点和基本特性差别巨大。为了熔化不同熔点、不同特性的金属,人们发明了各种熔炼技术/方法熔化和制备金属材料。

金属熔炼过程中的突出问题是元素容易氧化、污染和吸气。为获得含气量低和夹杂物少、化学成分均匀而合格的高质量合金,以优质、高产、低消耗地生产铝、钢、镍、钛等合金铸锭/铸件,对熔炼设备提出以下要求:

①有利于金属炉料的快速熔化和升温,熔炼时间短,元素烧损和吸气少,合金液纯净。

②燃料、电能消耗低,热效率和生产率高,坩埚、炉衬寿命长。

③操作简便,炉温便于调节和控制,劳动卫生条件好,对环境污染小,便于生产组织及管理。

由于金属材料的熔点和特性差别巨大,不同金属的熔炼方法差别也非常大,因此针对这些熔炼技术的分类也有多种。针对不同金属材料,在实践中可根据生产规模、能源情况及对产品质量的要求等因素具体选择熔炼方法。下面简要介绍金属熔炼炉的分类。

1. 按加热能源分类

按加热能源不同,金属熔炼炉可分为电炉、燃料炉和其他炉型。

(1)电炉。

电炉由电阻组件通电发出热量或线圈通交流电产生交变磁场,以感应电流加热磁场中的炉料使其熔化。

(2)燃料炉。

燃料炉包括天然气、石油液化气、煤气、柴油、重油、焦炭等燃料,以燃料燃烧时产生的热能加热炉料使其熔化。

(3)其他炉型。

随着科技的发展,不断涌现出新型能源方式,在金属熔炼领域目前比较典型的是太阳能熔炼炉。

对金属材料常用的熔炼炉进行分类,见表 1.1。

表 1.1　金属材料熔炼炉分类

类型			分类	适用性
电炉	电阻炉		坩埚电阻炉	铝、镁、铜、锌等及其合金
			反射电阻炉	
			箱式电阻炉	
			真空电阻炉	铝、镁、铜等合金
	感应炉	工频感应炉	有芯工频感应炉	铁、铝、镁、铜等合金
			无芯工频感应炉	
		中频/高频感应熔炼炉		铁、铝、铜等合金
		真空感应熔炼炉	普通真空感应熔炼炉	铁、镍、钴等合金
			真空感应定向凝固炉	铁、镍、钴基合金
			冷坩埚感应凝壳熔炼炉	钛、锆、铌等合金
	电弧炉		交流电弧熔炼炉	钢铁为主
			直流电弧熔炼炉	钢铁为主
			真空非自耗电弧熔炼炉	钛、锆、铌等合金
		真空自耗电弧熔炼炉	真空自耗电极电弧炉	钛、锆、铌等合金
			真空自耗电极电弧凝壳炉	
			电渣重熔炉	钢铁为主
	电子束炉		电子束重熔炉	镍、钛、钨、钼等
			电子束冷床熔炼炉	钛合金
	等离子炉		等离子熔炼炼钢炉	钢
			真空等离子熔炼炉	镍、钛、钨、钼等
			真空等离子冷床熔炼炉	钛合金
	微波炉		微波熔炼炉	铝、镁、锌等
燃料炉	坩埚炉		固定式、可倾式、移动式	铝、镁、铜等合金
	反射炉		固定式、可倾式	铝、镁、铜等合金
	竖式炉		固定式	铝、镁、铜等合金
其他炉型	太阳能熔炼炉		太阳能熔炼炉	几乎所有金属

2. 按传热方式分类

按传热方式的不同,可将熔炼炉分为直接加热式熔炼炉和间接加热式熔炼炉。

（1）直接加热式熔炼炉。

直接加热式是指燃料燃烧时产生的热量或电能产生的热量直接传给炉料的加热方式。其优点是热效率高,炉子结构简单;缺点是燃烧产物中含有的有害杂质对炉料的质量会产生不利影响;炉料或覆盖剂挥发出的有害气体会腐蚀电气组件,降低其使用寿命。由于以前燃料燃烧过程中燃料/空气比例控制精度低,燃烧产物中过剩空气(氧)含量高,造成加热过程金属烧损大,现在随着燃料/空气比例控制精度的提高,燃烧产物中过剩空气(氧)含量可以控制在很低的水平,减少了加热过程的金属烧损。此外,在直接加热过程中,炉料熔化时容易产生熔体局部过热。

（2）间接加热式熔炼炉。

间接加热式有两类:第一类是燃烧产物或通电的电阻组件不直接加热炉料,而是先加热辐射管等传热中介物,然后热量再以辐射和对流的方式传给炉料;第二类是感应线圈通交流电产生交变磁场,以感应电流加热磁场中的炉料,感应线圈等加热组件与炉料之间被炉衬材料隔开。间接加热式的优点是燃烧产物或电加热组件与炉料之间被隔开,相互之间不产生有害的影响,有利于保持和提高炉料的质量,减少金属烧损。感应加热方式对金属熔体还具有搅拌作用,可以加速金属熔化过程,缩短熔化时间,减少金属烧损。但是因为热量不能直接传递给炉料,所以与直接加热式相比,热效率低,炉子结构复杂。

3. 按操作方式分类

按操作方式的不同,可将熔炼炉分为连续式熔炼炉、周期式熔炼炉和双联式熔炼炉。

（1）连续式熔炼炉。

连续式熔炼炉的炉料从装料侧装入,在炉内按给定的温度曲线完成升温、保温等工序后,以一定速度连续地或按一定时间间隔从出料侧出来。连续式熔炼炉适合于生产少品种大批量的产品。

（2）周期式熔炼炉。

周期式熔炼炉的炉料按一定周期分批加入炉内,按给定的温度曲线完成升温、保温等工序后将炉料全部运出炉外。周期式熔炼炉适合于生产多品种、多规格的产品。

（3）双联式熔炼炉。

为了获得更好性能的金属材料,采用单一的熔炼方式无法获得满足要求的材料,或者为了节省能源,可以采用两种或多种熔炼方式联合使用,如钢铁的冲天炉+电炉双联、钛合金的真空自耗电弧炉+电子束冷床炉双联、钛合金的真空自耗电弧炉+水冷铜坩埚凝壳炉双联等。通过双联或多联熔炼,可以充分发挥每种熔炼技术的优势,得到性能更好的金属材料。

4. 按熔炼气氛分类

在金属熔炼过程中,按炉内气氛的不同,可将熔炼炉分为无保护气体式熔炼炉、保护气体式熔炼炉和真空熔炼炉。

（1）无保护气体式熔炼炉。

炉内气氛为空气或者是燃料自身燃烧气氛,多用于炉料表面在高温能生成致密的保护层,能防止高温时被剧烈氧化的金属材料。

（2）保护气体式熔炼炉。

如果炉料氧化程度不易控制,通常把炉膛抽为低真空,向炉内通入氮、氩等保护气体。可防止炉料在高温时发生剧烈氧化。随着产品内外质量要求不断提高,保护气体式熔炼炉的使用范围不断扩大。

（3）真空熔炼炉。

针对高温活性极高的金属材料,如钛、锆等金属材料,在大气下熔化会发生严重的反应,只能在密闭的真空环境下进行熔炼。在真空熔炼炉中熔炼金属,为避免合金元素的挥发,也可以充入一定量的惰性气体作为保护气氛。

5. 按金属炉料发热方式分类

若以金属炉料为对象,炉料的熔化过程可以分为外热式熔化和内热式熔化两种方式,按炉料发热方式不同,可将熔炼炉分为外热式熔炼炉和内热式熔炼炉。

（1）外热式熔炼炉。

金属炉料的熔化是依靠外部的热量传入,使炉内金属炉料温度逐渐升高,直至熔化,如电阻炉、燃料炉等都属于外热式熔炼炉。

（2）内热式熔炼炉。

金属炉料的熔化是依靠炉料内部产生热量,而不是依赖外界传热的熔化方式称为内热式熔炼。感应加热炉和新近发明的微波加热炉为内热式熔炼炉。

1.2.3　熔炼技术的发展

人们利用金属材料的种类越来越多,相应的熔炼技术手段也在不断丰富,技术水平也在不断提高。在研究和生产过程中,熔炼技术的发展可做如下总结。

（1）熔炼温度的提升。

常用金属如镁合金、铝合金、铜合金及钢铁材料,它们的熔炼技术相对较成熟,其熔炼温度由 600 ℃、800 ℃、1 300 ℃、1 700 ℃不断提升,而难熔金属材料如钨、钼、铌、钽等的熔炼温度远超出这一范围,如钨的熔点达到 3 410 ℃,而钽的熔点更是达到 3 996 ℃,通过热源方式的发展和坩埚技术的进步,人们已可以通过特种熔炼技术制备高纯度、大尺寸难熔合金材料。

（2）熔池体积的极端化。

对于一次浇注成形的大型铸件,需要足够大的熔体质量,例如达 565 t 的超大型铸件,使用钢水质量达 935 t,但对于这么大的熔体质量,目前通常采用多炉、多包合浇的方式实现,即便如此单体炉的最大熔炼量也在不断提高,如目前可以实现 80 t 的容量。另一个极端是熔池尺寸微型化,如目前金属材料 3D 打印成形技术,其熔池尺寸通常在毫米级甚至微米级。熔池内的各种特殊现象随着熔池尺寸的变化而有所差异。

（3）熔体精炼技术。

利用精炼技术可以显著地减少合金熔体中的有害元素含量,对提高金属材料的性能有着决定性作用。

通过精炼提高钢的品位已发展成为一项专门的技术——炉外精炼。所谓炉外精炼,就是把常规炼钢炉（转炉、电炉）初炼的钢液倒入钢包或专用容器内进行脱氧、脱硫、脱碳、去气、去除非金属夹杂物和调整钢液成分及温度以进一步达到冶炼目的的炼钢工艺,即将在常规炼钢炉中完成的精炼任务,如去除杂质(包括不需要的元素、气体和夹杂)和夹杂变性、成分和温度的调整和均匀化等任务,部分或全部地移到钢包或其他容器中进行,把一步炼钢法变为二步炼钢法,即初炼加精炼,也称为二次精炼、二次炼钢和钢包冶金。到目前为止所采用的主要精炼手段有真空(或气体稀释)、渣洗、搅拌、喷吹、加热(调温)五种。当今名目繁多的炉外精炼方法都是这五种精炼手段的不同组合,综合一种或几种手段构成一种方法。其他金属的精炼方法也多借鉴钢的精炼技术。用于钢的各种炉外精炼法示意图如图 1.11 所示。

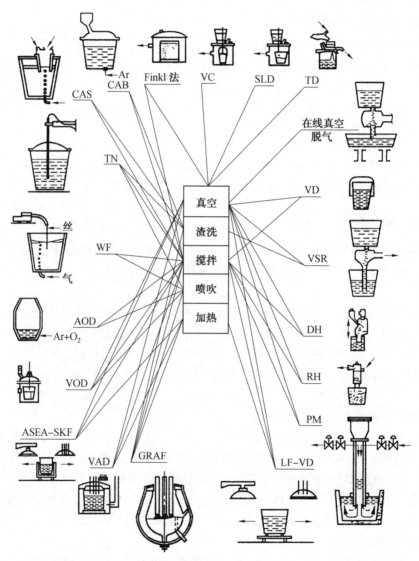

图 1.11　用于钢的各种炉外精炼法示意图

目前,大多高温合金的熔炼均采用真空感应熔炼技术,优点在于合金中的杂质和气体在真空感应熔炼技术中易去除。真空感应熔炼炉中较大的真空度利于蒸发有色金属杂质或生成易于上浮的夹杂物而除去杂质元素,比气体杂质更难以去除。合金中气体的体积分数一般在 $(5 \sim 10) \times 10^{-6}$。控制氮的含量最有效的方法是降低原材料中氮的带入量,从工艺上最大限度地脱氮也是很重要的一个方面。采用真空感应熔炼(VIM)、电渣重熔(ESR)、真空电弧自耗熔炼(VAR),再采用等离子重熔(PAR)、电子束重熔(EBR)等进行精炼。以制备纯净金属为目标进行,对合金采用电子束炉熔炼工艺可以很好地消除外在夹杂物和内在夹杂物产生的影响。对 DD3 合金采用高温真空强化精炼工艺和电磁搅拌,可以使氮体积分数降低至 $(1 \sim 8) \times 10^{-4}$,而普通工艺精炼氮体积分数仅为 $(5 \sim 6) \times 10^{-3}$,合金性能显著提高。另外,采用较长的精炼时间和较高的精炼温度,均有利于合金脱氮,但对于材料侵蚀,合金中氧含量控制不利。S 元素是高温合金中主要的杂质元素,降低合金中硫含量的做法是一般采用碱金属元素 Ca、Mg 等进行脱硫。采用 Ca 脱硫生成 CaS 易于上浮而除去,即使有少量残余,它们在合金中以球形形态存在,对合金塑性无影响。

在熔炼镁合金过程中,夹杂物与气体的引入不可避免。氢气是熔体中的主要气体(占 $80\% \sim 90\%$),来源于金属表面吸附的潮气、金属腐蚀产物带入的水分等;另外,镁的化学性质极其活泼,高温时与空气中的 O_2、N_2、H_2O 等发生化学反应,产物便作为夹杂进入镁熔体。夹杂物及气孔在铸件中出现,会破坏镁基体的连续性,进而影响铸件的使用性能。良好的精炼工艺可以有效地减少甚至消除合金熔体中的气体和夹杂,获得高强度及耐腐蚀性良好的铸件。目前,可应用熔剂精炼工艺和非熔剂净化工艺,如电磁净化、超声波净化、稀土净化、复合净化工艺等实现镁合金熔体的净化。

(4)熔体成分的复杂化。

镍基高温合金在航空航天领域应用非常广泛,镍基高温合金主要成分为 Ni、Co、Cr、W、Mo、Re、Ru、Al、Ta、Ti 等元素,基体为镍元素,质量分数在 60% 以上,主要工作温度段为 $950 \sim 1~100~^\circ\text{C}$,在此温度段内服役时,其有较高的强度、较强的抗氧化能力以及抗腐蚀能力。

镍基高温合金的发展包括两个方面:合金成分的改进和生产工艺的革新。镍基高温合金的发展始于英国的 80Ni-20Cr 合金,人们在其中添加了少量的 Ti 和 Al,发现了强化相,继而开启了发展镍基高温合金的篇章。20 世纪 60 年代初期,人们发现合金的中温性能较差,叶片在工作中有断裂情况发生,经研究发现,合金中晶界处杂质较多,原子扩散速率较快,晶界成为在镍基高温合金服役中易发生裂纹的环节,基于这一问题,人们开始研究定向凝固技术。定向凝固技术就是使合金在生长过程中只沿应力轴方向生长,具有代表性的合金是美国研制的 PWA1422。该合金的出现使镍基高温合金的发展进入到新的时期。但是随着航空航天的发展,对合金性能的要求越来越高,纵向晶界仍然是影响其高温性能的主要原因。为了消除合金中的纵向晶界,选晶法和籽晶法制备合金于 20 世纪 80 年代相继问世,从此镍基单晶高温合金开始登上历史舞台。到目前为止,镍基单晶高温合金已经发展到第五代。随着镍基单晶高温合金的不断发展,合金的成分有了很大的变化,具体特点如下:

①C、B、Hf 等元素的添加。由于 C、B、Hf 等元素有晶界强化的作用,所以在早期的单晶镍基合金中不添加这些元素,但是在近年的研究中却发现,这些元素在不同合金中有一些特殊的作用,会在一定程度上提高合金的性能,因此之后发展的一些镍基单晶高温合金添加了极少量的 C、B、Hf 等元素。

②难熔元素(Mo、W、Re、Ru)成分的不断增加。第一代镍基单晶高温合金的难熔元素含量很少,DD3 合金中仅含 9%[1],之后难溶元素的含量不断增加,第三代镍基单晶高温合金中的难溶元素达到了 20% 以上,到了第五代镍基单晶高温合金,难溶元素的含量达到了26.2%。Re 元素从第一代的零添加,到第五代添加了 6%,Re 元素虽然比较昂贵,但对合金的高温性能有较强的提高作用。Mo、W 的含量基本没有变化,这两种元素可以起到固溶强化的作用。W、Mo、Re 都对镍基单晶高温合金的高温性能有较强的增益作用,但这些元素也会促进 TCP(拓扑化合物)相的形成,所以如何在增加难溶元素含量的前提下,抑制 TCP 相的生成是目前镍基单晶高温合金设计的一个课题。Ru 元素是近年来进入人们视野的一种稀土元素,Ru 元素的加入是当代镍基单晶高温合金发展的趋势,Ru 元素虽然也是难溶元素,但是它并不会促进 TCP 相的生成,反而会促进合金成分的均匀化,抑制 TCP 相的生成。

③Cr 元素含量降低。Cr 元素是抗腐蚀元素,研究表明当 Cr 含量在 5% 以下时合金的抗腐蚀及抗氧化性能急速下降,但通过实验人们又发现,CMSX-10 合金虽然 Cr 的含量仅为2.3%,但其相关性能并没有明显下降,经研究表明,这是 Re、Ta 元素的添加造成的,这两种元素也可以抑制元素的扩散速度,提高了组织的稳定性,从而提高了抗腐蚀性能及抗氧化性能。同时,Cr 元素可促进 TCP 相的生成,因此从第二代合金开始,Cr 含量大幅度降低。

用于提高铝合金性能的元素主要是通过固溶强化和沉淀强化两种作用机制。但只有几种元素在铝合金中的溶解度较大,最大平衡溶解度超过 1%(原子数分数)的元素有 8 个:Ag、Cu、Ga、Ge、Li、Mg、Si、Zn。由于 Ag、Ga、Ge 属稀有贵金属,不可能作为一般工业合金的主要合金化元素,因此,Cu、Mg、Si、Zn、Mn、Li 等成为铝合金的主要合金化元素。Cr、Ti、Zr、V 等过渡族元素在铝合金中的溶解度很小,但在铝合金中能形成金属间化合物以细化凝固组织,控制回复,再结晶过程。

(5)熔体组成的复合化。

为了进一步提高金属材料的性能,通常在金属基体中加入另外一种增强相,形成复合材料。这种增强相可以是直接加入到合金熔体中,也可以是通过化学反应在熔体中原位生成。增强相可选择氧化物、碳化物、硼化物、氮化物等。反应内生增强颗粒法是在一定条件下通过元素之间或元素与化合物之间的化学反应,在金属基体内生成一种或几种高硬度、高弹性模量的陶瓷增强相,从而达到强化金属基体的目的。与外加增强颗粒金属基复合材料制备方法相比,反应内生增强颗粒金属复合材料制备方法有如下特点:

①增强体颗粒是在金属基体中原位形核、长大的热力学稳定相,增强体颗粒表面无污染,有的可作为金属基体的异质核心,增强颗粒与金属基体界面结合强度高。

②通过合理选择反应元素(或化合物)的类型、成分及加入适当的添加剂、稀土、铜、硼砂等,可有效控制原位生成增强颗粒的种类、大小、形态、分布和数量,去除有害夹杂物。

③省去增强颗粒的单独合成、处理和加入等工序,此工艺易控制、成本低、经济实用,利于颗粒增强铸造复合材料的推广。

④可利用铸造方法制备形状复杂、尺寸较大的近终形颗粒增强铸造复合材料零件。

⑤可制备整体颗粒增强铸造复合材料,也可制备局部颗粒增强铸造复合材料。方法灵活、可靠、适用面广。

---

① 未特殊说明,均是指质量分数。

⑥由于基体与增强颗粒的界面结合强度高,可在保证颗粒增强复合材料具有较好的韧性和高温性能的同时,提高材料的强度、硬度和弹性模量。

(6)坩埚技术。

坩埚是熔化和精炼金属液体时的容器,它必须能承受熔炼时金属熔体的温度。按照制备坩埚的材料,宏观上分为非金属坩埚和金属坩埚。

①非金属坩埚包括石墨坩埚、石英坩埚、刚玉坩埚、氧化镁坩埚、碳化硅坩埚等。

石墨坩埚的主体原料是结晶形天然石墨,保持着天然石墨原有的各种理化特性。石墨坩埚具有良好的热导性和耐高温性,在高温使用过程中,热膨胀系数小,对急热、急冷具有一定抗应变性能,具有优良的化学稳定性,被广泛用于钢的冶炼和有色金属及其合金的熔炼。在石墨坩埚中,又有普通型石墨坩埚、异型石墨坩埚和高纯石墨坩埚三种。各种类型的石墨坩埚,由于性能、用途和使用条件不同,所用的原料、生产方法、工艺技术和产品型号、规格也都有所区别。

高纯熔融石英由于具有结构精细、热导率低、热膨胀系数小、制成品尺寸精度高、高温不变形、热震稳定性好、电性能好、耐化学侵蚀性好等特点,因此在玻璃深加工行业、冶金工业、电子工业、化工工业、航空航天等领域得到广泛应用。熔融石英陶瓷坩埚以其热稳定性好、耐熔体(硅、铝、铜等)侵蚀性和对所加工的制品无污染等特性,被广泛应用于多晶硅生产及有色金属冶炼行业。

刚玉坩埚由多孔熔融氧化铝组成,具有良好的高温绝缘性和机械强度,导热率大,热膨胀率小,质坚而耐熔。纯度为99.70%的刚玉坩埚可在1 650~1 700 ℃使用,短期最高使用温度为1 800 ℃;纯度为99.35%的刚玉坩埚可在1 600~1 650 ℃使用,短期最高使用温度为1 400 ℃;纯度为85.00%的刚玉坩埚可在1 300 ℃以下使用,短期最高使用温度为1 400 ℃。

氧化镁(镁砂)坩埚材质为高纯氧化镁,纯度为99.9%的镁砂坩埚最高使用温度为1 800 ℃以上,广泛应用于有色金属、航空、精密铸造以及高能磁性材料等行业。

碳化硅坩埚具有体积密度大、耐高温、传热快、耐酸碱侵蚀、高温强度大、抗氧化性能高等特点,使用寿命是黏土石墨坩埚的3倍。

②金属坩埚包括铸铁坩埚、钢坩埚、钨坩埚、铜坩埚等。

铸铁坩埚是生铁翻铸而成,用于熔化铝合金、锌合金、铅合金、锡合金、锑合金等金属。

低碳钢坩埚通常用于熔化镁合金。

钨坩埚主要应用在蓝宝石晶体生长、稀土冶炼、石英连熔等行业,这三个行业使用等静压-烧结法生产的钨坩埚作为耐高温的核心装备生产产品。此外,钨坩埚还被用于废核燃料再生处理和真空蒸发镀膜行业,如废核燃料再生处理可用等静压-烧结法或者化学气相沉积法制备的钨坩埚,锻造加工法生产的钨坩埚一般被用于真空蒸发镀膜行业。在制备技术研究方面,等静压-烧结法是目前最普遍的生产方法;同时,用CVD法(化学气相沉积)制备的异形、薄壁钨坩埚有可能形成产业规模。

铜本身的熔点并不高,铜坩埚主要用于高熔点高活性合金的熔炼,被熔炼的合金的熔体温度远高于铜本身的熔化温度,因此需要强制冷却措施,因此将这类坩埚称为冷坩埚,而其他坩埚在使用过程中的温度接近或超过熔体温度而被称为热坩埚。

第2章 金属结构材料

2.1 黑色金属材料

2.1.1 铸铁

工业上的铸铁是一种以 Fe、Si、C 为基础的复杂多元合金,其中 $w(C) = 2.0\% \sim 4.5\%$,$w(Si) = 1\% \sim 3\%$,同时 $w(Mn) = 0.2 \sim 1.2\%$,$w(P) = 0.04\% \sim 1.2\%$,$w(S) = 0.04\% \sim 0.2\%$。为了提高铸铁的性能通常还要加入其他合金元素 Cr、V、Co、Ni、Mn 等。

按铸铁中是否有石墨存在,或按高碳相的存在形式不同,可分为灰铸铁和白口铁。按石墨存在形态,可分为普通灰口铸铁、球墨铸铁、蠕墨铸铁和可锻铸铁。按铁合金中是否含有除常规元素之外的合金元素分为普通铸铁和合金铸铁(由于其具有特殊的性能,如耐磨、耐热、耐腐蚀等,又称为特殊铸铁)。

铸铁以其应用特点可以分为两大类,即结构材料为主(发挥其力学性能,如灰铸铁、球墨铸铁、蠕墨铸铁、可锻铸铁)和功能材料为主(发挥其特殊的性能,如耐磨铸铁、耐热铸铁、耐腐蚀铸铁)。

灰铸铁的发展是以强度的提高为驱动力的,早期强度只有 $60 \sim 80$ MPa,现在可以达到 400 MPa 以上。从发展的途径上看,早期着眼于孕育,但逐渐向合金化方向发展。为了改善铸造性能,力求采用较高碳当量的铸铁,塑性较低。

早在 1935 年德国人发现了铸铁凝固过程中通过控制合金成分可以析出石墨球,进而世界范围内开展球墨铸铁的研究,目前球墨铸铁的强度可达 $400 \sim 900$ MPa,塑性达到 $2\% \sim 20\%$。蠕墨铸铁的强度和塑性低于球墨铸铁,但高于灰铸铁。可锻铸铁强度为 $300 \sim 700$ MPa,塑性为 $2\% \sim 12\%$。

1. 铁碳相图

由于铸铁中的碳能以石墨或渗碳体两种独立的形式存在,因而 Fe-C 合金系中存在 Fe-石墨、Fe-Fe$_3$C 双重相图,如图 2.1 所示,其中 Fe-石墨是稳定系,Fe-Fe$_3$C 是非稳定系。从热力学角度分析,稳定系发生在冷却速度缓慢的条件下,非稳定系发生在冷却速度较快的条件下。

对于铸造合金,通常采用共晶成分点,提高铸造性能(对提高流动性有好处:熔点低、易于过热(黏度低)、不形成大枝晶,潜热大)。

Fe-C 共晶部分的详细图形如图 2.2 所示,Fe$_3$C 液相线与石墨液相线的交点是在石墨共晶温度之下 11 K,这表明在激冷条件下熔体易于对渗碳体相过饱和析出。

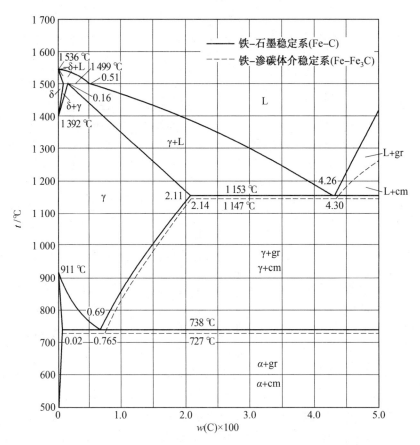

图 2.1　Fe-Fe₃C 系和 Fe-石墨系双重相图

注:gr 表示石墨相;cm 表示渗碳体相。

过冷度小于 11 K 时,石墨的液相线高于渗碳体的液相线,而优先析出石墨;当过冷度大于 11 K 后,渗碳体的液相线高于石墨的液相线,将优先析出渗碳体。Fe-石墨共晶条件为 4.26/1 426 K,Fe-Fe₃C 系共晶条件为 4.30/1 420 K。

构成铸铁的主要相有石墨、渗碳体、奥氏体和 α 铁素体。石墨在铸铁中的形态有片状石墨、共晶石墨、蠕虫状石墨和球状石墨。

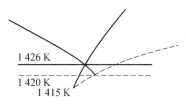

图 2.2　Fe-C 共晶部分的详细图形

2.铸铁的灰口或白口凝固

铸铁依照其凝固方式的不同,可能形成灰口组织或白口组织,在某些特殊的条件下也可能形成由灰口和白口构成的混合组织,即麻口组织。影响铸铁凝固组织的因素如下。

(1)过冷温度(过冷度)的影响。

铸铁按照何种方式凝固结晶成灰口或白口组织取决于石墨与渗碳体两者相对的形核可能性以及生长速率,这将取决于铁液的化学成分和结晶条件等热力学条件。

图 2.3 所示是在温度-生长速率坐标上绘出的灰口或白口铸铁组织的存在范围(没有

考虑成分的影响）。

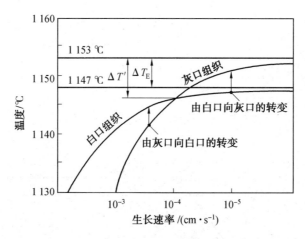

图2.3　灰口或白口铸铁组织的存在范围

石墨共晶的平衡温度为1 153 ℃,而Fe₃C的共晶平衡温度为1 147 ℃,在两个平衡温度之间,只有石墨共晶能够形核长大。

在1 147 ℃以下,石墨共晶和渗碳体共晶都能形核、生长,但随着温度的降低,渗碳体的生长速率相对于温度的变化率(dR/dT)明显大于石墨。两者生长速率大小关系的转折点对应的温度是1 142 ℃(临界过冷度),即低于此温度时,渗碳体的生长速率大于石墨的生长速率,会发生白口组织凝固,结晶过冷度是决定铸铁凝固方式的基本因素。

分析图2.3时有两种途径:一种是考察相同过冷度时不同相的生长速率的大小关系,生长速率大的将优先形成;另一种是考察相同的生长速率条件下,所需过冷温度的大小关系,过冷温度小的将优先形成。

（2）冷却速度的影响。

从动力学方面分析,冷却速度对铸铁结晶过程的影响主要在对相变过程中原子扩散迁移的影响。在共晶转变中,如果冷却速度小,则在该温度下有较长的转变时间,有条件进行充分的碳原子扩散,故使转变倾向有利于按照石墨共晶方式进行。因此,具有一定碳硅含量的铁液在共晶转变中,可因冷却速度的不同而生成白口铸铁或灰口铸铁。冷却速度还影响奥氏体的共析转变,而形成全珠光体或珠光体-铁素体混合基体。

冷却速度非常缓慢时,将完全按稳定系共晶反应,增加冷却速度,发生部分按稳定系共晶、部分按非稳定系共晶,冷却速度再增加,将完全按非稳定系共晶,如图2.4所示。

（3）合金成分的影响。

铸铁中的合金元素对其相变过程有重要的影响,其影响主要表现在以下几个方面:①促进铸铁的灰口结晶或白口结晶,即在共晶过程中促进或阻碍石墨化;②在初生相结晶及共晶转变中,影响结晶相的形核过程和结晶方式,从而影响灰口铸铁中石墨(或白口铸铁中碳化物)的形态、尺寸及分布特性,以及亚共晶铸铁中初生奥氏体树枝晶体的生长过程;③在奥氏体内碳的脱溶过程中,促进二次高碳相以石墨或渗碳体形式析出;④在共析转变过程中,影响过冷奥氏体的稳定性,从而使共析转变按不同的方式进行;⑤影响共晶含碳量和共析含碳量。可见,对相图中的相变过程都有影响。

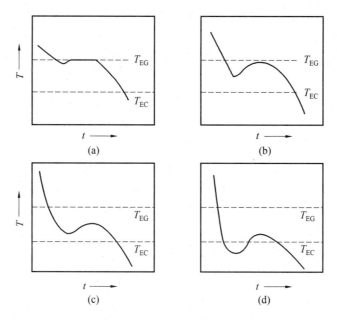

图 2.4　冷却速度对铸铁凝固组织的影响示意图

①基本元素的影响。在非合金化的普通铸铁中,主要的存在元素为碳、硅、锰、磷和硫,对石墨的结晶起重要作用的是碳和硅。

碳本身是形成石墨的元素,同时,铁液中碳的高低又决定着石墨的形核和长大。从结晶动力学角度看,铁液中碳的浓度高时,比较容易形成石墨核心,一旦形成核心后,由于铁液中碳原子浓度高,扩散和聚集的过程也比较容易实现,因此,铁液含碳量高时,在共晶转变中倾向于按照稳定系结晶。同时,含碳量高的铁液经共晶转变后形成的组织中石墨的数量较多,这又为共析转变中石墨的析出提供了更多的形核衬底,因此碳是促进石墨化的重要元素。

硅是强烈促进铸铁中碳石墨化的元素,它能提高铁液中碳的活度(相当于增加碳含量),扩大共晶温度范围,增大形成白口的临界过冷度,促进灰口组织形成。在共析转变方面,硅也促进奥氏体按照稳定系平衡进行转变。由于硅的这种作用,硅常用来作为调整和控制铸铁组织的元素,没有 Si,即使碳含量高于 4.3%,也不能保证形成灰口。铸铁组织与碳硅含量的关系如图 2.5 所示。

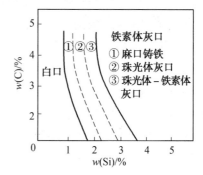

图 2.5　铸铁组织与碳硅含量的关系
(Si 有促进石墨析出的作用)

锰在铸铁的共晶转变中仅具有较弱的阻碍石墨化的作用,但锰能中和硫的有害作用。

硫在含量高时,有阻碍石墨化的作用,同时还会使初生奥氏体和共晶奥氏体的枝晶粗化。当硫含量高时,还会形成硫共晶,降低铸铁的性能,故在铸铁中应限制硫含量。但少量的硫化物对石墨形核有利,故铸铁中含硫量并非越少越好。

　　磷具有促进共晶石墨化的作用,但由于它具有严重的结晶偏析倾向,在铸铁中磷含量不高时就可形成磷共晶,使铸铁变脆。

　　②合金元素的总体影响。按照促进灰口或白口凝固的方向和作用的强弱可将合金元素按以下顺序排列:

$$\text{Si,Al,Ni,Co,Cu} \longleftrightarrow \text{Mn,Mo,Sn,Cr,V,Sb,Te}$$
　　　促进灰口凝固　　　　　　　　　促进白口凝固

合金元素的影响主要归结为以下三个方面:

　　a. 对碳在铁液中溶解度的影响。某种合金元素使铁液中碳的溶解度降低,即使碳的活度增大,促使碳以稳定系结晶(析出石墨)。如 1% Si 使碳的溶解度降低 0.29% ~ 0.31%,其促使碳以石墨形式析出;1% Cr 使碳的溶解度升高 0.06% ~ 0.063%,其促使碳以渗碳体形式析出。

　　假设合金熔体中原有碳含量为 C_1,当加入某元素,使合金熔体中碳的理论含量改变为 C_2,若 $C_2 > C_1$,促进渗碳体形成;若 $C_2 < C_1$,促进石墨形成;若 $C_1 = C_2$,对碳的析出从某方面说没有影响。

　　b. 对共晶含碳量的影响。由于合金元素的存在,使得铸铁的共晶含碳量发生变化,其中 Si、P、S 使共晶含碳量减少(Fe-C 相图上共晶点左移),而 Mn 使共晶含碳量增加(共晶点右移)。

可以用碳当量与共晶含碳量比较:

对于稳定系:
$$\text{CE} = w(\text{C}) + 0.31w(\text{Si}) + 0.33w(\text{P}) + 0.40w(\text{S}) + 0.07w(\text{Ni}) +$$
$$0.05w(\text{Cr}) - 0.027w(\text{Mn})（稳定系） \sim 4.26$$

对于亚稳系:
$$\text{CE} = w(\text{C}) + 0.5w(\text{Si}) + 0.25w(\text{P})（亚稳系） \sim 4.3$$

　　碳当量:根据不同元素对共晶点实际碳含量的影响,将这些元素折算成碳量的增减,以 CE% 表示,CE% $= w(\text{C}) + 1/3w(\text{Si+P})$。将 CE% 与共晶点(4.26%)相比,CE% >4.26%,为过共晶,CE% <4.26%,为亚共晶。

　　c. 对共晶温度范围的影响。共晶温度范围 ΔT_E(图 2.3)对于共晶转变的石墨化倾向有重要的影响。ΔT_E 大时,铸铁倾向于形成石墨共晶。铸铁中每种合金元素均会使稳定系共晶温度 T_E 和介稳系共晶温度 T_E' 发生改变,从而使 ΔT_E 增大或减小。有些元素(Si、Ni)增大 ΔT_E 值,起促进石墨化作用,另一些元素(Cr)减小 ΔT_E 值,起阻碍石墨化作用。合金元素在改变 ΔT_E 方面的作用还与其在铁液中的含量有关,合金元素对共晶温度范围的影响如图 2.6 所示。

　　d. 对临界过冷度的影响。铸铁共晶结晶过程的临界过冷度($\Delta T'$)是使铸铁进行灰口凝固所能承受的最大结晶过冷度,由于合金元素对石墨共晶和渗碳体共晶的生长速率产生不同的影响,因而会使临界过冷度 $\Delta T'$ 增大或减小。根据晶体生长动力学方面的研究,铸铁共晶转变的临界过冷度 $\Delta T'$ 与共晶温度范围 ΔT_E 以及石墨共晶与渗碳体共晶的生长速率比之间有一定的函数关系:

$$\Delta T' = \frac{\Delta T_E}{(1 - K_G / K_C)}$$

式中　K_G，K_C——与石墨共晶、渗碳体共晶生长速率有关的常数，而 $0 < K_G / K_C < 1$。K_G / K_C 与
　　　　合金元素在渗碳体、奥氏体两相中的分配比成反比例关系。

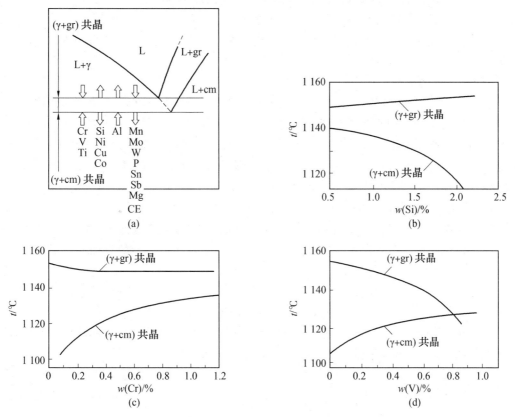

图 2.6　合金元素对共晶温度范围的影响

因此，某一合金元素在两相中的分配比越小，K_G / K_C 越大，接近于 1，$\Delta T'$ 越大，越有利于石墨共晶的形成。

常见合金元素在渗碳体、奥氏体两相中的分配比值：Si 为 0.03；Co 为 0.21；Ni 为 0.34；Mo 为 7.5；Cr 为 28。

（4）炉料的原始状态的影响。

铸铁的组织一定程度上受炉料的影响。当由一种炉料换成另一种炉料时，虽然铁液的基本成分未改变，但铸铁的组织，包括石墨化程度、白口倾向以及石墨形态和基体组成等有可能发生变化。这种变化的原因来自炉料，即所谓的遗传。

①生铁中石墨的遗传。由于生铁中石墨含量高，其组织中往往含有粗大的初生石墨。当这样的生铁作为炉料在冲天炉中进行重熔时，由于石墨的熔点高，铁液在冲天炉中停留时间短，以至粗大的石墨来不及在铁液中完全溶解，而在铁液的凝固过程中，残留的石墨能够作为石墨的晶芽继续长大，有时在亚共晶铸铁的组织中甚至出现初生石墨。

②铁料中微量合金元素。在生产中发现，在化学成分正常的情况下，铸铁的组织有时出

现不正常的石墨,如网状石墨或长条状石墨。由于炉料中带入某些合金元素如 Pb、Sb、Ti、Bi、Te 等,这些元素使铁液过冷,而生成不正常的石墨,甚至白口。

3. 灰口铸铁的一次结晶

灰口铸铁从液态转变成固态的一次结晶过程,包括初析和共晶两个阶段。当铸铁的成分为亚共晶时,在发生共晶反应转变之前先结晶出初生奥氏体,当合金成分为过共晶时,在发生共晶转变之前先结晶出初生石墨。本节介绍初生奥氏体、初生石墨、奥氏体-石墨共晶的生长。

(1)奥氏体的结晶。

初生奥氏体树枝晶对铸铁的组织和力学性能有显著影响,它在灰铸铁中的作用与钢筋在钢筋混凝土中的作用相似,能起到骨架的加强作用,并能阻止裂纹的扩展。

①结晶过程热力学。亚共晶铸铁中析出初生奥氏体的自由能变化如图 2.7 所示,当亚共晶铁液(成分 X)过冷至液相线 BC' 以下,例如温度 T_1 时,在碳的质量分数为 X 的亚共晶铁液中开始结晶出初生奥氏体。在此温度时,铁液中铁原子浓度 $(1-X)$ 比平衡值 $(1-X_a)$ 偏高(偏离度 X_a-X),而成分为 X 的铁液的自由能要比成分为 X_a 的铁液和成分为 X_b 的奥氏体所组成的两相平衡混合体高出 ΔG,这就是初生奥氏体结晶的热力学驱动力。

奥氏体的析出导致剩余铁液的增碳,增碳过程首先是在奥氏体的表面附近进行的。此处铁液成分接近于平衡成分 X_a,而在较远区域的铁液则仍维持原成分 X。这种浓度差使得碳原子由奥氏体晶体表面附近向远处扩散,这样使得奥氏体的析出过程得以继续进行。在温度保持不变的条件下,奥氏体的析出将一直维持到全部铁液成分达到 X_a 为止。进一步降低温度至 T_2,则将析出成分为 X_d 的奥氏体,而在不断降温的过程中析出的奥氏体成分将是变化的(含碳量由低变高),形成枝晶内偏析。

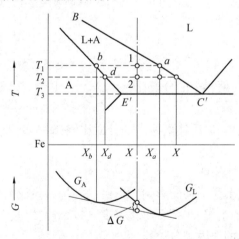

图2.7　亚共晶铸铁中析出初生奥氏体时的自由能变化

②初生奥氏体的形态。奥氏体具有面心立方结构,它在结晶过程中常发展成为树枝状分叉形态,产生枝晶叉的机理是:奥氏体为面心立方晶体,原子密排面为(111)面,当奥氏体直接从熔体中形核、成长时,只有密排面生长,其表面能最小,析出的奥氏体才稳定,由原子密排面{111}构成的晶体外形是八面体。八面体的生长方向是八面体的轴线,即[001]方

向,由于八面体尖端的快速生长,形成了奥氏体的一次枝晶,之后又形成二次枝晶、三次枝晶等,都是互相垂直并按[100]方向生长的晶体。面心立方晶体枝晶生长形态如图 2.8 所示。理想状态下枝晶是对称的,但实际上由于枝晶前沿溶质分布的不均匀以及枝晶前对流的存在,使枝晶失去对称性。亚共晶白口铸铁组织中的奥氏体形态如图 2.9 所示。

图 2.8　面心立方晶体生长形态

图 2.9　亚共晶白口铸铁组织中的奥氏体

③初生奥氏体枝晶中的成分偏析。奥氏体枝晶中的化学成分不均匀是由凝固过程决定的。按照相图,先析出的奥氏体碳含量较低,在逐渐长大的以后各层奥氏体中的碳含量沿图 2.7 中的 bdE' 变化,碳含量逐渐升高,形成芯状组织。

除碳之外,其他合金元素在奥氏体中的分布也存在不均匀现象,界面成分分布及枝晶成分分布图如图 2.10 所示。

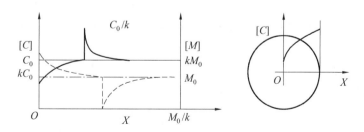

图 2.10　界面成分分布及枝晶成分分布图

与碳亲和力小的元素(与碳相斥,如 Al、Si、Ni、Cu、Co)的分布规律与碳的分布规律相反,先形成的奥氏体芯部这类元素含量高,形成所谓的"反偏析",而与碳亲和力高的元素

（白口化元素 Mn、Cr、W、Mo、V）与碳一起在枝晶间富集,形成正偏析。

　　④影响初生奥氏体枝晶数量及粗细的因素。铸铁中奥氏体枝晶数量直接影响作为坚固骨架的数量。在平衡凝固条件下,奥氏体枝晶的质量可利用杠杆定律计算,但在非平衡条件下,需要用实验方法(定量金相)测定奥氏体数量。

　　非平衡凝固时,即使碳含量高达 4.7%（共晶碳含量为 4.26%）,铸态组织中仍有初生奥氏体,这是因为快冷导致过冷度大,共晶点向右下方偏移。

　　初生奥氏体数量受铸铁中 Si 和 C 含量的影响。随着碳含量升高,初生奥氏体数量降低,$n(\mathrm{Si})/n(\mathrm{C})$ 和初生奥氏体量的关系如图 2.11 所示,在相同碳含量的前提下,用 $n(\mathrm{Si})/n(\mathrm{C})$ 比来进行评价,$n(\mathrm{Si})/n(\mathrm{C})$ 高,奥氏体数量多。在高碳量时,随着碳含量的增加,枝晶细化,碳量与奥氏体枝晶细化程度的关系如图 2.12 所示。合金元素的影响:S 粗化奥氏体枝晶,Ti 和 V 细化枝晶。

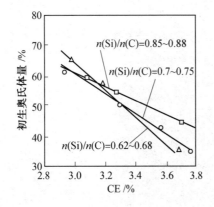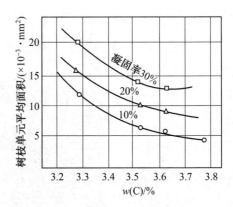

图 2.11　$n(\mathrm{Si})/n(\mathrm{C})$ 和初生奥氏体量的关系　　图 2.12　碳量与奥氏体枝晶细化程度的关系
（冷却速度为 2.5 ℃/min）

　　增加冷却速度,奥氏体数量增加,还可以细化奥氏体枝晶。扩散控制下的生长受过冷度的影响很大。

　　(2)初生石墨结晶。

　　①结晶过程热力学。过共晶铸铁中析出石墨时的自由能变化如图 2.13 所示。当过共晶铁液过冷至液相线 $C'D'$ 以下时,从铁液中析出初生石墨,成分为 X 的铁液的自由能要比成分为 X_a 的铁液与石墨两相平衡混合体的自由能高 ΔG,这就是初生石墨结晶的热力学驱动力。

　　②初生石墨形态。石墨具有六方晶格,其晶体结构如图 2.14 所示。在石墨晶体中,碳原子有两种连接方式,基面上碳原子之间由共价键连接,而基面与基面之间的连接由极性键连接。这两种键的键能不同,共价键的键能很强,而极性键的键能很弱。

　　初生石墨在铁液中直接析出,铁液中的碳原子从各个方向以相等的概率扩散到石墨晶核处使石墨晶体长大,因此石墨晶体的长大方式以及石墨的形态完全由晶体结构以及铁液与石墨之间的界面能所决定。

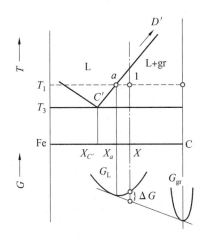

图 2.13　过共晶铸铁中析出石墨时的自由能变化

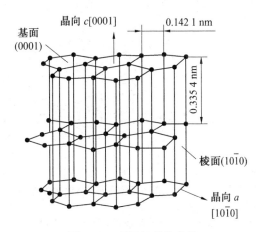

图 2.14　石墨的晶体结构

a. 晶体结构的影响(完整晶体,无缺陷)——长成片状。从晶体生长理论,石墨沿基面(a 向)生长是占优势的。因为在棱柱面的方向上存在强的未饱和键,在这些面生长时不需要再形核,铁液中的碳原子能直接结合到未饱和的键上去。而在基面(0001)面上则不同,为了沿 c 向生长,需要在(0001)面上形成一定临界尺寸的二维晶核。而实际上在基面上形成二维晶核的概率很小,即石墨在不同的晶向上的生长速率与其晶体结构的不对称性有关。

b. 界面能的影响(不含硫,但有缺陷)——长成球形。石墨沿不同晶向的生长速率在很大程度上受到铁液-石墨之间的界面能的影响。石墨晶体要生长必须克服界面张力的作用。由于石墨晶体结构的不对称性,使得铁液-棱柱面与铁液-基面间的界面能不相等。在纯净的铁液的情况下(不含硫氧杂质),铁液-棱柱面的界面能远大于铁液-基面的界面能,这就使得石墨沿 a 向生长时,所受到的界

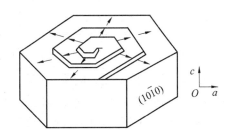

图 2.15　石墨螺旋位错台阶示意图

面张力的约束作用比沿 c 向生长时要大得多,因此在纯净的铁液中石墨晶体的生长主要是沿 c 向而不是 a 向。但沿 c 向生长并非是一层一层地在基面上叠加上去,而是在基面上产生螺旋位错的方式长上去(图 2.15、图 2.16)。这种生长方式既免除了在基面上形核的困难,又在生长时只受到较小的界面张力的约束。石墨按照这种 c 向生长方式生长的结果是长成球形。

c. 硫的影响(含硫,有缺陷)——长成片状。铁液中的杂质元素(特别是硫)对石墨的生长方式有重要的影响。硫是表面活性元素,它在石墨晶体表面进行选择吸附,优先吸附在($10\bar{1}0$)晶面上,从而大大降低了铁液石墨晶面间的界面能(表 2.1)。同时硫原子还吸附在螺旋生长台阶处,从而阻止了螺旋方式生长。由于硫的这种作用,使得含硫的铁液中石墨的生长又重新成为以 a 向为主,而长成片状石墨,石墨的长度方向与石墨晶体的基面平行。

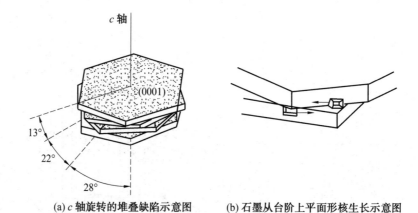

(a) c 轴旋转的堆叠缺陷示意图　　(b) 石墨从台阶上平面形核生长示意图

图 2.16　石墨在[$1\,0\,\bar{1}\,0$]方向上以旋转晶界台阶生长的示意图

表 2.1　各种铸铁液与石墨之间的界面能

铁液类别	石墨晶面	界面能/($\times 10^{-7}$ J·cm^{-2})
含硫灰铸铁	棱柱面	845.5
	基面	1 269.8
镁球墨铸铁	棱柱面	1 720.7
	基面	1 459.7
铈球墨铸铁	棱柱面	1 578.7
	基面	1 322.8

　　d. 球化剂的影响(含硫,有缺陷,添加球化剂)。当铁液中含有镁、铈等强力脱硫的元素时,由于消除了硫的表面吸附作用,从而又恢复了石墨沿 c 向按螺旋位错方式生长。同时,由于镁、铈具有强烈的净化铁液的能力,使得铁液-石墨之间的界面能大为提高,因而促进石墨以维持最小表面能的方式生长存在,而长成球形。

　　初生石墨的生长过程自始至终是在与铁液接触的条件下进行的,这种情况下铁液中的碳原子的扩散速度快,因而石墨晶体的长大速度快。通常在铁液开始凝固以前就已经长得很大,在尺寸上与共晶石墨有明显的区别。片状石墨、球状石墨、蠕虫石墨也有这样的特征。

　　在实际的石墨中存在各种缺陷,其中旋转晶界、螺旋位错对石墨的生长影响很大(图 2.15、图 2.16)。

　　(3)石墨-奥氏体共晶。

　　①结晶过程热力学。灰口铸铁的共晶结晶是从铁液中同时析出奥氏体和石墨晶体的过程。当铁液过冷至低于共晶线 $E'C'F'$(图 2.17)以下的温度 T_1 时,成分为 $X_{C'}$ 的铁液对奥氏体和石墨同时过饱和(X_C-X_a 和 $X_b-X_{C'}$),铁液的自由能要比奥氏体与石墨的混合体的自由能高出 ΔG,这就是共晶结晶过程的驱动力。

　　②结晶方式和共晶体的形态。在共晶结晶过程中,一般情况下其主导相是石墨,它从共晶成分的铁液中首先析出,并如同初晶石墨那样长成片状或球状晶体。与石墨相邻的铁液贫碳,因而在石墨的局部表面产生奥氏体。两相随后的生长机理和共晶体的最终形态则取决于石墨晶体的生长方式(球、片)以及石墨与奥氏体在生长速度方面的比较。

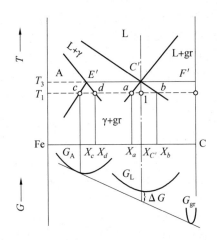

图 2.17　共晶铸铁中析出石墨和奥氏体时的自由能变化

在石墨长成片状的情况下,它在铁液中长得很快的枝杈前沿超过其侧面的奥氏体,从而自始至终能保持这种两相互相伴生的生长方式而成为石墨-奥氏体共晶团。这种共晶团属于正常的共晶结晶方式。在共晶结晶过程中,石墨的长大并不像初生石墨那样经常是沿着一个固定的方向生长,而是经常产生分枝和弯曲,形成类似于花朵的空间形状。

在石墨长成球形的情况下,由于石墨球的生长速率低于其相邻的奥氏体的生长速率,因此当石墨球晶体形成之后,随即被奥氏体所包围,形成奥氏体外壳。此后铁液中的碳原子以扩散的方式经由奥氏体壳进入奥氏体-石墨界面,而石墨继续沿 c 轴方向以螺旋位错方式生长,奥氏体壳向外生长,直到共晶反应结束。

根据晶体学的基本理论,晶体的生长速率 R 与结晶过冷度 ΔT 有关。

石墨晶体的生长速率与结晶过冷度成指数关系,γ-石墨的生长速率曲线如图 2.18(a)所示。只有当共晶成分的铁液过冷度超过一定值后(两条曲线交点对应的 ΔT),石墨的生长速率才会大于奥氏体的生长速率,这时才会发生正常的共晶结晶过程,即形成石墨-奥氏体相伴而生的共晶团。

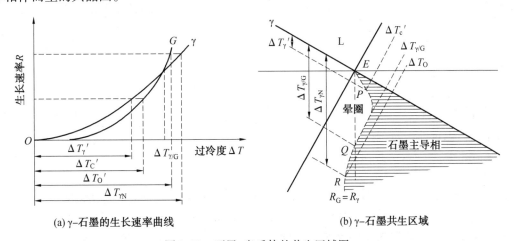

(a) γ-石墨的生长速率曲线　　　　(b) γ-石墨共生区域

图 2.18　石墨-奥氏体的共生区域图

图 2.18(b)所示为石墨作为结晶主导相,亦即 γ-石墨共生区域(图中阴影部分)。图中 *EPQR* 所在线为奥氏体-石墨等生长速率对应的成分-过冷度曲线。两相生长速率相同时所需过冷度在图 2.18(b)中的交点就是 *EPQR* 线。生长速率越大,需要的过冷度越大。当铁液在 *PQR* 界线的左侧进行结晶时,奥氏体的生长速度大于石墨的生长速度,不能形成两相伴生的共晶团。而在 *PQR* 界线右侧阴影区域结晶时,石墨的生长速率大于奥氏体的生长速率,可以形成两相伴生的共晶团。

③共晶团。在铸铁的共晶转变过程中,由铁液中结晶出来的石墨-奥氏体所构成的集合体称为共晶团,亚共晶灰铸铁共晶转变过程示意图如图 2.19 所示。一般情况下,每个共晶团内有一簇长成像花朵状的石墨,以及在石墨片层间交叉生长的奥氏体枝晶。

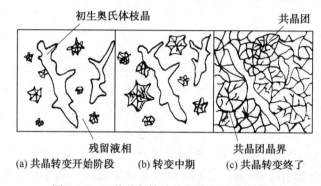

初生奥氏体枝晶　　　　　　　　　　　　共晶团

残留液相　　　　　　　　　　　　　　　共晶团晶界
(a) 共晶转变开始阶段　　(b) 转变中期　　(c) 共晶转变终了

图 2.19　亚共晶灰铸铁共晶转变过程示意图

灰铸铁共晶团数(个/cm^2)决定于共晶转变时的成核及成长条件。冷却速度及过冷度越大,非均质晶核越多,生长速度越慢,则形成的共晶团数越多。随着共晶团数量的增加,白口倾向减少,力学性能略有提高。但由于增加了共晶凝固期间的膨胀力,因而使铸件胀大的倾向增加,从而增加了缩松倾向。控制共晶团数量对生产高质量铸铁非常重要,尤其是耐压铸件。过共晶灰铸铁的凝固过程则由析出初生石墨开始,到达共晶平衡温度并有一定程度过冷时,进入共晶阶段,此时共晶石墨及共晶奥氏体可在初生石墨的基础上析出,所以可见到共晶体与初生石墨相连的组织特征。其最后的室温组织与共晶成分、亚共晶成分的灰铸铁基本相似,不同的是组织中有粗大的初生片状石墨存在,而共晶石墨也显得粗大些。

2.1.2　钢

1. 钢中合金元素的作用

合金元素从以下两方面发挥作用:一方面影响组织,强化铁素体、增加珠光体量、细化珠光体细化钢的晶粒等;另一方面影响性能,析出强化(沉淀强化),提高钢的耐热性和热强性,改善钢的低温韧性,提高钢的耐蚀性,提高钢的抗磨性,使钢具有强铁磁性或非铁磁性等。

常用的合金元素及其作用如下。

(1)碳(C)。

钢中含碳量增加,屈服点和抗拉强度升高,但塑性和冲击性降低,当碳的质量分数超过 0.23% 时,钢的焊接性能下降,因此用于焊接的低合金结构钢,碳的质量分数一般不超过 0.20%。碳量高还会降低钢的耐大气腐蚀能力,在露天料场的高碳钢就易锈蚀。此外,碳能增加钢的冷脆性和时效敏感性。

（2）硅（Si）。

在炼钢过程中加入的硅元素一般作为还原剂和脱氧剂,镇静钢中硅的质量分数为 0.15% ~0.30%。如果钢中硅的质量分数为 0.50% ~0.60%,硅就算合金元素。硅能显著提高钢的弹性极限、屈服点和抗拉强度,故广泛用于弹簧钢。硅和钼、钨、铬等结合,有提高抗腐蚀性和抗氧化的作用,可制造耐热钢。硅的质量分数为 1% ~4% 的低碳钢,具有极高的磁导率,用于电器工业做矽钢片。但含硅量增加,会降低钢的焊接性能。

（3）锰（Mn）。

在炼钢过程中,锰是良好的脱氧剂和脱硫剂,一般钢中锰的质量分数为 0.30% ~0.50%。在碳素钢中加入质量分数为 0.70% 以上锰时就算"锰钢",不但有足够的韧性,而且有较高的强度和硬度,提高钢的淬透性,改善钢的热加工性能,如 16Mn 钢比 A3（Q235）屈服点高 40%。锰的质量分数为 11% ~14% 的钢有极高的耐磨性,用于挖土机铲斗、球磨机衬板等。含锰量增高,减弱钢的抗腐蚀能力,降低焊接性能。

（4）磷（P）。

在一般情况下,磷是钢中的有害元素,磷能增加钢的冷脆性,使焊接性能下降,降低塑性,也会使冷弯性能下降。因此通常要求钢中磷的质量分数小于 0.045%,优质钢要求更低些。

（5）硫（S）。

硫在通常情况下也是有害元素。硫能使钢产生热脆性,降低钢的延展性和韧性,在锻造和轧制时造成裂纹。硫对焊接性能也不利,会降低耐腐蚀性。所以通常要求硫的质量分数小于0.055%,优质钢要求小于 0.040%。在钢中加入质量分数为 0.08% ~0.20% 的硫,可以改善切削加工性,这种钢通常称易切削钢。

（6）铬（Cr）。

在结构钢和工具钢中,铬能显著提高强度、硬度和耐磨性,但同时降低塑性和韧性。铬又能提高钢的抗氧化性和耐腐蚀性,因而是不锈钢、耐热钢的重要合金元素。另外,Cr 强烈地稳定铁的 α 相（相变过程中不出现 γ 相）,并可保持到室温。Cr 还能提高铁的电极电位,减少微电池数目,从而提高钢的抗腐蚀能力,铁铬合金电极电位及硝酸溶液中的腐蚀失重与铬含量的关系如图 2.20 所示。

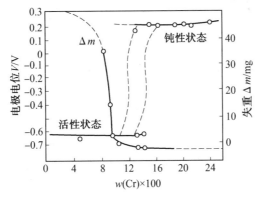

图 2.20　铁铬合金电极电位及硝酸溶液中的腐蚀失重与铬含量的关系

（7）镍（Ni）。

镍能提高钢的强度，而又保持良好的塑性和韧性。镍对酸碱有较高的耐腐蚀能力，在高温下有防锈和耐热能力。但由于镍是较稀缺的资源，故应尽量采用其他合金元素代替。

（8）钼（Mo）。

钼能使钢的晶粒细化，提高淬透性和热强性能，在高温时保持足够的强度和抗蠕变能力。结构钢中加入钼不仅能提高机械性能，还可以抑制合金钢由于回火而引起的脆性，在工具钢中还可提高红硬性。

（9）钛（Ti）。

钛是钢中的一种强脱氧剂，它能使钢的内部组织致密，细化晶粒力，也可降低时效敏感性和冷脆性，改善焊接性能。在 Cr18Ni9 奥氏体不锈钢中加入适量的钛，可避免晶间腐蚀。

（10）钒（V）。

钒是钢的优良脱氧剂，钢中加质量分数为 0.5% 的钒可细化组织晶粒，提高强度和韧性。钒与碳形成的碳化物，在高温高压下可提高抗氢腐蚀能力。

（11）钨（W）。

钨熔点高，密度大，是贵重的合金元素。钨与碳形成的碳化钨有很高的硬度和耐磨性。在工具钢中加钨，可显著提高红硬性和热强性，作为切削工具及锻造模具用。

（12）铌（Nb）。

铌能细化晶粒和降低钢的过热敏感性及回火脆性，提高强度，但塑性和韧性有所下降。在普通低合金钢中加铌，可提高抗大气腐蚀及高温下抗氢、氮、氨腐蚀能力。铌可改善焊接性能。在奥氏体不锈钢中加铌，可防止晶间腐蚀现象。

（13）钴（Co）。

钴是稀有的贵重金属，多用于特殊钢和合金中，如热强钢和磁性材料。

（14）铜（Cu）。

铜能提高强度和韧性，特别是提高抗大气腐蚀性能。其缺点是在热加工时容易产生热脆，铜的质量分数超过 0.5% 塑性显著降低；铜的质量分数小于 0.50% 对焊接性能无影响。

（15）铝（Al）。

铝是钢中常用的脱氧剂，钢中加入少量的铝，可细化晶粒，提高冲击韧性。铝还具有抗氧化性和抗腐蚀性能，铝与铬、硅合用可显著提高钢的高温不起皮性能和耐高温腐蚀的能力。铝的缺点是影响钢的热加工性能、焊接性能和切削加工性能。

（16）硼（B）。

钢中加入微量的硼就可改善钢的致密性和热轧性能，提高强度。

（17）氮（N）。

氮能提高钢的强度、低温韧性和焊接性，但会增加时效敏感性。

（18）稀土（RE）。

钢中加入稀土，可以改变钢中夹杂物的组成、形态、分布和性质，从而改善了钢的各种性能。

2. 钢的凝固组织

钢中含碳量固态降温过程中存在共析反应，对其室温组织有决定性影响。

钢的含碳量不能超过奥氏体中碳的最大固溶度(2.11%),虽然在碳质量分数小于0.53%的钢凝固时经历包晶凝固,如图2.21所示,但包晶温度以下为单相奥氏体,包晶凝固过程对最终组织的影响关注得不多,对最终组织影响更大的是有无共析反应。

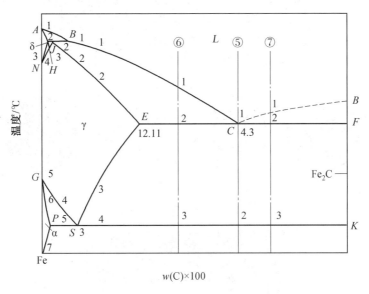

图 2.21　碳钢共析成分范围内二元相图

图 2.22 所示为共析成分碳钢组织的形成过程示意图,图 2.23 所示为共析钢(0.8% C)缓冷的共析钢组织。

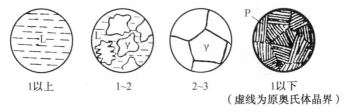

图 2.22　共析成分碳钢组织的形成过程示意图

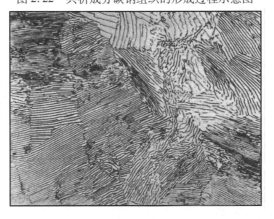

图 2.23　共析钢缓冷的共析钢组织
(共析珠光体片层,黑色为渗碳体,白色为铁素体)

图 2.24 所示为亚共析成分碳钢组织形成过程示意图,图 2.25 所示为缓冷的亚共板钢
(0.35%C)。

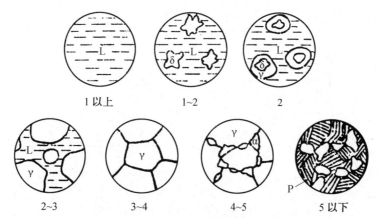

图 2.24 亚共析成分碳钢组织形成过程示意图

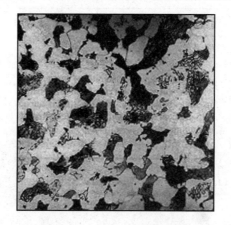

图 2.25 缓冷的亚共析钢组织
(黑色为珠光体,白色为铁素体)

图 2.26 所示为过共析成分碳钢组织形成过程示意图,图 2.27 所示为缓冷的过共析钢
(1.2%C)组织。

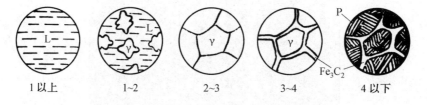

图 2.26 过共析成分碳钢组织形成过程示意图

钢中合金元素质量分数一般低于 50%。质量分数为 1%~4% 的合金元素称为低合
金钢。

图 2.27　缓冷的过共析钢组织

（黑色为珠光体,白色为渗碳体在原始奥氏体晶界形成）

3. 高合金钢

（1）不锈钢。

不锈钢是指至少含有 12% 的 Cr,Cr 氧化时在合金表面形成致密的保护性氧化膜。不锈钢可分为铁素体不锈钢、马氏体不锈钢、奥氏体不锈钢。

Fe-Cr 二元合金中,Cr 含量为 12% ~30%。从图 2.28 相图可见,其凝固过程中不经过奥氏体,在液相中直接凝固出体心的铁素体(图 2.29),并保持到室温。

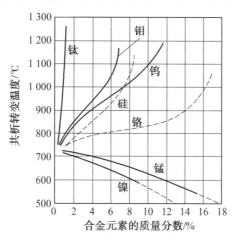

图 2.28　Ni、Cr 对液固相变相区的影响

马氏体不锈钢含 12% ~17% Cr,同时含 0.15% ~1.0% C。C-Cr 综合作用使奥氏体相区恢复到接近 Fe-C 相图,而不像 Fe-Cr 相图,在快冷时,奥氏体发生马氏体相变,形成马氏体(过饱和的间隙固溶 α-Fe),马氏体不锈钢的微观组织如图 2.30 所示。

奥氏体不锈钢 Cr 的质量分数为 16% ~25%, Ni 的质量分数为 7% ~20%。Ni 具有 FCC 结构,可以稳定奥氏体到室温。因此奥氏体不锈钢室温下为奥氏体,耐腐蚀能力强于铁素体不锈钢、马氏体不锈钢。奥氏体不锈钢的微观组织如图 2.31 所示。

图 2.29　铁素体不锈钢的微观组织(铁素体晶粒及其中的碳化物颗粒)

图 2.30　马氏体不锈钢的微观组织(马氏体基体中分布着碳化物颗粒)

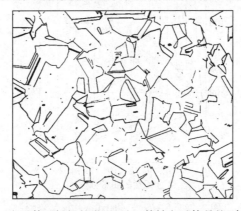

图 2.31　奥氏体不锈钢的微观组织(等轴奥氏体晶粒,存在孪晶)

(2)耐热钢。

高合金耐热钢广泛应用于工作温度超过 650 ℃的环境中,既要求热强度,又要求耐气氛腐蚀。高合金耐热钢主要有高铬钢、高铬镍钢和高镍铬钢。

高铬钢:$w(Cr) = 8\% \sim 30\%$ (可有少量 Ni),铁素体组织。

高铬镍钢:$w(Cr) > 18\%$,$w(Ni) > 8\%$,奥氏体组织(可能有少量铁素体)。

高镍铬钢:$w(Ni) > 23\%$,$w(Cr) > 10\%$,奥氏体组织。

（3）耐磨高锰钢。

耐磨高锰钢的锰含量较高,凝固组织为奥氏体和碳化物,经 1 000 ℃ 淬火,绝大部分碳化物固溶于奥氏体,组织为奥氏体加少量碳化物。使用过程中,在较大的冲击负荷或接触应力作用下,表层迅速产生加工硬化,表面硬度急剧升高,可达 500HBS。

钢的产生基于铁,铸钢的产生基于熔炼技术的发展。铸钢的熔点比铸铁的高 300 ℃ 以上,钢的成分控制更难,钢的凝固缺陷更严重、钢的铸型要求更高。

2.2　有色金属材料

2.2.1　铝及铝合金

除钢铁以外,铝材是用量最多、应用范围最广的第二大类金属材料,广泛用于航空、航天、建筑、电力、交通运输及包装等领域。铝作为一种金属元素是 1825 年被发现的,1866 年 Hall-Heroult 熔盐电解法问世后,铝的生产进入了工业化规模阶段。近百年来,铝工业发展很快,1921 年全世界铝产量仅为 20.3 万 t,到 2005 年,全世界铝产量已达 3 170 万 t,其中我国产量为 786.6 万 t。其应用广泛和发展迅速是由铝及其合金优良的性能所决定的。

1. 纯铝的特性

纯铝有以下独特的性质和优良的综合性能:

①可强化。纯铝的抗拉强度虽然不高(高纯铝退火状态的抗拉强度约为 50 MPa),但它可以通过固溶强化、沉淀强化、应变强化等手段,使铝合金的强度提高到适合的预定目标。目前超高强度铝合金的抗拉强度已超过 700 MPa,其比强度可与优质的合金钢媲美。

②易加工。铝及其合金可用任何一种铸造方法铸造;其塑性好,可轧制成板材和箔材,拉拔成线材和丝材,挤压成管材、棒材及复杂断面的型材;可以以很高速度进行车、铣、镗、刨等机械加工。

③耐腐蚀。虽然在热力学上铝是最活泼的金属之一,但铝及其合金的表面极易形成一薄层致密、牢固的 Al_2O_3 保护膜,这层保护膜只有在卤素离子或碱离子的激烈作用下才会遭到破坏。这层保护膜使铝在大气中、氧化性介质中、弱酸性介质中、pH 介于 4.5 ~ 8.5 的水溶液中是稳定的,属于耐腐蚀性能良好的金属材料。

④导电、电热性好。铝是良好的电导体和热导体。质量分数为 99.99% 的纯铝在 20 ℃ 时的电阻率为 2.654 8 $\mu\Omega \cdot cm$,相当于国际退火铜标准电导率(IACS)的 64.94%,在长度和质量相等的情况下,铝导体导输的电流是铜导体导输电流的 2 倍。所有高纯金属的电阻率均随温度的降低而迅速单调降低,铝的电阻率降低得特别快,并超过了铜,在低于 62 K 时,高纯铝的电阻率小于高纯铜的电阻率,而且在很低温度下受磁场的有害影响较小。铝的热导率约为铜的 1/2,是铁的 3 倍、不锈钢的 12 倍。完全退火的高纯铝在 273.2 K 时的热导率为 2.36 W/(cm · K),高于 100 K 时,其热导率对杂质含量不敏感。

⑤无磁性。冲击不产生火花。这对某些特殊用途方面十分可贵,如作仪表材料、电气设备屏蔽材料,易燃、易爆物生产器材及容器等。

⑥耐核辐射。对低能范围的中子,其吸收面积小,仅次于铍、镁、锆等金属。而铝耐辐射

的最大优点是对照射生成的感应放射能衰减很快。

⑦耐低温,无低温脆性。铝在 0 ℃ 以下,随着温度的降低,强度和塑性不仅不会降低,反而提高。

⑧反射能力强。铝的抛光表面对白光的反射率达 80% 以上,纯度越高反射率越高。铝对红外线、紫外线、电磁渡、热辐射等都有良好的反射性能。

⑨美观,呈银白色光泽。铝经机械加工就可以达到很低的粗糙度和很好的光亮度。如果经阳极氧化和着色,不仅可以提高耐蚀性能,而且可以获得五颜六色光彩夺目的制品。铝可以电镀、覆盖陶瓷、涂漆,而且裱漆后不会产生裂纹和剥皮,即使局部损坏也不会产生蚀斑。

2. 铝的合金化规律

大多数金属元素可与铝形成合金,使铝获得固溶强化和沉淀强化。但只有几种元素在铝中有较大固溶度,从而成为常用的合金化元素。主要合金元素在铝中的最大平衡固溶度和因快速凝固扩展的固溶度见表 2.2,从表中可以看出,最大平衡固溶度超过 1% 的元素有 8 种:Ag、Cu、Ga、Ge、Li、Mg、Si 和 Zn。

表 2.2　主要合金元素在铝中的最大平衡固溶度和因快速凝固扩展的固溶度

元素	温度/℃	平衡固溶度/%	扩展固溶度/%
Ag	566	55.6	66.6
Cu	548	5.67	34.0
Zn	382	82.8	60.0
Mg	450	14.9	37.5
Li	600	4.2	—
Fe	655	0.052	9.7
Si	577	1.65	16.5
Cr	660	0.77	11.0
Mn	650	1.82	16.8
Ni	640	0.05	10.3
Co	660	<0.02	10.3
Mo	660	0.25	3.5
V	665	0.6	3.7
Ti	665	1.0	3.5
Zr	660	0.28	4.9
Sn	230	<0.01	1.1
Ga	30	20.0	82.8
Ge	424	7.2	16.8

由于银、镓、锗属于稀贵金属,不可能用作一般工业合金的主要添加元素,因此,Cu、Mg、Zn、Si、Mn、Li 成为铝合金的主要合金化元素。它们不仅有足够大的固溶能力而显示出明显的固溶强化作用,而且相互之间可以形成许多金属间化合物,通过热处理进行控制,从而对沉淀强化起重要作用。因此无论是变形铝合金还是铸造铝合金,其主要合金系列都是以 Cu、Mg、Mn、Zn、Si 为主要合金化元素建立起来的。Li 由于化学性质十分活泼,获取金属 Li

较困难,成本高,在一定程度上阻碍了其应用。但是 Al-Li 合金具有突出的优良性能,在航空航天领域有着广泛用途。

Cr、Ti、Zr、V 等过渡族元素,在铝中的固溶度都比较小。这些元素主要用于形成金属间化合物以细化晶粒或控制回复和再结晶,使合金组织结构得到改善。Fe 和 Ni 主要作为提高合金耐热性能元素加入。合金元素质量分数对纯铝性能的影响如图 2.32 ~ 2.39 所示。

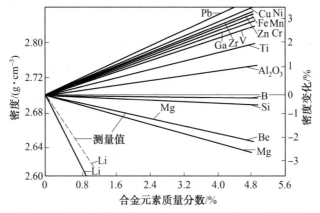

图 2.32　合金元素质量分数对纯铝密度的影响(计算值)

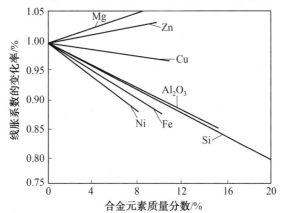

图 2.33　合金元素质量分数对高纯铝线胀系数的影响
(以纯 Al 的线膨胀系数为 1 作基准)

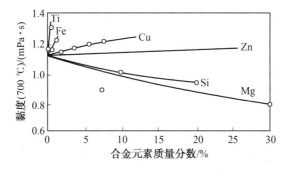

图 2.34　合金元素质量分数对纯铝在 700 ℃时黏度的影响

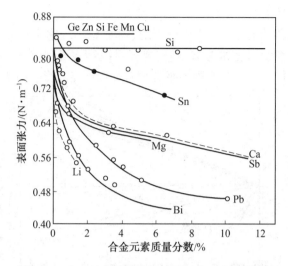

图 2.35　合金元素质量分数对纯铝表面张力的影响

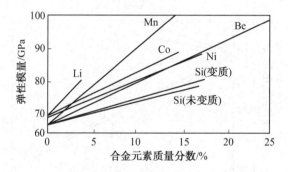

图 2.36　合金元素质量分数对纯铝弹性模量的影响

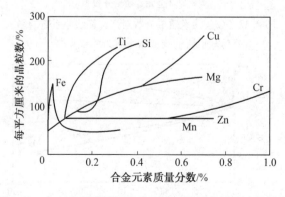

图 2.37　合金元素质量分数对纯铝再结晶晶粒尺寸的影响
（冷变形程度为 80%）

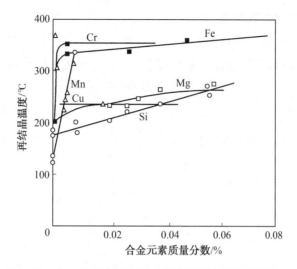

图 2.38 合金元素质量分数对高纯铝再结晶温度的影响

（冷变形程度为 40%）

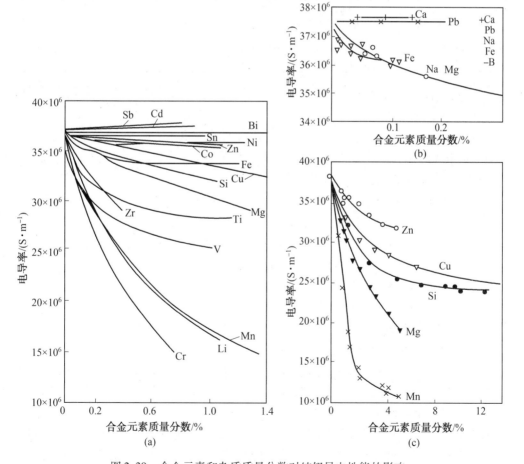

图 2.39 合金元素和杂质质量分数对纯铝导电性能的影响

3. 铝合金牌号及状态表示法

铝合金分为变形铝合金和铸造铝合金两大类,各分为若干合金系列,见表2.3。每个合金系又有若干合金牌号,每种合金均有不同的加工状态和热处理状态以适应各种用途。

表2.3 我国变形铝合金和铸造铝合金系列

变形铝合金		铸造铝合金	
牌号系列	主要合金化元素	牌号系列	主要合金化元素
1×××	无(铝的质量分数不小于99.00%)	ZL1××	Si
2×××	Cu	ZL2××	Cu
3×××	Mn	ZL3××	Mg
4×××	Si	ZL4××	Zn
5×××	Mg		
6×××	Mg 和 Si 并以 Mg_2Si 为强化相		
7×××	Zn		
8×××	除上述元素外的其他元素		
9×××	备用组		

(1)变形铝合金状态代号。

变形铝合金状态代号如下:

F——自由加工状态;

O——退火状态;

H——加工硬化状态;

W——固溶热处理状态;

T——热处理状态(不同于 F、O、H 状态)。

在字母 H 后面添加两位数字(H××)和三位数字(H×××)表示 H 的细化状态。

①H××状态。H 后面的第一位数字表示获得该状态的基本处理程序。

H1——单纯加工硬化状态;

H2——加工硬化及不完全退火状态;

H3——加工硬化及稳定化处理状态;

H4——加工硬化及涂漆处理状态。

H 后面的第二位数字表示加工硬化程度,数字 8 表示硬状态,数字 1~7 表示硬化程度。第二位数字 2 对应 1/4 硬,4 对应 1/2 硬,6 对应 3/4 硬,8 对应硬,9 对应超硬。如 H18 表示严重冷加工或完全硬化状态。

②H×××状态。H111 适用于最终退火后又进行了适量的加工硬化,但加工硬化不及 H11。H112 适用于热加工成形产品,力学性能有规定要求。H116 适用于镁质量分数不小于 40% 的 5××× 系合金产品,具有规定的力学性能和抗剥落腐蚀性能要求。

T 的细化状态代号如下：

T0——固溶热处理后经自然时效再冷加工状态；

T1——在高温成形过程中冷却，然后自然时效至基本稳定的状态；

T2——在高温成形过程中冷却，经冷加工后自然时效至基本稳定的状态：

T3——固溶处理后进行冷加工，再经自然时效至基本稳定的状态；

T4——固溶处理后经自然时效至基本稳定的状态；

T5——在高温成形过程中冷却，然后进行人工时效的状态；

T6——固溶处理后进行人工时效的状态；

T7——固溶处理后进行过时效的状态；

T8——固溶处理后经冷加工，然后进行人工时效的状态；

T9——固溶处理后人工时效，然后进行冷加工的状态；

T10——在高温成形过程中冷却后，进行冷加工然后人工时效的状态。

T××、T×××、T××××等均表示各种特定的热处理工艺，具有丰富的内涵。

（2）铸造铝合金牌号及状态代号。

铸造铝合金牌号由 Al 及主要合金化元素符号组成，元素符号后为表示其名义质量分数（单位为 10^{-2}）的整数值。如果名义质量分数小于 1，则不标数字。牌号前冠以汉语拼音字母 Z 表示铸造合金，有的牌号后标 A 表示优质合金。

合金代号由字母 ZL（表示铸铝）及后面的三个阿拉伯数字组成，第一位数字表示合金类别，如 1 代表 Al-Si，2 代表 Al-Cu，3 代表 Al-Mg，4 代表 Al-Zn，第二位和第三位代表顺序号。

①铸造铝合金状态代号如下：

B——变质处理；

F——铸态；

T1——铸态加人工时效；

T2——退火：

T3——淬火；

T4——淬火加自然时效；

T5——淬火加不完全人工时效；

T6——淬火加完全人工时效；

T7——淬火加稳定化回火处理；

T8——淬火软化回火处理；

T9——冷热循环处理。

②铸造方法代号如下：

S——砂型铸造；

J——金属型铸造；

R——熔模铸造；

K——壳型铸造；

Y——压力铸造。

4. 变形铝合金

（1）高纯铝及工业纯铝（1×××系）。

高纯铝（质量分数 99.99% 以上）的主要工业用途是作高压电容铝箔，对杂质有极严格的要求。工业纯铝主要用作电导体、化工设备和日用品等耐蚀件，更主要的是用作铝合金的基体材料。工业纯铝中杂质含量最高可达 1%，随着纯度的降低，强度增加。应变强化可使工业纯铝强度明显提高（图 2.40）。

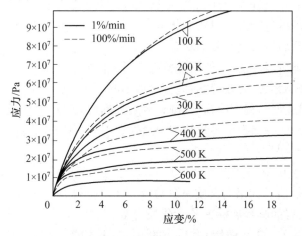

图 2.40 纯铝的应力-应变曲线

工业纯铝中的常见杂质是铁和硅，Al-Fe-Si 系富 Al 角的平衡相图如图 2.41 所示。从图中可以看出，Fe 和 Si 与 Al 生成 $FeAl_3$、α-AlFeSi 和 β-AlFeSi，Si 在 Al 中有较大的固溶度，而 Fe 在 Al 中的固溶度很小。在 Al-Fe 二元系中，除生成稳定的 $FeAl_3$ 外，还可生成几种亚稳定 Al-Fe 化合物，如 $FeAl_6$、$FeAl_x$、$FeAl_9$ 等，在凝固过程中依次结晶出来，退火时可转变为稳定相 $FeAl_3$。$FeAl_3$ 有细化再结晶晶粒的作用，但对抗蚀性能影响较大。当有 Mn 存在时，Fe 可溶入 $MnAl_6$ 中形成（Fe、Mn）Al，而（Fe、Mn）Al 与 Al 的电位差可忽略不计，因而工业铝合金中往往加入少量 Mn，可减小 Fe 的有害作用是其目的之一。

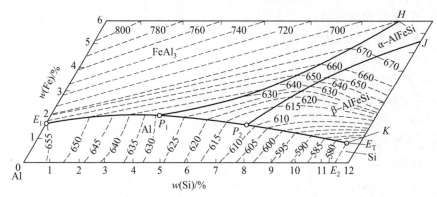

图 2.41 Al-Fe-Si 系富 Al 角的平衡相图

从加工性能考虑,往往要求 Fe 含量大于 Si 含量,当 Fe 和 Si 比例不当时,会引起铸锭产生裂纹。对于冷冲压用的纯铝板,也要求 Fe 含量大于 Si 含量。一般要求 $n(\text{Fe})/n(\text{Si})$ 不小于3。铁和硅对纯铝(M 状态)抗拉强度和屈服强度的影响如图 2.42 所示。减少 Fe、Si 杂质含量对提高高强铝合金的韧性和耐蚀性有着显著的作用。当前铝合金发展方向:纯净化、细晶化、均质化,其中纯净化的目的之一是减小 Fe、Si 杂质含量。

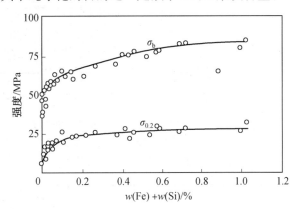

图 2.42　铁和硅对纯铝(M 状态)抗拉强度和屈服强度的影响

(2)Al-Cu 和 Al-Cu-Mg 系(2×××)。

①Al-Cu 合金。Cu 是铝合金的重要合金化元素,有一定的固溶强化作用,$CuAl_2$ 有明显的时效强化作用。Al-Cu 二元相图如图 2.43 所示。Al-Cu 合金力学性能与 Cu 含量的关系如图 2.44 所示。由图 2.44 可见,Cu 质量分数为 3% ~7% 的强化效果最好。Al-Cu 合金的自然时效和人工时效的时效硬化曲线分别如图 2.45 和图 2.46 所示。

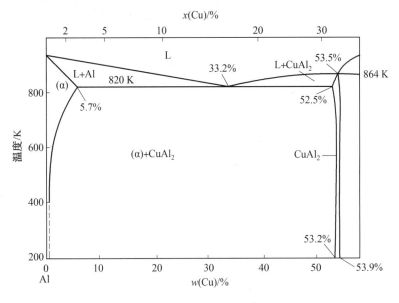

图 2.43　Al-Cu 二元相图

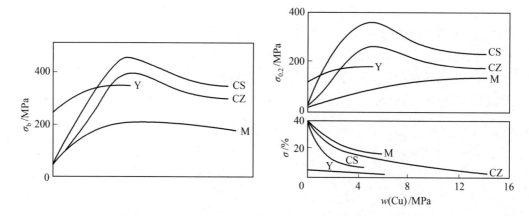

图 2.44　Al-Cu 合金力学性能与 Cu 含量的关系
CS—淬火、人工时效状态；Y—加工硬化状态；
CZ—淬火、自然时效状态；M—退火状态

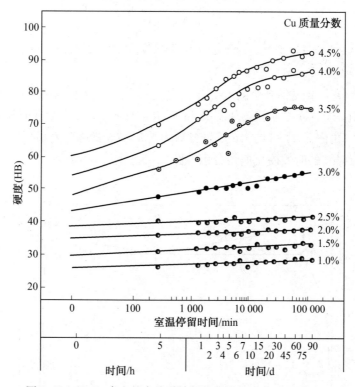

图 2.45　Al-Cu 合金的自然时效硬化曲线（100 ℃水中淬火）

Al-Cu 二元系过饱和固溶体（SSSS）的分解顺序是：（SSSS）→GP（Ⅰ）→GP（Ⅱ）→θ′-CuAl$_2$→θ-CuAl$_2$。

典型的 Al-Cu 合金 2219，Cu 的质量分数达 6.3%，该合金强度高，耐热性能好，焊接性能好，但耐蚀性较低。工业变形铝合金中，很少采用二元的 Al-Cu 合金，往往加入其他合金元素以提高强度和改善其综合性能。

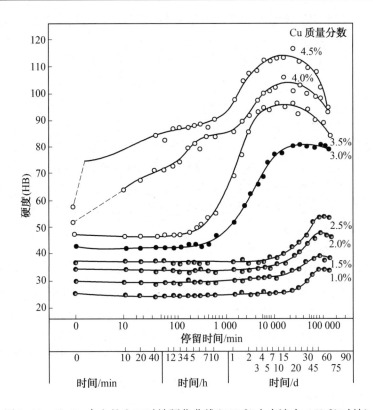

图 2.46　Al-Cu 合金的人工时效硬化曲线(100 ℃水中淬火,150 ℃时效)

　　②Al-Cu-Mg 系合金。在 Al-Cu 系基础上加 Mg 的 Al-Cu-Mg 系合金,是变形铝合金中十分重要的一类合金。在 Al-Cu 合金的基础上添加 Mg 可加速时效过程和增强时效效果。

　　图 2.47 所示为 Al-Cu-Mg 三元合金富铝角的平衡相图。由图 2.47 可见,存在五个相: Al、$CuAl_2$、$CuMgAl_2$、$CuMg_4Al_6$ 和 Mg_5Al_8 相。在工业变形 Al-Cu-Mg 合金中,Mg 含量较低,一般不会出现 Mg_5Al_8 相。

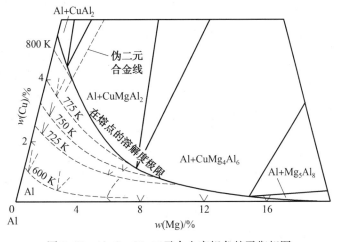

图 2.47　Al-Cu-Mg 三元合金富铝角的平衡相图

Cu 与 Mg 的比例不同,形成的强化相及其比例也不同。随着 $w(Cu)/w(Mg)$ 的减小,所形成强化相的变化趋势如下:

$$\longleftarrow 8:1 \longleftrightarrow 4:1 \longleftrightarrow 1.5:1 \longrightarrow$$

$$CuAl_2 \qquad CuAl_2 \qquad CuMgAl_2 \qquad CuMg_4Al_6$$

$$CuMgAl_2$$

θ-$CuAl_2$ 和 S-$CuMgAl_2$ 为该系合金的主要强化相,以 S 相的过渡相(S′)的强化效果最好,θ 相的过渡强化相 θ′稍次,合金中同时出现 S′和 θ′时,强化效果最大,S′还有比较好的耐热性能。当 $4<[w(Cu)/w(Mg)]<8$ 时,可同时形成 $CuAl_2$ 和 $CuMgAl_2$。

Al-Cu-Mg 系合金是发展最早的一种热处理强化型合金,也是发展较为成熟的合金系,如 2024、2618、2219 等合金均在航空航天领域得到了广泛的应用。

(3)Al-Mn 合金系(3×××系)。

Al-Mn 合金为热处理不可强化的铝合金。

图 2.48 所示为 Al-Mn 二元系富铝角相图。虽然 Mn 在 Al 中的最大平衡固溶度达 1.82%,但是工业 Al-Mn 合金中 Mn 的质量分数上限为 1.5%,因为杂质 Fe 会降低 Mn 的溶解度,有促使初生 $MnAl_6$ 生成的危险,而初生 $MnAl_6$ 对局部的延性具有灾难性的影响。得到广泛应用的 Al-Mn 合金是 3003 薄板,不可热处理强化。细小的 $MnAl_6$ 有一定的弥散强化作用,但主要靠 Mn 的固溶强化和加工硬化提高合金强度。$MnAl_6$ 还可提高合金再结晶温度。

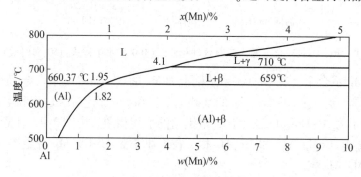

图 2.48 Al-Mn 二元系富铝角相图

Al-Mn 合金的最大优点是具有良好的耐蚀性能和焊接性能,仅在中性介质中耐蚀性能稍次于纯铝,在其他介质中的耐蚀性能与纯铝相近。其原因是 $MnAl_6$ 电极电位与纯铝相近,且 Mn 对表面氧化膜不起破坏作用,同时还可以消除 Fe 的有害影响,3003 合金塑性好,加工过程中可采用大的变形程度加工成薄板。该合金主要用作飞机油箱和饮料罐等。

在 3003 合金基础上添加质量分数约为 1.2% Mg 的合金——3004 合金,在工业上应用更为广泛,特别是在饮料罐领域。用 3004 合金薄板冲制饮料罐是铝合金的主要应用领域之一,消费量很大。由于冲罐是高速、自动化进行,因此对材料的质量、成分均匀性、薄板厚度公差、织构等都有很高要求。特别是织构控制,是减小罐体制耳的唯一手段。

在 Al-Mn 合金中添加少量的铜,可由点腐蚀变为全面的均匀腐蚀,使合金耐蚀性能得到进一步改善。

(4)Al-Si 合金系(4×××)。

Al-Si 系合金由于流动性好,具有铸造时收缩小、耐腐蚀、焊接性能好、易钎焊等一系列

优点,成为广泛应用的工业铝合金。但 Al-Si
合金最多的是用作铸造合金,这将在铸造铝合
金中介绍。Al-Si 系亚共晶合金也有良好的加
工性能,硅加入铝中具有一定的强化作用,硅对
Al-Si 合金力学性能的影响如图 2.49 所示。

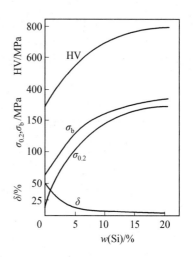

图 2.49　硅对 Al-Si 合金力学性能的影响

　　Al-Si 变形合金主要是加工成焊料,用于焊
接镁含量不高的所有变形铝合金和铸造铝合
金;其次是加工成锻件,制造活塞和在高温下工
作的零部件。

　　(5)Al-Mg 合金系(5×××)。

　　Al-Mg 合金和 Al-Mn 合金一样均属不可
热处理强化的铝合金,它们的耐蚀性能均优良,
所以又统称为"防锈铝"。Al-Mg 合金亦有良
好的焊接性能。

　　图 2.50 所示为 Al-Mg 二元相图。从图 2.46 中可以看出:镁在铝中的最大固溶度可达
17.4%,但镁的质量分数低于 7% 时,二元合金没有明显的沉淀强化效果,虽然随着温度的
降低,镁在铝中的固溶度迅速减小,但由于沉淀时形核困难,核心少,沉淀相尺寸大,强化效
果不明显,而且粗大的沉淀相 β-Mg_5Al_8 往往沿晶界分布,反而损害合金性能。因此 Al-Mg
合金不能采用热处理强化,而需依靠固溶强化和加工硬化来提高合金的力学性能。

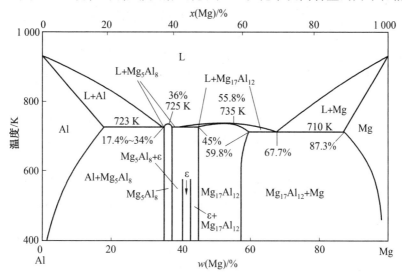

图 2.50　Al-Mg 二元相图

　　Al-Mg 合金中通常还加入少量或微量的 Mn、Cr、Be、Ti 等。Mn 除少量固溶外,大部分
形成 $MnAl_6$,可使含 Mg 相沉淀均匀,提高强度,进一步提高合金抗应力腐蚀能力。同时 Mn
还可以提高合金再结晶温度,抑制晶粒长大。某些合金添加一定含量的 Cr(如 5052 合金),
不仅有一定的弥散强化作用,同时还可以改善合金的抗应力腐蚀能力和焊接性能。加入 Ti
主要目的是细化晶粒。加入微量的质量分数为 0.0001% ~ 0.005% Be,主要是提高 Al-Mg

合金氧化膜的致密性,降低熔炼烧损,改善加工产品的表面质量。

图 2.51 所示为一些工业 Al-Mg 合金退火
状态的屈服强度、伸长率与 Mg 含量的关系。
从图可以看出,退火状态的合金伸长率变化不
大,均在 25% 左右;而 Al-0.8% Mg(5005)屈服
强度为 40 MPa,Al-5% Mg(5456)屈服强度为
160 MPa,随着 Mg 含量的提高,合金强度明显
提高。另外,Al-Mg 合金的加工硬化速率大,如
完全加工硬化的 5456 合金,屈服强度达
300 MPa,抗拉强度达 385 MPa,伸长率仅
为 5%。

需要指出的是,Al-Mg 合金存在组织、性能
的不稳定性,表现在两个方面:

①如果 Mg 含量较高(一般质量分数大于
3% 时),此时 β-Al_8Mg_5 有优先在晶界和滑移
带沉淀的倾向,因而有可能导致晶间腐蚀和应
力腐蚀。即使在室温下,β 相也会缓慢析出,当
冷变形程度大或加热时,β 相的析出速度加快。
在 Al-Mg 合金中添加微量 Mn 和 Cr,所形成的

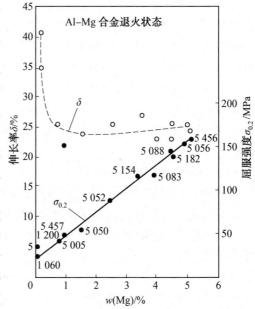

图2.51　一些工业 Al-Mg 合金的屈服强度、
伸长率与 Mg 含量的关系

化合物可以起到弥散强化的作用,同时可以提高再结晶温度。含 Mg、Mn、Cr 质量分数分别
为 2.7%、0.7%、0.12% 的 5054 合金,其抗拉强度与 Al-4% Mg 的合金强度相当,也不存在
加热时不稳定的问题,这就是 5054 合金用途广泛的原因。

②加工硬化的合金在室温下有可能产生所谓"时效软化"。随着加工硬化速率增大,软
化量也增大,即拉伸性能由于变形合金晶粒内部的局部回复而下降。这可用弛豫过程或 β
相在滑移带优先析出来解释。H3 状态系列可以克服这种现象,也就是使加工硬化达到稍高
于要求的水平,然后加热到 120 ~ 150 ℃使之稳定。这样可使拉伸性能降低到所要求的水
平,而且也达到了稳定化的目的。

在 Al-Mg 或某些铝合金的拉伸或成形过程中,往往会出现拉伸变形条纹(Luders 带),
这与应力-应变曲线上观察到的不连续、不平滑现象有关,可用柯氏气团理论解释。Al-Mg
合金薄板对 Luders 带特别敏感,为了防止拉伸应变条纹的产生,可用表面光轧或辊轧校平
等轻微塑性变形而使位错脱离溶质气团来解决。

(6) Al-Mg-Si 合金系(6×××)。

Al-Mg-Si 系合金是广泛应用的中强结构铝合金,强化相为 Mg_2Si(图 2.52)。Mg_2Si 相
中 Mg 与 Si 的质量比为 1.73 : 1,可形成(Al)-Mg_2Si 伪二元系。根据 Mg、Si 和 Fe 的不同比
例,可形成富 Fe 相 $Al_{12}Fe_3Si$ 和 $Al_9Fe_2Si_2$ 或它们的混合物。该系合金在固溶处理后的时效
过程中,其沉淀顺序为:SSSS(过饱和固溶体)→含大量空位的针状 GP 区→内部有序的针状
GP 区→棒状的 β'-Mg_2Si 过渡相→板状 Mg_2Si 平衡相。GP 区平行于 Al 基体的<100>方向,
在针状相的周围存在共格应变。

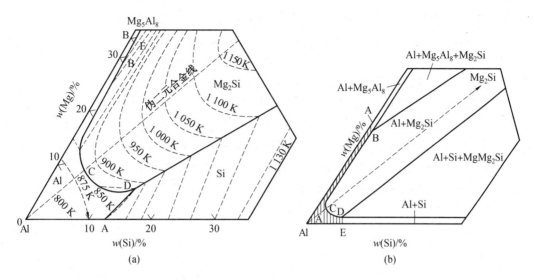

图 2.52　Al-Mg-Si 三元相图(a)和富铝角(b)

在工业合金中,合金成分基本上是按形成 Mg_2Si 的化学计量比来确定 Mg 和 Si 成分,或使 Si 含量适量过剩,因为如果 Mg 过量会明显减少 Mg_2Si 的固溶度而降低沉淀强化效果,而适量的过剩 Si 可以细化 Mg_2Si,同时 Si 沉淀后也有强化效果。但过量 Si 易在晶界偏析引起合金脆化,降低塑性。加入 Cr 和 Mn 利于减小过剩 Si 的不良作用。

(7) Al-Zn-Mg-Cu 合金系(7×××)。

Al-Cu-Mg 系和 Al-Zn-Mg-Cu 系合金通称为高强度铝合金,前者静强度略低于后者,但使用温度却比后者高。

Al-Zn-Mg 系合金在 20 世纪 30 年代就开始被研究,该系合金强度高,但由于存在严重的应力腐蚀现象未得到应用。直至 20 世纪 40 年代初研究者才发现,在 Al-Zn-Mg 合金基础上加入 Cu、Mn、Cr 等元素能显著改善该系合金抗应力腐蚀和抗剥落腐蚀的性能,从而开发出 7075 合金。20 世纪 70 年代以后,在 7075 合金的基础上,开发出了几种新合金,例如为了提高强度,通过增加 Zn、Mg 元素含量,开发出 7178 合金;为了提高塑性和锻件的均匀性,通过降低 Zn 含量,研制出了 7079 合金;为了获得良好的综合性能,通过调整 $w(Zn)/w(Mg)$ 和提高 Cu 含量以及以 Zr 替代 Cr,研制出了 7050 合金;在 7050 合金基础上,通过降低 Fe、Si 杂质含量和纯净化手段,开发出了韧性和抗应力腐蚀性能更好的 7175 合金和 7475 合金。

在 Al 合金中同时加入 Zn 和 Mg,可形成强化相 $MgZn_2$,对合金产生明显的强化作用。$MgZn_2$ 的质量分数从 0.5% 提高到 12% 时,可不断提高合金的抗拉强度和屈服强度。而且 Mg 的含量超过形成 $MgZn_2$ 相所需要的量时,还会产生补充强化作用。

随着 $MgZn_2$ 含量增加,在强化合金的同时却大大降低了合金的应力腐蚀拉力。为此,须通过成分调整和热处理工艺控制两个方面来减小这一矛盾。在成分方面,由于抗拉强度和应力腐蚀开裂敏感性都随 Zn、Mg 含量的增加而增加,因此,对 Zn、Mg 总量应加以控制,同时应注意 $w(Zn)/w(Mg)$ 的大小。

在 Al-Zn-Mg 基础上加入 Cu 所形成的 Al-Zn-Mg-Cu 系合金,其强化效果在所有铝合金中是最好的,合金中的 Cu 大部分溶入 $\eta-MgZn_2$ 和 $T-Al_2Mg_3Zn_3$ 相内,少量溶入 $\alpha-Al$ 内。

可按 $w(\mathrm{Zn})/w(\mathrm{Mg})$ 质量比,将此系合金分为四类:

①$w(\mathrm{Zn})/w(\mathrm{Mg}) \leqslant 1:6$,主要沉淀相为 $\mathrm{Mg_5Al_8}$,这类合金实际上是 Al-Mg 系合金。

②$w(\mathrm{Zn})/w(\mathrm{Mg}) = (1:6) \sim (7:3)$,主要沉淀相为 $T\text{-}Al_2Mg_3Zn_3$ 相。

③$w(\mathrm{Zn})/w(\mathrm{Mg}) = (5:2) \sim (7:1)$,主要沉淀相为 $\eta\text{-}MgZn_2$ 相。

④$w(\mathrm{Zn})/w(\mathrm{Mg}) > 10:1$,主要沉淀相为 $\mathrm{Mg_2Al_{11}}$。

一般来说,Zn、Mg、Cu 总量在 6% 以下时,合金成形性能良好,应力腐蚀开裂敏感性基本消失。合金元素总量在 6% ~ 8% 时,合金能保持高的强度和较好的综合性能。合金元素总量在 9% 以上时,强度高,但合金的成形性、可焊性、抗应力腐蚀性能、缺口敏感性、韧性、抗疲劳性能等均会明显降低。图 2.53 所示为锌、镁、铜总量对合金力学性能的影响。

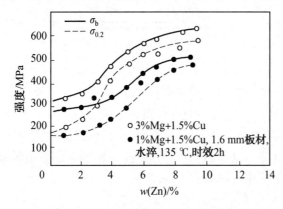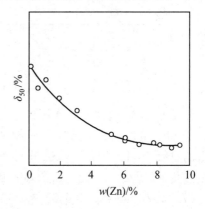

图 2.53　锌、镁、铜总量对合金力学性能的影响

5. 铸造铝合金

工程应用的铝合金铸件,可以采用任何一种铸造工艺进行生产。根据使用性能的要求和批量大小,可以分别采用砂型模、永久模、熔模、压铸、真空吸铸、流变铸造等生产方法。这些生产工艺简便,同时铸造铝合金的力学性能和工艺性能优良,因此,铝合金铸件广泛用于航空航天、船舶、汽车、电器、仪器仪表、日用品等部门。

(1)Al-Si 铸造合金。

以 Si 为主要合金化元素的铸造 Al-Si 合金是最重要的工业铸造合金。图 2.54 所示为 Al-Si 二元合金相图。亚共晶、共晶、过共晶 Al-Si 合金都有广泛的工业应用。亚共晶和共晶型合金的组织由韧性的 α 固溶体和硬脆的共晶硅相组成,具有高强度,并保留一定的塑性,流动性好,缩松少,线胀系数小,有良好的气密性,并有较好的耐蚀性和焊接性。其物理性能和力学性能可通过调整合金成分在较大范围内调节。过共晶合金有坚硬的初生硅相,有良好的耐磨性、低的线胀系数和较好的铸造性能,已成为内燃机活塞的专用合金。

Al-Si 合金共晶体中的硅相,在自发生长条件下会长成片状,这种片状脆性相会严重地割裂基体。过共晶 Al-Si 合金中的初晶硅还会长成粗大的片状。为了改善 Al-Si 合金的组织和性能,必须使初晶硅和共晶中的硅相细化,即必须进行变质处理。Al-Si 合金共晶体的变质处理,常通过在合金熔体中加入氟化钠与氯盐的混合物,或加入微量的纯钠,或加入 Sr 等其他变质剂进行变质处理。Al-Si 共晶合金变质后,原本粗大的片状硅晶体和 α 组成的

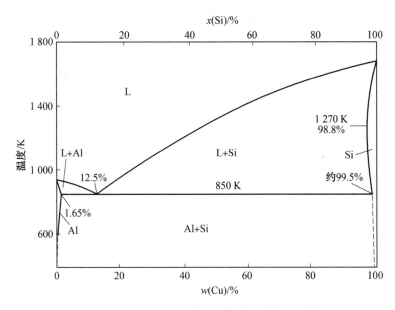

图 2.54　Al-Si 二元合金相图

共晶组织,变为树枝状初生 α 固溶体和(α+Si)的亚共晶组织,共晶体中粗大硅相变为细小纤维状。初生 α 晶的出现意味着变质处理后使共晶点右移,伪共晶倾向加剧。过共晶 Al-Si 合金变质处理,一般多加入磷(Cu-P 合金或磷化物)使之成为初晶硅的晶核。细化后的初晶硅的尺寸通常只有未变质前的 1/10 左右,可使合金的组织和性能得到根本的改善。Na、Ca、Sr、Sb 四种元素中的每一种,均可使 Al-Si 共晶组织中的 Si 变质,过共晶中的初晶硅可加入质量分数为 0.01% ~ 0.03% P 使其变质而细化。

　　二元 Al-Si 合金虽然有良好的铸造性能、优良的气密性和耐磨性,但强度较低,耐热性能差,往往加入其他合金元素以改善其性能。在 Al-Si 二元合金中加入适量的 Mg,可显著提高其强度。因加入 Mg 后,可生成 Mg_2Si 相,因而可以通过热处理使合金强化。在 Al-Si 合金中同时加入 Mg 和 Cu,比单独加入其中一种元素所获得的热处理效果要好。在 Al-Si-Mg 系中加入 Cu,随 Cu 含量的增加,合金强度显著增加,伸长率下降,而耐热性能提高。这是因为 Cu 含量增加时,合金中 β-Mg_2Si 相逐渐减少,而出现 W-$Al_xMg_5Si_4Cu_4$ 和 θ-$CuAl_2$ 相。Al-Si-Mg 合金未加 Cu 时,其组织为 α+Si+β,加入 Cu 后,除上述三相外还将出现 W 相。Cu 含量增加 W 相也增加,当 $w(Cu)/w(Mg)$ 约为 2.1 时,β 相将消失,而成为 α+Si+W 三相组织;当 $w(Cu)/w(Mg)>2.1$ 时,除 α+Si+W 外还将出现 θ 相。W 相耐热性最好,β 相耐热性最差。由于希望出现比 β 相耐热的 θ 相,因此常将 $w(Cu)/w(Mg)$ 保持在 2.5 左右。

　　(2)Al-Cu 铸造合金。

　　Al-Cu 系铸造合金是耐热性能最好的铸造铝合金。从 Al-Cu 二元相图(图 2.55)可知,Cu 在 Al 中可形成 θ-$CuAl_2$ 相,Cu 在 Al 中的最大固溶度在共晶温度时为 5.7%,室温时为 0.05%,因此是典型的热处理可强化合金。在 350 ℃以下,Cu 在 Al 中的溶解度变化小,而且 Cu 在 Al 中扩散系数小,因此赋予了合金良好的耐热性能。Cu 的质量分数一般应控制在 5% 左右,过低强化不足,过高则固溶处理后的组织中将有未溶的 $CuAl_2$ 存在,会降低合金的塑性。Cu 的质量分数约为 10% 的 Al-Cu 铸造合金,多用于高温下强度和硬度都要求高的零件。

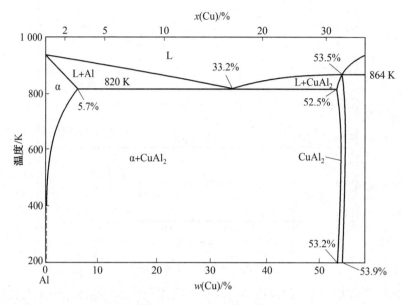

图 2.55　Al-Cu 二元相图

在该系合金中添加 Mn,可提高其耐热性能。Mn 溶入 α 固溶体,阻碍 Cu 原子的扩散,同时可生成 $Al_{12}CuMn_2$ 相,通过热处理使合金强化。加入 Ni 也可提高其耐热性能。通常还加入 Ti 或稀土元素以细化晶粒。

Al-Cu 合金结晶范围宽,铸件缩松倾向大,流动性低,铸造性能较差,对工艺要求严格。切削性能良好,焊接性尚可,气密性和耐蚀性较低。该类合金的重要用途是做铸造柴油发动机活塞和航空发动机缸盖等,其应用范围仅次于 Al-Si 铸造合金。

(3)Al-Mg 铸造合金。

Al-Mg 铸造合金室温力学性能高,切削性能好,耐蚀性优良,是铸造铝合金中耐蚀性能最好的,可在海洋环境中服役,但长期使用时有产生应力腐蚀倾向,且熔铸工艺性能差。

从 Al-Mg 二元相图(图 2.56)中可以看出,Mg 在 Al 中的最大固溶度在共晶温度时达14.9%,共晶组织为 $α+β(Mg_2Al_3)$,虽然 Mg 在 Al 中有很大的固溶度,但 Mg 的质量分数低于 7% 时,二元合金没有明显的沉淀强化作用。因此,Al-Mg 变形合金属于热处理不可强化的合金。铸造 Al-Mg 合金中,ZL301 和 ZL305 合金 Mg 的质量分数均在 7% 以上,可进行热处理强化。而 ZL303 合金 Mg 含量较低,因而热处理强化效果不明显,该合金在铸态下使用。

在 Al-Mg 合金中加入微量的 Be,可大大增加合金熔体表面氧化膜的致密度,提高合金熔体表面的抗氧化性能,从而改善熔铸工艺,并能显著减少铸件厚壁处的晶间氧化和气孔,降低力学性能的壁厚效应。加入微量的 Zr、B、Ti 等晶粒细化剂,能明显细化晶粒,并有利于补缩,使 β 相更为细小,提高热处理效果。它们可以单独使用,其中 Zr 的作用最强。

该合金常用作承受高的静、动负荷以及与腐蚀介质相接触的铸件,例如做水上飞机及船舶的零件、氨用泵体等。

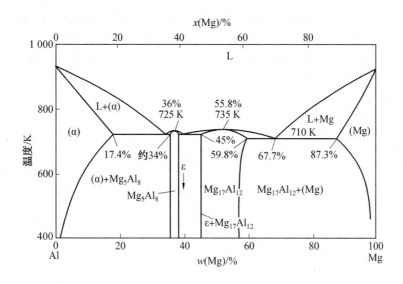

图 2.56　Al-Mg 二元相图

（4）Al-Zn 铸造合金。

Al-Zn 铸造合金具有中等强度，形成气孔的敏感性小，焊接性能良好，热裂倾向大，耐蚀性能差。

图 2.57 所示为 Al-Zn 二元相图。从图 2.53 中可知，Zn 在 Al 中的最大固溶度达 70%，室温时降至 2%，室温下没有化合物生成，因此在铸造条件下 Al-Zn 合金能自动固溶处理，随后自然时效或人工时效可使合金强化，节约了热处理工序。该类合金可采用砂型模铸造，特别适宜压铸。

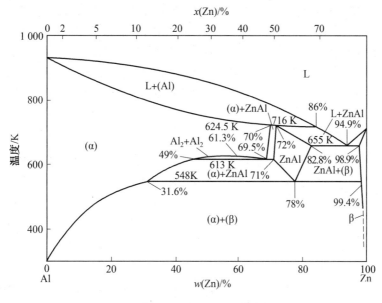

图 2.57　Al-Zn 二元相图

Al-Zn 合金强度不高,需进一步合金化,加入 Si 可进一步固溶强化,在 Al-Zn 系合金(如 ZL401)中加入 Mg,形成 Al-Zn-Mg 系合金(如 ZL402),强化效果明显。合金中加入 Cr 和 Mn,可使 $MgZn_2$ 相和 T 相均匀弥散析出,提高强度和抗应力腐蚀能力。Al-Zn 铸造合金中加入 Ti 和 Zr 可以细化晶粒。

该类合金适宜于制造需进行钎焊的铸件。

2.2.2 镁及镁合金

1. 金属镁

在 20 ℃ 时纯镁密度为 $1.738\ g/cm^3$。镁的晶体结构为密排六方结构,晶轴比 $c/a = 1.623\ 6$。对于密排六方结构,原子排列 c/a 的理论值为 1.633,镁与其值的差别不大,因此普通的镁及镁合金材料与体心立方的铁和面心立方的铝比较,塑性较差。在室温下,多晶密排六方结构的镁,塑性变形仅为基面 $\{0\,0\,0\,\bar{1}\}$ <$1\,1\,\bar{2}\,0$>滑移和锥面 $\{1\,0\,\bar{1}\,2\}$ <$1\,0\,\bar{1}\,1$>孪生。因此,镁晶体在产生塑性变形时,只有三个几何滑移系。多晶镁及其合金在变形时不易产生宏观的屈服而易在晶界产生大的应力集中,从而容易导致晶间断裂。只有在纯镁中加入 Li、In 等合金元素,才可以激活镁晶体的棱柱滑移面 $\{1\,0\,\bar{1}\,0\}$ <$1\,1\,\bar{2}\,0$>,使镁合金在较低温度时具有延展性。

镁的化学活性极强,在高温下(包括切削加工时)可以在空气中发生氧化甚至燃烧。镁活泼的化学性质使其耐蚀性能较差,并且成为该类材料使用过程中不可忽视的一个方面。镁在所有金属结构材料中具有最低的电位,其标准电位 $U_{NHE} = -2.37\ V$,极易氧化,生成 MgO 薄膜。MgO 表面膜疏松,很难阻止金属的进一步氧化,而且 MgO 可以与水反应生成 $Mg(OH)_2$,造成材料的腐蚀。

镁的腐蚀行为随环境而改变。在普通工业大气中,镁发生轻微腐蚀。在静止的淡水中,镁的腐蚀程度也类似其在大气中。而盐类,尤其是氯化物会大大增加镁的腐蚀速率,它可使 MgO 膜迅速破坏,杂质的含量和分布强烈影响镁在盐溶液中的腐蚀行为。氯化物杂质可以形成 $MgCl_2$,而 $MgCl_2$ 也与水生成 $Mg(OH)_2$ 并进一步形成氯化物,从而导致镁产生灾难性破坏。镁在所有无机酸中都能被迅速腐蚀,而对稀碱有一定抗蚀能力,因此可以用碱性清洗液清洗镁,但随着温度的升高,其腐蚀速率会迅速增加。

2. 镁的合金化规律

镁常常与其他元素一起作为镁基合金在工业上获得应用。常规镁合金的研究、开发和应用始于 20 世纪 30 年代。目前,镁及其合金密度小,比强度、比刚度高,尺寸稳定性和热导率高,机械加工性能好,而且其产品易回收利用,世界工业发达国家十分重视该材料的科学研究,使镁合金有望成为 21 世纪重要的商用轻质结构材料。

常见镁合金在合金设计中主要考虑固溶硬化和沉淀硬化作用,并同时考虑合金显微组织结构的控制和变质处理。

根据 Hume-Rothery 合金化原则,若溶剂与溶质原子半径差不大于 15%,则两者可生成固溶体。镁的原子半径为 0.1602 nm,符合该规则的元素有 Li、Al、Ti、Cr、Zn、Ge、Y、Zr、Nb、Mo、Pd、Ag、Cd、In、Sb、Sn、Te、Nd、Hf、W、Os、Pt、Au、Hg、Tl、Pb 和 Bi。当然这一规则并不充

分,若考虑到晶体结构、原子价因素和电化学因素的有利性,则大多数合金元素在镁中可形成有限固溶体,如图 2.58 所示虚线以内的元素与镁形成固溶体。在镁基体中有最大固溶度的是同样具有密排六方结构的 Zn 和 Gd,其中 Cd 与 Mg 生成连续固溶体。

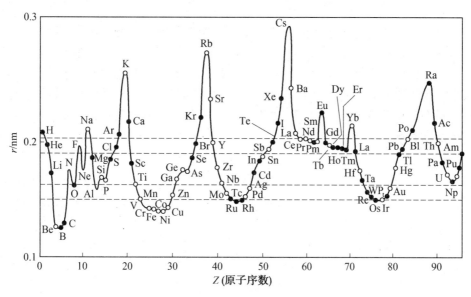

图 2.58　合金元素与镁原子半径比较

合金元素与镁也形成各种形式的化合物,其中最常见的三类化合物结构是:

(1) AB 型简单立方结构(CsCl),如 MgTl、MgAg、MgCe、MgSn 等化合物。

(2) AB_2 型 Laves 相,原子半径比 $R_A / R_B = 1.23$,如 $MgCu_2$、$MgZn_2$ 和 $MgNi_2$。

(3) CaF_2 型 fcc 面心立方结构,包含所有 IV 族元素与 Mg 形成的化合物,如 Mg_2Si、Mg_2Sn 等。

合金设计时,应针对镁合金的不同用途选择合适的合金化元素。例如对需要抗蠕变性能的合金材料,合金设计时就要保证所选合金元素可以在镁基体中形成细小弥散的沉淀物来抑制晶界的滑移,并且令合金具有较大的晶粒。元素 Ce、Ca、Sr、Sb 等在镁中就具有上述特点可以被采用。一般认为,二元镁合金系中主要元素的作用可以划分为三类:

(1) 可同时提高合金强度和塑性的合金元素。按强度递增顺序为 Al、Zn、Ca、Ag、Ce、Ga、Ni、Cu、Th;按塑性递增顺序为 Th、Ga、Zn、Ag、Ce、Ca、Al、Ni、Cu。

(2) 对合金强度提高不明显,但对塑性有显著提高的元素,如 Cd、Tl 和 Li。

(3) 牺牲塑性来提高强度的元素,如 Sn、Pb、Bi 和 Sb 等。

3. 镁合金牌号表示法

目前,镁合金有三种主要的合金系,即 Mg-Al 系、Mg-Zn 系和 Mg-RE(稀土)系合金。镁不具备像铝、铜、铁等金属那样丰富的合金系列,对新合金的开发需要新的索引。镁合金系尚无国际统一的合金牌号标准。一般国际上多按美国 ASTM(American Society for Testing Materials)标准表示镁合金牌号。其合金牌号前两位为英文字母,代表合金系中的主合金化元素,后两位数字则分别代表各合金元素的名义成分(质量分数)。合金中字母与所对应的元素为:A—铝,B—铋,C—铜,D—镉,E—稀土,F—铁,H—钍,K—锆,H—钍,M—锰,N—镍,P—铅,Q—银,S—硅,T—锡,W—钇,Z—锌。例如,AZ91 表示 Mg—Al—Zn 系合金,其中 Al 的质量分数为 9%,Zn 的质量分数为 1%。镁合金与铝合金一样,有各种热处理状态,其表示方法与铝合金的相同。

镁合金产品有铸造镁合金、变形镁合金和镁基复合材料三大类。其中,目前应用最广泛的是铸造镁合金材料,其产品占镁合金产品产量的 85% ~ 90%,在航天航空、交通运输、电子器件、办公、体育用品等领域都有广泛应用。变形镁合金具有优良的性能,它包括普通的变形镁合金和快速凝固镁合金两类,是目前及将来研究与开发先进镁合金材料的重要领域。镁基复合材料是新型高比强轻质结构材料,是金属基复合材料中重要的一类。

4. 铸造镁合金

(1)概述。

铸造镁合金密度为 1.75 ~ 1.91 g/cm³,有很高的比强度,在铸造材料中仅次于铸造钛合金和高强度铸钢。铸造镁合金的弹性模量 E 比较低(约43 GPa),约为铝的 60%,钢的 20%,故其刚度较低,但比刚度高,受力时能产生较大的弹性变形,具有抗冲击振动的能力,尤其是低合金化的铸造镁合金有很好的阻尼性能,可用作精密电子仪器的底座、轮毂和风动工具等零件。

铸造镁合金中重要的一类合金是在高温环境下使用的耐热镁合金。大多数耐热镁合金工作温度在 260 ℃ 以下,少数可以达到 300 ℃。在高温环境下,铸造镁合金的力学性能比耐热铸造铝合金的力学性能要差一些,但高温比强度却高得多,故在航天航空领域耐热镁合金的应用日益增多。

如前所述,镁及其合金的表面氧化膜 MgO 不致密,使其在潮湿大气、海水、无机酸及盐类等介质中抗蚀性能差,因此镁合金铸件均需进行表面氧化处理和涂漆保护等。同时镁合金铸件在装配中应避免与铝、铜、含镍钢等零件直接接触,否则会引起电化学腐蚀。但铸造镁合金在干燥大气、碳酸盐、铬酸盐、氢氧化钠溶液、汽油、煤油、润滑油中耐蚀性能良好,故可以用作齿轮箱、燃油系统零件。大多数镁合金的应力腐蚀敏感性均低于铝合金,这是它的一个明显优点。

镁与氧的化学亲和力很大,液态下 MgO 的表面膜非常疏松,它的致密系数 a 为 0.79,远小于1,故镁合金在熔炼时很容易燃烧,镁的熔炼与铸造均需要专门的防护措施,熔铸工艺性独特。镁合金的熔炼通常在熔剂覆盖和保护下进行,或者采用气体(SF6)保护,也有采用合金化方法添加阻燃合金元素(如 Ca、Sr、Be 等)制备阻燃镁合金的工艺。采用熔剂保护,容易在镁铸件中带入氧化物夹杂和熔剂夹杂,造成铸件成品率下降,并产生有害气体、劳动环境差。采用 SF6 气体保护会造成环境污染和温室效应,而添加阻燃合金元素的合金成分不好控制,如 Be 的加入量须控制在 0.003% 以下,否则导致合金组织粗化,严重影响合金铸件力学性能,而且其重熔阻燃性还需研究。因此镁合金的熔铸工艺还需要大力研究。

铸造镁合金的结晶温度间隔一般较大,组织中共晶体含量较少,体收缩和线收缩均较大,单位体积的热容和凝固潜热比铝小。铸造镁合金的铸造性能比铸造铝合金的铸造性能差,其流动性低 20%,热裂、缩松倾向大,气密性低。镁液还易与水分发生反应生成氢,溶于镁中,铸件易形成气孔。镁液易燃烧,遇水可导致爆炸,镁的沸点低(1 107 ℃),漏入炉膛会激烈燃烧爆炸。因此,铸造镁合金的熔铸工艺复杂,废品较多,生产成本高。

铸造镁合金切削性能良好,不需要磨削和抛光就可得到非常光洁的表面。焊接性能一般,需要采用氩弧焊焊接。

近年来,许多新的镁合金熔铸工艺不断被开发应用。由于镁合金结晶潜热小,凝固区间大,有良好的压铸充型能力,而且镁合金充型后凝固速度快,对压铸模热冲击小,可减轻压铸模热疲劳,延长铸模使用寿命。压铸镁合金收缩均匀,具有高的尺寸准确性,而且镁基本不与铁模发生反应,使压铸镁合金不但可以像铝合金一样用冷室压铸机压铸,还能使用效率更高的热室压铸机,压铸生产效率比铝合金快约 75%。镁合金的压铸特性,保证了镁合金的压铸高生产率和低生产成本,一般以 Mg-Al-Zn(AZ)、Mg-Al-Mn(AM)和 Mg-Al-Si-Mn(AS)系合金为主,压铸是目前商用镁合金主要的先进生产技术。

压铸镁合金可以采用熔剂保护熔炼,目前也可以采用 SF6 气体保护镁熔体,可以生产出"高纯"(HP)合金,合金中的铁、镍、铜的含量可获得严格控制,使生产的铸件耐蚀性能大大提高,在标准盐雾试验中其耐蚀性能比普通铸造合金提高 30 倍,腐蚀速率可低于铸造铝合金 Al-9Si-3Cu。

镁合金的半固态铸造技术也是一项新兴技术,和铝合金半固态铸造一样,将事先准备好的合金材料,通过加热至固相线 40% ~ 60% 的温度,然后挤压成形。这种工艺成形的铸件质量好,无气孔和缩松,而且成形温度低,铸型寿命长,尤其是降低了镁合金熔炼时的氧化和燃烧。该方法效率高、质量好、安全可靠。

(2)铸造镁合金的特性。

铸造镁合金主要分常规的 Mg-Al-Zn 系、Mg-Zn-Zr 系和耐热类镁合金 Mg-RE-Zr 系。

Mg-Al-Zn 系合金不含稀贵元素,力学性能优良,流动性好,热裂倾向小,熔炼铸造工艺相对简单,成本较低,在工业中应用最早最普遍。但该类合金屈服强度低,屈强比为 0.33 ~ 0.43,铸件缩松严重,高温力学性能差,使用温度不超过 120 ℃。近年来,基于该类合金开发出一系列新的合金系和新的合金加工方法,成为镁合金研究和应用领域最常用合金系,在商用镁合金材料中,该系合金占主要地位。

Mg-Zn-Zr 系合金有更高的强度,特别是合金的屈服强度比 Mg-Al-Zn 系显著提高,在该类合金中还可以加入 RE、Ag 等合金元素进一步改善性能。

Mg-RE-Zr 系合金中有较多含量的稀土(RE),很好地提高了合金的高温力学性能,可以用于 100 ℃ 以上,尤其是在 200 ~ 250 ℃ 温度下工作的零部件。含 Y 的稀土镁合金有优良的抗蠕变和持久强度,室温、高温性能优良,是军工材料领域常用镁合金。

(3)Mg-Al-Zn 系合金。

在 Mg-Al 系合金中铝是最主要的组元。Mg-Al 合金二元状态图是共晶型相图(图 2.59)。在 437 ℃ 时,发生共晶反应:$L \rightarrow \alpha-Mg+\beta-Mg_{17}Al_{12}$。铝在 α(Mg)固溶体中的最大固溶度为 12.7%,在 100 ℃ 时降到 2%。在快冷铸造条件下,最大固溶度降低到 5% ~ 6.5%。铝的质量分数在 6% 时,铸造综合性能最差,此时对应相图上实际结晶温度间隔最大的区域。随着铝含量的增加,结晶温度间隔逐渐减小,凝固时 $\alpha-Mg+\beta-Mg_{17}Al_{12}$ 共晶体逐渐增多,使合金的铸造性能不断改善。在铝的质量分数大于 8% 时,合金的铸造性能较好。

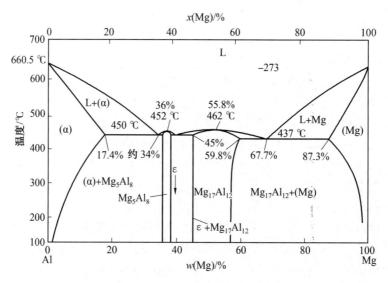

图 2.59　Mg-Al 合金二元状态图

铝含量对 Mg-Al 二元素合金力学性能的影响如图 2.60 所示。根据固溶强化原理,铝与镁原子半径相差较大(约 12%),铝在镁中的固溶度随温度升高而增加,故铝固溶越多,固溶强化效应越明显。当铝的质量分数大于 9% 时,含铝相 β-$Mg_{17}Al_{12}$完全溶入 α-Mg 固溶体中所需的时间急剧增长,组织中残留的未溶的 β 相分布在基体晶界上,使力学性能降低。由于在时效过程中,β-$Mg_{17}Al_{12}$相直接从 α-Mg 基体中析出,其时效强化效果不明显,只是屈服强度有所提高而伸长率降低,因此合金 T_6 状态的情况与 T_4 状态相似。

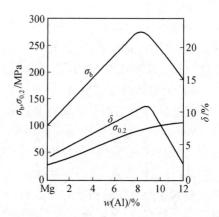

图 2.60　铝含量对 Mg-Al 二元合金
力学性能的影响

Mg-Al 合金中铝含量过高,相与基体的电极电位相差较大,易引起应力腐蚀。因此,兼顾合金的力学性能和铸造性能,合金中铝的质量分数为 8% ~ 9%,这也是该铝含量最常被使用的原因。

Zn 是 Mg-Al 系合金中的一个重要合金元素。Zn 在镁中的溶解度较大,在二元共晶温度 340 ℃时达到 6.2%。当少量 Zn(质量分数约 1%)加入到 Mg-Al 合金中,可显著增加室温下铝在镁基体中的溶解度,由 2% 提高到 4%,增大了合金的固溶强化作用。同时,锌的加入大大提高了合金的耐蚀性能和合金在 T_4、T_6 状态下的力学性能。但锌含量过高,显著增加了合金凝固温度间隔,增加了合金的热裂和缩松倾向。如 Mg-8% Al 合金中加入 2% 的锌,不平衡凝固温度间隔增大 40 ~ 50 ℃。故 Mg-Al 合金中 Zn 的质量分数一般控制在 1% 左右。

镁中加入少量锰可明显提高耐蚀性能,这是因为锰在镁液中易与铁形成高熔点的 Mg-Fe 化合物而从镁液中沉淀,减少了杂质铁对耐蚀性的危害。锰含量不宜过多,否则导致锰的偏析形成脆性相,对合金塑性、冲击韧性有不利影响,通常锰的质量分数控制在 0.5% 以下。

铍和钙是近年来研究的 Mg-Al 合金新添加合金化元素。铍和钙对镁呈表面活性,可阻滞合金液的氧化和燃烧,成为新型阻燃镁合金不可缺少的合金元素。在镁液中加入微量的铍,形成 BeO 的 α 值为 1.71 的,填充到疏松的 MgO 膜中可有效阻燃。此外,钙的加入不但可以阻燃,还可以明显提高 Mg-Al 合金的抗蠕变性能和高温性能,使合金可以在更高温度下使用。但是铍含量过高却会引起晶粒粗化,恶化力学性能,增加热裂倾向,因此要控制在 0.003% 以下,故加铍只是防止镁液燃烧氧化的辅助措施。

在普通铸造条件下,硅是作为杂质控制的,但为了提高 Mg-Al 系合金高温下力学性能,硅与稀土元素都成为不可缺少的合金元素。在相对较快的冷却条件下(如压铸),硅、稀土都能与镁形成粗大的化合物硬质点而提高合金的耐热性能。但硅的加入会降低合金的流动性,使铸造性能降低,而稀土却可提高合金铸造性能,是极有研究价值的合金元素。

合金中这些元素均为有害杂质,大大降低合金的抗蚀性能。因为这些元素在镁中固溶度很小,微量就可以在晶界上生成与基体有较大电位差的不溶相,因此要严格控制。由于熔炼镁时高温镁液长时间与钢坩埚、工具接触,故很难杜绝铁进入合金中,因此要加入一定量的锰,去除铁。

AZ91 合金目前应用最广泛,力学性能、耐蚀性、工艺性能等综合性能优良。其合金成分为 $w(Al) = 8.5\% \sim 9.5\%$, $w(Zn) = 0.45\% \sim 0.9\%$, $w(Mn) = 0.15\% \sim 0.2\%$,其余为 Mg。可以加质量分数不大于 0.002% 的 Be。合金铸态组织为 α-Mg 基体晶界上分布呈不连续网状的 β-Mg$_{17}$Al$_{12}$ 相,部分 β-Mg$_{17}$Al$_{12}$ 相在枝晶间呈粒状和短条状。在 α-Mg 晶内有 MnAl 相小质点。合金经过固溶处理后,β-Mg$_{17}$Al$_{12}$ 相一般固溶到基体中,但较粗大的块状 β-Mg$_{17}$Al$_{12}$ 相不会全部溶解而残留在晶界上,MnAl 相则仍在基体中。合金再经时效处理后,β-Mg$_{17}$Al$_{12}$ 相可以重新从饱和的 Mg 固溶体中析出,析出的 β-Mg$_{17}$Al$_{12}$ 相细小弥散,在一般光学显微镜下不易观察。

析出的 β-Mg$_{17}$Al$_{12}$ 相有两种形态,一种为片层状 β-Mg$_{17}$Al$_{12}$ 相,它是由过饱和的 α' 基体转变为由接近平衡成分的片状 α 相和新的片状 β-Mg$_{17}$Al$_{12}$ 相叠加分布的两相组织,即 $\alpha' \rightarrow \alpha + \beta$。$\beta$-Mg$_{17}Al_{12}$ 相一旦形成,两层间的 α 固溶体立即由过饱和状态转变为近平衡成分,并与原始成分的 α' 形成界面,界面两边固溶体的成分及晶格位向发生突变,即合金按"不连续析出"形式析出。这时 β-Mg$_{17}$Al$_{12}$ 相的成长只依靠界面附近的原子扩散,而非远距离扩散,不连续析出往往从局部晶界等处开始,然后向晶内逐步伸展,故多为不均匀的局部析出。另一种,以细小弥散形态析出的 β-Mg$_{17}$Al$_{12}$ 相一旦形成,在其附近固溶体中的铝浓度降低,在固溶体内不产生新的界面,称为"连续析出"。连续析出可以是遍布基体的普遍析出,也可以是局部析出。很明显,普遍析出的细小弥散的 β-Mg$_{17}$Al$_{12}$ 相强化效果比局部析出的片状 β-Mg$_{17}$Al$_{12}$ 相高。

时效条件尤其是温度不同,对合金的两种析出形式和析出量都有很大影响。当温度较低时(小于 165 ℃),β 相主要以细小弥散质点的方式析出,片层状 β 相较少,即使有,其片层间距也很细密。时效温度升高,片层状 β 相数量增多,而弥散析出的 β 质点减少,尺寸粗大。时效温度高于 200 ℃,弥散析出的 β 相将变成粗大颗粒,失去强化效果。在更高温度下,组织中将形成全部的片层状 β-$Mg_{17}Al_{12}$ 相。因此,对合金的时效处理要抑制不连续脱溶而加速连续脱溶来提高强度。采用较低的时效温度和短的时效时间可改善析出相的形貌。值得注意的是,沉淀相 β 与基体不存在共格关系,也无任何过渡的亚稳相形成。

AZ91 合金可以应用在 F、T4、T6 等多种热处理状态下。T4 状态可用作承受冲击载荷的零件,T6 状态合金抗拉强度和塑性好,甚至超过了铝合金 ZL104 的 T6 状态相应的性能,可用作承受较大动静载荷的零件。

针对 AZ91 合金成分和组织,近年来研究重点是合金成分的纯净化和均质化。例如,开发出了 AZ91D、AZ91E、AZ91F 等一系列牌号的合金,其中高纯的 AZ91HP 合金的耐蚀性能获得很大的提高。

AZ91 合金的铸造性能属中等,铸造流动性好,但缩松较严重,有热裂倾向。AZ91 合金生产中最突出的问题是容易形成缩松,缩松可分布在铸件的整个断面,尤其在晶粒间,枝晶边界上缩松最严重,可以使强度下降 50%,伸长率下降 80%,造成整个铸件报废。此外,在铸件壁厚处,β 相可以产生凝聚,这种粗大的 β 相经热处理也不能完全溶解,使力学性能降低,并且缩松在厚壁处更严重,产生壁厚效应。

AZ91 合金适合采用压铸的方法生产,可使该合金压铸件的整体力学性能获得提高,组织更细小并减少了铸造缺陷的产生,还可以加入微量其他合金化元素调整性能,从而使 AZ91 合金得到很大的发展。

(4)Mg-Zn 系合金。

Mg-Zn 系合金中锌(Zn)是主要的组元。图 2.61 所示为 Mg-Zn 二元合金相图,其共晶成分为 51.2%[①]Zn。在 340 ℃发生共晶反应:L→α(Mg)+ β(Mg_7Zn_3),温度下降至 312 ℃时发生共析反应:β(Mg_7Zn_3)→α(Mg)+γ(MgZn)。锌在镁中的最大固溶度为 6.2%,温度下降固溶度逐渐减小,因此合金具有热处理强化的潜力,其强化相质点为γ(MgZn)。合金中随锌含量的增加,强化作用增加,当锌的质量分数增加到 5% ~6%时,合金强度达最大值。

Mg-Zn 系合金的结晶温度间隔比 Mg-Al 系合金大许多,不平衡状态下最大可达 290 ℃,所以 Mg-Zn 二元合金的铸造性能很差。在不平衡条件下,锌在镁中的最大固溶度约为 3.5%,当锌含量更多时,合金组织中共晶体的数量增多,但合金的热裂和缩松并不因为共晶体的增多而有所改善。这是因为合金中锌含量较高,在凝固时,后凝固的富锌的合金液密度增大,而先凝固的 α(Mg)固溶体密度较小,两者密度相差大。在凝固过程中。α(Mg)晶体容易上浮,而富锌的合金液向下流动,在一定小范围内液体不易补缩,结果锌含量增高反而使缩松严重。同时,锌含量增多使合金 α(Mg)树枝晶粗大,促使缩松加剧。锌含量使合金热裂倾向变大,是由于共晶体中 Mg_7Zn_3 相具有热脆性,同时缩松的加剧也使合金容易热裂。在铸造镁合金中,Mg-Zn 合金的热裂倾向是最大的。因此,从力学性能和铸造性能综合考虑,锌的质量分数在 5% ~6%是较适宜的。

Mg-Zn 二元合金晶粒粗大,树枝晶发达,加入少量锆(Zr)能显著细化晶粒。Mg-Zr 二元合金相图如图 2.62 所示。锆在液态镁中溶解度很小,包晶温度时镁液中只能溶解

---

① 　数字指质量分数。

0.6%Zr,锆与镁不能形成化合物,凝固时首先以 α(Zr)质点析出,α(Mg)包在其外。由于 α(Zr)与 Mg 都是六方晶型,晶格常数接近(Mg:$a=0.320$ nm,$c=0.520$ nm;Zr:$a=0.323$ nm,$c=0.514$ nm),因此 α(Zr)符合"尺寸结构匹配"原则,成为 α(Mg)的结晶核心。当 Zr 的质量分数大于 0.6%时,可以在镁液中形成大量的 α(Zr)质点,使晶粒显著细化。但锆的含量不可能加入太多,从相图看,900 ℃下镁中仅能溶解 0.7%Zr,在熔炼时,锆不容易加入镁液中,过多的锆将沉于坩埚的底部。

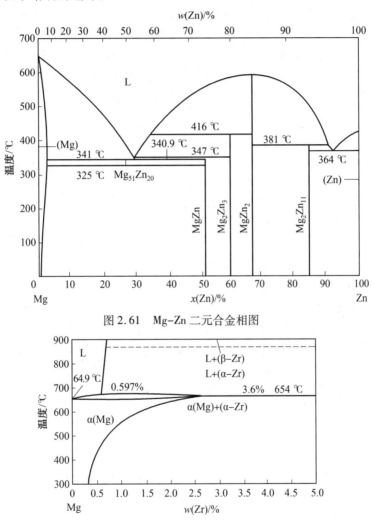

图 2.61　Mg-Zn 二元合金相图

图 2.62　Mg-Zr 二元合金相图

　　Mg-Zn 二元系合金铸造性能差,加入少量的锆能显著地改善其铸造性能,因为锆大大细化了基体的树枝晶,而且明显缩小了结晶温度间隔。如在 Mg-4.5%Zn 的合金中加入 0.7%Zr 后,平衡结晶温度间隔由 180 ℃降到 90 ℃,不平衡状态由 290 ℃降到 110 ℃,这样就大大降低了合金的缩松和热裂倾向。

　　锆能与镁液中的铁、硅等杂质形成固态化合物而下沉,故有去除杂质的作用,并且锆可以在合金表面形成致密的氧化膜,可以提高合金的抗蚀性能。

ZK61 合金的成分为:$w(\text{Zn}) = 5.5\% \sim 6.5\%$,$w(\text{Zr}) = 0.7\%$。合金中含有少量的铝、锰、硅、铁及镍等杂质时,均使锆在镁液中的溶解度剧烈下降而沉淀在坩埚底部,有些杂质还与锆形成难熔的化合物,使合金中有效的锆含量达不到标准,故对杂质均应严格控制。在铸造 Mg-Zn-Zr 合金中,常见组织是晶内富锆,由中心向外锆浓度逐渐降低。锌大多富集在枝晶网边界。高温均匀化退火可消除锆偏析。ZK61 合金中锆含量低,一般不出现锆偏析,不会出现含锆的化合物。铸态组织为 $\alpha(\text{Mg})$ 基体晶界上断续分布少量 $\gamma(\text{MgZn})$ 相。若经 T4 处理,则晶界上的 $\gamma(\text{MgZn})$ 相先完全溶入基体中。在人工时效时,则在基体中析出弥散 $\gamma(\text{MgZn})$ 质点。由于铸件 T6 与 T5 状态力学性能相差不大,该合金常在 T5 状态下使用,即铸造后直接人工时效。ZK61 合金力学性能明显优于 AZ91 合金,因此它有更高的承受载荷的能力。与 AZ91 合金比较,此合金铸造时充型能力较差,焊接性能差,因此它一般用于砂型铸件,金属型仅铸造简单小型件。由于它具有高的承载能力,近年来已代替 AZ91 合金来铸造飞机轮毂、起落架支架等受力铸件。

(5)Mg-RE 系合金。

Mg-RE 系类合金中稀土元素是主要合金化元素,常用元素是 Ce、La、Nd、Pr 等,该类合金耐热性能好,适用在 $200 \sim 300$ ℃使用。

镁与常见稀土元素形成共晶相图,它们具有较高的共晶温度。稀土元素可以与镁形成 Mg_9Ce、Mg_{12}Nd 等金属间化合物,这些化合物的特点是高温下稳定,不易长大,而且热硬性高。

Mg-RE 化合物在室温下与镁合金中其他常见化合物 $\text{Mg}_{17}\text{Al}_{12}$ 等比较,硬度较低,而在高温下却高很多。因此,Mg-RE 系合金有良好的热强性,可在高温下使用。

稀土元素对镁的力学性能的增强基本是按 La、Ce、MM(富铈)、Pr、Nd 的顺序排列的,即随着原子序数的增加而增加。稀土元素中钕在 $\alpha(\text{Mg})$ 中的极限固溶度较大,且随温度降低而减少,因此具有热处理强化效应。室温下,Mg-Nd 合金的力学性能是 Mg-RE 合金中最高的。在 250 ℃以下,Mg-Nd 合金的强度也最高。高温下,钕原子在镁基体中扩散速率很小,因此 Mg-Nd 合金相的稳定性很高。只有在 250 ℃以上长期工作时,Mg-Nd 合金的强度才会剧烈降低。

Mg-RE 合金的结晶温度间隔较小,Mg-Ce 系合金最大结晶温度间隔为 57 ℃,Mg-La 系为 76 ℃,Mg-Nd 系为 100 ℃,因此,合金中可以含有较多的共晶成分,合金的铸造性能很好,其缩松、热裂倾向比 Mg-Al、Mg-Zn 系都小很多,充型性能也很好,可以用来铸造形状复杂和要求气密性高的铸件。

由于稀土元素的电子结构和物理化学性质接近,在矿物中又常常多种元素共生,将冶炼所得的稀土元素混合物分离成纯的单质,其分离提纯工艺复杂困难,成本高,因此镁合金中可以使用混合稀土。最常用的混合稀土是富铈混合稀土,代号为 MM,其铈的质量分数不小于 45%。

Mg-Ce 合金二元共晶相图如图 2.63 所示。该合金系典型合金成分为:$w(\text{MM}) = 2.5\% \sim 4.0\%$,$w(\text{Zn}) = 0.2\% \sim 0.7\%$,$w(\text{Zr}) = 0.4\% \sim 1.0\%$,其余为 Mg,合金元素中稀土为富铈混合稀土。当稀土含量增加时,开始强度急剧升高,当 MM 的质量分数大于 1% 后断裂强度略有下降,而伸长率不断下降。这是因为稀土含量增加,在 $\alpha(\text{Mg})$ 基体晶界上其晶体含量也不断增加,由于这种共晶体呈脆性,并在 α(Mg) 晶界上逐渐连成网状,造成合金塑性下降。但晶界上的共晶体是含稀土的耐热相,可以使高温强度迅速提高,直到 MM 的质量分数大于 1% 后,耐热相基本在晶界形成网状,高温强度的增加才逐渐趋向缓和,因此,从力学性能角度看,合金中稀土的质量分数控制在 1% 左右最佳。但根据 Mg-Ce 相图,共晶点成分为 w(Ce)=19.4%,故只有当稀土含量较大时,一般当 MM 的质量分数大于 2% 时,合金才有较好的铸造性能;当 MM 的质量分数大于 4% 时,可以基本消除铸造时的热裂。所以从铸造性能的角度看,合金中稀土的质量分数应大于 4%。

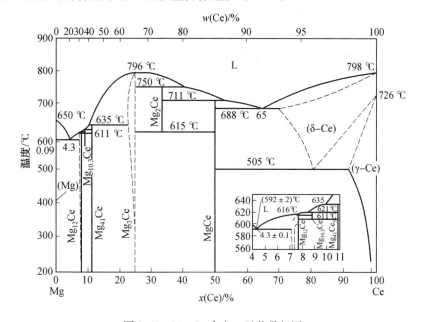

图 2.63　Mg-Ce 合金二元共晶相图

稀土的加入还可以细化镁合金的晶粒,但稀土含量过多,则晶粒又会重新变粗。在 Mg-Ce 合金中同时加入锆,可以显著细化晶粒并提高合金的室温、高温力学性能。而 Mg-Ce-Zr 合金有较大的收缩倾向,易形成表面缺陷。加入少量的锌,可以减轻这些缺陷,而对合金的力学性能基本无影响。

Mg-Ce 合金铸态组织为 α(Mg) 基体晶界上分布网状的 Mg_9Ce 等化合物。退火后化合物以小质点的形式从晶内析出。此合金铸造性能优良,缩松和热裂倾向小,充型能力良好,气密性好,可以用来铸造大型复杂铸件(如发动机机匣等),合金的抗蚀性能、焊接性能良好。

Mg-Nd 合金中钕(Nd)或者富钕混合稀土(Di)是主要组元。在常用稀土元素中,钕在镁中的溶解度较大,热处理强化效果好。此外,钕在镁中的扩散速度较小,Mg-Nd 化合物热硬性很高,耐热性能好,因此 Mg-Nd 系合金的室温和高温综合性能好(图 2.64)。当合金中钕含量在最大固溶度 3.6% 左右时,合金的室温和 200 ℃ 的抗拉强度最高。合金的铸态组织为 α(Mg) 固溶体和晶界分布的块状化合物 $Mg_{12}Nd$,经过固溶处理后,化合物大部分溶入固溶体,仅少量残留在晶界上,同时晶内析出密集点状相。因此该合金多用于 T6 状态。而且由于合金铸造性能良好,缩松和热裂倾向低,充型性好,抗蚀性良好,综合性能优良,因此广泛应用于发动机机匣、壳体和飞机受力构件、轮毂等。

(6)铸造镁合金的热处理。

铸造镁合金的热处理目的、特点与状态、名称、代号和铸造铝合金一样。铸造镁合金热处理的设备与铸造铝合金热处理的设备基本相同。但铸造镁合金固溶处理加热炉的炉膛应该封闭,并带有炉气强制循环装置,铸件在炉中应避免加热元件的直接热辐射,可装设隔热板。镁在高温下易氧化燃烧,因此热处理时要特别注意安全,固溶处理时可使用 CO_2、SO_2 等保护剂。并且铸件由于成分偏析容易在加热时引起过烧,很多时候要采用分段加热的方法。由于镁基体中合金元素的原子扩散缓慢,固溶的冷却介质可以采用空气或吹强风冷却。

5. 变形镁合金

(1)变形镁合金的基本性质。

镁及其合金的压力加工性能不如铁合金、铜合金和铝合金。镁的密排六方晶格和主要滑移面及滑移方向如图 2.65 所示。原子排列最密的晶面是基面{0001},滑移方向

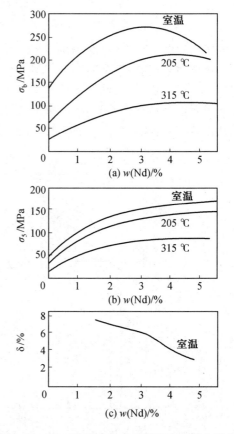

图 2.64　Mg-Nd 系合金的室温和高温综合性能

是 OA、OC、OE 3 个方向。在室温下变形只有基面产生滑移,其滑移系数目为 3 个,而铝的滑移系数目是 12 个。可见,镁的塑性很低。因此,镁及镁合金在冷态下进行压力加工是很困难的。室温下慢速拉伸镁的单晶体,由于镁在室温下只沿基面{0001}产生滑移,所以塑性很低,几乎尚未出现缩颈就拉断了。

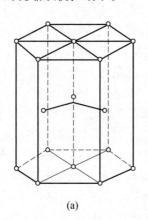 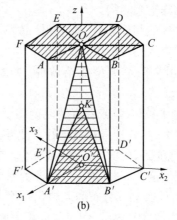

图 2.65　镁的密排六方晶格(a)和主要滑移面及滑移方向(b)

但是当温度升高到 200 ℃以上时,由于镁的原子密度仅次于基面 {0001} 的第一类角锥平面 {10$\bar{1}$1},也产生滑移,因而镁的塑性得到很大的提高。镁的伸长率较室温下提高将近 10 倍。当温度超过 225 ℃,除 {0001} 和 {10$\bar{1}$1} 面外,{10$\bar{1}$2} 也可能参与滑移,镁的塑性将进一步提高。

图 2.66 所示为镁在静镦粗下最大压缩量与温度的关系曲线。由图 2.66 不难看出,随着温度升高到 212 ~ 225 ℃时,镁的塑性得到了很大提高。当温度上升到 350 ~ 450 ℃时,塑性提高尤其明显,所以镁在 350 ~ 450 ℃进行压力加工。

单晶镁的变形抗力(屈服极限)随其相对于外作用力的方向变化而变化(图 2.67)。χ 为密排六方晶轴与外力方向所成的夹角,当 $\chi = 0°$ 及 90°时,镁的屈服极限较 $\chi = 45°$ 时大 400% ~ 500%,而对于铝合金来说,当方向改变时,屈服极限的变化则不超过 84%。因此,镁的变形抗力与晶体相对于作用力的位向关系很大。

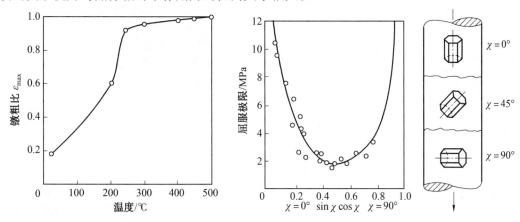

图 2.66　镁在静镦粗下最大压缩量与　　图 2.67　单晶镁的屈服极限与其相对于加载方向的关系
　　　　　温度的关系曲线

(2)变形镁合金的合金化。

纯镁变形后力学性能变差,如挤压后,$\sigma_b = 230 ~ 240$ MPa,$\sigma_{0.2} = 130 ~ 140$ MPa,$\delta = 4\%$, HB30。纯镁的抗腐蚀能力也很低,因而不能直接用作结构材料。为了改善镁的力学性能和提高抗腐蚀能力,在镁中加入铝、锌、锰、锆、铈合金元素,研制了各种不同用途的变形镁合金。

变形镁合金可制成板材、棒材、型材、线材、管材、自由锻件、模锻件等各种半成品。由于镁合金的密度小、强度高,能承受较大的冲击载荷,并有适当的塑性,所以被广泛应用在结构件的重量具有重要意义的航空制造业中。

变形镁合金牌号表示方法与铸造镁合金相同,变形镁合金主要分为 Mg-Mn 系、Mg-Al-Zn 系、Mg-Zn-Zr 系和 Mg-Mn-Ce 系四类。

①Mg-Mn 系合金。这类合金的锰的质量分数在 1.2% ~ 2.5%。M1A 是这类合金中具有代表性的合金。

由 Mg-Mn 二元相图(图 2.68)可见,锰的质量分数为 1.3% ~ 2.5% 的镁合金,在结晶之后具有单相状态(锰溶于镁的 α 固溶体)。随后,在冷却时便发生固溶体的分解并析出

β(Mn)相。这种析出相分布于固溶体的晶界和晶内(图2.69)。正是由于这些弥散相的溶解和析出,才使Mg-Mn系合金获得必要的硬度与强度。由图2.68可见,随着温度的变化,锰在镁中的溶解度变化很大,在共晶温度(650℃)最大溶解度达到2.46%,而在室温下则降到接近于零。但是,由于第二相β是纯锰,对合金的强化效果不大,所以该系合金是不能通过热处理来强化的。使用的热处理状态主要是退火,但是这类合金可以通过冷作硬化稍微提高其强度。由此可见,Mg-Mn系合金中加锰的目的不在于强化合金,而在于提高合金的抗腐蚀能力,这类合金的抗腐蚀性也是所有镁合金中最高的。

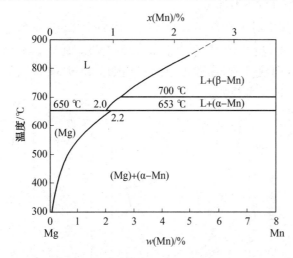

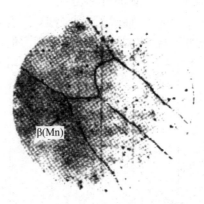

图2.68　Mg-Mn二元相图(Mg端)　　　图2.69　M1A合金铸态显微组织

可以在Mg-Mn系合金中加入少量Ce(质量分数为0.15%~0.35%),Ce一部分溶解于固溶体中,另一部分与镁形成化合物Mg_9Ce,并呈细小弥散分布于α基体中,起到强化合金和细化晶粒的作用。其强度可提高50 MPa,伸长率提高10%以上,而且具有M1A合金的一切优点。

②Mg-Al-Zn系合金。这类合金包括AZ31B、AZ31C、AZ61和ZA80等几个主要牌号的合金。这些合金中加入的铝、锌主要与镁形成金属间化合物$Mg_{17}Al_{12}$相和$MgZn_2$相,有时还形成三元金属间化合物$Mg_{17}(Al,Zn)_{12}$相。铝和锌还能与镁形成有限固溶体,并且随着温度的升高,铝和锌在镁中的溶解度逐渐增大。温度降低时,铝和锌在镁中溶解度的变化,说明可以用热处理方法来提高合金的力学性能。

Mg-Al-Zn系合金中铝的质量分数超过3%的显微组织由固溶体的晶粒组成,这些晶粒被析出的金属间化合物$Mg_{17}Al_{12}$所包围。合金中金属间化合物$Mg_{17}Al_{12}$的数量随着铝含量的增加而增加。在含铝的工业镁合金中,锌的质量分数不超过3%。锌溶入固溶体中,使固溶体强化,但其效果不如铝。锌能提高Mg-Al合金的伸长率,是高强度镁合金的有益添加剂。但在变形镁合金中增加锌含量,会恶化合金的加工性能。

Mg-Al-Zn系合金通过热处理方法提高力学性能的程度,比铝合金小得多,如AZ31B和AZ31C两种合金,两者区别在于允许的杂质含量。AZ31具有高的强度和延展性,这主要是因为通过控制轧制、挤压或锻造温度以及在向室温冷却时有意退火或伴生退火效应保留部分加工硬化。镁中加铝及锌导致固溶强化并使晶粒细化。由于该合金元素含量较少,淬火、时效强化效果差,一般不进行强化热处理,主要是在退火状态下使用。因为这种合金的塑性高,所以一般都用于制造形状复杂的锻件和模锻件。

AZ61 和 AZ80 合金与 AZ31 合金相比,锰含量和锌含量相近,主要区别在于铝含量不同,AZ31 合金的铝含量比前两者少。铝含量越多,合金的强度或变形抗力越高,塑性越差。这是因为铝和镁形成了硬脆化合物 $Mg_{17}Al_{12}$ 相的粒子。AZ61 合金一般用于制造受力不大的零件。因其热处理强化效果差,一般也不进行强化热处理。AZ80 合金的特点是强度高,所以多用于制造承受重载的零件,一般经淬火、时效来提高其强度。

③Mg-Zn-Zr 系合金。该类合金成分与铸造 Mg-Zn-Zr 合金类似,加入少量锆主要是细化晶粒和提高力学性能。ZK60 就是这类合金系的典型合金。这类合金不但在热加工态下具有较高的塑性,而且在室温下的力学性能也很好,没有应力腐蚀的倾向,室温下的工作性能较好。为了提高其力学性能,可通过淬火、时效进行强化。

④Mg-Mn-Ce 系合金。该合金属于新型镁合金。为了提高镁合金的工作温度,在镁中加入铈。当铈的含量不高时,它以细小弥散状在晶内和晶界上析出。当铈的含量较多时,它和镁形成熔点为 780 ℃ 的金属间化合物 Mg_9Ce,分布于晶内和晶界上,强化了晶界,阻止了再结晶晶粒的长大。因此,含铈的镁合金,如 ZE10A 属于热强镁合金,其最高工作温度可达 200 ℃。由于这种合金中所含的化合物 Mg_9Ce,在 300 ℃ 的温度下显微硬度高,而塑性很低,因此当终锻温度较低时,Mg_9Ce 的存在将会降低合金的工艺塑性。

2.2.3　钛及钛合金

1. 概述

钛是高熔点(1 668 ℃)的活性金属。钛及其合金由于密度低(4.5 ~ 4.8 g/cm³)、比强度高和耐蚀性好而成为一种优良的结构材料,在航空航天、海洋及化工机械领域非常引人注目,在国防科技领域占有重要地位。钛合金又由于具有某些特殊功能(如储氢特性、形状记忆、超弹性)和无毒、生理相容性好等特性而成为新型功能材料和重要的生物医学材料。

钛是第二次世界大战后才登上工业舞台的新型工业金属。虽然钛元素发现于 18 世纪末,但由于它的化学活性高,提取困难,金属钛直到 1910 年才被美国科学家用钠还原法(亨特法)提炼出来。1936 年,卢森堡科学家克劳尔用镁还原法(克劳尔法)还原 $TiCl_4$,制得海绵钛,奠定了金属钛生产的工业基础。其技术转让到美国,1948 年在美国首先开始海绵钛的工业生产。中国继美、日、苏联之后,于 1958 年开始钛的生产。

钛及其合金一般用真空自耗电弧熔炼方法(VAR)将海绵钛制成铸锭,然后用与钢材生产相近的工艺和设备加工成各种钛材(板、带、箔、管、棒、丝及锻件等)。精密铸造及粉末冶金法也用于钛制品的生产。

钛一般被列为“稀有金属”,但钛元素在地壳中的含量十分丰富,它在全部元素中名列第 10 位,在金属元素中仅次于铝、铁、镁,居第四位,钛的储量是常用元素镍的 30 倍,铜的 60 倍。

钛在地壳中大都以金红石(TiO_2 质量分数在 90% 以上)和钛铁矿(TiO_2 质量分数在 50% 左右)等形式存在。目前,质量分数为 95% 的钛矿用于制取化工产品(钛白粉),只有约

5%的 TiO_2 用于制成金属钛。

20世纪50年代,钛开始用于航空工业,用作航空发动机和机体的结构件,然后逐渐扩展到一般工业领域,用作容器、管路、泵、阀类的耐蚀结构材料。20世纪末,钛逐渐进入人们的日常生活,用作高档建材、医疗器材、体育娱乐用品、餐具器皿及工艺美术品等。钛将由高科技领域应用的"稀有金属"变为公众熟知、广泛应用的"常用有色金属"。钛应用的领域如图2.70所示。钛由于综合性能好、用途广、资源丰富、发展前景好,被誉为正在崛起的"第三金属"。

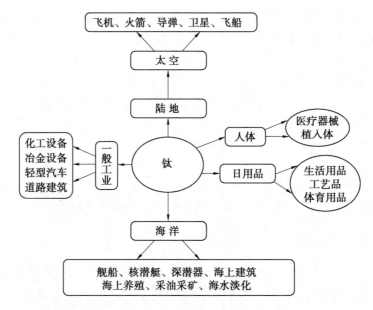

图2.70　钛应用的领域

2018年我国年产海绵钛约7.4万t,钛材约6.3万t。从长远来看,钛工业还处于幼年期。从事钛工业生产的主要是美、俄、日、西欧和中国等少数国家。目前制约钛材工业发展的主要因素是钛的冶炼和熔炼成本较高。钛材虽然性能很好,但性价比不能完全令人满意。未来随着钛冶炼与加工技术的进步和社会对优质材料需求的增长,预计钛材工业将会有较大的发展。

2. 工业纯钛

钛是一种银白色的金属,在空气中长时间暴露后会略为发暗,但不会生锈。钛耐蚀性优良,特别是对氯离子具有很强的抗蚀能力。这是因为在钛表面易形成坚固的氧化钛钝化膜,膜的厚度为几十纳米到几百纳米。经过氧化处理的钛,由于氧化膜的结构与厚度的变化,钛会呈现各种美丽的色彩。

钛原子的电子结构为 $1s^22s^22p^63s^23p^63d^24s^2$,其价电子是电离势很小(小于50 eV)的4个外层电子($4s^23d^2$),钛的最高氧化态是正4价。

工业纯钛与常用金属材料性能的比较见表2.4。由表2.4可见,钛的主要特性如下:

①钛具有同素异构转变,低温 α 相为密排六方结构(hcp),而高温 β 相为体心立方结构(bcc),钛的两种同素异构体如图2.71所示。钛的转变点(%)为880 ℃,钛合金转变点随

成分而变。在转变点上下,钛的许多性能会发生显著变化。这种同素异形转变为钛合金的组织、性能的多样性和复杂性奠定了冶金基础。

表 2.4　工业纯钛与常用金属材料性能的比较

性能	Ti	Mg	Al	Fe	Ni	Cu	18–8 不锈钢
密度/(g·cm^{-3})	4.5	1.74	2.7	7.87	8.9	8.9	8.03
熔点/℃	1 668	650	660	1 335	1 455	1 083	>1 400
沸点/℃	3 400	1 107	220	2 735	3 000	2 360	—
弹性模量/MPa	110 000	43 600	72 400	200 000	210 000	130 000	203 200
电阻率(20 ℃)/(μΩ·m)	50	2.7	9.7	—	1.7	7.2
电导率(与 Cu 相比)/%	3.1	—	64.0	18.0	—	100	2.4
热导率/(W·(m·℃)$^{-1}$)	17.2	146.3	217.7	83.7	59.5	385.2	16.3
线胀系数/℃$^{-1}$	0.83	2.6	2.39	1.17	1.33	1.64	1.65
质量热容/(J·(g·℃)$^{-1}$)	0.50	—	0.88	0.46		0.38	0.50
抗拉强度/MPa	300~600	110	80~110	180~250	400~500	240	—
布氏硬度/MPa	800~1 400	250~350	150~250	450	700~900	450~500	—
伸长率/%	27	7	32~40	40	40	50	

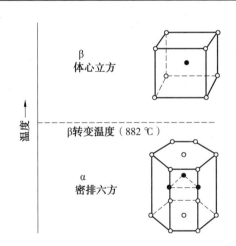

图 2.71　钛的两种同素异构体

(从低温 α 相向高温 β 相转变发生在 882 ℃)

②钛密度小而强度高。在 –253~600 ℃钛的比强度是最高的。

③钛的塑性中等。钛的塑脆转变温度低,在超低温下仍可保持足够塑性。

④钛的弹性模量中等,比不锈钢约低 50%,比弹性模量稍低于钢,适于做弹性元件,但加工时回弹比较大。合金化可使钛弹性模量发生很大变化。

⑤钛具有电导率、热导率和线胀系数均低的特性。钛的热容与不锈钢相当,电阻率比不锈钢稍大。

⑥钛的磁导率约为 1.0 H/m,非磁性(严格说为顺磁性)。

⑦钛的熔点高,但由于同素异构转变和高温下吸气、氧化倾向的影响,它的耐热性中等,介于铝与镍之间。

⑧钛的屈强比很高(达 0.9 ~ 0.95),这对钛的应用与加工均有很大的影响。

⑨钛对超声波的阻抗较小,透声系数较高,适于做声呐导流罩之类材料。

⑩钛对 X 射线呈半阻射性,放射性同位素的半衰期很短(β、γ 辐射半衰期小于 1 年)。

⑪钛元素与人体相容性好,耐体液腐蚀。

⑫钛在大多数情况下,具有极好的耐蚀性。同不锈钢、铝、钢、镍相比,钛具有优异的抗局部腐蚀性能。钛抗海水及氯化物点蚀、抗缝隙腐蚀、抗应力腐蚀、抗焊接头腐蚀和抗疲劳腐蚀的能力都很强,钛与其他合金的相对耐蚀性见表 2.5,各种材料在海水中的相对耐蚀性见表 2.6。

表 2.5　钛与其他合金的相对耐蚀性

合金	相对 18-8 不锈钢的耐蚀性	合金	相对 18-8 不锈钢的耐蚀性
$Fe_{18}Cr_8Ni$	1	$Fe_{26}Cr_1Mo$	2.4
$Cu_{10}Ni_{90}$	1.1	$Fc_{29}Cr_4Mo$	2.9
$Fe_{18}Cr_2Mo$	1.4	Ti	3.1
$Fe_{18}Cr_{12}Ni_2$	1.5	$Ni_{15}Cr_7Fe$(Inconel600)	3.5

表 2.6　各种材料在海水中的相对耐蚀性

腐蚀类型	海军黄铜	铝黄铜	90-10Cu-Ni	70-30Cu-Ni	不锈钢	钛
均匀腐蚀	2	3	4	4	5	6
腐蚀	2	2	4	5	6	6
点蚀(运转中)	4	4	6	5	6	6
点蚀(停止中)	2	2	5	4	1	6
高流速水	3	3	4	5	6	6
入口腐蚀	2	2	3	4	6	6
蒸汽腐蚀	2	2	3	4	6	6
应力腐蚀	1	1	6	5	1	6

钛的纯度对其性质,特别是力学性能有重要影响,而纯度又与冶炼方法有关。钛中主要有害杂质是氧、氮、碳、氢、氯、铁和硅。这些杂质均会提高钛的强度和硬度,降低钛的塑性和韧性。气体杂质氧、氮及碳在钛中有很大的溶解度,一旦进入钛中,很难除去,只会在熔炼与加工、热处理过程中逐渐增加。氯可在真空熔炼过程中除去。氢在钛中可能引起"氢脆",但氢可以通过真空熔炼或真空热处理除去。

钛本质上是高塑性的。用碘化法制取的高纯钛的强度仅 220 ~ 290 MPa,而伸长率可达 50% ~ 60%,面缩率可达 70% ~ 80%。这是因为密排六方结构纯钛的晶轴比(c/a)为 1.587 3,在室温下变形时,不仅底面(0001)参与滑移,而且棱锥面 $\{10\bar{1}1\}$ 和棱柱面 $\{10\bar{1}0\}$ 也参与滑移,并起主要作用。滑移方向都是沿基面的密排方向 $<1\bar{2}10>$,这是纯钛不同于六方晶系的镁、锌、镉的原因。纯钛变形的另一个特点是,当温度降低时,虽然滑移变形会减少,但孪晶大量增加。孪晶变形的增加会使钛在低温时具有很好的塑性(甚至比室温还高)。α-Ti 的孪晶面为 $\{10\bar{1}2\}$、$\{11\bar{2}1\}$、$\{11\bar{2}\bar{2}\}$ 和 $\{11\bar{2}\bar{4}\}$。

所谓的"工业纯钛"是指含有一定量杂质的纯钛,其氧、氮、碳、铁、硅等杂质总量一般为 0.2% ~0.5%。这些杂质使工业纯钛既具有一定的强度和硬度,又具有适当的塑性和韧性,可用作结构材料。

我国按杂质含量和硬度将海绵钛(原料)分为五级(0、1、2、3、4 级)。按杂质含量和力学性能将钛材分为 5 级(TD、TA0、TA1、TA2、TA3),海绵钛分类及成分见表 2.7,工业纯钛分类表 2.8。杂质质量分数对钛硬度的影响如图 2.72 所示。

表 2.7　海绵钛分类及成分(质量分数,%)(GB2524—1981)

牌号	Ti(不小于)	Fe	Si	Cl	C	N	O	HB(不大于)
MHTi-0	99.76	0.06	0.02	0.06	0.02	0.02	0.06	100
MHTi-1	99.65	0.10	0.03	0.08	0.03	0.03	0.08	110
MHTi-2	99.54	0.15	0.04	0.10	0.02	0.04	0.10	125
MHTi-3	99.35	0.20	0.05	0.15	0.04	0.05	0.15	155
MHTi-4	99.15	0.35	0.05	0.15	0.04	0.06	0.20	175

表 2.8　工业纯钛分类

牌号	杂质质量分数(不大于)/%							室温性能(不小于)		
	Fe	其他元素		C	N	H	O	σ_b/MPa	δ/%	ψ/%
		单一	总和							
TD(碘化钛)	0.03	—	—	0.03	0.01	0.015	0.10	—	—	—
TA0	0.15	—	—	0.10	0.03	0.015	0.15	—	—	—
TA1	0.25	0.01	0.4	0.10	0.03	0.015	0.20	343	25	50
TA2	0.30	0.01	0.4	0.10	0.05	0.015	0.25	441	20	40
TA3	0.40	0.01	0.4	0.10	0.05	0.015	0.30	539	15	35

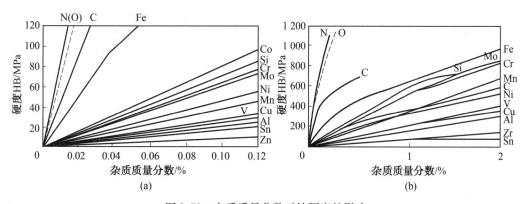

图 2.72　杂质质量分数对钛硬度的影响

工业纯钛的硬度是每个杂质元素强化效应叠加的结果,经验公式如下:

$$HB = 57 + 196\sqrt{w(N)} + 158\sqrt{w(O)} + 45\sqrt{w(C)} + 20\sqrt{w(Fe)}$$

3. 钛与各元素的相互作用分类

钛的化学性质活泼,在较高温度下,钛与许多元素发生作用。钛与其他元素的作用,取决于这些元素外层电子结构、原子尺寸和晶体结构三者的差异,而这些差异与元素在周期表中的位置有关。按钛与其他元素作用的强弱,元素可分为四类(图2.73)。

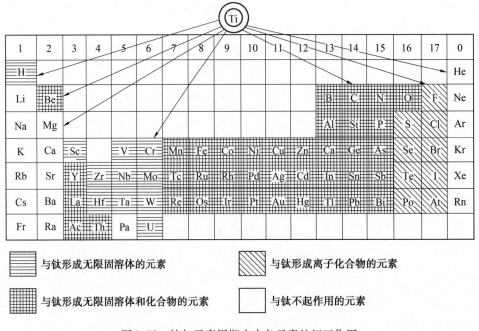

图 2.73　钛与元素周期表中各元素的相互作用

①第一类:与钛形成离子键与共价键的元素。此类元素包括卤素和氧,它们的负电性很强。

②第二类:与钛形成有限固溶体和金属间化合物的元素。此类元素包括许多过渡族元素以及氢、铍、硼族、碳族和氮族元素。

③第三类:与钛生成无限固溶体的元素。此类元素包括同族元素(Zr、Hf)、钒族、铬族和锕族。其中,锆、铪与钛的外层电子结构相同,原子直径差很小,因此它们与 α-Ti 和 β-Ti 均形成无限固溶体,而近族元素(V、Nb、Ta、Cr、Mo)与钛的电子结构和原子直径相差不大,晶型则与 β-Ti 相同,而与 α-Ti 有差异,故它们与 β-Ti 无限固溶,但在 α-Ti 中有限固溶。

④第四类:与钛不发生反应或基本不发生反应的元素。此类元素包括惰性元素、碱金属、碱土金属、稀土元素(锕除外)、钢、钍等。

第一类元素与钛的提取冶金及化工应用有很大关系。第二、三类元素对钛的合金化至关重要。第四类元素中的惰性气体常用于钛冶金与加工过程中的高温保护,防止吸气与氧化。微量稀土元素可改善钛合金的组织和性能,有时用作合金化元素。

4. 二元相图和合金元素的分类

合金元素对钛的不同作用突出地表现在它对钛 α/β 同素异晶转变和二元相图上。钛与其他元素的二元相图有四种基本形式,钛二元系状态图分类如图2.74所示。据此,将钛的合金化元素分成三类:

①α 稳定元素：多溶于 α 相，升高相变点，扩大 α 相区，如铝和氧、氮、碳等。

②β 稳定元素：多溶于 β 相，降低相变点，扩大 β 相区，β 稳定元素又分为完全固溶型（Mo、Nb、V 等）和共析型（Fe、Cr、Mn 等）。

③中性元素：在 α 相和 β 相中均有较大溶解度，对相变点影响不大，如 Sn、Zr 等。

钛及钛合金中常见合金元素的分类见表 2.9。

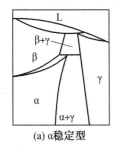 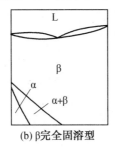 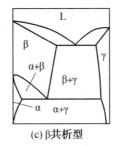 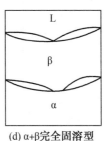

(a) α稳定型　　　(b) β完全固溶型　　　(c) β共析型　　　(d) α+β完全固溶型

图 2.74　钛二元系状态图分类

表 2.9　钛及钛合金中最常见元素的分类

分类		元素名称	作用特点
α 稳定元素	间隙式	O、C、N、B	主要溶于 α 相，形成间隙固溶体，升高相变点
	替代式	Al、Ga	主要溶于 α 相，固溶度较大，形成替代式固溶体，升高相变点，但添加量大时，会形成金属间化合物
中性元素	替代式	Zr、Sn、Hf	在 α 相和 β 相中均有较大固溶度，对相变点影响不大（略降低）
β 稳定元素	替代式　同晶型	Mo、V、Ta、Nb	降低相变点，无限固溶于 β
	替代式　快共析型	Cu、Ni	强烈降低相变点，与钛发生共析反应，生成化合物，易生成片层状组织
	替代式　慢共析型	Cr、Fe、Mn、Co、Pd	强烈降低相变点，与钛发生共析相变，生成化合物，但不易出现珠光体片层状组织
	间隙型	H、Si	

相变温度是钛合金一个很重要的参数。合金元素质量分数对钛的相变温度（α→β 转变温度、β 共析分解转变温度和包析转变温度）的影响如图 2.75 ~ 2.77 所示。

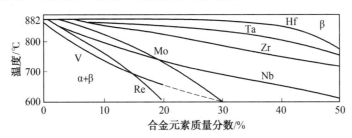

图 2.75　合金元素质量分数对钛的 α→β 转变温度的影响

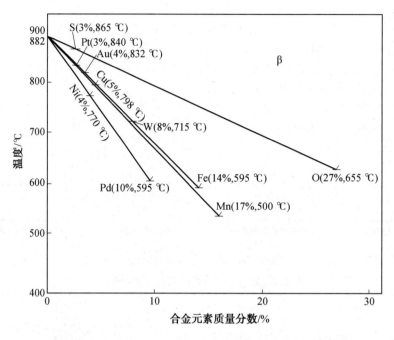

图 2.76　合金元素质量分数对 β 共析分解转变温度的影响

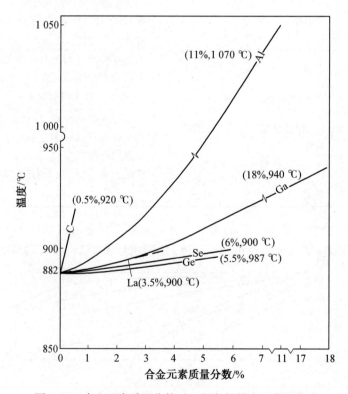

图 2.77　合金元素质量分数对 β 相包析转变温度的影响

当某些合金从高温 β 区快速冷却(如铸造、淬火)时,会得到亚稳的马氏体 α′组织。含 β 稳定元素的钛合金平衡图和马氏体转变点如图 2.78 所示。

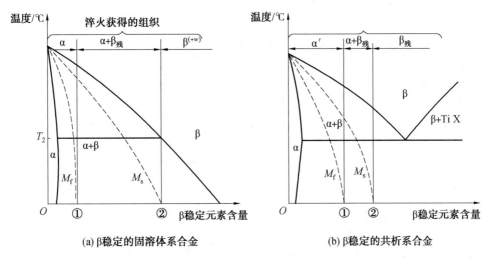

(a) β稳定的固溶体系合金　　　　　　　(b) β稳定的共析系合金

图 2.78　含 β 稳定元素的钛合金平衡图和马氏体转变点

M_s 表示马氏体开始形成的温度,M_f 表示马氏体转变的终止温度。如果合金中 β 稳定元素的含量低于图 2.74 中的①处,则因 M_s 及 M_f 均在室温以下,故淬火组织全部为马氏体 α′;如果合金成分处于图 2.74 中的①~②之间,则会产生残留的 β 相(转变不完全),淬火组织应为 α′+β残;当合金成分达到②处时,则无马氏体转变,淬火后保留为全 β 组织。

合金元素对钛的影响有明显的差异。如图 2.79 所示,强 β 稳定元素 Fe、Mn、Co、Cr、Ni、Mo 等元素对 M_s 的降低效果大,而 α 稳定元素和中性元素 Al、Sn、Ga 等对 M_s 几乎没有影响。日本学者研究表明,元素对 M_s 的影响与其原子直径有密切关系。大致的规律是:钛原子直径与溶质元素原子直径之差越大,M_s 下降的程度越大。

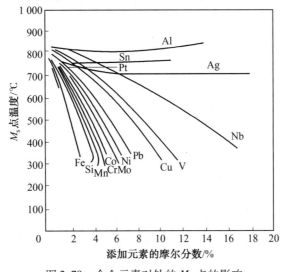

图 2.79　合金元素对钛的 M_s 点的影响

5. 合金类型随合金成分演变的规律

钛合金的类型取决于新添加的 α 稳定元素、β 稳定元素及中性元素含量。这个含量可以用铝当量和钼当量来表征。

铝质轻、价廉、合金化效果好,是工业钛合金中广泛使用的 α 稳定元素。图 2.80 所示为 Ti–Al 系二元相图。铝在 α-Ti 中的最大固溶度出现在 1 080 ℃,约为 11%。550 ℃时,铝在 α-Ti 中的固溶度约为 7%。在 Ti-Al 相图的富钛侧,存在 α、β、α₂、γ 4 个单相区。γ、α₂ 相的晶体结构如图 2.81 所示。α、β 无序固溶体是塑性相,而 α₂、γ 分别是正方、六方晶型的有序化合物,是脆性相。因此,随着铝含量的增加,可能形成 α、α+α₂、α₂、α₂+γ、γ 5 种不同类型的钛合金。

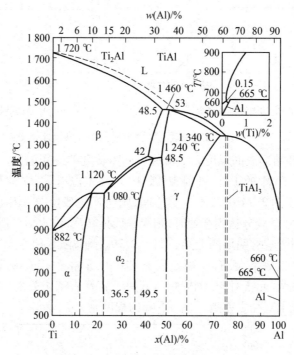

图 2.80　Ti-Al 系二元相图

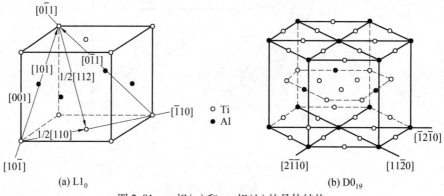

(a) L1₀　　　　　　　　　(b) D0₁₉

图 2.81　γ 相(a)和 α₂ 相(b)的晶体结构

　　铝是钛合金中最重要的固溶强化元素,它可提高钛的 α/β 相变点、再结晶开始温度、弹性模量和比电阻等,但会降低合金的塑性和韧性。铝在钛合金中用作基本强化元素。添加 1% Al,可提高钛室温强度 30 ~ 50 MPa。但超过 α 相的极限溶解度时,铝会导致 $\alpha_2(Ti_3Al)$ 相的析出,引起脆化。在研究高温钛合金热稳定性时发现,由于其他 α 稳定元素和中性元素对钛合金的相结构和性能有类似的影响,因此提出了"铝当量"和"氧当量"的概念。

　　铝当量计算公式如下:

$$w(Al^*) = w(Al) + \frac{1}{3}w(Sn) + \frac{1}{6}w(Zr) + \frac{1}{2}w(Ga) + 4w(Si) + 10w(O^*)$$

式中　$w(O^*)$——氧当量,%,表征间隙元素的综合影响,氧当量计算式为

$$w(O^*) = w(O) + w(C) + 2w(N)$$

　　以上分析表明,当钛中添加 α 稳定元素和中性元素时,钛合金的类型将按照 Ti-Al 二元相图的规律演变;铝当量在 8% 以下时,将形成单相 α 钛合金;铝当量很高时,将形成以金属间化合物 α_2 或 γ 为基的钛合金。

　　随合金中添加 β 稳定元素的增加,合金将由 α 转变为 α+β(如 Ti-6Al-4V)、亚稳 β(如 Ti-15V-3Cr-3Sn-3Al)和稳定 β(如 Ti-32Mo)合金。

　　钼是一个常用的典型 β 稳定元素,常用钼当量($w(Mo^*)$)来表征各种 β 稳定元素的综合影响。由于实验条件的差异,人们总结出不同的 $w(Mo^*)$ 计算公式:

$$w(Mo^*) = w(Mo) + \frac{w(Nb)}{3.3} + \frac{w(Ta)}{4} + \frac{w(W)}{2} + \frac{w(Cr)}{0.6} + \frac{w(Mn)}{0.6} + \frac{w(V)}{1.4} + \frac{w(Fe)}{0.5} + \frac{w(Co)}{0.9} + \frac{w(Ni)}{0.8}$$

$$w(Mo^*) = w(Mo) + \frac{w(Nb)}{3.5} + \frac{w(Ta)}{4.5} + \frac{w(W)}{2} + \frac{w(Cr)}{0.6.} + \frac{w(Mn)}{0.65} + \frac{w(V)}{1.5} + \frac{w(Fe)}{0.35} + \frac{w(Ni)}{0.8}$$

$$w(Mo^*) = w(Mo) + 0.67w(V) + 0.28(Nb) + 0.22w(Ta) + 0.44w(W) +$$
$$2.9w(Fe) + 1.6w(Cr) - w(Al)$$

　　典型钛合金中的铝当量和钼当量见表 2.10。

　　钼当量越高,β 相越稳定,即合金的淬透性越高。高钼当量的合金,即使空冷也能获得全 β 合金。

　　在两相钛合金中,β 稳定元素更多地溶于 β 相中,它使 β 相晶格参数减小,应注意的是,β 相中 β 稳定元素的含量是随固溶温度的变化而变化的。

　　研究还表明,钼、钒、铬、铁等元素虽然都是 β 稳定元素,多溶于 β 相中,但它们在钛合金枝晶内各部分的分布是不同的。因此 β 合金中常使用多个 β 稳定元素,使它们的分布和强化作用互补,以改善合金微观组织与性能均匀性。

表 2.10　典型钛合金中的铝当量和钼当量

合金类型	合金牌号或成分	铝当量/%	钼当量/%
α	TA5(Ti-4Al-0.05B)	5.0	0
	TA7(Ti-5Al-2.5Sn)	6.8	0
近 α	半 TC4(Ti-3Al-2.5V)	4.0	1.8
	BT20	7.8	1.7
	IMI829	8.8	0.6
	Ti-6242S	8.8	2.0
	Ti-1100	8.6	0.4
	Ti-811	9.0	1.7
α+β	TC4	7.0	2.9
	TC11	7.3	3.5
	TC6	7.0	6.0
	Ti-451	5.5	7.5
	Ti-6246	8.3	6.0
	SP-700	5.5	8.1
	BT-16	4.0	8.2
	Ti-17	5.0	10.0
β	Ti-15-3	5.0	15.7
	Ti-1023	5.0	15.8
	β21S	4.5	17.7
	TB3	4.7	19.7
	Ti-32Mo	0	32.0
Ti$_3$Al(α$_2$)+β	Ti-24Al-11Nb	13.5	6.4
	Ti-25Al-10Nb-3V-1Mo	14.0	9.1
TiAl(γ)+α$_2$	Ti-48Al-2Cr-2Nb	30.0	6.8

根据表 2.10,可以得出如下结论:合金的类型与合金成分的关系可表述为合金类型与合金的铝当量和钼当量的关系:

当 Al 当量小于 7%,Mo 当量为 0 时,合金为 α 钛合金。

当 Al 当量为 7% ~10%,Mo 当量小于 2 时,合金为近 α 钛合金。

当 Al 当量为 4% ~10%,Mo 当量为 3% ~10% 时,合金为 α+β 钛合金。

当 Al 当量小于 6%,Mo 当量大于 10% 时,合金为 β 钛合金。

当 Al 当量为 12% ~15% 时,Mo 当量大于 10% 时,合金为 Ti$_3$Al 基合金。

当 Al 当量为 25% 以上,Mo 当量大于 10% 时,合金为 TiAl 基合金。

$w(β_c)$ 是通过淬火可获得亚稳 β 合金的 β 稳定剂临界质量分数(表 2.11),从表 2.11 可以看出,铁、铬、锰、钴、镍、钼、钒在稳定 β 相方面是非常有效的。在工业实践中,β 合金中主要添加铝、钒、铬、铁等元素,镍主要用于形状记忆合金。

表 2.11　β 稳定剂的临界质量分数

β 稳定剂	类型	$w(\beta_c)/\%$	添加 1% β 稳定元素可降低的 β 转变温度/℉
Mo	同晶型	12	17
V	同晶型	15	22
W	同晶型	26	7
Nb	同晶型	36	13
Ta	同晶型	40	4
Fe	共析型	4	32
Cr	共析型	8	27
Cu	共析型	13	22
Ni	共析型	8	40
CO	共析型	7	38
Mn	共析型	6.5	40
Si	共析型		70

注：$t = \dfrac{5}{9}(\theta)$。t，℃；θ，℉。

6. 钛合金合金化的一般规律

（1）钛合金合金化的一般规律。

①钛合金的 4 个基本相为 α、β、α_2、γ。由于晶体结构复杂性和扩散系数的差异，相对而言，α、α_2、γ 为耐热相，β 为塑性相。

耐热性顺序是 $\gamma > \alpha_2 > \alpha > \alpha + \beta > \beta$；

塑性顺序是 $\gamma < \alpha_2 < \alpha < \alpha + \beta < \beta$。

②发展传统型耐热钛合金（以固溶体为基）应选择高合金化（高 Al 当量）的或近 α 钛合金，即钛中应添加较多的 α 稳定元素（Al）和中性元素（Sn、Zr）进行周溶强化，添加微量 Si，进行硅化物弥散强化，并添加可改善高温抗氧化性的元素（如 Nb）。

③发展以有序金属间化合物为基的耐热钛合金，主要是克服 α_2 相与 γ 相的室温脆性。对 α_2（Ti_3Al）而言，其韧化途径主要是添加某些 β 稳定元素（如 Nb、Mo、V），产生少量 β 塑性相，细化晶粒和激活非基面滑移，形成 $\alpha_2 + \beta$ 两相合金。对 γ（TiAl）型合金而言，其韧化途径是添加少量 β 稳定元素（如 Mn、Cr）、细化晶粒、激活孪晶和减小单位晶胞体积来获得 $\gamma + \alpha_2$ 型两相合金，α_2 约占 10%。

④发展结构钛合金（要求强度、塑性、韧性与工艺性能的良好匹配），应主要选择亚稳定 β 钛合金或 α+β 两相钛合金。通过 β 稳定元素（Mo、V、Cr、Fe 等）的高合金化获得固溶强化和 β 相分解产生第二相（次生 α）进行弥散强化。通过调控第二相的形状、数量、大小、分

布来调节钛合金的强度、塑性、韧性及工艺性能。对合金的淬透性要求越高,钼当量应越大。

（2）重要合金元素的作用。

实践表明,钛合金最常用的合金化元素是 α 稳定元素铝,中性元素锡和锆,β 稳定元素钼、钒、铬、铁和镍。最有影响力的非金属元素是氧、氮、碳、氢、硅和硼。

①铝。铝是钛合金最重要的固溶强化元素,在 α-Ti 中的固溶度约为 7%（550 ℃）。它同时提高钛的室温强度和高温强度,提高 α/β 相变点、再结晶开始温度、弹性模量和比电阻等,但降低合金的塑性和韧性。超过溶解度极限（7%）,铝会导致 α_2 相（Ti_3Al）析出,引起合金脆化。严重损害室温塑性和韧性,降低高温热稳定性。常规钛合金中一般要求合金中铝当量要小于 8%。

在亚稳 β 钛合金中,添加少量铝（质量分数为 3% 左右）可防止亚稳 β 相分解时产生 ω 相而引起脆化。

添加大量铝可形成以有序金属间化合物为基的 Ti_3Al 型和 TiAl 型高温钛合金,其使用温度可分别达到 700 ℃ 和 900 ℃,可与镍基超合金竞争。

②锡和锆。锡和锆主要起固溶强化作用,提高钛合金的耐热性。

锡在 α 钛中的最大固溶度为 18.6%,出现在 865 ℃。锡密度大,本身熔点低,制备含锡钛合金较困难。因此,锡用在某些耐热钛合金（如 TC9、Ti-679）和低温钛合金（如 TA7）中,添加量一般小于 3%。

锆为无限固溶元素,它可同时提高钛的强度、耐热性、耐蚀性,并可细化晶粒,改善可焊性。它对室温和低温塑性的不利影响比较小。锆还具有抑制高钼合金中 ω 相析出的作用。锆与钛的熔点、密度差不大,合金化时成分易均匀。因此,锆是高强钛合金、耐蚀钛合金、耐热钛合金和低温钛合金中均用的一种元素。但锆资源有限,价格昂贵,且锆会增加合金的吸氢性,要控制使用。一般锆的质量分数小于 4%。

③钼。钼在 α-Ti 中的固溶度在 600 ℃ 时仅为 0.8%,在 β-Ti 中无限固溶。

钼具有中等程度稳定 β 相的能力。钼可提高钛的强度、耐热性和耐蚀性。钼含量越高,钛合金的淬透性越好,高钼（质量分数超过 24%）或高钼当量的合金,即使空冷,也能获得全 β 合金。一些典型的高强钛合金（如 TB3）、耐热钛合金（如 IMI829、IMI834）、耐蚀钛合金（如 Ti-32Mo、Ti-25Mo-5Nb）等都含有大量的钼。但是,钼密度大,熔点高,易生成钼夹杂或导致钼偏析。大量的钼对塑性、抗氧化性和可焊性也不利。

④钒。钒与 β-Ti 可形成无限固溶体,在 α-Ti 中有限固溶。600 ℃ 时钒在 α-Ti 中的固溶度为 3.5%,但钒在 α 相中的固溶度随着温度下降而略微增加,合金中没有过饱和 α 相及其分解问题。钒可提高合金的室温强度和淬透性,而不降低其塑性。因此,钒是中强和高强钛合金中最常用的合金元素。著名的 Ti-6Al-4V 合金是世界上第一个实用钛合金,其用量占全部钛合金的 50% 以上。高钒合金（如 Ti-15-3、TB3 等）的加工性、冷成形性很好。钒还是阻燃钛合金（如 Ti-35V-15Cr）的重要组元。但钒会降低钛合金的耐热性和耐蚀性。钒还有毒性,价格也较贵,人们正在努力发展不含钒或少含钒的合金。

⑤铬。铬在 β 相中无限固溶,在 α 相中的最大溶解度为 0.5%,出现在 670 ℃。在此温

度下发生共析转变 β→α+TiCr$_2$。

铬在钛合金中主要起固溶强化作用。高铬合金往往有较好的塑性、韧性和高的淬透性。由于铬是快共析元素,含铬合金的时效强化时间较短。近年来,铬在阻燃钛合金和 TiAl 基合金中也在发挥作用。

⑥铁。铁在 β–Ti 中的最大固溶度为 25%,出现在 1 085 ℃。铁在 α–Ti 中的最大固溶度为 0.5%,出现在 590 ℃,在此温度下发生共析转变,β→α+TiFe,共析点的固溶度约为 15%。

铁是最强的 β 稳定元素,其钼当量系数达 2.5,添加 1% Fe,使 $t_β$ 下降约18 ℃,β→α 转变温度可提高钛合金的淬透性。因此,铁主要用于高强高韧高淬透性的 β 钛合金(如 Ti-1023)和形状记忆合金(如 Ti-Ni-Fe)。铁在大铸锭中易产生偏析,在钛材中形成"β 斑"型冶金缺陷。铁还会降低钛的耐蚀性,但由于铁便宜,在发展低成本钛合金时它是一个重要合金元素。在钛合金中一般添加质量分数为 1.5% ~3% 的 Fe 就足够了。

⑦铌和钽。铌和钽是弱的 β 稳定元素。

铌在 β–Ti 中无限固溶,600 ℃时它在 α–Ti 中的固溶度为 4%。铌可提高钛合金的耐热性、抗氧化性和耐蚀性,降低钛的氢脆敏感性。铌在高温钛合金(如 IMI829)、高强高温钛合金(如 Ti-15Mo-3Nb-3Al)、Ti$_3$Al 基合金(如 Ti-24Al-11Nb)、TiAl 基合金(如 Ti-48Al-2Nb-2Cr)、耐蚀钛合金(如 Ti-15Mo-5Nb)、宽滞后形状记忆合金和生物工程用钛合金(Ti-12Nb-10Zr)中获得了应用。铌是一个日益受到重视的合金元素,但由于熔点高,价格较贵,其应用受到限制。

钽对钛合金的耐蚀性和耐热性有益,但由于其熔点高(2 996 ℃),密度大(16.6 g/cm^3),合金化困难,并会降低比强度,它只在耐硝酸的钛合金(如 Ti-5Ta)和某些实验型高温钛合金中使用。

⑧镍。镍在 β–Ti 中的最大固溶度为 13%,出现在 955 ℃。镍在 α–Ti 中的最大固溶度为 0.2%,出现在 770 ℃。在此温度下发生共析转变(β→α+Ti$_2$Ni),共析点的固溶度为 5.0%。

近似等摩尔比的 Ti-Ni 合金具有形状记忆效应、超弹性、高阻尼性和耐蚀耐磨性。Ti-Ni 是目前广泛使用的形状记忆合金。镍可改善钛的抗缝隙腐蚀能力,但镍增加钛的吸氢性。含镍合金在真空热处理时,如果冷却速度太慢,会导致 Ti$_2$Ni 析出,降低合金的冲击韧性。

⑨锰。锰也是钛的一个有益合金元素。少量锰有固溶强化作用,并使其保持较好的塑性和可焊性。近来发现,在 Ti-Al 基合金中添加锰,可降低其室温脆性。但锰蒸气压高,在真空熔炼时挥发,合金成分难控制,一般避免使用。

⑩硅。硅在 β–Ti 和 α–Ti 中的最大溶解度分别为 3.0% 和 0.45%,一般将硅看作是降低钛塑性和韧性的有害杂质。但在耐热钛合金中,微量硅能起固溶强化作用,并通过 Ti$_5$Si$_3$ 化合物起弥散强化作用,提高合金的蠕变强度。耐热钛合金中的硅的质量分数一般控制在 0.3% 以下,过量硅会严重损害热稳定性。

⑪氧、氮、碳。氧、氮、碳三种间隙元素,一般视为降低塑韧性的杂质,其中氮的害处最

大,但有时也看作合金元素。氧可提高基体屈服强度,可看作钛的基本强化元素。在一切热加工过程与使用过程中,氧往往扮演重要角色,必须特别关注。国外在发展含氮钛合金。在IMI834 合金中,碳被作为合金添加剂,碳的作用是提高相变点,增加初生 α 相的含量,以便获得所需要的双态组织。在工业实践中,氧、氮、碳是通过合理选择原料品位来综合加以控制的。

⑫氢。氢与钛的关系比较复杂。如前所述,钛中存在的氢可能引起"氢脆":应变时效氢脆和氢化物氢脆。在应力的长时间作用下,晶格间隙中的氢原子向应力集中处扩散,氢原子与位错交互作用,钉扎位错,使基体变脆,这称为应变时效氢脆。当温度降低,氢在钛中的溶解度下降,从钛固溶体中析出氢化钛而引起的脆性,称为氢化物氢脆。

氢在 β-Ti 中的固溶度远大于在 α-Ti 中的溶解度,而在 α-Ti 中的溶解度随温度降低而剧烈减少。因此,当 β-Ti 共析分解和 α-Ti 从高温冷却到低温时,在氢含量较高的钛中,均可沉淀出 TiH。片状 TiH 密度小,析出时质量体积增加,引起氢脆。如果钛中氢含量不高,尚不足以析出氢化物,即氢仍以过饱和状态存在时,则在应力作用下,将产生应变时效型氢脆或延迟性氢脆。氢脆最明显的特征不是塑性下降而是冲击韧性剧烈下降。纯钛中氢含量低于 0.02% 时,可避免氢化物氢脆,但可出现应变时效氢脆(又称应力感生氢脆)。

应指出的是,氢与氧、氮、碳不同,它在钛中的存在是可逆的。在热加工及酸洗过程中钛可能吸氢,但在真空熔炼和真空热处理时也可以脱氢。人们常用"氢化-脱氢"原理制取高纯钛粉,也利用这一原理使某些难变形的钛合金产生"氢增塑性",氢被看作"临时性合金元素"。

7. 工业钛合金

(1)工业钛合金的分类。

工业钛合金按其室温下的组织分为 α、α+β 和 β 三类。各类钛合金的特点见表 2.12。在我国的国家标准中,这三类合金分别标记为 TA、TC 和 TB。其中 TA 系列钛合金包括工业纯钛、全 α 合金、近 α 合金和 α+Ti_xM_y(金属间化合物)复合金。目前,已列入国家标准的钛合金有 50 多种,我国钛及钛合金牌号见表 2.13。美国、俄罗斯、英国一些著名的钛合金在我国均有相应的牌号。

表 2.12　各类钛合金的特点

钛合金	合金化	组织	性能	典型合金
α 合金	全 α:只含 α 稳定元素及中性元素	100% α	低强或中强	Ti-5Al-2.5Sn
		α+少量 β	耐热性、耐蚀性、可焊性好	Ti-8Al-1Mo-1V
	近 α:含少量 β 稳定元素	α+少量化合物		Ti-2.5Cu
α+β	含 α 及 β 稳定元素	α+β$_转$	可强化热处理,性能介于 α 与 β 合金之间	Ti-6Al-4V
β 合金	亚稳 β:含大量稳定 β 元素	β+α$_次$	强度高,塑性好,成材性好	Ti-15V-3Cr-3Sn-3Al
	稳定 β:全部为 β 稳定元素	100% β	耐热性、低温性不好	Ti-32Mo

表 2.13　我国钛及钛合金牌号

牌号	名义化学成分	国外相应牌号		合金组织类型
		美(英)牌号	俄罗斯牌号	
TA0	工业纯钛	Gr. 1	BT1-00	α
TA0-1	工业纯钛		BT1-00CB	
TA1	工业纯钛	Gr. 2	BT1-0	
TA2	工业纯钛	Gr. 3		
TA2ELI	工业纯钛			
TA3	工业纯钛	Gr. 3		
TA4	Ti-3Al			
TA5	Ti-4Al-0.005B			
TA6	Ti-5Al		BT5	
TA7	Ti-5Al-2.5Sn	Gr. 6	BT5-1	
TA7EL1	Ti-5Al-2.5Sn(ELI)			近 α
TA8	Ti-5Al-2.5Sn-3Cu-1.5Zr			
TA9	Ti-0.2Pd	Gr. 7		
TA10	Ti-0.3Mo-0.8Ni	Gr. 12		
TA11	Ti-8Al-1Mo-1V	Ti-8711		
TA12	Ti-5.5Al-4Sn-2Zr-1Mo-0.2Si-1Nb			
TA13	Ti-2.5Cu	IMI230(英)		
TA14	Ti-2.3Al-11Sn-5Zr-1Mo-0.2Si	IMI679(英)		
TA15	Ti-6.5Al-1Mo-1V-2Zr		BT20	
TA16	Ti-2Al-2.5Zr		ПT-7M	
TA17	Ti-4Al-2V		ПT-3B	
TA18	Ti-3Al-2.5V	Gr. 9	OT4-1B	
TA19	Ti-6Al-2Sn-4Zr-2Mo-0.1Si	Ti-62425		
TA20	Ti-4Al-3V-1.5Zr			
TA21	Ti-1Al-1Mo		OT4-0	

续表 2.13

牌号	名义化学成分	国外相应牌号		合金组织类型
		美(英)牌号	俄罗斯牌号	
TB1	Ti-8Mo-11Cr-3Al			β
TB2	Ti-5Mo-5V-8Cr-3Al			
TB3	Ti-3.5Al-10Mo8V-1Fe			
TB4	Ti-4Al-7Mo-10V-2Fe-1Zr			
TB5	Ti-15V-3Cr-3Sn-3Al	Ti-15-3-3-3		
TB6	Ti-10V-2Fe-3Al	Ti-10-2-3		
TB7	Ti-32Mo			
TB8	Ti-15Mo-3Al-2.7Nb-0.25Si	β-21s		
TB9	Ti-3Al-8V-6Cr-4Mo-4Zr	GR19(GR20)		
TB10	Ti-5Mo-5V-2Cr-3Al	Beta C		
TB11	Ti-15Mo			
TC1	Ti-2Al-1.5Mn		OT4-1	α+β
TC2	Ti-4Al-1.5Mn		OT4	
TC3	Ti-5Al-4V			
TC4	Ti-6Al-4V	Gr.5	BT6	
TC5	Ti-5Al-2.5Cr			
TC6	Ti-6Al-1.5Cr-2.5Mo-0.5Fe-0.3Si		BT3-1	
TC7	Ti-6Al-0.6Cr-0.4Fe-0.4Si-0.01B			
TC8	Ti-6Al-3.5Mo-0.25Si			
TC9	Ti-6.5Al-3.5Mo-2.5Sn-0.3Si			
TC10	Ti-6Al-6V-2Sn-0.5Cu-0.5Fe	Ti-662		
TC11	Ti-6.5Al-3.5Mo-1.5Zr-0.3Si		BT9	
TC12	Ti-5Al-4Mo-4Cr-2Zr-2Sn-1Nb			
TC15	Ti-5Al-2.5Fe			
TC16	Ti-3Al-5Mo-4.5V			
TC17	Ti-5Al-2Sn-2Zr-4Mo-4Cr	Ti-17		
TC18	Ti-5Al-4.75Mo-4.75V-1Cr-1Fe			
TC19	Ti-6Al-2Sn-4Zr-6Mo	Ti-6246		
TC20	Ti-6Al-7Nb	IMI367(英)		
TC21	Ti-6Al-2Mo-1.5Cr-2Zr-2Sn-2Nb	IMI367(英)		
TC22	Ti-6Al-4V-0.05Pd	GR24		
TC23	Ti-6Al-4V-0.1Ru	GR29		
TC24	Ti-4.5Al-3V-2Mo-2Fe	SP-700		

注:ELI 表示低间隙杂质元素。

尚未列入国家标准,但已有重要工程应用的合金如下:

Ti-31　　　　Ti-3Al-1Mo-1Zr—0.8Ni　(船用耐蚀钛合金)

Ti-75　　　　Ti-3Al-2Mo-2Zr　(船用钛合金)

Ti-53311S　Ti-5Al-3Sn-3Zr-1Mo-1Nb-0.25Si　(550 ℃高温钛合金)

Ti-451　　　Ti-4.5Al-5Mo-1.5Cr　(高强高韧性钛合金)

Ti-40　　　　Ti-25V-15Cr　(阻燃钛台金)

按性能特点和用途,常将钛合金分为高温钛合金(或耐热钛合金)、结构钛合金(高强钛合金、高强高韧钛合金、高强高塑钛合金)、耐蚀钛合金、功能钛合金(包括形状记忆合金、恒弹性钛合金、储氢钛合金等)和生物工程用钛合金等。

按钛合金的生产工艺,将钛合金分为变形钛合金、铸造钛合金和粉末钛合金等。

典型变形钛合金如下。

①TC4(Ti-6Al-4V)合金。TC4 合金是使用最广泛的两相钛合金,各国都有相应的牌号。在该合金中,铝主要对 α 相起固溶强化作用,稳定 α 相,提高相变温度,提高热加工的温度范围,提高合金的比强度和耐热性。钒可增加 β 塑性相,主要起强化作用,改善合金塑性和韧性。该合金可加工成板、棒、丝及锻件等各种材料,但加工成薄板和管材困难。

TC4 合金主要在退火状态使用,以获得较好的综合性能。消除应力退火的制度为:540 ~ 650 ℃下保温 0.5 ~ 1 h,空冷。完全退火处理是在 700 ~ 800 ℃下保持 1 ~ 2 h,随后冷却到 600 ℃,再空冷到室温。淬火和时效处理(850 ~ 950 ℃固溶+水淬+480 ~ 600 ℃时效)可以使该合金抗拉强度达 1 100 MPa 以上,但塑韧性下降较多,一般不采用这种处理方法。

TC4 合金的密度为 4.42 g/cm^3,弹性模量为 108 GPa,相变点为(995±15) ℃。

退火态的 TC4 合金的典型性能如下:室温下 σ_b=950 ~ 1 100 MPa,δ_5=10% ~ 15%,ψ=30%,在 400 ℃,σ_b=650 MPa,100 h 持久强度为 600 MPa,蠕变极限 $\sigma_{0.2}^{100} \geq 360$ MPa。

TC4 合金还具有较好的耐蚀性、可焊性和机加工性能。

TC4 合金一般用于在 400 ℃下长期使用的部件。它已广泛用作飞机发动机机匣、压气机盘和叶片,高性能飞机的骨架和蒙皮,火箭发动机气瓶、深潜器耐压壳体等。

②TA7(Ti-5Al-2.5Sn)合金。TA7 合金是典型的 α 钛合金。铝和锡使 α 相强化,并使再结晶温度由 600 ℃提高到 800 ℃。该合金具有中等强度、良好的耐热性和可焊性。由于缺少 β 相,冷热加工性不好。它的突出优点是在超低温(4 K)下仍保持良好的塑性和韧性,从而使它在低温领域获得有限应用。

③TC11(Ti-6.5Al-3.5Mo-1.5Zr-0.3Si)合金。该合金为 α+β 型合金。同 TC4 合金相比,由于添加钼、锆、硅等元素代替钒,耐热性大大提高,成为可在 500 ℃使用的耐热钛合金。TC11 合金通常采用双重热处理(1 025 ℃水淬+950 ℃,1 h 空冷+570 ℃空冷)可以获得较好的综合性能。但研究发现,TC11 合金采用三重热处理效果较好。一次处理在 t_β 以上 20 ~ 30 ℃进行 β 处理,防止 β 晶粒过分长大,通过水淬获得马氏体组织。二次处理是在 α+β 区上部(950 ℃)退火,形成网篮状的魏氏组织,且 β 相含量较高,增加延性。三次热处理为稳定化处理。这种处理可使 TC11 合金使用温度提高到 520 ~ 540 ℃。

④TB3(Ti-10Mo-8V-2Fe-3Al)合金。该合金为亚稳定 β 钛合金。其特点是固溶状态有良好的冷变形性,可深冲、冷镦、冷铆等。在时效状态可获得 1 100 ~ 1 300 MPa 的抗拉强度。该合金目前主要用作航空紧固件(螺栓和铆钉)。

⑤TB5(Ti-15V-3Cr-3Sn-3Al)合金。该合金为亚稳 β 型合金,同 TC4 合金相比,其特点是有良好的冷加工与冷成形性,易加工成薄板、箔材和管材。在时效状态,TB5 强度可达 1 250 MPa,比 TC4 合金具有更高的比强度。该合金的缺点是钒含量很高,而铝含量低,无法用 Al-V 中间合金加入,而纯钒的成本很高,因此该合金应用范围有限。

⑥TB6(Ti-10V-2Fe-3Al)合金。该合金为近 β 型合金,是具有代表性的高强高韧钛合金。铁、钒稳定强化 β 相,铝对低温 α 沉淀相起强化作用。同 TC4 合金相比,它有一系列优点:相变点低,加工温度低,热模锻性好;淬透性高,淬透深度可达 125 mm(TC4 仅 25 mm);强度和韧性高,如 760 ℃,1 h 空冷+510 ℃,8 h 时效后,可获得 $\sigma_b = 1\ 245$ MPa,$\sigma_{0.2} = 1\ 196$ MPa,$\delta = 12\%$,$\psi = 44\%$,$K_{IC} = 85$ MPa·$m^{1/2}$ 的综合性能。TB6 合金主要用作航空锻件,如飞机起落架。

⑦TAl0(Ti-0.3Mo-0.8Ni)合金。这是一种 α 型耐蚀钛合金,少量铝和镍改善了钛的耐蚀性,并提高了钛的强度。同纯钛相比,TA10 的特点是:在还原性酸(硫酸、盐酸)以及甲酸、柠檬酸中的耐蚀性明显提高,例如在室温 10%(体积分数)H_2SO_4 和 HCl 中,在沸腾的 45%(体积分数)甲酸和 50%(体积分数)柠檬酸中,工业纯钛遭活性溶解,而 TA10 保持稳定;在高温高浓度的氯化物中,TA10 抗局部缝隙腐蚀性能好;在 200～300 ℃,TA10 合金的强度比纯钛高 1.5～2 倍。

TA10 合金有类似 TA3 纯钛的可塑性、冷成形性和可焊性,可加工成薄板、管、棒、丝材。板材的典型性能是:室温下 $\sigma_b = 490$ MPa,$\delta = 20\%$,$\psi = 25\%$。该合金用于工业纯钛容易出现缝隙腐蚀的环境中,例如高温海水、盐水、高温湿氯气及各种高温氯化物溶液中,主要用作热交换器、压力容器、电解槽、蒸发器及管道等。

⑧TB7(Ti-32-Mo)合金。该合金是稳定型 β 钛合金,是在还原性酸中最耐蚀的钛合金。在沸腾的 20%(体积分数)HCl、40%(体积分数)H_2SO_4 中腐蚀率不超过 0.25 mm/a。TB7 由于添加大量高熔点的钼,熔炼比较困难,易产生偏析,同时高温变形抗力大,塑性低,生产和使用都受到限制。

(2)铸造钛合金。

铸造钛合金的发展落后于变形钛合金。20 世纪 50 年代变形钛合金已开始批量生产与应用,而钛铸件 60 年代应用于民用工业,90 年代才用于航空工业。由于工业纯钛和大部分变形钛合金(如 Ti-6Al-4V)都具有较为满意的铸造工艺性能,因此对专用铸造钛合金的研究较少。我国现有的几种铸造钛合金都是变形钛合金的变种,在变形钛合金牌号之前冠以"Z",表示铸态。

铸造钛合金同主成分相同的变形钛合金相比,其差别主要是:允许杂质含量较高,如铸造工业纯钛 ZTA1 与变形工业纯钛 TA1 相比,最大氧含量和其他杂质元素总和分别由 0.15% 和 0.3% 提高到 0.25% 和 0.40%;铸造钛合金的伸长率、冲击韧性和疲劳强度较低。铸造钛合金的显微组织通常由粗大的原始 β 晶粒、宽的晶界 α 和粗厚的晶内 α 片组成。同时,铸件中常存在气孔、缩孔、缩松等缺陷,有时还出现裂纹、冷隔和夹杂。铸件表面因气体污染会形成"α"脆性层。这些均引起合金塑性和韧性的下降。

通过热等静压(HIP)处理、氢处理和循环热处理,可改善铸件延性和疲劳强度,但使工艺复杂化,提高了成本。这些特殊处理工艺(主要是 HIP)主要应用在高性能的航空航天铸件生产中。

国产铸造钛合金的力学性能见表 2.14,钛合金铸件的冲击功和硬度平均值见表 2.15。

表 2.14　国产铸造钛合金的力学性能(GB/T6614—1994)

牌号	抗拉强度 σ_b(不小于) /MPa	屈服强度 $\sigma_{0.2}$(不小于) /MPa	伸长率 δ_5(不小于) /%	硬度 HB(不大于)
ZTA1	345	275	20	210
ZTA2	440	370	13	235
ZTA3	540	470	12	245
ZTA5	590	490	10	270
ZTA7	795	725	8	335
ZTC4	895	825	6	365
ZTB32	795	—	2	260
ZTC21	980	850	5	350

表 2.15　钛合金铸件的冲击功和硬度平均值

合金	工艺	铸件名称	冲击功 A_{KU}(平均值)/J	硬度 HB
ZTC4	石墨加工型	支撑座、空心叶片	33.6	315
ZTC4	熔模铸造	支臂、接头	44.8	298
ZTC3	石墨加工型	机匣	22.7	316

2.2.4　铜及铜合金

1. 铜的特性、微量元素对其影响及合金化规律

铜是极其宝贵的有色金属,它具有美丽的颜色,优良的导电、导热、耐蚀、耐磨等性能,容易提取、加工、回收,在国民经济和人民生活中被广泛使用。

铜是人类认识、生产、使用最早的金属之一,早在 8 000 多年前,人类就开始冶炼和使用铜,铜为人类社会进步做出了不可磨灭的贡献。随着生产和科学技术的发展,铜的宝贵价值更显重要,它已成为不可缺少的现代工程材料,铜工业也成为现代大工业的重要组成部分。

(1)铜的基本性质。

①原子结构。铜的原子序数为 29,相对原子质量为 63.54,占据元素周期表 I B 的第一个位置。在 I B 副族中还有银和金。由于它们原子结构相近,所以铜与这些贵金属在性能上有许多相似之处。

铜的原子核有 29 个质子和 34 ~ 36 个中子,周围环绕着 29 个电子。其电子分布可表示为 $1s^2 2s^2 2p^6 3s^2 3p^6 3d^{10} 4s^1$,此结构基本上是一个氩原子的核加上填满了的 3d 态及一个 4s 电子。单个的外壳层 4s 电子不属于任何特定原子,而是成为弥散在晶格中的电子云的一部分,使铜具有优良的导电性能。4s 电子的电离势相当低,为 7.724 eV,因而一价铜离子 Cu^+ 易于形成。3d 态的电离势仅仅稍高一点,因而铜也呈二价(Cu^{2+})。

②铜的物理性质。铜的理论密度在 20 ℃时为 8. 932 g/cm³,1913 年国际电化学协会 (IEC)确定工业铜的标准密度为 8.89 g/cm³,液态铜的密度为 7.99 g/cm³,铜的密度随温度升高而降低。

铜具有优良的导电和导热性能,工程界通常把铜的电导率作为比较标准,1913 年国际电技术委员会制定了国际软铜电导率标准(IACS),确定含铜 99.90%、退火状态软铜、20 ℃时的电导率为 100%(IACS),其电导率为 58.0×10^6 S/m,电阻率为 0.017 241 μΩ·m。

各种元素进入铜,都会引起铜的电导率和热导率降低,元素种类、含量对其影响程度也不相同(图 2.82);随着温度升高,铜的电阻增加,电导率降低,冷加工会导致铜的晶格畸变,自由电子定向流动受阻,也会导致电导率降低(图 2.83)。

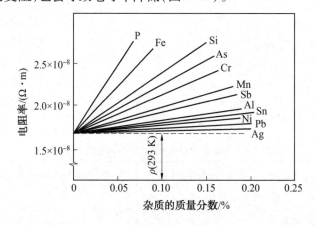

图 2.82　溶解在铜中的溶质元素对铜室温电阻率的影响

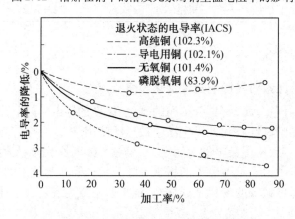

图 2.83　加工率对铜电导率的影响

铜是抗磁体,是优良的磁屏蔽材料,常温下铜的磁化率为 -0.085×10^{-6} cm³/g,铁能提高其磁化率,对于抗磁用途的铜及铜合金来说,都应严格控制铁的含量;铜对光的反射率随着光的波长减小而下降,发射率随温度升高而增加。

③铜的化学性质。铜具有高的正电位,Cu^+ 和 Cu^{2+} 离子标准电极电位分别为+0. 522 V 及+0. 345 V,在水中不能置换氢,在大气、纯净水、海水、非氧化性酸、碱、盐溶液、有机酸介质和土壤中具有优良的耐蚀性,但是铜易氧化,生成 CuO 和 Cu_2O,温度高于 200 ℃时,氧化加速。铜在氧化剂、氧化性酸中发生去极化腐蚀,如在硝酸、盐酸中被迅速腐蚀,当大气和介

质中含有氯化物、硫化物、含硫气体、含氨气体时,铜的腐蚀加速,暴露在潮湿的工业大气中的铜制品表面,很快失去光泽,形成碱式硫酸铜和碳酸铜($CuSO_4 \cdot 3Cu(OH)_2$、$CuCO_3 \cdot Cu(OH)_2$),制品表面颜色一般经历红绿色、棕色、蓝色等变化过程,大约 10 年之后,铜制品表面会被铜绿所覆盖;铜的氧化物也很容易被还原。

铜具有优良的抗海洋生物附着能力,在舰船建造和海洋工程中被广泛地应用,包覆铜镍合金的船壳可以提高船速,减少燃料消耗;铜对环境是友善的,各种细菌在铜制品表面不能存活,铜的许多有机化合物,是人类和植物生长所不可缺少的微量元素。

④铜的力学性能。铜的强度较低,软态下纯铜的抗拉强度仅为 250 MPa,屈服强度为 100 MPa,但具有优良的塑性,软态铜可以承受 90% ~95% 的冷变形,可以很容易加工成箔材和细丝。纯铜的强度随着变形程度的增加而增加,塑性则相反;铜的强度随温度升高而降低,铜在低温下没有脆性,强度反而有所增加,是优良的耐低温材料,在低温技术中被广泛采用。铜的力学性能可以通过压力加工和合金化的方法来改变,因此铜制品以软、半硬、硬态供应。铜的合金化是在金属铜中加入强化元素,这些元素通过固溶强化和弥散强化来提高铜的强度。一大批具有高强度、高耐磨、高导电、高导热性能的铜合金,已在工程技术中广泛应用。在通信工程中应用的单晶铜,具有超塑性。

⑤铜的工艺性能。铜在自然界中的主要矿物有硫化矿和氧化矿。铜很容易被还原,也很容易用硫酸浸出,可以用普通的火法和湿法提取,可以用电解方法提纯,其纯度可以达到 99.99%。纯铜可以在各种类型的炉子中熔化,配制人们所需要的合金。铜及其合金铸锭可以承受热塑性加工和冷塑性加工,如热轧、热锻、热挤、冷轧、冷锻、冷拉、冷冲等;铜及其合金可以制成各种形式半成品和成品;铜及其合金具有优良的焊接性能,可以钎焊、电子焊、自耗电极焊和非自耗电极焊;铜及其合金还具有良好的机械加工性能,可以加工成各种精密元件;铜及其合金的各种废料、残料可以直接配制合金,回收价值高,有利于降低铜制品成本。

(2)微量元素对铜性能的影响。

微量元素进入铜是不可避免的,有的是在铜及其合金生产过程中进入的,有的是各种原料带入的,也有人为加入的。这些元素通过改变铜的组织,从而对铜的性能产生重要的影响,由于各种元素特性的不同,可以不固溶于铜、微量固溶、大量固溶、无限互溶,固溶度随温度下降而激烈降低,固相下有复杂相变等,因此对铜性能的影响千差万别。元素在铜中的行为需要辩证地看待,从某种需要来看是有害的,但从另一种需要来看却是有利的,铜合金工作者正是根据实际需要,研制出许多宝贵的合金,以适应工程和科学界不同的需求。各元素在铜中的行为研究正不断深入,现对各元素对铜性能的影响分别加以介绍。

①氢。氢与铜不能形成氢化物,Cu–H 二元相图(图 2.84)表明,氢在液态和固态铜中的溶解度随着温度升高而增大(表 2.16),特别是在液态铜中有很大的溶解度,在凝固时,会在铜中形成气孔,从而导致铜制品的脆性;在固态铜中,氢以质子状态存在。氢的电子填充铜原子的 s 层轨道,形成质子型固溶体,氢对铜的性能虽然影响甚微,但氢对铜及铜合金来说是有害的,含氧铜在氢气中退火时会产生裂纹,即"氢病",原因是发生反应,产生的水蒸气会造成气孔和裂纹。各种元素对氢在铜中的溶解度影响不一,其中 Ni、Mn 等元素引起溶解度增加,P、S 等元素减少氢在铜中的溶解度,可以通过减少熔炼时间、调整成分、控制炉料中氢气含量、熔体表面采用木炭覆盖等方法减少铜中氢的含量。

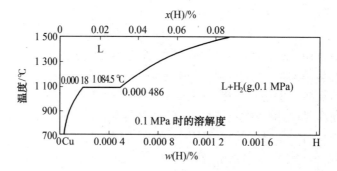

图 2.84　Cu-H 二元相图

表 2.16　0.1 MPa 下氢在铜中的溶解度

温度/℃	400	500	600	700	800	900	1 000	1 100	1 200	1 300	1 400	1 500
溶解度/[cm³·(100 g 铜)⁻¹]	0.06	0.16	0.30	0.49	0.72	1.08	1.58	6.3	8.1	10.9	11.8	13.6

②氧。氧对铜的影响在铜的生产过程中是不可避免的,其影响非常重要。Cu-O 二元相图(图 2.85)表明,氧很少固溶于铜,1 065 ℃时为 0.06% ,600 ℃时为 0.002% ;氧在铜中

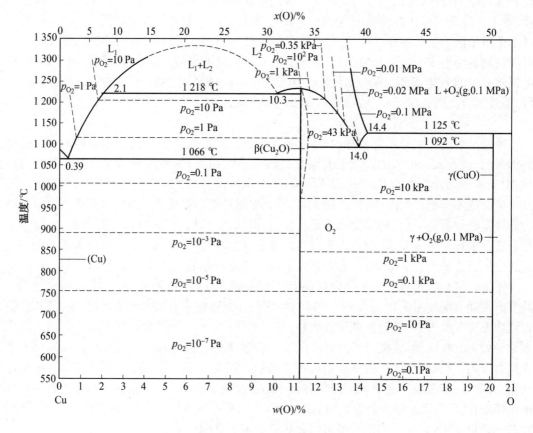

图 2.85　Cu-O 二元状态图

除极少量固溶外,均以 Cu_2O 形式存在,铜的氧化物不固溶于铜,呈现 $Cu+Cu_2O$ 共晶组织,分布于晶界,共晶反应为:

$$L_{含氧0.39\%} \xrightarrow{1\ 065\ ℃} \alpha_{含氧0.08\%} + Cu_2O$$

亚共晶铜中的氧含量与共晶量成正比,可以在显微镜下与标准图片比较来精确测定铜中的氧含量。

氧对铜及其合金性能的影响是复杂的,微量氧对铜的电导率和力学性能影响甚微,氧含量对铜电导率的影响如图 2.86 所示。工业铜具有很高的电导率,其原因是氧作为清洁剂,可以从铜中清除掉许多有害杂质,以氧化物形式进入炉渣,特别是能够清除砷、锑、铋等元素,含有少量氧的铜其电导率可以达到(100% ~ 103%)IACS,高纯铜如 6NCu 在深冷条件下电阻率是相当低的(图 2.87)。

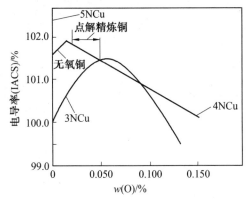

图 2.86　氧含量对退火铜电导率的影响　　　图 2.87　工业纯度电解精炼铜和极高纯无氧铜
　　　　　　　　　　　　　　　　　　　　　　　在深冷温度和高于深冷温度的电阻率

电真空构件用铜应严格控制其中氧的含量,其原因是电真空器件需要在氢气中封装,铜中氧的存在会导致"氢病"发生,引起器件高真空环境下破坏,因此电真空用铜应该是无氧铜,我国国家标准中规定无氧铜中氧含量小于 0.002%,美国 ASTM 标准中规定为 0.000 3%。为控制氧含量,在无氧铜生产中都应选择优质电解铜原料,在熔炼工艺中采取还原性气氛,加强熔池表面覆盖,一般使用木炭保护。铜及铜合金熔炼时一般均应进行脱氧,脱氧剂有磷、硼、镁等,以中间合金方式加入,磷是最有效的脱氧剂,不过应严格控制磷的残留量,因其能够强烈降低铜及铜合金的电导率。

③铁、锆、铬、硅、银、铍、镉。铁、锆、铬、硅、银、铍、镉这 7 种金属元素的共同特点是:它们有限固溶于铜,固溶度随着温度变化而激烈地变化,当温度从合金结晶完成之后开始下降时,它们在铜中的固溶度也开始降低,以金属化合物或单质形态从固相中析出(表 2.17)。当这些元素固溶于铜中时,能够明显地提高其强度,具有固溶强化效应。当它们从固相中析出时,又产生了弥散强化效应,导电性和导热性得到了恢复,它们是典型的时效热处理型铜合金,通过淬火(950 ~ 980 ℃,水淬)和时效(450 ~ 550 ℃、2 ~ 4 h)处理,可以获得高强高导电性能。其中,微量银对铜的电导率、热导率降低不大,并能显著提高再结晶温度、抗蠕变性能和耐磨性能,广泛用于电机整流子,近年来又普遍用于制造高速列车的接触导线。镉铜具有冲击时不发生火花特性,也是重要的航空仪表材料,但由于镉具有毒性,污染环境,用途日

益缩小。铍铜是著名的弹性材料,铍对铜的强化最为显著,热处理后的铍铜强度可达纯铜的4~5倍。铁可以细化晶粒,改善铜及其合金性能,在要求抗磁的环境下,应严格控制铁的含量,一般应控制在0.003%以下。锆、铬铜合金具有很高的电导率,在航天发动机中有重要的应用。硅青铜具有高的强度和耐磨性能。铁、锆、铬青铜是著名的高强高导铜合金,在电极制造中有重要应用。铁、硅、锆、铬铜合金构筑了集成电路引线框架铜合金的基础,关于其合金成分、性能的研究非常活跃。

表 2.17　各元素在铜中固溶度的变化

元素名称	固溶度变化/%	元素名称	固溶度变化/%
Ag	779 ℃,8→450 ℃,0.85	Be	866 ℃,2.7→300 ℃,0.2
Cd	549 ℃,3.7→400 ℃,0.5	Cr	1 070 ℃,1.5→20 ℃,0.01
Fe	1 094 ℃,2.8→600 ℃,0.15	Zr	965 ℃,0.15→20 ℃,0.01
Si	852 ℃,5.2→20 ℃,2.0		

难熔金属钨、钼、钽、铌不固溶于铜,微量存在可以作为结晶核心细化晶粒,提高再结晶温度。粉末冶金法生产的钨铜、钼铜具有很高的耐热性能,热容很大,导热性优于难熔合金,是重要的热沉材料,可用于电子工业中的固体器件。

稀贵金属中金、钯、铂、铑与铜无限互溶,是宝贵的焊料合金,用于电子元器件的封装和各种触点。其他稀有、稀散和铜系元素微量存在于铜中,或与铜形成合金,在特殊环境中有着重要应用,对许多元素在铜中行为的研究正不断深化。

④锌、锡、铝、镍。锌、锡、铝和镍这4个元素的共同特点是在铜中的固溶度很大,具有宽阔的单相区,它们能够明显地提高铜的力学性能、耐蚀性能,同时使铜的导电性能、导热性能降低,但与其他金属材料相比较,仍属于优良的导电和导热材料。它们与铜形成宝贵的合金,可分为黄铜、青铜、白铜合金,构筑了庞大合金系的基础。这些合金具有优秀的综合性能,例如,黄铜具有高强度、耐蚀、耐磨、高导热性、低成本的特点;青铜具有高强、耐磨、耐蚀的特点;白铜具有良好的耐恶劣水质和海水腐蚀性能,所有这些优点都是其他金属材料不能代替的。

⑤锑、铋、硫、碲、硒。锑、铋、硫、碲和硒这些元素在铜中固溶度极小,室温下基本不溶于铜,它们以金属化合物形式存在,分布于晶界,对铜的导电、导热影响不大,但是却严重恶化了铜及合金的塑性加工性能,应该严格控制其含量,各国标准中规定不应超出0.005%。由于含有这些元素的铜,具有良好的切削性能,在工程技术界也有应用,例如铋铜,可以作为真空开关中断路器的触头,在断路时,防止开关触头的黏结,铋铜中铋的质量分数可高达0.5%~1.0%;碲质量分数为0.15%~0.50%的碲铜合金,可作为高导电、易切削无氧铜使用,能够加工成精密的电子元器件;作为特殊用途的铜合金,可以加入这些元素,但其加工工艺是特殊的,可采用包套挤压、冷挤、铸造、粉末冶金等方法进行加工。

⑥砷和硼。砷在铜中有很大的固溶度(图2.88),在 α 固溶体中的质量分数可达6.8%~7.0%,砷在铜中存在强烈的降低其导电和导热性能,但能防止脱锌,特别是对黄铜

冷凝器合金来说更为宝贵。近 100 年火电和舰船冷凝器管材使用实践表明,砷质量分数为 0.10% ~0.15% 的黄铜,能够防止黄铜脱锌腐蚀,解决了黄铜冷凝管早期泄漏的致命问题, 所以各国材料标准中都规定必须加入砷。经验表明,不含砷的 HSn70-1 冷凝管,经常在使 用初期的 2 ~3 年内发生泄漏事故,而加入砷之后,寿命可增至 15 ~20 年,被称为铜合金研 究中重大的技术进步。许多研究表明,砷之所以能够防止黄铜脱锌腐蚀,在于砷能够降低铜 的电极电位,从而降低了电化学腐蚀倾向。由于砷的氧化物污染环境,对人体有害,所以熔 炼合金的工厂都应有专门的环保和防护措施。砷应以中间合金方式加入,砷铜中间合金中 砷的质量分数可达 15% ~20%,一般由熔炼工厂制备。

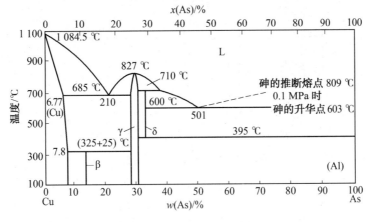

图 2.88 　Cu-As 二元相图

硼在铜中固溶度不大(图 2.89),一般作为脱氧剂使用,残余的硼可以细化晶粒,人们发 现硼的变质作用十分显著,在加砷黄铜合金中同时加入质量分数为 0.01% ~0.04% 的硼, 具有更好的防止黄铜脱锌腐蚀作用。硼的氧化物是铜合金熔炼时的优良覆盖剂,已经被广 泛地使用。在铜的焊接材料中也普遍地加入硼,可防止焊接金属的氧化。

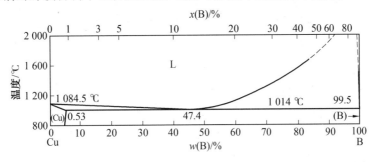

图 2.89 　Cu-B 二元相图

⑦磷。Cu-P 二元相图(图 2.90)表明,在 714 ℃ 时存在共晶反应:$L_{8.4\%} \rightarrow \alpha_{1.75\%} + Cu_3P$, 随着温度降低,磷在铜中的固溶量迅速减少,300 ℃ 时为 0.6%,200 ℃ 时为 0.4%。固溶于 铜中的磷显著降低其电导率,磷质量分数为 0.014% 的软铜带其电导率(IACS)为 94%,含 磷质量分数为 0.14% 的电导率仅为 45.2%。磷是最有效、成本最低的脱氧剂,微量磷的存 在,可以提高熔体的流动性,改善铜及铜合金的焊接性能、耐蚀性能,提高抗软化温度,所以

磷又是铜及其合金的宝贵添加元素。磷质量分数为 0.015% ~ 0.04% 的磷铜合金,广泛用于生产建筑用水道管、制冷和空调器散热管、舰船海水管路。低磷铜合金板、带材在电子和化工工业中广泛应用,集成电路引线框架铜带也大量使用低磷铜合金。共晶成分的磷铜合金,是优良的焊接材料,高磷铜合金在 580 ~ 620 ℃ 具有超塑性,可以热挤成 $\Phi3 ~ 5$ mm 焊丝,是焊接铜及铜合金的重要材料。

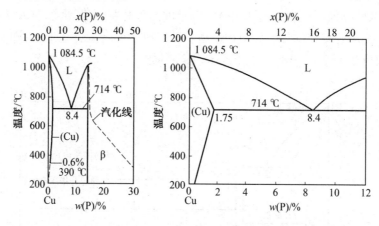

图 2.90　Cu-P 二元相图

⑧铅。铅不固溶于铜,在铜合金中固溶度也很小,与铜形成易熔共晶组织(图 2.91)。质量分数为 38.0% ~ 87.0% 的铅,液态下互不混熔,凝固时形成偏析组织;固态下,铅在铜中以单质点状分布,可以分布在晶内和晶界,含铅的铜合金,在发生相变或再结晶时,晶界的铅可以转移到晶内。铅对铜及其合金导电和导热性能无显著影响,但可以改善切削性能,因为铅质点又是软相,正是轴承材料所希望的,所以含铅铜合金是宝贵的易切削材料、轴承材料,因其成本低廉,受市场欢迎,含铅黄铜使用极为广泛。铅的质点越细小,分布越均匀,性能越优良。含铅铜合金可以铸态使用,也可以压力加工,铅黄铜在高温(500 ℃ 以上)为单相

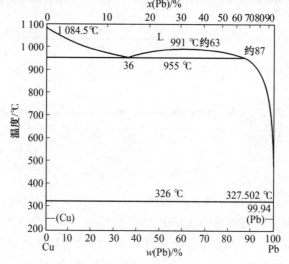

图 2.91　Cu-Pb 二元相图

β,热加工性能优良,可以承受大的热变形,而在常温下 α 相和(α+β)相区,冷变形时变形抗力大,塑性较差,过大的加工率会使合金材料产生裂纹。随着科学技术的发展,常规使用的铅黄铜中铅的质量分数已由 0.8% ~2.5% 增加至 5% 以上,新型的含铅紫铜、黄铜、青铜、白铜正不断地被开发出来。特别指出的是,含铅铜合金对原料的适应性极强,可以直接使用再生铜生产含铅铜合金,这对铜加工企业非常重要。

⑨其他金属元素对铜的影响。镁、锂、钙有限固溶于铜,锰与铜无限互溶,这 4 种元素都可作为铜的脱氧剂。锰可以提高铜的强度,低锰铜合金具有高强和耐蚀性能,在化学工程中有所应用,锰铜电阻温度系数很小,是优良的电阻合金。由于有同素异晶转变,铜锰合金固态下相变十分复杂,固相下具有调幅分解、孪晶转变等过程,具有减振降噪性能,是著名的阻尼合金材料。

以铈为代表的稀土元素几乎不固溶于铜,它们在铜中的作用是变质和净化,可以脱硫与脱氧,并能与低熔点杂质形成高熔点化合物,消除有害作用,提高铜及其合金的塑性,在上引法铸造线坯中加入稀土元素,能够改善塑性,减少冷加工的裂纹。

(3)铜的合金化原则。

不同合金元素对铜的组织和性能影响是不同的,为了研制出具有优良性能的铜合金,人们积累了丰富的经验,得出许多重要的合金化原则。

①所有元素都降低铜的电导率和热导率。凡元素固溶于铜中,都会造成铜的晶格畸变,使自由电子定向流动时产生波散射,使电阻率增加。相反在铜中没有固溶度或很少固溶的元素,对铜的导电性能和导热性能影响很小,特别应注意的是有些元素在铜中固溶度随着温度降低而剧烈降低,以单质和金属化合物析出,既可固溶和弥散强化铜,又对电导率降低不多,这对研究高强高导合金来说,是重要的合金化原则。这里应特别指出的是,铁、硅、锆、铬这 4 种元素与铜组成的合金是极为重要的高强高导合金;合金元素对铜性能影响是叠加的,其中 Cu-Fe-P、Cu-Ni-Si、Cu-Cr-Zr 系合金是著名的高强高导合金。

②铜基耐蚀合金的组织都应该是单相,避免在合金中出现第二相,为此加入的合金元素在铜中都应该有很大的固溶度,甚至是无限互溶的元素。在工程上应用的单相黄铜、青铜、白铜都具有优良的耐蚀性能,是重要的热交换器材料。

③铜基耐磨合金组织中均存在软相和硬相,因此在合金化中必须确保所加入的元素除固溶于铜之外,还应该有硬相析出,铜合金中典型的硬相有 Ni3Si、FeAlSi 化合物等,如汽车同步器齿环合金中 α 相为软相,β 相为硬相。

④固态有孪晶转变的铜合金具有阻尼性能,如 Cu-Mn 系合金;固态下有热弹性马氏体转变过程的合金具有记忆性能,如 Cu-Zn-Al、Cu-Al-Mn 系合金。

⑤铜的颜色可以通过加入合金元素来改变,例如加入锌、铝、锡、镍等元素,随着含量的变化,颜色也发生红→青→黄→白的变化,合理地控制含量会获得仿金材料和仿银合金,如 Cu-7Al-2Ni-0.5In 和 Cu-15Ni-20Zn 合金系分别是著名的仿金和仿银合金。

⑥铜及其合金的合金化所选择的元素应该是常用、廉价、无污染,所加元素应该多元少量,合金残料能够综合利用,合金应具有优良的工艺性能,适于加工成各种成品和半成品。

2. 变形铜合金

（1）紫铜。

紫铜的品种有纯铜、无氧铜、磷脱氧铜、银铜等，它们具有高的电导率、热导率，良好的耐蚀性能和优秀的塑性变形性能，可以使用压力加工方法生产出各种形式的半成品，用于导电、导热和耐蚀各领域。

紫铜半成品在变形铜合金中约占50%，紫铜中纯铜品种共有4个，主要用于输电导线，随着工业和家用电器用电增加，输电负荷也在增加，铜导线的需求量有不断增长的趋势，特别是输送大电流的铜母线在增加。无氧铜是紫铜中的一个重要品种，是电真空行业中不可缺少的关键品种。由于需要在氢气中钎焊，为避免发生"氢病"，各国无氧铜中对氧含量做了严格的规定（表2.18），为了获得高纯度无氧铜，国外普遍采用真空熔炼、保护气体铸锭，在热加工工序中防止氧的渗入。对于大型电真空器件如大功率发射管，无氧铜的质量是至关重要的，往往由于氧含量超过标准规定，或者氧分布不均，导致真空环境破坏。

表2.18　各国电真空无氧铜中氧含量规定

合金牌号	铜的质量分数/%	氧的质量分数/%	标准名称
TU1	99.97	≤20×10⁻⁴	GB
TU2	99.95	≤30×10⁻⁴	GB
Cu-OFE	99.95	≤10×10⁻⁴	ISO
C10100	99.99	≤10×10⁻⁴	ASTM
C1011	99.98	≤10×10⁻⁴	JIS
MOOB	99.99	≤10×10⁻⁴	TOCT

磷脱氧铜使用日益广泛，其原因是这种合金具有优良的耐生活用水、土壤、海水腐蚀的性能，不存在黄铜那样的脱锌腐蚀和应力腐蚀，加工性能和焊接性能也非常优势，且成本比较低廉，是各种水道管、燃气管的理想材料。由于其传热性能优良，也是家用空调器、制冷机换热管的唯一选材，各国磷脱氧铜中磷的质量分数都不大于0.06%。磷铜合金还具有优良的流动性和浸润性，磷又是良好的脱氧剂，所以是理想的焊接材料，磷铜中磷的质量分数可达6%~9%。

（2）黄铜。

铜与锌组成的合金称为简单黄铜，在此基础上加入其他合金元素称为复杂黄铜。黄铜具有美丽的颜色、较高的力学性能、耐蚀、耐磨、易切削、低成本、良好工艺性能等，是应用最广泛的铜合金。

①简单黄铜。Cu-Zn二元相图（图2.92）表明，锌在铜中有很大的固溶度，由液相转变为固相均为包晶反应，固态下有α、β、γ、δ、ε等相。β相在456℃、468℃时，发生有序化转变。锌在铜中最大的固溶度为39%，此时对应的温度为456℃。广泛使用的简单黄铜按组织结构可分为α、α+β、β三种黄铜。黄铜在大气中、清洁的淡水中、大多数的有机介质中是耐蚀的，但是黄铜易发生脱锌腐蚀、应力腐蚀，在工程上应用时应引起重视。脱锌腐蚀是由

于锌的电极电位远低于铜,在介质中锌原子发生阳极反应而溶解,发生片状脱锌,加入质量分数为 0.03% ~ 0.05% 的砷,可以抑制脱锌腐蚀。应力腐蚀是由于压力加工残余应力所引起的,一般表现为纵向开裂,对黄铜制品危害很大,可以通过消除应力退火加以防止。

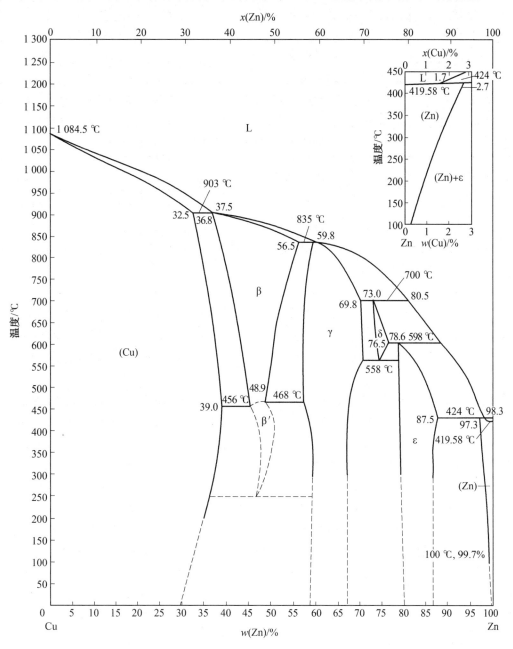

图 2.92　Cu–Zn 二元相图

合金成分、组织、压力加工对黄铜性能有很大影响。随着黄铜中锌含量增加,常温组织依次为 α、α+β、β 相,α 相常温下具有优良的塑性,而 β 相高温下塑性良好,室温下基本不能承受塑性变形;随着锌含量增加,黄铜的强度升高,塑性变差,导电、导热性也随着下降。

一般来说,低熔点杂质如 Pb、Bi、Sb、P 等对黄铜是有害的,它们与铜形成脆性化合物,分布于晶界,引起热脆性,应严加控制,一般质量分数要求不大于 0.005%。为消除它们的有害作用,可以加入变质剂,如锆、稀土等,它们可以与低熔点元素形成稳定的高熔点化合物;许多元素对黄铜是有利的,如铅、锡、铁、锰、镍、硅等,作为合金元素加入,能够提高和改善黄铜的性能。铅能够明显地改善黄铜的切削性能,而上述其他元素则能提高黄铜的强度和耐蚀性能,它们对黄铜组织上的影响,有扩大 α 相区和缩小 α 相区的分别,可依锌当量系数(表 2.19)来判定。黄铜可以使用热变形和冷变形方式进行加工,压力加工产品有板、带、管、棒、线等形式,工艺参数、加工方法对制品性能都会产生重要影响,黄铜产品一般都需进行消除应力退火,否则在使用过程中,特别是在腐蚀介质和气氛下,会产生应力开裂。

表 2.19　元素的锌当量系数

元素	Si	Al	Sn	Mg	Pb	Cd	Fe	Mn	Co	Ni
锌当量系数	10	6	2	2	1	1	0.9	0.5	−1.5 ~ −0.1	−1.5 ~ −1.3

②复杂黄铜。为提高简单黄铜的强度、耐蚀性、耐磨性、易切削性等,在简单黄铜中加入第三个合金组元,组成了庞大的复杂黄铜系,著名的合金有铅黄铜、锡黄铜、铝黄铜、锰黄铜、铁黄铜以及多元复杂黄铜等。

a. 铅黄铜。铅极少固溶于黄铜中,铅在 α 相中不超过 0.03%,在 β 相中可达 0.08%,因此作为合金元素加入黄铜中的铅以游离状态存在,因此其切屑性能极佳,一般铅黄铜中:w(Cu)≥50%,w(Pb)≤3.0%,剩余为其他元素。由于铅黄铜成本低廉,耐磨性能和切削性能优良,又可使用各种铜合金残料生产合金,因此广泛用于各种工程中如螺钉、螺帽、连接件、钟表元件等。

b. 锡、铝、镍、硅、锰黄铜。锡、铝、镍、硅、锰等合金元素,在黄铜中有较大的固溶度,加入量均以不出现第三相为原则,按照三元相图,应使合金尽量落入单相区;锡黄铜(HSn 70−1)是著名的冷凝管合金,为防止脱锌腐蚀均需加入微量砷和硼(w(As)= 0.03% ~ 0.06%、w(B)= 0.01% ~ 0.02%),我国核电站和火力发电厂普遍应用。铝黄铜(HAl 77−2)耐海水腐蚀,用于海滨电站和舰船冷凝器;镍黄铜、铁锰黄铜、锰黄铜则属于高强、耐蚀黄铜,用于海洋工程中各种耐蚀零件;硅黄铜属于高强耐磨黄铜,用于各种轴系材料。

③多元复杂黄铜。各合金元素对黄铜性能的影响往往是叠加的,为进一步提高其强度和耐磨性能,综合利用黄铜合金化元素,近年来多元复杂黄铜的研究与应用迅速发展,其中典型的例子是汽车同步器齿环合金的研究与开发,合金元素多达 5 ~ 6 种,一般含有铝、硅、锰、镍、铁等元素,合金组织为 β 相,少量的 α 相作为软相,这类合金生产出毛坯管材,再热锻成汽车同步器齿环,我国已形成轿车、轻型车、载重车用合金系列。

(3)青铜。

除铜与锌、铜与镍之外,铜与其他元素形成的合金统称为青铜,包括有二元青铜和多元青铜,这类合金具有许多优越的性能,一般具有高强度、高耐蚀性能,是工程界和高科技中不可缺少的关键材料,重要的青铜有锡青铜、铝青铜、铍青铜、硅青铜、锰青铜、铬青铜、锆青铜、镉青铜、钛青铜、铁青铜等。

①锡青铜。Cu-Sn 二元相图(图 2.93)表明,液相向固相转变为包晶反应,固相转变为共析型反应,主要的固相有 α、β、γ,其中 α 和 γ 相为面心立方晶格,β 相为体心立方晶格,锡在铜中有很大的固溶度,520 ℃时达 15.8%,而在 100 ℃时为 1.0%左右。Cu-Sn 二元相图还表明,其液相线与固相线垂直距离大,合金凝固温度范围为 150～160 ℃,这表明合金在凝固时易发生枝晶偏析和分散气孔,低熔点元素锡又可沿着枝晶晶界流向铸件表面,在其表面形成白色斑点,这种含锡量外高内低的现象称为反偏析。锡青铜可以热加工和冷加工,但热轧困难,通常需要长时间均匀化加热,现代锡青铜板带材生产一般采用卧式连铸卷坯—铣除表面锡偏析—冷轧工艺。磷可以提高锡青铜的流动性,锌、镍元素可以提高强度和耐蚀性

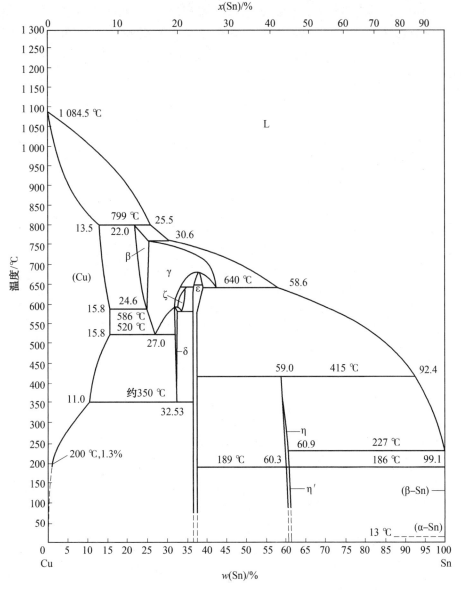

图 2.93　Cu-Sn 二元相图

能,铅可以提高切削性能,因此工业用锡青铜通常加入磷、锌、镍等元素。锡青铜是古老的铜合金,在现代工业中也有重要的应用,锡磷青铜(QSn6.5-0.1)是极为重要的弹性材料。

②铝青铜。铜铝二元合金称为简单铝青铜,加入其他合金元素后称为复杂铝青铜。铝青铜具有高强、耐蚀、耐磨、冲击时不产生火花等优点。

铝在铜中的固溶度很大(图2.94),铝质量分数为7.4%的合金室温下为单相 α 合金,具有良好的塑性,可以生产板、带半成品;铝质量分数为9.4% ~15.6%的合金高温下为 β相,565 ℃发生共析转变,生成 α+γ₂ 相,γ₂ 相为复杂立方结构,属于硬脆相,对合金的力学性能和耐蚀性都是不利的,可以通过热处理或加入铁元素的方法防止共析转变。在工业生产条件下,室温可以获得单相 α 青铜和 α+β 两相青铜,其中 β 相在冷却过程中将发生无扩散相变,生成针状 β′相,β′为热弹性马氏体,使合金具有记忆性能。已经开发出来了铜铝镍记忆合金(Cu-13.5% Al-3.0% Ni)。铁、锰、镍是简单铝青铜的重要合金元素,其中 QAl9-2、QAl9-4、QAl10-3-1.5、QAl10-4-4 被称为四大铝青铜,多以管、棒半成品在工程上广泛应用,铝铁镍青铜 QAl10-5-5 是重要的航空发动机材料。

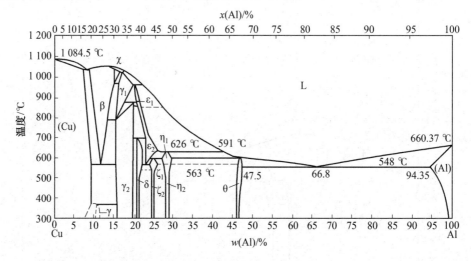

图 2.94　Cu-Al 二元相图

③特种青铜。特种青铜又称为高铜合金。重要的特种青铜包括铍青铜、锆青铜、铬青铜、银青铜、镁青铜、硅青铜、铁青铜、钛青铜、铋青铜、碲青铜等,其中有二元合金,也有多元合金,它们的共同特点是各合金元素在铜中的固溶度从高温到室温有明显的变化,可以通过热处理进行强化,属于固溶强化和弥散强化型合金。它们在工程上有重要的应用,其中铍青铜是迄今为止最为优秀的弹性材料之一。铍对铜的强化效果最强,铍青铜带材可用于制造各种膜盒、膜片和簧片,是各类精密仪表和航空仪表的关键材料。由于铍的资源宝贵,合金熔炼时又具有毒性,所以钛青铜作为一种代用品,其研究也日益深入。锆青铜、铬青铜、银青铜、镁青铜、硅青铜,是重要的高强高导电合金,在集成电路引线框架、高速列车接触线、高效电机整流子、焊接电极、连续铸钢结晶器、航天发动机等方面有重要的应用。Cu-Fe-P、Cu-Ni-Si、Cu-Cr-Zr被称为三大框架合金系列,正在使用和试制的合金牌号多达 77 种。锰铜合金具有优良的电性能和耐蚀性,此外含锰质量分数为 50% 的铜锰合金具有优良的阻尼性

能,在减振降噪声方面有重要应用。

特种青铜除具有高强度、高耐磨、高耐蚀性能之外,工艺性能也十分优良,可以使用正常的铜合金生产工艺进行生产,其中含锆元素的特种青铜过去多使用真空熔炼,目前也常用非真空熔炼工艺。特种青铜可以供应硬态、半硬态、软态制品,有些品种可供应时效状态产品。

(4)白铜。

白铜是指铜和镍的合金,随着镍含量的增加,合金由红色向白色变化,镍与铜能够无限互溶,形成连续固溶体,合金为单相组织——面心立方晶格,具有优良的塑性和优良的耐蚀性能,特别是耐海水、海洋大气腐蚀,能够抗海洋生物生长,是重要的海洋工程用材料,为了改善其耐冲击腐蚀性能,通常加入质量分数为 1.0% 左右的铁和锰。重要的军用舰船如核动力潜艇的热交换器、冷凝管都选用含镍 30% 的白铜,海水管路也选用含镍 10%(质量分数)的白铜,为防止海洋生物的生长,使用 B10 合金包覆钢结构件、船壳、舵等也日益普遍。

加入锌的白铜,具有美丽的银白色和优良的耐大气腐蚀性能,被广泛用来冲制电子元器件的壳体,也被用来制作精美的工艺品,BZn15-20 合金是著名的仿银合金,又称为“中国银”“德国银”。

加入锰的白铜(BMn3-12、BMn40-1.5)是精密电阻合金,电阻温度系数小,电阻值稳定,用于制作各种电器仪表。

3. 铸造铜合金

铸造铜合金是指直接用于铸造零部件或直接由铸造半成品经机械加工生产零部件的一类合金。它包括紫、黄、青、白各类铜合金,其中使用最广泛的铸造铜合金是青铜和黄铜,变形铜合金也常用于铸造各种部件。合金的熔炼通常采用感应熔炼和坩埚熔炼,铸造方法有砂模、树脂砂模、石蜡铸模、铁模、铜模、石墨模、离心铸造、半连铸、压力铸造等。铸件的主要缺陷有裂纹、气孔、疏松、夹杂、夹渣、偏析,为防止铸件缺陷,要注意采用脱氧、除渣、除气、加强搅拌、铸件热处理等措施。常用的脱氧剂为磷铜,除气剂为氧化锌或吹氮;熔剂为硼砂、玻璃、冰晶石等,覆盖剂为煅烧木炭。铸造铜合金具有高强、耐磨、流动性优良等特点,又由于工艺流程短、成本低、可直接生产异型零件,所以在工业上被广泛采用。

(1)铸造锡青铜和铝青铜。

①铸造锡青铜。铸造锡青铜有二元和多元合金,它们在蒸汽、海水和碱溶液中具有优良的耐蚀性,同时还具有足够的强度和耐磨性能,良好的充满模腔性能。为改善其枝晶偏析、疏松、反偏析等缺陷,通常加入铅和锌。加入铅可以减少铸造缺陷,降低成本,加入量可高达 30.0%,故又有铅青铜之称;加入锌可以提高合金的强度,同时锌又是十分有效的除气剂;加入磷可以提高合金的流动性,又是最有效、最廉价的脱氧剂,磷一般是以磷铜中间合金方式加入;加入镍可以提高耐蚀性;加入铁能够细化晶粒,提高耐冲刷腐蚀性能;而铝、硅、镁等元素由于会降低锡青铜的流动性,阻碍金属充满模腔,这些元素应加以限制。自古以来Cu-Sn-Zn-Pb 系青铜就被人类用于铸造各种兵器、餐具、工艺品,特别是巨型铜雕像,千百年来国内外均选用这种合金来建造,工业和海洋工程中各类阀门、泵体、轴、齿轮等也广泛使用这

类合金。

②铸造铝青铜。铸造铝青铜液态下流动性好,不易产生疏松,铸件致密,力学性能优良,耐蚀性优于锡青铜,但易形成集中缩孔和铝的氧化膜夹杂,含铝8.0% ~11.0%的合金,在缓冷时发生 β→α+γ₂ 共析反应,会出现缓冷脆性,导致复杂、薄壁铸件裂纹,可以通过铸件快冷的方法加以防止。由于铝青铜具有高强、耐磨、耐蚀的突出优点,是重型机械的滑板、衬套、蜗轮、蜗杆、阀杆等关键部件的首选材料。多元铝青铜具有耐海水冲刷和气泡腐蚀的特点,用来铸造舰船的螺旋桨,高锰铝青铜($w(Mn) = 4.0\%$、$w(Al) = 8.0\%$、$w(Fe) = 3.0\%$、$w(Ni) = 2.0\%$)被用来制造重要军用舰船的巨型螺旋桨。在铝青铜中铝质量分数为4.0% ~6.0%时,具有美丽的金黄色,可用来制作仿金工艺品,我国1997年使用 Cu-4.0% Al-2.0% Ni 合金,建造了20 m 高、重57 t的海滨仿金佛像,树立在普陀山海滨。

(2)铸造黄铜。

铸造黄铜一般为多元复杂黄铜,锌的质量分数不超过45.0%,主要有锰黄铜、铝黄铜、硅黄铜等。虽然其强度和耐蚀性不如铸造青铜,但是其铸造性良好,铸件成本低,被广泛用来制造机械工程中的耐磨、耐蚀部件以及各种管件、重型机械的轴套和衬套、船舶的螺旋桨等;黄铜凝固温度范围窄,易形成集中缩孔,为提高其强度和耐蚀性,一般加入下列元素:铁可以细化晶粒,提高强度和硬度,加入量为0.5% ~3.0%;锰在黄铜中固溶度大,具有固溶强化的作用,加入量为2.096 ~4.0%;铝在黄铜中为扩大 β 相元素,加入之后使 β 相增多,是黄铜的强化元素,加入量为2.0% ~7.0%;硅可以改善铸造性能,强化效果显著,加入量为2.0% ~4.5%;锡和镍可以提高其耐海水腐蚀性能,有海军黄铜之称,锡的加入量不超过1.0%,镍可达3.0%;铅能改善黄铜的切削性能,加入量为1.0% ~3.0%,过多的加入量,将损失其强度与塑性。

2.2.5　难熔金属

1.概述

"难熔金属"一词有两种含义,一种是指熔点高于1 650 ℃的金属,另一种是指熔点高于2 000 ℃的金属,限于篇幅,本书只介绍应用面较广的4种难熔金属:钨(W)、钼(Mo)、钽(Ta)和铌(Nb)。

难熔金属是过渡族元素,原子结构上的特点决定了它们分别具有许多宝贵的特性。如W 及其合金熔点高、密度大、高温强度好,而 Ta、Nb 及其合金具有很强的耐蚀性和独特的电性能。难熔金属还能和某些非金属元素生成熔点很高、硬度极大的化合物(如碳化物、氮化物、硼化物和硅化物等)。

难熔金属主要有四个方面的用途:难熔金属材料、钢铁添加剂、硬质合金及化学制品。

难熔金属材料是20世纪,特别是第二次世界大战之后发展起来的新型材料。难熔金属的发展历程见表2.20。由于电子工业、原子能工业、航空与航天工业、精密机械工业等技术密集型"尖端工业"的兴起,传统的金属材料已不能充分满足需要,难熔金属及其合金就是在这种情况下应运而生的。目前,难熔金属已是现代工程技术领域的核心材料之一。例如,发射导弹和卫星需要能耐 3 000 ℃以上高温的钨喷管,信息技术需要 W、Mo、Nb、Ta 材料做成的电子器件。人们日常照明、广播、电视都离不开难熔金属。难熔金属材料对国民经济的发展和国防现代化建设都有重要的意义。

表 2.20 难熔金属的发展历程

金属	元素首次发现时间	纯金属首次制取时间	工业生产时间
W	1781 年	1783 年	1909~1910 年
Mo	1778 年	1792 年	1910 年
Ta	1802 年	1903 年	1929 年
Nb	1801 年	1907 年	1929 年

难熔金属的加工同钢铁和常用有色金属加工相比,有许多特点。一是由于熔点高,熔炼困难,所以在锭坯制取上,难熔金属以粉末冶金工艺为主,真空熔炼次之;二是高温下难熔金属易吸气与氧化,加工过程常需要在真空或保护性气氛下进行,有时还要加包套或涂层;三是难熔金属的变形抗力大,加工过程是高能耗的过程。高温烧结炉、真空电弧炉、电子束炉、重型锻造机与挤压机、冷热等静压机等现代冶金设备,是难熔金属加工厂的常用装备。总之,难熔金属的生产是一个技术密集型的产业。

我国难熔金属资源较丰富,钨储量居世界第一位,钼储量居世界第二位,钨制品(特别是钨丝)和钽丝的产量居世界的前列。目前我国年产难熔金属材料超过 1 500 t,在世界上占有重要地位。

2. 难熔金属的特性

(1)物理特性。

W、Mo、Ta 和 Nb 这 4 种元素的晶体结构均为体心立方(bcc)。它们的共性是:熔点高、密度大,蒸气压低,线胀系数小,导电性和导热性好。难熔金属的主要物理性能见表 2.21。

(2)化学特性。

致密难熔金属在常温下比较稳定,一般不氧化,但加热时易氧化。W、Mo 在 400 ℃左右开始氧化,随着温度的升高迅速氧化,生成 WO_3 和 MoO_2,它们分别在 850 ℃和 650 ℃开始显著升华。如果在大气中热加工,W 和 Mo 会产生冒烟现象。Ta 在 280 ℃以上,Nb 在 200 ℃以上均开始氧化,当高于 500 ℃时则迅速氧化,生成 Ta_2O_5 和 Nb_2O_5,因此,W、Mo、Ta、Nb 的高温加工与高温应用均需要保护。

W、Mo 的化合物在一定温度下与氢(H)作用,可被还原成金属,故常用氢气做 W、Mo 冶炼过程中的还原剂和加工过程中的保护气体。Ta、Nb 则大量吸收氢气,导致严重脆化。

难熔金属在常温下对许多介质(水、盐水、无机酸等)是稳定的,但可被氧化性酸、氢氧化钠和氢氧化钾严重地腐蚀,特别是钼。难熔金属对许多金属熔体(如 Na、K、Li、Mg、Hg、Pb、Bi 等)的耐蚀性较好。钼对玻璃及石英熔体的突出耐蚀性是其在玻璃工业中广泛应用的原因。

表 2.21　难熔金属的主要物理性能

性质	W	Mo	Ta	Nb
原子序数	74	42	73	41
相对原子质量	183.85	95.95	180.9	92.9
原子半径/nm	0.14	0.136	0.142	0.147
晶体结构	bcc	bcc	bcc	bcc
熔点/℃	3 410	2 625	3 996	2 415
密度/(g·cm^{-3})	19.3	10.2	16.6	8.57
弹性模量/GPa	396	320	180	100
线胀系数/℃$^{-1}$	$4.45×10^{-6}$	$5.3×10^{-6}$	$5.9×10^{-6}$	$7.1×10^{-6}$
室温热导率/(W·(m·℃)$^{-1}$)	201	147	54	52
热容/(J·(g·℃)$^{-1}$)	0.138	0.243	0.142	0.268
室温电阻率/(μΩ·m)	0.05	0.05	0.12	0.14
电子逸出功/eV	4.55	4.20	—	—

难熔金属是无毒的,但它们的化合物有不同程度的毒性。钽和铌的生物相容性好,可以做人体外科植入材料。

(3)力学特性。

难熔金属的主要特点是高温强度高,而室温强度与钢和钛相当。

难熔金属的力学特性与其纯度、致密化方法及加工状态有密切关系。一般来说,W 和 Mo 的硬度和强度高,而 Ta 和 Nb 的塑性较好。粉末冶金材料的纯度和密度较低,塑性较低,真空熔炼(特别是电子束熔炼)制备的难熔金属材料,纯度高,塑性较好。粉末冶金法和熔炼法生产的材料的强度两者大体相当。难熔金属可以通过应变硬化及晶粒细化来强化。

3. 难熔金属的强韧化

难熔金属的高温强度是其主要性能之一,提高高温强度的途径有固溶强化、沉淀强化和弥散强化或者三种机制的结合。

(1)固溶强化。

置换型元素 Ta、Nb、Mo、Cr、V 对 W 有一定强化作用,但高温强化效果不大。

固溶强化对钼的应用非常有限,微量(总质量分数为 0.1% ~ 1.0%)Ti、Zr、B、La 等可产生固溶强化。研究表明,在 Mo 中加入(s+d)电子数目比 Mo 多的元素,会引起合金软化。

钽的强化主要采用固溶强化。强化作用最大的是 W、Re、Zr 和 Hf。加入质量分数为 1% 的 Re 可显著提高蠕变强度,再多加没有效果。溶质元素过多,会降低室温塑性,损害可焊性。如 Ta 中加入大于 13%(摩尔分数)的 W 和 3%(摩尔分数)的 Re,会降低塑性。

对 Nb 而言,W、Mo、V 为有效强化剂,可同时提高室温与高温强度,而 Ta 加入量小于 10%(摩尔分数)时,对 Nb 的强度几乎没有影响。对高温蠕变强度来说,最有效的强化元素为 W,其次为 Os、Ir、Re、Mo、Ru、Ta,而 Hf、V、Zr、Ti 会降低 Nb 的蠕变强度。总之,在工业上,W、Mo、Re 是 Nb 的有效固溶强化剂。

应指出的是,由于溶质原子间的相互作用,合金元素与高温强度的关系非常复杂,如在 Nb–Hf–Ta 系合金中,当溶质总浓度一定($x(Hf)+x(Ta) = 10\%$)时,随着 $x(Ta)/x(Hf)$ 比的增加,蠕变强度下降。另外,由于碳、氧、氮等间隙元素与合金元素的作用,固溶强化与弥散强化叠加在一起,难以准确判定固溶强化效果。

(2)沉淀强化。

碳化物的沉淀强化对难熔金属材料有重要意义。难熔金属碳化物的熔点和热力学稳定性比较见表 2.22。由表 2.22 可以看出,碳化物是非常稳定的,其中 HfC 不仅在热力学上很稳定,而且 Hf 的扩散速率很慢,HfC 颗粒也不易粗化。因此,在理论上,HfC 是最佳的弥散强化相,但是,由于 Hf 资源少,价格贵,所以 Hf 的应用受限制。TiC 和 ZrC 是常用的沉淀强化相。Mo_2C 和 W_2C 在中温下颗粒长大速度快,实际上不能用作 Mo–C 和 W–C 合金中的强化相。

表 2.22　难熔金属碳化物的熔点和热力学稳定性比较

碳化物	熔点/℃	1 500 ℃生成热/$(J \cdot (g \cdot ℃)^{-1})$
HfC	3 830	−180
ZrC	3 420	−163
TiC	3 150	−159
TaC	3 825	−159
NbC	3 480	−150
VC	2 780	—
Cr_3C_2	1 850	—
MoC	2 486	−63
WC	2 795	−88

利用碳化物作为沉淀强化相的典型合金有 W–0.2% Hf–0.26% C 钨合金、TZM(Mo–0.5% Ti–0.03% Zr–0.15% C)钼合金、Ta–8% W–1% Re–1% Hf–0.025% C 钽合金和 Nb–22% W–2% Hf–C 铌合金。

沉淀强化作用有一定温度限制,一般来说,温度高于 0.5 T_m(熔点)时,第二相开始聚集、长大和溶懈,会导致强化失效。

(3)弥散强化。

这里的弥散强化是指人工弥散强化,即采用粉末冶金的方法加入一些细小的非共格弥散粒子(如 W 中加入 ThO_2 粒子),这些粒子起阻碍合金再结晶和晶粒长大的作用,从而提高钨合金的高温强度和蠕变性能,并细化晶粒,改善 W 的低温延性。

4. 高温氧化及防护

难熔金属作为 1 000 ℃以上使用的高温结构材料,必须解决高温氧化问题。解决这一问题的途径有两种:一是制备高温抗氧化能力强的合金;二是在合金表面施加抗氧化防护层。

（1）难熔金属及其合金的氧化。

难熔金属在空气中的氧化速度与温度的关系如图2.95所示。由图2.95可见,Mo的抗氧化性最差,它在450 ℃以上就形成挥发性氧化物,在700 ℃时就迅速氧化,产生"冒烟"现象,无法使用。W在约900 ℃下也会发生"灾难性氧化"现象。Nb和Ta的氧化物虽然不挥发,但也不起保护作用。改善难熔金属抗氧化性的合金化途径是:

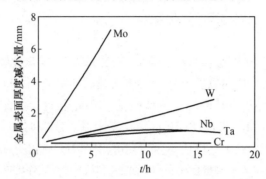

图2.95　难熔金属在空气的氧化速度与温度的关系

①加入高价金属离子,减少氧化物的导电性。例如,在Ta或Nb中加入Mo或W就起这个作用。

②加入小半径的金属离子,改变氧化物的晶格常数,减少氧化物的比体积,从而减少因起鳞现象而引起的快速氧化(按直线规律氧化)。Nb中加入V或Mo符合这一原理。

③加入高温活性金属元素,优先形成比基体金属氧化物更稳定的氧化物或与基体金属一起形成复杂氧化物。在Nb中加入Zr、Ti、Hf有很好效果,就属于这种情况。

然而,合金化的作用是非常有限的。例如,所有工业钼合金(如Mo-0.5% Ti、TZM、TZC等)的抗氧化性能与纯钼相差无几,都存在严重氧化现象,只有某些铌合金(如D3-31、D-36和Nb-753)有较好的抗氧化性能。

（2）难熔金属的涂层保护。

难熔金属作为动力系统部件(如涡轮、叶片、进气导向叶片、喷嘴、燃烧室部件等)和航天飞行器高温部件(如飞船的前缘、热挡板、鼻锥等)使用温度可达800 ~ 2 000 ℃,必须加涂层保护。

涂层材料要满足如下要求:

①涂层与基体材料的线胀系数相近。

②涂层与基体之间具有扩散稳定性和化学稳定性。

③涂层受到损伤,出现缺陷时,它具有自愈合功能。

④涂层的施涂工艺(热循环)对基体组织与性能不产生明显的负面影响。

⑤涂层与基体的界面反应是有益的或允许的。

难熔金属的防护涂层大致分三类:抗氧化金属与合金(Ni、Cr、Al等)、金属间化合物(硅化物 $NbSi_2$、$MoSi_2$ 及铝化物 $NbAl_3$、$TaAl_3$ 等)及氧化物与陶瓷(Al_2O_3、ZrO_2 等)。抗氧化硅化物的极限使用温度为1 982 ℃,铝化物极限使用温度为1 927 ℃。

涂层的制备工艺很多,较常见的有如下几种:

　　①电化学方法,如电镀、电泳、熔盐电渗镀等。

　　②物理化学方法,如粉末包装热扩散、流床反应扩散、料浆喷镀热扩散、辉光放电热扩散、熔烧以及化学蒸气沉积等。

　　③机械结合法,如包层、火焰喷涂、等离子喷镀、爆炸喷镀等。

　　这些方法各有优缺点和较适用的范围。施加涂层之前,要对基体的表面进行仔细的预处理,包括机械加工、研磨喷砂、酸洗、化学抛光、清洗和布轮抛光等,使涂层均匀,缺陷少,有较好的质量。另外,在实际工程上,涂层往往不是单一涂层,而是复合涂层。如火箭发动机的铌合金辐射喷管,其涂层是由隔热涂层、抗氧化涂层和辐射涂层组成的。

　　各种难熔金属抗氧化防护涂层系统及制备工艺见表 2.23。典型难熔金属抗氧化涂层的实例见表 2.24。

表 2.23　各种难熔金属抗氧化防护涂层系统及制备工艺

防护涂层系统	制备工艺
Ⅰ.抗氧化金属与合金: ①镍-铬基高温合金,如 Ni,Cr,Ni-Cr 以及多元抗氧化合金; ②Hf-Ta 合金、W-Cr-Pd 合金和 Sn-Al 合金; ③贵金属及合金,如 Pt、Pt-Rh、Ir	电镀、熔盐渗镀、热浸、包覆层、熔烧、化学气相沉积、金属喷镀
Ⅱ.金属间化合物: ①典型金属间化合物,如 Me_xAl_y、Me_xBe_y; ②非典型金属间化合物,如 Me_xSi_y、Me_xB_y、Me_xN_y; ③复合的金属间化合物,如 $(M_{e1}、M_{e2}、M_{e3})_xSi_y$ 等	粉末包装、料浆热扩散、化学气相沉积、离子渗、熔烧等
Ⅲ.氧化物与陶瓷: ①氧化物,如 ZrO_2、Al_2O_3、ThO_2; ②玻璃; ③陶瓷、珐琅	电泳、烧结、火焰、等离子、爆炸、喷镀等

表 2.24　典型难熔金属抗氧化涂层的实例

基体材料	涂层系统	制备条件		抗氧化性能
		温度/℃	时间/min	
钼合金	Al-Si	750~830	4	1 300 ℃,>30 h
	Al-Si-Mo	800~830	17	1 350 ℃,>250 h
铌合金	Al-Si	750~830	5	1 000 ℃,>100 h
	Al-Si-Mo	800~830	7	1 000~1 100 ℃,>100 h
钼合金	Hf-20Ta	2 230	15	2 772 ℃,1 h
钨合金	ThO_2	等离子喷镀		2 816 ℃,30 h

第3章 金属功能材料

3.1 形状记忆合金

3.1.1 引言

智能结构是以智能材料为主导材料,具有仿生命的感觉和自我调节功能的结构系统。而智能材料则是某些具有特殊功能的材料,如压电材料、光导纤维、电磁流变液体、形状记忆材料、磁至伸缩材料和智能高分子材料等。这些智能材料可以分为两类:一类是对外界(或内部)的刺激强度(如应力、应变、热、光、电、磁、化学和辐射等)具有感知的材料,称为感材料,利用这些材料可以做成各种传感器;另一类是对外界环境条件(或内部状态)发生变化能做出响应或驱动的材料,利用这种材料可以做成各种驱动器。将这些智能材料按其特殊功能以某种方式融合到结构基本材料之中或与机构构件复合时,就会通过它的传感和驱动功能来实现结构的感知和自我调节功能。显然,这样的一种体系可使结构由不变的、无智能和无生命的向可变的、有智能和有生命的方向发展,它代表了工程结构的发展方向,为工程结构的变革揭示了光明的前景。

近年来,形状记忆合金(SMA)作为一种新型智能材料,以其独特的形状记忆效应(Shape Memory Effect)和超弹性效应(Super Elastic Efect),以及优良的理化性能和生物相容性,在工程、控制、医疗、能源与机械等领域应用日趋广泛。形状记忆合金作为一种新型功能材料于1963年为人们所认识,并成为一个独立的学科分支。当时美国海军武器实验室(Naval Ordinance Laboratory)的 W. J. Buechler 博士研究小组,在一次偶然的情况下发现,Ni-Ti 合金工件因为温度的不同,敲击时发出的声音明显不同,这说明该合金的声阻尼性能与温度有关。通过进一步研究发现,近等原子比的 Ni-Ti 合金具有良好的形状记忆效应,并且报道了通过 X 射线衍射等实验的研究结果。20 世纪 70 年代初,又发现 Cu-Al-Ni 合金也具有良好的形状记忆效应。近年来在不少铁基合金,尤其是 Fe-Mn-Si 基合金和不锈钢中也发现了形状记忆效应,有些很快在工业界获得了应用。

1975~1980 年,研究者们对形状记忆合金的形状记忆效应机制,以及和形状记忆效应密切相关的相变超弹性(或伪弹性)机制,展开了大规模的研究。研究结果表明,凡是具有完全形状记忆效应的合金都具有相变超弹性效应,有的合金可以实现双程形状记忆效应,有的合金可以实现全方位形状记忆效应,还有的合金可以实现逆向形状记忆效应。研究中还发现,Ni-Ti 等合金在相变过程中存在着中间相,利用中间相相变的可逆性,不仅大大缩小了温度滞后,且大幅度地改善了疲劳寿命和形状记忆效应的稳定性。双程形状记忆效应、全方位形状记忆效应、R 相变等现象的发现,为形状记忆合金的应用开辟了更广阔的前景。到目前为止,已经发现具有形状记忆效应的合金有 20 多种,如果添加不同元素的合金单独计算,则有 100 多种。

3.1.2　形状记忆效应和超弹性效应

1. 形状记忆效应

形状记忆合金的特殊性能是材料中马氏体相变的结果,马氏体相变与环境和约束条件有关。在自由应力状态,高温下的形状记忆合金材料以母相(奥氏体相)结构形式存在,当温度降低时,晶体结构发生相变,转变为马氏体相,在自由应力状态下,马氏体相变是自协调的,不会产生体积变化和应变。在自由应力状态下形状记忆合金的 4 个转变温度为 M_f、M_s、A_s 和 A_f,分别为马氏体相变结束温度、马氏体相变开始温度、奥氏体相变开始温度和奥氏体相变结束温度。对于大多数形状记忆合金,$M_s < A_s$,而且温度在 $M_s < T < A_s$ 范围内,形状记忆合金不发生相变,马氏体和奥氏体可以共存于这一温度范围。

形状记忆合金的形状记忆效应是指在低于奥氏体相变开始时的温度下($T < A_s$),对形状记忆合金施加载荷,当达到相变临界应力时,材料开始由多变体(奥氏体、孪晶马氏体或奥氏体与孪晶马氏体的共存体)向马氏单变体(或非孪晶马氏体)转变,在相变阶段应力变化很小,却产生很大的相变应变,当相变结束时形成的马氏单变体是热力学稳定的。卸载时只有一个微小的弹性应变恢复,相变应变转化为残余应变。加热到奥氏体相变结束温度以上($T > A_f$),材料又由单变体转化为奥氏体,残余应变完全恢复,形状记忆效应如图 3.1 所示。

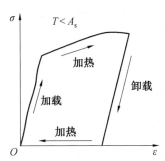

图 3.1　形状记忆效应

可以将形状记忆效应分成两类:相变(奥氏体向马氏体转变)引起的形状记忆效应和重定向(孪晶马氏体向非孪晶马氏体转变,又称为马氏体择优取向)引起的形状记忆效应。相变引起的形状记忆效应是指在加载过程中,当应力达到相变临界应力时,材料开始由奥氏体向马氏单变体转变,在温度 $T < A_s$ 时马氏单变体是热力学稳定的,卸载过程中不会发生奥氏体相变,加载过程中产生的相变应变转变为残余应变保留下来。通过加热到 $T > A_f$ 材料又转化为奥氏体,残余应变全部恢复。重定向引起的形状记忆效应是指在加载过程中,当应力达到相变临界应力时,材料开始由孪晶马氏体向非孪晶马氏体(马氏单变体)转变,在温度 $T < A_s$ 时马氏单变体是热力学稳定的,卸载过程中不会发生奥氏体相变,加载过程中产生的相变应变转变为残余应变保留下来。通过加热到 $T > A_f$,材料又转化为奥氏体,残余应变全部恢复。相变形状记忆效应和重定向形状记忆效应机理如图 3.2 所示,其中,(a)、(b)、(c)、(d)、(e)为相变引起的形状记忆效应,(f)、(g)、(h)、(i)、(e)为重定向引起的形状记忆效应。

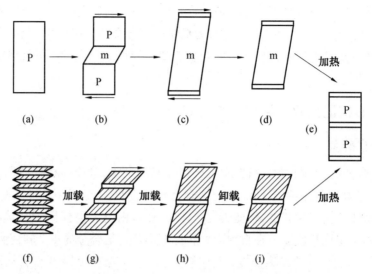

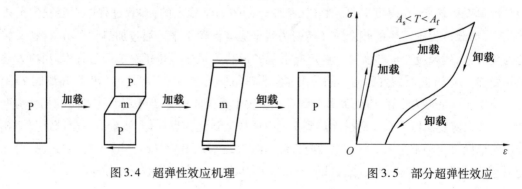

图 3.2　相变形状记忆效应和重定向形状记忆效应机理

2. 超弹性效应

形状记忆合金的超弹性效应是指在母相（奥氏体相）下的形状记忆合金，在大于奥氏体相变开始的温度（$T>A_s$）下加载，当应力达到马氏相变临界值时，材料开始发生马氏体相变（即由奥氏体向马氏单变体转化），在应变过程中应力变化很小，但有很大的相变应变产生，在温度 $T>A_s$ 时，马氏单变体是不稳定的，在卸载过程中，当应力降低到奥氏体相变临界应力时，材料开始发生奥氏体相变，如果温度大于奥氏体相变结束温度（$T>A_f$），相变应变在卸载过程中全部恢复，在卸载结束时没有残余应变产生，并形成一个滞后环，如图 3.3 所示。超弹性效应机理如图 3.4 所示。

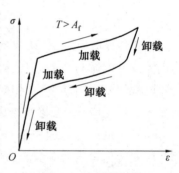

图 3.3　超弹性效应

如果温度在奥氏体相变开始和奥氏体相变结束温度之间（$A_s<T<A_f$），卸载结果是部分相变应变恢复，部分相变应变转化为残余应变而保留下来，材料变成奥氏体和马氏单变体的混合体。通过简单加热到 $T>A_{of}$ 时，残余应变完全恢复，材料又全部转变成奥氏体，此时材料表现为部分形状记忆效应和部分超弹性特性，如图 3.5 所示。

图 3.4　超弹性效应机理　　　　　　　　图 3.5　部分超弹性效应

3.1.3　NiTi 形状记忆合金

1962 年,美国海军军械研究所的 Buehler 偶然发现处于马氏体状态的 NiTi 合金经过加热能恢复到原来的形状,从此形状记忆合金引起人们的广泛重视。至今已发现 30 多种合金具有形状记忆效应,其中有 Ni-Ti 系、Ag-Cd 系、Mn-Zn 系、Cu-Zn-Al 系、Cu-Al-Ni 系及 Fe-Mn-Si 系等新型记忆合金。除温度的升降可以促使马氏体的消长外,应力的施加和卸载也可以促使马氏体的消长,在对 NiTi 形状记忆合金施加和卸载应力的机械循环研究中,发现除形状记忆效应外,NiTi 形状记忆合金还具有另一个优异的性质——超弹性,其可恢复应变最高可以达到 8%,这两种相变并称为热弹性马氏体相变。正是由于这两个优异的性能,NiTi 形状记忆合金在各个领域得到了广泛的应用。

随着对记忆合金的记忆效应大量的研究,人们对形状记忆效应的微观机理、应力诱发马氏体相变晶体学等开始有了较为清晰的认识。研究发现,近等原子比的 NiTi 合金的力学性能最佳,对于这种成分的 NiTi 形状记忆合金,形状记忆效应和超弹性效应会随着热弹性马氏体相变的过程而产生,母相与马氏体相之间的转变主要通过热或力的驱动,通过原子之间的切变(也称为非扩散相变)来完成,并为了降低马氏体之间的应变在马氏体中伴随有原子不变切变,形成滑移和孪晶。NiTi 除了具有优良的形状记忆效应和超弹性外,还具有很好的双程记忆效应网、循环稳定性、抗疲劳能力、生物相容性和耐磨性等,从而被广泛应用于微电子系统、生物器械、植入设备和宇航器件等领域。迄今为止,对于 NiTi 形状记忆合金的研究主要包括热机械处理、变形特点、记忆效应机制、R 相的特征、马氏体相和 R 相的晶体学特征、亚稳析出相的晶体结构以及疲劳与断裂特性等方面。

正如前文所述,形状记忆效应是指形状记忆合金在发生塑性变形之后,加热到某一温度之上,合金能恢复到变形前的形状的现象。如果随后再进行冷却或加热,形状保持不变,上述过程可以反复进行,材料仿佛记住了高温状态所赋予的形状一样,称为单程形状记忆效应。如果对材料进行特殊的时效处理和热机械训练,则在随后的加热和冷却循环中,能够重复记住高温状态和低温状态下的两种形状,称为双程形状记忆效应。图 3.6 所示为 NiTi 合金形状记忆效应示意图,其中 M_s、M_e 分别表示马氏体相变开始和结束的温度;A_s、A_f 分别表示逆相变(奥氏体相变)开始和结束的温度。当温度达到 A_s 时,形状开始恢复,当温度升高到 A_f 时,形状完全恢复。M_d 为应力诱发马氏体相变的临界温度,即当温度达到 M_d 时,不再发生应力诱发马氏体相变,这时比较容易产生滑移变形,而导致变形不能恢复。

超弹性,又称伪弹性,是指施加应力使形状记忆合金在产生弹性变形后产生更大的非弹性变形,卸载后形状记忆合金能够马上恢复到变形前的形状。与普通金属的弹性变形不同的是,NiTi 形状记忆合金的可恢复应变量大,而且应力应变关系呈现非线性。图 3.7 所示为 NiTi 合金超弹性效应应力-应变图。多晶 NiTi 合金经适当的热和机械处理能表现出良好的超弹性行为。一般来说,当等原子比的二元 NiTi 合金中 Ni 的原子分数大于 50.5%,固溶处理并在 620~730 K 时可以得到超弹性,因为在这个过程中将有 Ni_4Ti_3 析出相出现;对于 Ni 的含量小于 50.5%(原子数分数)的样品,则冷轧中经过在 640~740 K 退火可以得到超弹性,但这个温度还未达到 NiTi 合金的再结晶温度(在一定的温度经适当时间的退火可以使晶粒在原有基础上再长大,NiTi 合金的动态再结晶温度约为 860 K)。

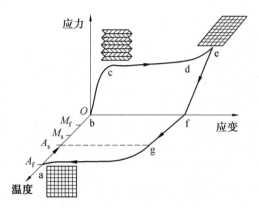

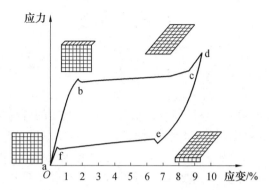

图 3.6　TiNi 合金形状记忆效应示意图
（a—母相状态；a~b 降低温度，低于 M_f 时，转变为孪晶态的马氏体相；b~c 弹性变形阶段，马氏体开始解孪晶；c~d 受力变形，马氏体发生解孪晶/重取向过程；d~e 解孪晶马氏体的弹性变形；e~f 解孪晶马氏体的弹性恢复阶段；f~g 通过加热，到达 A_s 马氏体开始恢复，到达 A_f 马氏体完全恢复，试样恢复到初始的形状 a）

图 3.7　NiTi 合金超弹性效应应力–应变图
（在 A_f 和 M_d 温度范围内可以产生超弹性，a 处材料为奥氏体状态；a~b 奥氏体弹性变形，在 b 点开始发生应力诱发马氏体相变；b~c 为应力诱发马氏体相变过程；c~d 为马氏体弹性变化过程；d~e 卸载过程马氏体发生弹性应变；e~f 马氏体向奥氏体转变的反相变过程，全部回复后到达 a 点）

　　形状记忆效应和超弹性是密切相关的。通常，只要临界滑移应力足够高，则在同一试样中，根据不同的试验温度进行变形，形状记忆效应和超弹性均可观察到。温度从 A_s 以下加热到 A_f 以上可出现形状记忆效应，而超弹性只出现在 A_f 以上温度，这是因为如果没有应力作用，马氏体是完全不稳定的。在 $A_s \sim A_f$ 温度范围内，两者部分出现。图 3.8 所示为形状记忆效应和超弹性效应关系示意图，正斜率直线表示诱发马氏体的临界应力符合 Clausius Clapeyron 方程，负斜率直线表

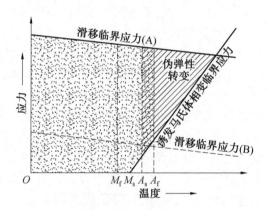

图 3.8　形状记忆效应和超弹性效应关系示意图

示临界滑移应力。显然，如果滑移临界应力低于 B 线，滑移变形不会因为加热或者卸载而恢复，则超弹性不会出现，因为在应力诱发马氏体出现之前已经发生了滑移变形。通常通过提高滑移的临界应力，即 B 线，使材料不容易发生滑移，进而改善材料的超弹性性能。

1. NiTi 形状记忆合金的相结构与相变晶体学

　　相图是理解材料相变，也是控制合金的组织和性能的重要依据。图 3.9 所示为 Otsuka 给出的 Ni–Ti 合金相图，此相图与 Massalski 等人提出的较为接近，并在此基础上做了部分修改。从图 3.9 可以看出 Ni–Ti 相和亚稳 Ti_3Ni_4 析出相之间的平衡相图，这对调节合金的相变温度、提高合金的形状记忆效应和超弹性具有非常重要的意义。

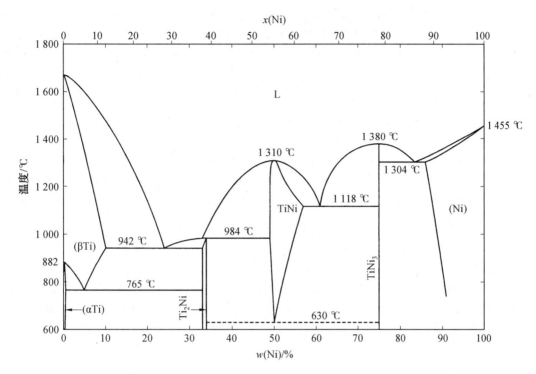

图 3.9 Ni-Ti 合金相图

在 Ni-Ti 合金从高温到室温的降温过程中,不同温度区间会发生 B2 相的分解,产生 Ti_2Ni、Ti_2Ni_3、$TiNi_3$ 三种析出相。Ti_3Ni_4 相是一种非常重要的相,与形状记忆特性相关。关于 Ti_3Ni_4 相结构的研究工作较晚,直到 1986 年才分别由 Tadaki 等人和 Saburi 等人确定其为菱形结构,由 6 个 Ti 原子和 8 个 Ni 原子组成菱形单胞,属于 R3 空间群,其点阵常数为 $a = 0.670\ 4$ nm,$\alpha = 13.85$。尽管 Ti_3Ni_4 相为菱形结构,但用六角晶系描述更为方便,点阵常数为 $a = 1.124$ nm,$e = 0.507\ 7$ nm。大量研究表明,Ti_3Ni_4 相的形貌随时效温度和时间的改变发生明显变化,Ti-51.8%(原子数分数)Ni 合金在 300 ~ 600 ℃时效 10 min,30 h 主要析出 Ti_3Ni_4 相,其形貌变化顺序为:细小颗粒→椭圆薄片状→椭圆透镜片状→粗片状。

热机械处理和第三组元的添加可以改变 NiTi 合金的马氏体相变过程。图 3.10 所示为 Ni-Ti 基记忆合金中的三种马氏体相变过程。由图 3.10 所示可以看出,Ni-Ti 基记忆合金都具有由 B2 相到 B19 相的转变趋势。当二元 Ni-Ti 合金经固溶处理

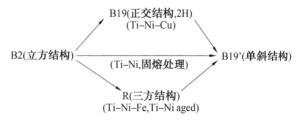

图 3.10 Ni-Ti 基记忆合金中的三种马氏体相变过程

后,会直接发生 B2→B19′一阶段马氏体相变。当 Ni-Ti 合金在一定条件下可诱发 R 相变,如添加第三组元(Fe、Al)、热循环和时效处理等,即发生 B2→R→B19′两阶段相变。富 Ni 的 Ni-Ti 合金(Ni 原子数分数大于 50.5%)常常由于时效处理发生 R 相变。若在 Ni-Ti 基合金中添加 Cu 替代 Ni,Cu 原子数分数超过 7.5%时,则发生 B2→B19→B19′两阶段相变。

B2→R 相变也属于马氏体相变,R 相具有菱形结构,通常采用六角晶系表示。发生 R 相变时,出现一系列物理、力学性质的异常变化,如电阻率升高,弹性模量和剪切模量下降,薄晶体电子衍射花样出现 1/3(110)和 1/3(111)超点阵衍射斑点等。R 相变早期被认为是马氏体相变的先驱效应,称为预马氏体现象或预马氏体相变,以后被确定为独立的相变。R 相变是一个形核、长大过程,R 相形成时产生表面浮凸,形状变化不大,只有马氏体相变时变形量的 1/10 左右,有热效应,且存在小的相变滞后。可见 R 相变属一级相变,实质也是一种马氏体相变。

NiTi 形状记忆合金从母相的奥氏体(B2 的 CsCl 结构),通过原子切变变为子相的马氏体(B19′的单斜结构),为一级相变。当能量通过应力或温度的形式达到足够大时相变即发生。当温度低于马氏体开始温度时,产生热诱发马氏体相变,当施加的应力达到某一临界值时,产生应力诱发马氏体相变。NiTi 记忆合金中产生形状记忆效应和超弹性的三种相分别为母相(B2)、马氏体相(B19′)和介于母相和马氏体相之间的 R 相,这三种相被广泛认可的晶体结构分别为:

①奥氏体相,或母相,单胞为简单立方结构(CSCI),1957 年 Philipt 揭示出母相的晶体结构常数为:$a = b = c = 0.301\ 5$ nm,$\alpha = \beta = \gamma = 90°$,空间群为 Pm3m。NiTi 记忆合金奥氏体与马氏体中的晶体学参数与原子位置见表 3.1。

②马氏体相,或子相,单胞为单斜结构,不同的研究小组给出了不同的马氏体相的晶体结构常数和空间群。1971 年,Otsuka 确定马氏体的晶格常数为 $a = 0.288\ 9$ nm,$b = 0.412$ nm,$c = 0.462\ 2$ nm,$\alpha = \gamma = 90°$,$\beta = 96.8°$,空间群为 P2₁/m。1981 年,Michall 给出了马氏体相的原子位置,见表 3.1。

③R 相,单胞为菱形结构,1975 年,Vatüayon 确定 R 相的晶格常数为 $a = 0.737$ nm,$c = 0.532$ nm;R 相的空间群为 P3m。Schryvers 确定了 R 相的原子位置。

随着 Ni 含量的增加,会出现 Ti_2Ni_3、Ni_4Ti_3 和 Ti_2Ni 等析出相,而这些二次相对 NiTi 记忆合金的性能也会有很大的影响。

表 3.1　NiTi 记忆合金奥氏体与马氏体中的晶体学参数与原子位置

$a = 0.301\ 5$ nm,Pm3m				
Ti	1e	$x = 0$	$y = 0$	$z = 0$
Ni	1e	$x = 1/2$	$y = 1/2$	$z = 1/2$
$a = 0.288\ 9$ nm,$b = 0.412$ nm,$c = 0.462\ 2$ nm,$\beta = 96.8°$,P2₁/m				
Ti	2e	$x = 0.472\ 6$	$y = 1/4$	$z = 0.221$
Ni	2e	$x = 0.052\ 5$	$y = 1/4$	$z = 0.693$

马氏体相变晶体学是马氏体相变的核心问题。这个相变过程是通过一个简单的原子位移(贝因畸变和晶格不变切变)形成具有不变平面的马氏体变体,而原子不发生扩散或结合键的断裂。相变过程中为了保持应变能最小,会形成孪晶、位错或层错。在 NiTi 基形状记忆合金中不变点阵切变通常是具有晶体学可逆性的孪晶。

通过透射电镜观察和晶体学唯象理论计算对马氏体相变晶体学进行深入研究,发现唯象理论将马氏体相变过程分为三个阶段:均匀畸变 B;点阵不变切变 P_2(孪晶、滑移或层错);角度调整 R。于是马氏体相变的总应变为

$$P_1 = RP_2B$$

相变应变为不变平面应变,宏观上存在一个无畸变、无旋转的平面,即惯习面;切变方向平行于惯习面;体积变化垂直于惯习面。因此上式又可写为

$$P_1 = Im_1d_1p_1'$$

式中　I——单位矩阵;

　　　m_1——形状应变的大小;

　　　d_1——应变方向的列向量;

　　　p_1'——垂直于惯习面的行向量。

如果已知母相与马氏体相的晶格参数,在不变平面应变条件下可求出 P_1,于是可以得到所有的晶体学参数和取向关系。

通过透射电镜分析和晶体学唯象理论计算,研究了 NiTi 记忆合金的马氏体孪晶类型和孪晶面的取向关系。Otsuka 等人发现了 $\{\bar{1}11\}$ I 型孪晶和基面上的层错。Gupta 和 Johnson 发现了 $(001)_m$ 混合型孪晶和 $\{011\}$ I 型孪晶,并且重构了 $\{\bar{1}11\}$ I 型孪晶。Knowles 和 Smith 发现了马氏体中重要的 $<011>$ II 型孪晶。Onda 等人发现了 $(100)_m$ 混合型孪晶,这种孪晶与 $(001)_m$ 混合型位错呈共轭关系。Nishida 等人在严重变形样品的马氏体中发现了 $\{20\bar{1}\}$ 孪晶。在这些马氏体孪晶中,$<011>$ II 型孪晶是热诱发马氏体中最常见的孪晶,而 (001) 混合型孪晶是应力诱发马氏体中最常见的孪晶。NiTi 记忆合金 B19′ 马氏体中孪晶类型和晶体学参数见表 3.2。

表 3.2　NiTi 记忆合金 B19′ 马氏体中的孪晶类型和晶体学参数

孪晶	k_1	η_1	k_2	η_2	理论解
$\{\bar{1}11\}$ 类型 I	$(11\bar{1})$	$[0.540\,4\quad 0.459\,571]$	$(0.246\,95\quad 0.506\,11)$	$[\bar{2}11]$	一致
$\{111\}$ 类型 I	(111)	$[\bar{1.511\,7}\quad 0.511\,471]$	$\overline{(0.668\,75\quad 0.337\,51)}$	$[211]$	不一致
(011) 类型 I	(011)	$[1.572\,71\quad -1]$	$(0.702\,51\bar{1})$	$[011]$	一致
$\langle011\rangle$ 类型 II	$(0.720\,51\bar{1})$	$[011]$	(011)	$[1.572\,71\bar{1}]$	一致
(100) 化合物	(100)	$[001]$	(001)	$[100]$	不一致
(001) 化合物	(001)	$[100]$	(100)	$[001]$	不一致

2. NiTi 形状记忆合金的疲劳行为

对 NiTi 形状记忆合金疲劳行为的研究中,对于循环加载下 NiTi 记忆合金的应力-应变响应的衰减机制已经有了很大进展,循环加载方式包括单纯机械加载、热加载和热机械加载。在对 NiTi 形状记忆合金循环形变疲劳的研究中,相关文献首次研究了多晶 NiTi 形状记忆合金的循环变形或疲劳,包括低周疲劳和高周疲劳。在低周情况内,相变的应力-应变相应在最开始的 15~20 次循环衰减得最快。Miyazaki 等人对循环加载下多晶 NiTi 记忆合金超弹性响应研究发现,随着加载次数的增加,诱发马氏体的临界应力和应力-应变的滞后下

降(图3.11),而永久伸长量增加,这些值主要受加载的最大应力影响。在弹性阶段循环加载对临界应力没有影响,通过热机械处理后可以提高临界滑移应力,他们认为 NiTi 记忆合金循环变形的特殊性是由于在马氏体相中生成位错造成的。他们还认为 NiTi 的应力-应变响应受到早期加载情况的影响,推测主要是由于位错列阵对应力-应变的响应。Ken Gallt 等人在对单晶 NiTi 形状记忆合金疲劳的研究中,得到了含有不同尺寸 Ni_4Ti_3 析出相的单晶 NiTi 合金循环变形的结果,机械循环实验显示 NiTi 金属的衰退效应与晶体取向密切相关。在压应力下沿择优取向具有最高的屈服抗力,而且表现出最低的疲劳抗力。通过时效产生细小的(10 nm)共格的 Ni_4Ti_3 析出相在所有方向上比通过其他热处理(固溶和过时效)具有更高的疲劳性能,含有 10 nm 的 Ni_4Ti_3 析出相的 NiTi 合金通过机械循环出现了稳定的马氏体,没有位错的运动。有着粗大的非共格的 Ni_4Ti_3(500 nm)析出相的 NiTi 合金,除了使马氏体相稳定化还出现明显的位错运动。第一个应力-应变循环的滞后和材料的疲劳相关。不同热处理和取向的样品如果具有很大的固有滞后,则表现出比较差的疲劳性能。用透射电镜对 NiTi 单晶循环变形机制研究的结果表明,沿着[111]方向循环拉伸或压缩都比[100]方向表现出更强的衰退效应,这是由于沿着[111]方向施加循环载荷的过程中更容易

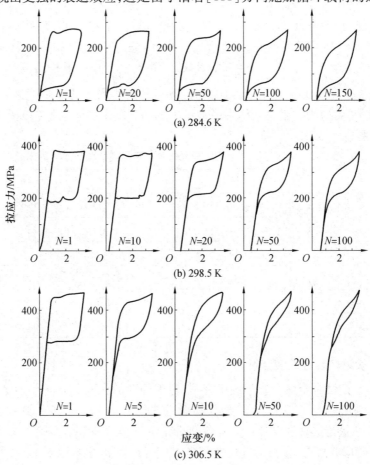

图3.11　Ti-50.5% Ni 形状记忆合金在不同温度循环变形的应力-应变曲线

发生滑移造成的。记忆合金循环变形过程中性能的衰减阻碍了对需要多次相变循环的应用。W. Predki 等人通过管状样品的循环扭转加载实验,发现阻尼效应随着载荷几乎呈线性增加,热机械循环可以降低相变临界应力,增加残余应变。

在循环变形过程中,位错对 NiTi 形状记忆合金的疲劳产生很重要的影响,研究发现马氏体中主要为滑移位错,滑移系为<100>{001} 和<100>{011},位错的伯斯矢量为<100>。当温度达到 900 K,即接近有序化温度时,1/2<111>位错在形成析出相的过程可能会引入,产生 1/2<111> // {$\overline{1}\,\overline{1}\,1$} 滑移的滑移系。

目前,对于马氏体中的位错结构研究比较少,在热弹性马氏体中主要为孪晶结构,研究发现在循环变形过程中,马氏体中的位错主要产生在孪晶面和惯习面上,Xie 等人对马氏体状态记忆合金的研究中,比较了未加载的马氏体孪晶结构与循环拉伸压缩后的孪晶结构,研究发现,循环加载后,马氏体片仍为自协作状态,内部结构主要为(111)Ⅰ类孪晶。变形后应力诱发马氏体重新取向,孪晶界移动,剪切方向沿着(110)面在(001)面产生堆垛层错,在马氏体孪晶面和连接面生成了高密度的位错,如图 3.12(a)所示。这些微结构的变化解释了马氏体状态的 NiTi 记忆合金机械循环过程中出现的循环硬化和循环软化现象。Hurley 等通过对单晶 NiTi 合金循环变形后发现,在马氏体边界产生了大量位错,母相中也存在位错,位错的周期和孪晶周期相同,这意味着马氏体与奥氏体的界面是低能界面,如图 3.12(b)所示。

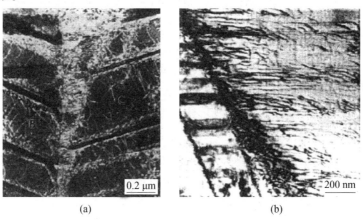

(a)　　　　　　　　　　　　　　　　　(b)

图 3.12　马氏体状态 Ni-Ti 合金循环拉伸-压缩后的位错(a)及
单晶 NiTi 合金循环变形后马氏体与奥氏体界面的位错(b)

对循环加载条件下微裂纹的行为已经研究多年,研究发现传统材料中微裂纹的扩展与长裂纹的扩展有不同的方式,并且微裂纹扩展的速度相对比较快。通过对样品表面的仔细研究发现,微裂纹通常出现在疲劳的早期,当滑移带产生,并且穿过一个晶粒,这些微裂纹必须越过微结构屏障(如晶界)继续扩展。在早期阶段,破坏的聚集过程中每个单位面积上微裂纹的数量即裂纹密度,会随着加载低周疲劳次数的增加而增大,在后期裂纹会聚集、中和,这样可以抵消裂纹,使裂纹的密度减少。

在对于相变诱发裂纹闭合效应的研究发现,导致裂纹闭合的原因分为两种情况:一种是,裂纹顶端的相变通常会导致相变区的净体积增加,当相变区膨胀出来的材料滞留在扩展疲劳裂纹顶端后部时,就会引起裂纹张开位移的减小;另一种是,在循环拉伸过程中,由于裂纹顶端的相变会在非线性区引入压缩残余应力,从疲劳裂纹闭合的意义上讲,它与裂纹顶端塑性诱发的闭合效应相类似。对于以上这两种情况,滞留在疲劳裂纹后部的残余位移均会使裂纹闭合提前,也就是说,在远场拉伸应力作用的情况下会导致裂纹的闭合。对于纯粹的膨胀相变和单向加载,McMeeking 等人和 Budiansky 等人可以用相变诱发闭合所导致的应力强度因子下降来解释。Dauskardt 等人和 Sylva 等人在对相变增韧的氧化锆陶瓷的研究中发现裂纹闭合主要包括相变和断裂面粗糙导致的裂纹闭合。Chen 等人在对 MgO 部分稳定化的 ZrO_2 陶瓷中的实验发现,在 200 MPa 静水压下变形时晶粒内出现剪切带,这种相变塑性导致的剪切带解释了脆性陶瓷稳态疲劳损伤产生的原因。

对于 NiTi 记忆合金的裂纹扩展速率研究已经开展了很多年,早在 1979 年 Melton 就已经关注裂纹扩展问题,研究发现,疲劳裂纹扩展的速度低于从弹性模量预测的裂纹扩展速度。Hombogen 认为局域应力的增加可以诱发马氏体相变,这对于限制应力强度增加,降低微裂纹的扩展,增加疲劳抗力是有利的。然而,R. L. Holtz 等人研究了马氏体相变温度为 80 ℃的 NiTi 形状记忆合金从室温到 150 ℃的疲劳裂纹扩展行为,研究发现裂纹扩展门槛值随着温度的升高而升高,但是对于裂纹扩展基本门槛值却在 80 ~ 100 ℃之间发生了转变,柔量曲线表明在 100 ℃下存在裂纹闭合现象,而在 100 ~ 150 ℃温度区间几乎不存在裂纹闭合现象。Mckelvey 和 Ritchie 对裂纹扩展门槛值和 Paris 区的裂纹扩展行为进行了研究,显示出相似的结果,其结论为 NiTi 形状记忆合金相对于传统的工程金属材料(如不锈钢和 Ti 合金)的裂纹扩展速度快,而且裂纹扩展门槛值较低。研究结果还表明,NiTi 记忆合金马氏体状态相对于母相和超弹性状态有较高的裂纹扩展门槛值和较低的裂纹扩展速度,也就是裂纹产生的抗力随着温度的降低而增加,马氏体相变没有提高疲劳裂纹抗力,这与很多金属与陶瓷中的马氏体相变增韧并提高疲劳与断裂性能的情况有所不同。在超弹性奥氏体结构中,由于平面应变状态裂纹尖端产生流体静压力,应力诱发的马氏体相变会被抑制。饶光斌等人利用长焦显微镜对 NiTi 记忆合金疲劳裂纹的萌生、马氏体相变在疲劳过程中的演化以及马氏体对疲劳行为的影响等方面进行了研究,发现 NiTi 形状记忆合金在单向循环载荷($R=0$)和对称拉压循环载荷($R=-1$)的作用下,疲劳断裂均发生在伪弹性消失之前,疲劳是由于局部的损伤积累所致的,并非由于循环应力的作用使得形状记忆合金变成一种"普通材料"之后才导致疲劳破坏的。处于马氏体态的 NiTi 形状记忆合金受到对称拉压应力作用时,出现不同马氏体变体之间互相吞并的现象,应力-应变曲线逐步达到稳定,这与普通的金属材料所表现的情况不同。研究还发现,在同一位置反复出现应力诱发马氏体相变和逆相变引起了不可逆滑移而导致疲劳损伤积累,最终成为疲劳裂纹萌生的起源。在裂纹尖端处出现应力诱发相变使 NiTi 形状记忆合金疲劳裂纹扩展规律不同于传统的金属材料,在 ΔK(疲劳裂及控制的门槛值)控制的疲劳裂纹扩展试验中,NiTi 形状记忆合金由于受裂纹尖端处应力集中产生的应力诱发马氏体相变的影响,疲劳裂纹扩展速率随着裂纹长度的增加而减小。

3. NiTi 形状记忆合金的断裂行为

相对于其他金属间化合物,NiTi 记忆合金优良的韧性是由于其母相具有较低的弹性各向异性,并因此减少了晶界间的断裂引起的。Ken Gall 等人用扫描电镜对含有 Ni_4Ti_3 析出相的单晶和多晶的断裂晶体学机制进行了研究,通过不同取向的拉伸实验表明,单晶 NiTi 记忆合金沿着{100}和{110}低指数面的解理断裂,如图 3.13(a)所示,单晶样品沿着[112]方向拉伸,解理面为(110)面,形貌图中显示出解理断裂形成的河流花样。而对于多晶的 NiTi,由于所用的 NiTi 中存在很强的{111}织构,这种织构使得马氏体相变会在很低的应力下产生,因此在拉伸状态下具有这种对相变有利的织构的多晶合金中,不会发生在{100}或{110}解理面的脆性断裂。多晶合金的线材和棒材所具有的拉伸延展性,部分原因是其对相变的有利取向与对解理的不利取向共同造成的。Ken Gall 等还指出,对于含有 Ni_4Ti_3 析出相的单晶 NiTi 记忆合金在解理断裂的同时,还有伴随二次相颗粒附近的空洞的生成、长大和聚集。在具有半共格的 Ni_4Ti_3 析出相的材料中,解理断裂很明显,且出现了传统金属间化合物中易出现的河流状斑纹。在 NiTi 薄膜样品中,在裂纹尖端发生了非晶化,在裂纹穿过马氏体比穿过母相的过程中产生的非晶层厚,而这些非晶在高于 300 ℃的情况下非晶发生晶化,在高于 300 ℃的情况下拉伸时不发生非晶化,这个研究对于前面 NiTi 记忆合金解理断裂是无法理解的。有研究发现,通过透射的原位拉伸试验发现了沿晶断裂,在晶界处马氏体形核优先形核,继而在晶界处产生裂纹。Chen 等人在对多晶 NiTi 记忆合金的原位拉伸试验过程中发现裂纹扩展主要为穿晶断裂,偶尔发生沿晶断裂,他们认为,材料的微结构对裂纹的扩展几乎没有影响,在对缺口试样拉伸过程中,裂纹间断没有发生马氏体相变,而这与通过透射电镜原位观察的结果不同。在三点弯曲试验中,他们通过扫描电镜发现在裂纹尖端有马氏体存在,但是并没有对裂纹尖端马氏体做更深入的研究。

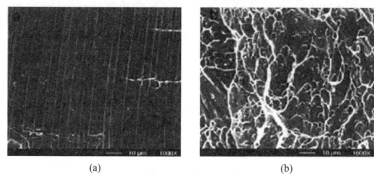

(a) (b)

图 3.13 单晶 NiTi 沿[112]方向拉伸断裂界面 SEM(a)及
多晶 NiTi 沿[112]方向拉伸断裂界面 SEM(b)

利用标准紧凑拉伸试样对 NiTi 合金断裂韧性的实验研究发现,超弹性样品断裂韧性 K_{IC} 的值为 39.4 MP·$M^{-1/2}$,马氏体状态材料的断裂韧性为 35 MP·$M^{-1/2}$。而对从管材切割的片状样品实验得出断裂韧性大约为 15 MP·$M^{-1/2}$,裂纹稳定扩展为 27 MP·$M^{-1/2}$,样品裂纹尖端产生了马氏体相变,通过线弹性断裂力学(LEFM)模型模拟出了裂纹尖端受马氏体相变影响的变形区域的形状,如图 3.14 所示。

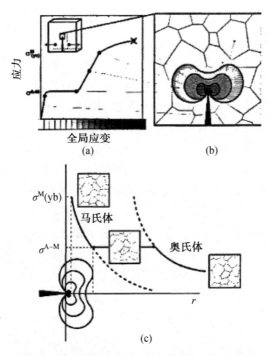

图3.14　根据应力–应变曲线的关系得到相变区域的形状((a)、(b))及
根据线弹性断裂力学得到的裂纹尖端奥氏体的应力分布情况(c)

4. NiTi 形状记忆合金的生物医学应用

现代医学对生物医学材料提出越来越高的要求,NiTi 形状记忆合金作为一种功能材料,自 20 世纪 60 年代问世以来,就以优异的形状记忆效应和超弹性等特性,在机械、电子、汽车、医疗器械和航空航天等领域得到广泛的应用。NiTi 合金的医学基础研究始于 20 世纪 70 年代,表 3.3 列出了各国医用 NiTi 形状记忆合金的研究开发概况。

随着各国开展医用实用化研究并将其广泛应用,NiTi 合金获得了良好的经济效益。图 3.15 所示为目前 NiTi 合金在医学与非医学领域应用与产值分布示意图,据统计 NiTi 合金应用于医学领域的总质量仅占其总体应用的 30%,但产值却达到总产值的 70%;而在应用于非医学领域的总质量占其总体应用的 70%,但产值却仅为总产值的 30%。其中,应用于医学领域的 NiTi 合金有 90% 是利用材料的超弹性性能,另外的 10% 是利用其形状记忆效应。

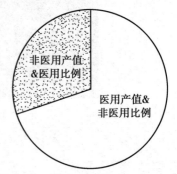

图3.15　NiTi 合金在医学与非医学领域应用与产值分布示意图

在我国 NiTi 形状记忆合金在医学领域应用研究得比较早,临床实验提供的实例为 NiTi 合金的应用奠定了良好的基础,尤其在牙科和矫形外科领域中的应用卓有成效,但是在医学基础研究方面不够深入。我国在将 NiTi 合金用于介入疗法的器械研制中也做了大量工作,但是产品的质量和生产的规模还与国外有很大的差距。

表 3.3　各国医用 NiTi 形状记忆合金研究开发概况

国家	研究历程
美国	① 20 世纪 70 年代初,NiTi 正畸牙弓丝投入使用,并开展多孔 NiTi 形状记忆合金研究; ② 1977 年,为防治肺栓塞研制了 NiTi 凝血滤器,1988 年开展动物实验,1989 年临床应用; ③ 1983~1986 年,NiTi 扩张支架进行动物实验; ④ 1990 年,美国 FDA 批准 Mitek 公司生产的 NiTi 钉临床使用; ⑤ 20 世纪 90 年代后,主要开展 NiTi 介入性医疗器械如支架和动脉未闭封堵器等的研制与开发
日本	① 1970 年,成立形状记忆合金用途开发委员会,并继美国之后将 NiTi 正畸牙弓丝用于临床,并开展了人工关节、脊椎矫正棒和矫形外科方面的应用研究; ② 1978 年,研制了动脉瘤夹; ③ 1981 年,NiTi 在矫形外科中应用; ④ 1983 年,日本形状记忆合金协会成立; ⑤ 1985 年,日本健康与社会福利协会允许 NiTi 移植物用于医疗; ⑥ 20 世纪 90 年代,人工筋、人工手和能动型内窥镜得到广泛应用
俄罗斯	① 1979 年,开始形状记忆合金的医学基础研究; ② 1983 年,基于形状记忆效应开展了 X 射线可视下的内支架的研究; ③ 1983 年,开始 NiTi 合金用于颌治疗; ④ 1993~1994 年,研制外周血管矫正器; ⑤ 1995 年,多孔 NiTi 合金的医学应用研究走在世界前列
德国	① 1971 年,开始探索形状记忆合金的有关机理与应用; ② 1980 年,开展了 NiTi 在矫形外科中的应用; ③ 1989 年,NiTi 在口腔种植体和骨科方面开始应用; ④ 20 世纪 90 年代后,NiTi 用作食道和尿道支架
中国	① 1977 年,开始形状记忆合金的研究; ② 1978 年,生产 NiTi 正畸牙弓丝; ③ 1980 年,牙科临床应用; ④ 1982 年,NiTi 矫正棒临床应用; ⑤ 1986 年,NiTi 海球栓临床上用于肝动脉等脉管栓塞; ⑥ 1986~1990 年,NiTi 在矫形外科中得到广泛应用并且发展很快; ⑦ 1989 年,开始各种支架的研究,食道和尿道支架已用于临床,目前正在开展 NiTi 血管内支架的研究; ⑧ 1996 年,与俄罗斯合作开展多孔 NiTi 的生物医学应用研究

（1）NiTi 合金的医学应用基础。

NiTi 合金应用于医学领域大部分是作为异物器械植入人体。作为植入体要具备两大性能:生物相容性和生物功能性。NiTi 合金在所有形状记忆合金中的综合性能最为优异。它优良的机械性能、形状记忆效应和超弹性使它具备有效的生物力学相容性,此外它还具备优良的抗腐蚀性、耐磨性和生物化学相容性等。

①生物相容性。生物相容性包括生物力学相容性和生物化学相容性,如图 3.16 所示。生物材料的生物功能性与其力学性能有关,生物力学相容性(biomechanical compatibility)是生物医学材料和所处部位的生物组织的弹性形变特性相匹配的性质。生物医学材料的力学相容性除和材料本身的弹性性质密切相关外,还决定于组织、界面的性质和所承受的负荷的大小。NiTi 合金的生物功能性将在下一小节详细介绍。生物化学相容性则包括了宿主反应和材料反应两个方面。

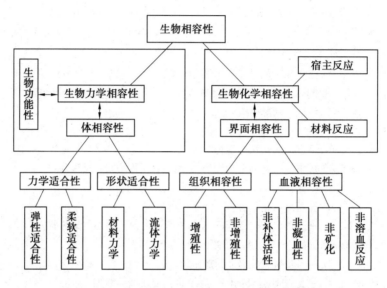

图 3.16　生物医用材料的生物相容性要求

生物相容性表征生物医学材料的生物学性能,决定于材料和活体系统间的相互作用。这种相互作用包括两个方面:一是宿主反应,即材料对活体系统的作用或活体系统对材料的反应。宿主反应的发生,是由于生物环境的作用,使材料的元素、分子和颗粒、碎片等降解产物被释放而进入邻近的生物组织和整个活体系统,导致材料对组织产生机械的、电的、化学的和综合的(如电化学等)作用。生物材料植入生物系统后,可能产生的宿主反应包括局部反应和全身反应,如炎症、细胞毒性、溶血、刺激性、致敏、致癌、致诱变、致畸和免疫等反应,其结果可能导致对机体的毒副作用和机体对材料的排斥作用。二是材料反应,即活体系统对材料的作用或材料对活体系统的反应。材料反应往往来自生物环境对材料的腐蚀和降解,可能使材料性质发生退化甚至破坏。材料反应和宿主反应是相互关联、互相影响的,恶性的材料反应将造成恶性宿主反应,从而会进一步破坏材料的力学性能,如此反复,造成恶性循环,最终会导致生物材料植入失败。一种成功的生物医学材料,必须要求其植入体内后引起的宿主反应在可接受的水平,同时不引起材料结构和性能发生灾难性破坏。

根据应用目的和要求的不同,生物医学材料的生物相容性常分为两个范畴来研究。如果材料用于心血管系统与血液直接接触,主要考察与血液的相互作用,称为血液相容性;如果与心血管系统外的组织和器官接触,主要考察与组织的相互作用,称为组织相容性或一般的生物相容性。血液相容性与组织相容性密切相关但又各有侧重,组织相容材料不一定是血液相容材料。

②物理性能。生物医用金属材料作为异物植入人体内,首先要考察其基本物理性能。例如:选择植入材料时要考虑其密度和弹性模量是否与周围组织相近,是否有磁性。316L 不锈钢是最常用的医用金属材料,NiTi 形状记忆合金与 316L 不锈钢的性能相比,其密度比不锈钢小,与骨组织相近,比较适合于硬组织修复;弹性模量只是普通不锈钢的 1/4,与人骨较为接近,可极大地降低应力遮挡作用,避免骨质疏松;无磁性,可进行核磁共振成像造影,同时植入人体后不会受外来磁场的影响。NiTi 合金与医用 316L 不锈钢物理性能比较见表 3.4。

表 3.4 NiTi 合金与医用 316L 不锈钢物理性能比较

物理性能	NiTi 合金	316L 不锈钢
密度/$(g \cdot cm^{-3})$	6.45	8.03
熔点/℃	1 270 ~ 1 350	1 371 ~ 1 398
磁性	无	弱
热膨胀系数/℃	$(6.6 \sim 11.0) \times 10^{-6}$	17.3×10^{-6}
电阻率/$(\mu\Omega \cdot cm)$	80 ~ 100	72
弹性模量/GPa	70 ~ 110(A) 21 ~ 69(M)	176 ~ 196

(2)NiTi 合金的医学应用实例。

NiTi 合金在医学领域的应用始于牙科和骨科。传统牙齿矫形用的金属有不锈钢丝和 Co-Cr 合金丝,1978 年美国 Andreasen 等人利用 NiTi 加工硬化后所具有的特性开发了 NiTi 丝,用来取代不锈钢丝而获得成功。1982 年,中国、日本等国家利用 NiTi 合金特点,开发出相变超弹性 NiTi 合金丝,用于齿科以代替传统合金丝。图 3.17 所示为不锈钢、Co-Cr 合金、加工硬化型 NiTi 合金和超弹性 NiTi 合金的负载-变形曲线,通过比较各曲线就会发现 NiTi 合金丝的优势。

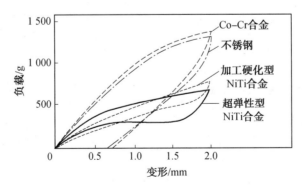

图 3.17 不同牙齿矫形丝的负载-变形曲线比较

NiTi 合金牙弓丝显示出超弹性性能,这种性能是其他材料所不能比拟的。NiTi 合金丝在加载和卸载过程中矫正力基本恒定,加紧时即使产生很大的变形也能保持适宜的矫正力,不仅操作简便,而且疗效好,同时减轻了患者的不适感,如图 3.18 所示。因此,NiTi 合金超弹性牙弓丝在牙科领域的应用成为非常成功的一个例子。

图 3.18　口腔正畸牙弓丝

　　NiTi 合金的超弹性在齿科成功的应用也使其拓展到矫形外科中。NiTi 合金用于骨科内固定器械具有操作简便、能持续自加压及适用范围广等优点,使其成为应用最广、需求量最大的一类器械。特别是 NiTi 形状记忆合金的弹性性能介于人体的头发和肌腱之间,接近于骨骼的弹性,与生物活体一样具有很大的弹性变形量,钢、超弹性 NiTi 合金和各种活体组织的应力-应变曲线如图 3.19 所示。

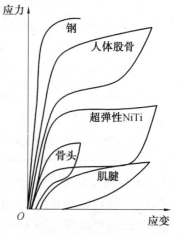

图 3.19　钢、超弹性 NiTi 合金和各种活体组织的应力-应变曲线

　　矫形用骨科器械基本上是利用材料的形状记忆效应。植入前,先将植入物置于消毒冰盐水中,然后取出按传统方法处理骨折部位,处理完毕后用温水热敷植入部位,使 NiTi 合金器械恢复原状,对骨折部位起连续加压固定作用。常见的骨科矫形器械有接骨板、骑缝钉、聚髌器、脊柱矫形棒和人工关节等。图 3.20 所示为 NiTi 合金在骨科矫形的各种应用。

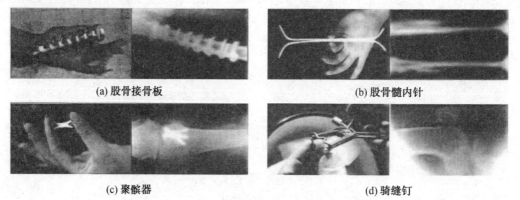

(a) 股骨接骨板　　　　　　　　　　　(b) 股骨髓内针

(c) 聚髌器　　　　　　　　　　　　　(d) 骑缝钉

图 3.20　NiTi 合金在骨科矫形的各种应用

　　近年来,随着介入治疗的发展,NiTi 合金介入器械优势日益明显,发展非常迅速。Duerig 认为,NiTi 合金最成功的应用就是在介入领域。目前,NiTi 合金已广泛应用于心血管系统、消化系统、泌尿系统和肿瘤治疗等各个领域,NiTi 合金在介入领域的应用举例如图 3.21 所示。

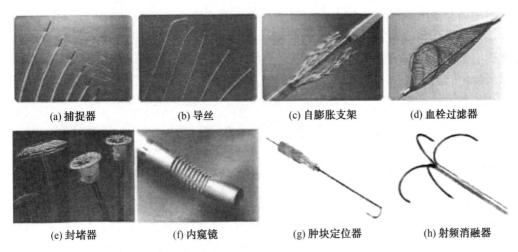

(a) 捕捉器　　　　　(b) 导丝　　　　　(c) 自膨胀支架　　　　(d) 血栓过滤器

(e) 封堵器　　　　　(f) 内窥镜　　　　　(g) 肿块定位器　　　　(h) 射频消融器

图 3.21　NiTi 合金在介入领域的应用

近十年来,NiTi 合金支架在人体腔道支架的治疗方面得到广泛的应用。总体来说,各种支架的发展历史相似,都经历了从螺旋线圈状结构到网络状编织结构、激光切割管状结构,从裸支架到聚合物涂覆或聚合物覆膜,从形状记忆效应型到超弹性自膨胀型,从长期植入到短期植入并能回收等众多方面改进。

较早期的支架产品为螺旋线圈状结构(图 3.22(a)),由 NiTi 合金圆丝、扁丝或细长薄片绕制而成,属形状记忆型热膨胀支架。其相变温度 A_f 为 30.38 ℃,高温定形成所需的直径后,在低温 0 ℃压缩成收缩状态,附于球囊上外加保护鞘,把它输入目标血管内,感受血液温度即发生形状恢复,撤销保护鞘起到对狭窄病变区的支撑作用。这类支架的优点在于容易取出,适合暂时性植入;且密绕式结构能防止肿瘤向内生长造成再狭窄。缺点是螺旋线圈无法绕得太细,导致其输入装置的口径较大;恢复时径向收缩较大,各部分形状恢复不同步,易导致线圈闭合不完整,打弯或扭转;且柔顺性较差,操作烦琐等。

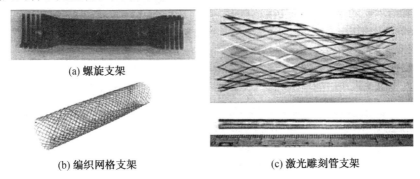

(a) 螺旋支架

(b) 编织网格支架　　　　　　　　(c) 激光雕刻管支架

图 3.22　不同时期 NiTi 合金支架

随后发展起来的支架产品为 NiTi 合金丝编织网格状支架(图 3.22(b))。多为单丝编织而成,属自膨胀型。与 NiTi 合金螺旋线圈支架相比,编织网格支架富有弹性和柔顺性,易通过狭窄段;能制造大的管径尺寸,并保证足够的支撑强度;植入时支撑物口径变小,系统操作简单,扩张率高。其缺点是植入后无法阻止肿瘤生长造成腔道再狭窄,变形不均匀等。

目前新型的 NiTi 合金血管内支架多为激光切割管状支架(图 3.22(c))。这类支架的支撑筋之间是一体的,与腔道管壁之间的接触是面接触,能够提供较高的径向强度;且与其他类型支架相比,在提供相同强度的情况下,管状支架的壁厚较薄,有利于病变部位的腔道畅通:还可通过花样设计实现较大的管径尺寸变化,同时轴向尺寸不发生缩短。其缺点是需要专用的激光雕刻机,加工时需要专业的设计软件,技术较复杂,成本较高。

3.2　超导材料

3.2.1　超导材料简介

自从 1908 年,荷兰莱登实验室在 Onnes 的指导下实现氦气的液化,从而使实验温度可低到 4.1 K 的极低温区,并开始在这样的低温区测量各种纯金属的电阻率。1911 年,Onnes 发现 Hg 的电阻在 4.2 K 时突降到当时的仪器精度已无法测出的程度,随后,人们在 Pb 及其他材料中也发现这种特性:在满足临界条件(临界温度 T_c、临界电流 I_c、临界磁场 H_c)时物质的电阻突然消失,这种现象称为超导电性的零电阻现象。直到 20 世纪 50 年代,超导只是作为探索自然界存在的现象和规律在研究,1957 年 Bardeen、Cooper 和 Schrieffer 提出了著名的 BCS 理论,揭示了漫长时期不清楚的超导起因。至 1986 年,对于 T_c 人们一直相信 BCS 的论断:超导电性不可能在 30 K 以上的温度出现。1986 年 4 月瑞士学者 Bednorz 和 Muller 报道了 La-Ba-Cu-O 体系的超导转变温度为 36 K 后,在世界范围内掀起了研究、探索高温超导材料的热潮。最引人注目的突破性进展是几个系列高 T_c 超导氧化物的相继问世,高 T_c 氧化物超导材料的性质见表 3.5。

表 3.5　高 T_c 氧化物超导材料的性质

系列	超导体	T_c/K	发现者(单位)	发现时间
La 系	$(La、M)_2CuO_4$ $M=Ba、Sr、Ca$	40	A. Muller, G. Bednorz (IBM Zuroeh 研究所)	1986
	$(Bi、La)SrCuO$	40	Michel, Raveau	1987.5
	$LaBa_2Cu_3O_{7-y}$	90	(法国 Cane 大学)	1987.5
Y 系	$YBa_2Cu_3O_{7-y}$	90	P. Chu. C	1987
	$LnBa_2Cu_3O_{7-y}$	90	(美国 Houston 大学)	1987
Bi 系	$Bi_2Sr_2Cu_1O_7$	7	Raveau,秋光纯(日本青山学院大学)	1987
	$Bi_2Ca_2Sr_2Cu_2O_x$	80	前田弘(日本金属材料技术研究所)	1987.12
	$Bi_2Ca_2Sr_2Cu_3O_x$	120	前田弘(日本金属材料技术研究所)	1987.12
Tl 系	$Tl_{1.2}Ba_{0.3}Cu_2O_x$	20	佐藤正俊(日本分子科学研究所)	1988.01
	$Tl_2Ca_1Ba_2Cu_3O_x$	105	A. Hermann(美国 Arkansus 大学)	1988.01
	$Tl_2Ca_2Ba_2Cu_3O_x$	125	A. Hermann(美国 Arkansus 大学)	1988.01
其他	Nd Sr-Ce-Cu-O	27	秋光纯(日本青山学院大学)	1988.02
	$Ba_3La_2LuCu_6O_y$	50	山田智秋等 (日本 NTT 基础研究所)	1988

在发现超导现象之后的 80 余年间,人们对超导体的研究实现了从液氢温区到液氮温区的突破,从而跃过了液氮温区的制约。但目前而言,主要的研究还集中在液氮温区的铜氧化物高温超导体,自它问世以来,这一重大的科学发现在科学和技术上都已取得很大的进展。超导体的发现历程如图 3.23 所示。

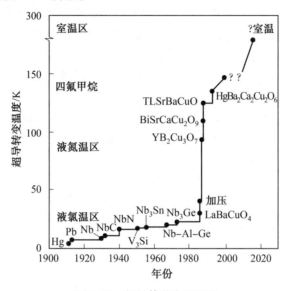

图 3.23 超导体的发现历程

高温超导材料自被发现以来,世界各国广大研究者投入了大量的资金和人力进行研究。高温超导薄膜是最早实用化的高温超导材料,在欧美等发达国家率先研究成功,已经实现了薄膜制备的批量化生产。由于高温超导薄膜具有优异的微波性能,制作成微波器件使用在接收机中,可以大幅提高系统灵敏度。高温超导材料远远超过常规导体的大电流承载能力(比铜高 100 倍以上),使人们对其在强电领域中的应用抱有极大的希望。Bi-Sr-Ca-Cu-O超导带材的粉末装管、轧制、高温退火的加工技术在 20 世纪 90 年代早期首先取得突破,并很快实现了商业化生产。尽管其价格昂贵(需要大量的银),但世界各国都制订了大规模的研究计划,用其研制大电流电缆、大功率发电机、电动机、限流器和高效变压器等。

高温超导带材在强电应用的物理基础在于超导体的零电阻特性和在强磁场中超导材料的高载流能力。随着高温超导带材制备技术的进步和性能的提高,极大地推动了高温超导在强电方面的应用。

超导带材主要应用于以下几个方面:

①输电线缆。传统电缆由于受电阻影响,电流密度只有 $300 \sim 400 \text{ A/cm}^2$,而高温超导电缆的电流密度可超过 $10\ 000 \text{ A/cm}^2$,其传输容量比传统电缆要高 5 倍左右,功率损耗仅相当于后者的 40%,可以极大地提高电网的效率、输配电密度、稳定性、可靠性及安全性,改善电能质量。据专家预测,按现在的电价和用电量计算,如果我国输电线路全部采用超导电缆,则每年可节约 400 亿元。

②超导发电机。超导线圈磁体可以将发电机的磁场强度提高到 56 万高斯,超导发电机的单机发电容量比常规发电机提高 5 ~ 10 倍,而体积却减小 1/2,整机重量减轻 1/3,发电效

率提高 50%。

③超导储能装置。利用超导线圈通过整流逆变器将电网过剩的能量以电磁能形式储存起来,在需要时再通过整流逆变器将能量馈送给电网或作其他用途。

④超导限流器。它是利用超导体的超导态-常态转变的物理特性来达到限流要求,它可同时集检测、触发和限流于一身,可以显著提高电网的稳定性和可靠性、改善电能质量、降低电网的建设成本和改造费用,并提高电网的输送容量,被认为是当前最好的而且也是唯一的行之有效的短路故障限流装置。

⑤超导磁体。与常规磁体相比,超导磁体的优点是耗能小,可以达到较高的磁感应强度。如用传统方法产生 10 T 的磁场,其耗电功率近 2 000 kW,每分钟需冷却水约 5 t,技术上也比较困难,但是使用超导磁体,其耗电功率仅为几百瓦。高场超导磁体在磁悬浮列车、磁分离装置、高能加速器、核聚变装置、磁性扫雷技术、核磁共振成像、核磁共振和磁流体推进等方面具有重要的应用价值。

⑥高温超导带材还可以用于超导变压器、超导电动机和电流引线等电力装置。美国能源部认为,超导电力技术是 21 世纪电力工业唯一的高技术储备。

3.2.2　高温超导带材的发展

1. 实用化高温超导带材的要求

（1）传输载流能力。

对强电应用领域而言,超导带材必须具有较高的工程临界电流密度（J_e）,根据应用场合的不同,对 J_e 值的要求也不同,如在 77 K 下,J_e 应大于 10 000 A/cm^2。对于在 0.5 ~ 10 T 磁场范围内运行于 20 ~ 77 K 温度区间的超导设备器件,所需的超导材料应具有更高的 J_e 要求。

（2）交流损耗。

强电应用要求高温超导体应具有较小的交流损耗,以减少运行成本,提高设备的安全性。高温氧化物超导材料为层状结构,具有明显的各向异性,晶粒间大量的弱连接使得高温超导体的交流损耗与传统超导体有很大差别,如在垂直于磁场的情况下,交流损耗和超导体的尺寸（如带材的厚度等）成正比。

（3）导电稳定性。

由于高温超导材料很强的非线性,一旦过载,将会发生烧掉导线的事故。为避免此种情况的发生,超导层外面一般需配置一层具有良好导热性的铜或不锈钢作为稳定层或保护层（bypass）。

（4）机械强度。

高温超导铜氧化物材料都是多元氧化物陶瓷材料,不像金属材料那样容易直接制成具有载流能力很高的柔软导线,因此,制备得到的线材或带材还必须采取机械加工后方可使用。目前,对多芯铋系超导线材用不锈钢在其两侧加固后,其机械强度已达到 250 MPa,最小弯曲半径已达 5 cm。同样工艺也已应用于 YBCO 超导带材,例如美国超导公司发明的中性轴导线（Neutral Axis）可同时解决超导层在使用过程中的受力和导电稳定性问题。

（5）价格。

与传统的超导体相比,高温超导体必须具有一定的价格优势才能被市场所接受。目前,铜导体的性价比为 10～25 美元/(kA·m)。据预测,已商业化的第一代铋系高温超导线材的最终市场价格为 50 美元/(kA·m);第二代 Y 系高温超导带材将低于 10 美元/(kA·m)。

2. 第一代铋系高温超导带材

根据实用化高温超导体的要求,目前已商业化的高温超导带材主要是铋系超导带材(BSCCO)。铋系 2223 或 2212 相单芯或多芯带材采用氧化物粉末装管法(oxide-power-in-tube,OPIT)制备。其工艺流程如图 3.24 所示。将适当配比的前驱粉填充到银套管内,拉拔至一定尺寸(圆线或六角形线)之后截成多股芯线(19、37、55、85 芯等),再次装入银套管内拉拔,然后轧制成宽 3～5 mm、厚 0.20～0.30 mm 的带材,最后进行多次反复的形变热处理,使晶粒沿 a-b 面择优取向,形成所谓的形变织构,最终得到成品带材。目前 Bi 系带材已达到商业化的水平,已开发出长度为千米级的铋系多芯超导线材,发达国家和跨国公司正大规模地开展超导应用技术研究。然而,铋系高温带材存在着非常显著的缺点:第一,由于其过大的各相异性,使得其不可逆场(77 K)极小,只有约 0.2 T(图 3.25);第二,在强磁场下其难以得到高的临界电流密度,在较小的磁场下,其 I_c 就急剧下降(图 3.25);第三,由于大量使用了银,在降低其工业成本上受到限制。因此,研究开发新型高温超导带材是十分必要的。

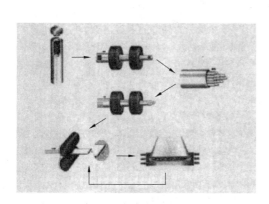

图 3.24　OPIT 法制备铋系带材工艺流程

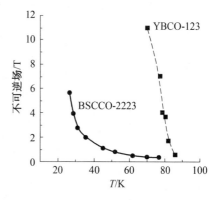

图 3.25　铋系和钇系的超导温度和
　　　　　不可逆场的关系

3. 第二代钇系高温超导带材

为了与 BSCCO 相区别,人们把 YBCO 超导线称为第二类或第二代(Second Generation)HTS 线材(或带材)或根据其制备工艺称为 HTS 涂层导体(Coated Conductor),而把 BSCCO 称为第一类(First Generation)HTS 线材。

同铋系材料相比,钇系超导体的钉扎力较强,超导临界电流密度要比铋系超导体高出两个数量级,在液氮温度(77 K)下具有很高的不可逆场(高达 7 T),因此,钇系比铋系具有更好的磁场特性(图 3.26)。由于采用廉价的金属基带,使得制备钇系超导体的成本低于铋系超导体(图 3.27),规模化制备性价比(价格/kAm)甚至可以低于金属铜导线,而采用金属镍也使得其机械性能大幅改善。第二代高温超导带材———ReBCO 涂层导体(Re = Y、Nd、Sm 等稀土元素)架构如图 3.28 所示。涂层导体的最底层为金属基带层,由于 ReBCO 系超导材料是硬脆的氧化物,要制造长的超导带材,必须将超导材料沉积在柔性的金属基带上。为了避免超导层与金属基带之间的互扩散,并提供具有高 J_c 的 ReBCO 双轴织构生长所需的模板(Template),需要在超导层与金属基带之间加入过渡层(Buffer Layer)。过渡层一般是由单层或多层氧化物组成,其作用主要为:一是,阻止基带与超导层之间产生互扩散,这种互扩散会严重影响带材的超导性能;二是,要在过渡层上实现高 J_c 的超导层,需要过渡层具有连续、平整、无裂纹、致密,高温下化学性能稳定的表面;三是,为了克服大角晶界间的弱连接以获得高 J_c 的超导带材,过渡层需将基带的双轴织构顺延到超导层。超导层之上是稳定层,一般是 Ag 或者 Au,厚度约为 1 μm。除了保护超导层表面不被破坏以外,还起着与引线的连接以及失超保护的作用。

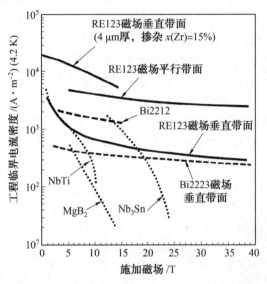

图 3.26　不同超导线材在磁场下的临界电流密度

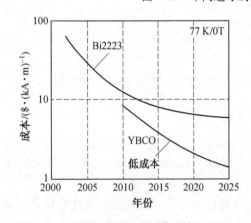

图 3.27　Bi2223 和 YBCO 的预估性价比(77 K/0 T)

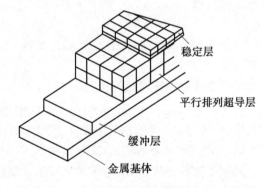

图 3.28　第二代高温超导涂层导体架构

3.2.3　金属基带的选择与制备

1. 金属基带的选择

一般情况下,金属基带的选择应考虑到以下因素:晶格大小、晶格结构、热膨胀系数以及化学兼容性等。兼顾考虑 YBCO 超导薄膜的高温氧化性制备氛围和第二代高温超导带材产业化生产的成本要求,高温稳定性、机械性能以及价格成为第二代高温超导带材金属基带选择的决定性因素。

（1）对基带的要求。

① 高温稳定性要求。过渡层制备和后续工艺都是高温氧化性氛围,因此基带必须具备一定的高温稳定性,否则基带会严重氧化,机械性能急剧变差。

② 机械性能要求。第二代高温超导带材在用于超导电动机和超导发电机时,要进行卷绕等工艺,只有基带拥有良好的机械性能才能避免带材的断裂。

③ 价格要求。第二代高温超导带材的产业化要求基带价格低廉,从而在市场竞争中取得优势。

从原理上讲,第二代高温超导带材的制备可以采用 Pt、Pd、Ag、Ni、Cu 等金属基带,但 Pt、Pd 贵金属价格太高,Ag、Cu 的机械性能较差。综合考虑以上因素,镍及其合金常被用作第二代高温超导带材的基带。

（2）可供选择的基带。

金属基带分为无织构型和织构型两大类:

① 无织构型金属基带有 Fe 基不锈钢和 Ni 基 Hastelloy 合金等材料。使用时,先在金属基带上沉积一层有取向织构的过渡层,通常采用离子束辅助沉积（IBAD）或倾斜基片沉积技术（IsD）生成一层有取向织构的氧化物,如氧化铈（CeO_2）,最后 YBCO 超导膜外延生长在织构的过渡层上。

② 织构型金属基带是将金属带通过轧制形变和热处理,使其具有强织构特性,各种氧化物过渡层和 YBCO 超导膜外延沉积在基带上,通过织构金属基带的诱导而获得织构,这一方法有很好的实用前景而被各国重视。

3. 金属镍基带

对金属基带,除了首先要满足前面提到的与过渡层之间有很好的化学相容性,高的机械力学性能,还需要具有低居里温度、低磁导率、低交流损耗、高抗氧化性、热稳定性和平整光滑的表面。而对织构金属基带,还需要在全长范围内具有与 YBCO 相匹配的强立方织构{001}<100>。

纯镍易于形成良好的取向织构,与 CeO_2、YSZ 等多种过渡层材料有很好的相容性。但纯镍带材的拉伸强度低,受力易出现微裂纹,具有铁磁性和高交流损耗,不利于在磁场和交流及高频下应用,且纯镍的抗氧化性差,易生成 NiO,从而破坏模板层的立方织构。选择适当的添加元素能改善镍基带材的力学性能,增加抗氧化性和热稳定性,并降低交流损耗。但合金化也大多要增加带材形成强织构的难度。在已研究的二元镍合金中,CuNi30 合金无磁性,易加工,强度和热强性差;NiFe50 合金已工业化生产长千米、厚 25 μm 的带材,但材料呈铁磁性,抗氧化性差,带材表面粗糙;NiCr14 和 NiV12 合金无磁性,但抗氧化性差,易生成 Cr_2O_3、V_2O_5 等杂相,退火时也因热浸蚀而产生十分明显的晶间沟槽,影响后续涂层质量。钨（W）是很好的镍基合金添加元素,W 的磁化率仅为 +0.32（弱的顺磁性）,因此 NiW 二元合金和 NiWCr 三元合金用作涂层导体的金属基带已引起重视。RABiTS 法制备的镍与镍合金的物理性能对比。

表3.6　RABiTS法制备的镍与镍合金物理性能对比

合金(原子数分数)	屈服强度(0.2%应变)/MPa	居里温度/K
Ni	34	627
Ni–7% Cr	64	250
Ni–9% Cr	87	124
Ni–11% Cr	102	20
Ni–13% Cr	164	无磁性
Ni–3% W	150	400
Ni–5% W	165	335
Ni–6% W	197	250
Ni–9% W	270	无磁性
Ni–13% Cr–4% Al	228	无磁性
Ni–10% Cr–2% W	150	无磁性
Ni–8% Cr–4% W	202	无磁性

2. 金属基带的制备方法

制备织构化的金属基带有多种方法,目前应用最广泛的是由美国 Oak Ridge 国家实验室发明的轧制辅助双轴织构法(RABiTS),即在一定的形变速率下使金属材料经受轧制的变形作用,总变形量一般为原材料厚度的95%,并且通常以每次轧制10%的变形量经多道轧制完成,每道轧制后要经过退火处理,轧完后还经过再结晶处理,以获得理想的{001} <100>织构。为了使在其上生长的过渡层及超导层具有良好的织构,还需对金属基带进行抛光处理,以改善其表面的一致性和光洁度,抛光后的金属基带还需用有机溶液、去离子水进行超声波清洗。图 3.29 所示为 RABiTS 法制备双轴织构的金属基带的工艺流程。

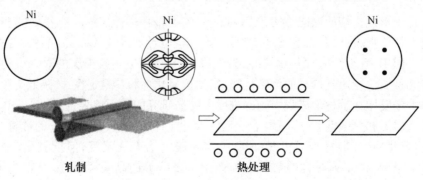

图3.29　RABiTS 法制备双轴织构的金属基带的工艺流程

3.2.4　过渡层材料的选择与制备

为了获得高 J_c 值的 YBCO 涂层导体,最大的难题是其晶粒难以规则排列。因此,在 Ni 及其合金基带上制备 YBCO 薄膜需解决以下问题:

(1)Ni 与 YBCO 晶格不匹配。

(2)Ni 与 YBCO 层之间存在严重的互扩散导致性能恶化。

(3)Ni 与 YBCO 热膨胀系数相差大。

这就要求在 Ni 或 Ni 合金基带与 YBCO 涂层导体之间插入合适的过渡层薄膜。

1. 过渡层材料的选择

在第二代钇系高温超导带材中过渡层扮演了非常重要的角色,其主要作用是为超导层的外延生长提供一个连续、光滑、平整、致密、无化学反应的界面和一个良好的双轴织构模板并阻止金属基带与超导层之间的互扩散。因此,过渡层必须满足以下要求:第一,良好的机械稳定性;第二,与基带附着良好;第三,与基带及超导薄膜之间有良好的晶格匹配和热膨胀系数匹配;第四,连续、密集并且较少缺陷。在 RABiTs 基带上,较好的氧化物过渡层材料有 Y_2O_3、CeO_2、MgO、$SrTiO_3$、YSZ(Yttria-Stabilized Zro_2)、Gd_2O_3、Eu_2O_3 等。为了获得更好的阻挡效果,一般都采用 2 层以上的多层结构,如美国 ORNL、AMSC 等采用模板层(Cap Layer)/阻挡层(Barrier Layer)/种子层(Seed Layer)(如 CeO_2/YSZ/CeO_2、Y_2O_3/YSZ/CeO_2 等)过渡层结构,几乎已成为国际上的通用过渡层结构模式。种子层、阻挡层和模板层各司其职,为超导薄膜的生长提供良好的生长模板。

(1)种子层。

为了克服大角晶界间的弱连接以获得高 J_c 的超导带材,过渡层需将基带的双轴织构顺延到超导层。种子层作为过渡层的第一层,直接生长在金属基带上,必须与金属基带有良好的晶格匹配和热膨胀系数匹配。CeO 是萤石结构,晶格常数为 0.541 1 nm。Y_2O_3 具有立方晶体氟化钙结构,晶格常数为 1.060 4 nm,它们与 Ni 的晶格失配率分别为 8.22% 和 6.22%,常被用作种子层材料。

(2)阻挡层。

金属离子扩散进入超导层会导致超导层超导性能的急剧下降。以镍为例,即使其取代铜约 3%,就会使 YBCO 的超导临界温度降至低于 77 K。YSZ 以其对金属镍离子良好的阻挡性能,常被用作阻挡层材料。

(3)模板层。

要在过渡层上实现高 J_c 的超导层,需要模板层具有连续、平整、无裂纹、致密,高温下化学性能稳定的表面。CeO_2 与 YBCO 的晶格失配率为 0.12%,在高温下具有良好的化学稳定性,且溅射沉积得到的 CeO_2 薄膜连续致密具有原子级的平整度,适合作为模板层材料。

常用的过渡层材料晶体性质对比见表 3.7。

2. 过渡层材料的制备方法

过渡层的制备方法多种多样,主要方法有物理气相沉积(PVD)法和化学气相沉积(CVD)法。目前已有多种方法用于在织构基带上制备双轴织构过渡层,主要有蒸发法、金属有机沉积(MOD)法、脉冲激光沉积(PLD)法和溅射法。

表 3.7　常用的过渡层材料晶体性质对比

缓冲层	结构类型		与立方晶格对比的晶格错配度/%	
	立方晶格参数/mn	伪立方 $a/2\sqrt{2}$ 或 $a/\sqrt{2}$	Ni	YBCO
MgO	0.421 0		17.74	9.67
BaZrO₃	0.419 3		17.34	9.27
NiO	0.417 7		16.96	8.89
CeO₂	0.541 1	0.382 6	8.22	0.12
Gd₂O₃	1.081 3	0.382 4	8.17	0.07
LaAlO₃	0.536 4	0.379 3	7.35	−0.75
Y₂O₃	1.060 4	0.375 0	6.22	−1.89
Gd₂Zr₂O₇	0.526 4	0.372 2	5.47	−2.64
Yb₂O₃	1.043 6	0.369 0	4.61	−3.50
YSZ	0.513 9	0.363 4	3.07	−5.03
Ni(ref.)	0.352 4			
YBCO(ref.)	$a=3.817\ 7, b=3.883\ 6, c=11.687\ 2$			

（1）蒸发法。

在真空室中，加热蒸发容器中待形成薄膜的原材料，使其原子或分子从表面汽化逸出，形成蒸汽流，入射到固体(称为衬底或基片)表面，凝结形成固态薄膜。

（2）金属有机沉积法。

采用提拉或者甩胶的方法将前驱溶液涂覆在基片表面，然后进行热处理，由化学反应生成所需薄膜。

（3）脉冲激光沉积法。

脉冲激光沉积是将脉冲激光器所产生的高功率脉冲激光聚焦于靶材表面，使其表面产生高温及烧蚀，并进一步产生高温等离子体，等离子体定向局域膨胀在基片上沉积成膜。

（4）溅射法。

溅射法是将荷能粒子轰击固体表面(靶)，使固体原子或分子从表面射出来，入射到衬底或基片表面，凝结形成固态薄膜。其主要类型有射频溅射(Radio Frequency Sputtering)、直流溅射(Direct Current Sputtering)和反应溅射(Reactive Sputtering)。

由于蒸发法与 PLD 法沉积的薄膜内缺陷较多，MOD 法生长的薄膜容易分层和产生裂纹，因此本实验采用直流磁控反应溅射法，在具有双轴织构的 Ni-5%(原子数分数)W 合金基带上生长过渡层薄膜。这种方法优点主要有：①可减少基片与过渡层间因热膨胀系数不同导致的张应力对薄膜质量的影响；②可获得更致密的薄膜并实现简单、高效、重复性高及快速的沉积过程。

3.2.5　YBCO 涂层导体的研究现状

近年来,美国、日本、欧洲各国以及韩国均投入大量人力、物力、财力支持第二代超导带材的研究。美国、日本起步较早,在国际上处于领先地位。欧洲紧随其后。韩国起步较晚,但由于投入了充足的经费和在世界范围内引进高级人才,发展极为迅速。中国很早就开始第二代带材的研究,但是由于投入较少,和其他国家的差距较大。

1. 美国

美国国会在 2001 年批准了"加速涂层导体创新工程(ACCI)"计划,该计划主要强调了 Y 系高温超导带材的重要性,并制订了相应的电力工业长远规划,旨在推动高温超导在强电领域的发展、应用及产业化。美国国会任命 Los Alamos National Laboratory(LANL)和 Oak Ridge National Laboratory(ORNL)负责该项工程,协作单位主要有美国能源部所属各国家实验室、多所大学以及多个商业公司。美国 LANL 实验室和 IGC-SuperPower 公司合作,侧重于 IBAD 技术的研究;ORNL 实验室和 American Supereonducfor(AMSC)公司合作,侧重于在轧制辅助织构制备的 RABiTS 基带上制备 Y 系带材的研究。

①美国 LANL 实验室和 IGC-SuperPower 公司合作制备的超过 40 m 长的 IBAD-MgO 的 Φ 扫描半高宽为 6°~7°,且一致性良好。其 206.7 m 长的带材样品的临界电流达到 106.7 A/m,为全球第一条超过 200 m 的第二代超导带材。同时,他们制备的 71 m 长的带材样品的临界电流超过了 200 A/m。

②美国 ORNL 国家实验室使用脉冲电子束沉积方法制备第二代超导带材(YBCO/CeOZ/YSZ/RABiTS),Ni-W、YSZ、CeO$_2$、YBCO 的 ω 扫描的半高宽(FWHM)分别为 5.9°、5.6°、5.7°、5.6°,Φ 扫描的半高宽分别为 7.0°、6.6°、6.5°、6.8°。其 30 cm 长的样品的临界电流密度(J_c)达到 1.16 MA/cm^2,临界电流(I_c)达到 158 A/cm。

③AMSC 公司在双轴织构基片上使用 MOD 方法制备 8.5 cm 长,4 cm 宽的第二代超导带材(YBCO/CeO$_2$/YSZ/Y$_2$O$_3$/Ni-W),其中 Ni-W、Y$_2$O$_3$、YSZ、CeO$_2$ 的 ω 扫描的半高宽分别为 8.560°、4.880°、4.870°、4.970°,Φ 扫描的半高宽分别为 4.31°、5.22°、5.25°、5.31°。其 100 m 长、4.4 mm 宽的样品的临界电流达到 136 A/cm。

2. 日本

日本国际超导技术中心(ISTEC)与日本政府在 2003 年推出第二代(Y 系)高温超导带材的研制计划,该计划将集中研究 1 km 长的 Y 系带材和工业上实用的制备方法。ISTEC 协调各个商业公司进行研究,一方面进行各种工艺的改进与新方法的探索,另一方面集中力量发展长带化。目前 Fujikura 公司已开发出大型 IBAD 设备,在有 IBAD-Gd$_2$Zr$_2$O$_7$ 过渡层的镍合金基带上制备出了 100 m 长,I_c = 126 A/cm(PLD)的二代带材,其中过渡层 CeO$_2$ 的 Φ 扫描半高宽为 4°~7°。日本一些公司正计划用 YBCO 百米长带研究绕制 30~50 T 的组合实验磁体。

3. 欧洲

欧洲采取跨国联合共赢策略,超导带材研发工作由德国牵头,英国、法国、意大利、西班牙、芬兰等国积极参与。欧洲有 20 个国家共计 91 个组织投入到超导的研究中,形成了良好的合作网络。目前欧洲在第二代高温超导带材研究领域做得比较出色的团队包括德国哥廷根大学、欧洲高温超导公司、英国剑桥大学、德国固体和材料研究所、Theva 公司等。

德国 Goettingen 的小组在 0.1 mm 厚的不锈钢基带上,先用 IBAD 技术沉积 YSZ 过渡层,再用快速 PLD 法沉积 YBCO 超导膜,在 77 K 自场下,获得 6.1 m,$I_c = 357$ A/cm 的带材,正将其试用制作新型高温超导限流器。

意大利 Edison 等人使用热蒸发的方法在双轴织构基片上沉积单一的过渡层 CeO_2,其 ω 扫描的半高宽为 4°~6°,Φ 扫描的半高宽为 5°~8°。l_m 长的带材样品的临界电流达到 130 A/cm。

4. 韩国

韩国科技部 2001 年启动了一个十年计划的超导项目,政府和工业界共投资 1.46 亿美元。涂层导体材料研究项目在 2001—2003 年,每年经费约 280 万美元,2003—2004 年,经费增至约 400 万美元,占到超导年度经费总额的近 30%。韩国在 Y 系带材方面的研究起步比我国晚,但近 3 年大幅增加了投入,联合国内顶尖大学、研究院和工业公司,建立了优良的成套设施和实验室,购置大量先进测试设备,并在世界范围内招募专家,进展大大加快。

韩国电子技术研究所使用反应溅射在双轴织构基板上生长 Y_2O_3 种子层,其 Φ 扫描的半高宽为 7.8°,然后再使用脉冲激光沉积(PLD)生长 YSZ、CeO_2、YBCO 薄膜,从而制得 1.4 m 长的超导带材,临界电流可达 200 A/cm。

5. 中国

1997 年在我国科技部的"863"计划的支持下,实施了"新型高温超导带材"的研究计划。对立方织构基带的制备技术、隔离层以及超导层的生长技术进行了研究。近几年来,清华大学超导中心、中科院物理所、北京有色金属研究院和电子科技大学等单位都在进行 YBCO 涂层导体的研究。但是由于种种原因,目前国内的这些单位的研究工作进展缓慢,总体上还处于起步阶段,高质量的带材,特别是具有一定长度、需要卷绕沉积的带材研制,在国内还是空白。

表 3.8 所示为过渡层薄膜在国内外的研究现状,表 3.9 所示为国际上 YBCO 涂层导体的研究现状。

表 3.8 过渡层薄膜在国内外的研究现状

研究机构	过渡层	过渡层沉积方法	$\Delta\omega$	$\Delta\Phi$	文献
美国 ORNL	YSZ CeO_2	PLD	5.6° 5.7°	6.6° 6.5°	89
美国超导公司	Y_2O_3 YSZ CeO_2	MOD	4.88° 4.87° 4.97°	5.22° 5.25° 5.31°	90
美国 LANL	MgO	IBAD	—	6°~7°	80
意大利 Edison	CeO_2	Thermal Evaporation	4°~6°	5°~8°	98
韩国 ERJ	Y_2O_3 YSZ CeO_2	Reactive Sputtering PLD	—	7.8° —	78

续表3.8

研究机构	过渡层	过渡层沉积方法	Δω	ΔΦ	文献
日本 Fujikura	CeO$_2$	PLD/IBAD	—	4°~7°	95
	Gd$_2$Zr$_2$O$_7$	IBAD	—	11°~13°	93
美国 ANL	MgO	ISD	—	-11°	112
中国 Tsinghua	CeO$_2$	Sol-gel	4.09°	6.04°	103
	STO		8.01°	8.55°	

注:ERI=韩国昌原电子技术研究中心;ANL=美国阿贡国家实验室;
　Δω=平面外半峰全宽值;Δφ=平面内半峰全宽值。

表3.9 国际上 YBCO 涂层导体研究现状

研究单位	基底	所用方法	长度/m	I_c/(A·cm^{-1})
美国 SuperPower	IBAD MgO	MOCVD	62	100
			100	70
美国超导公司	NiW RABiTS	MOD	100	300
美国 ONRL	CeO$_2$/LZO/NiW	all MOD	Short	400
			1	130
日本 SRL-ISTEC	IBAD-GZO	PLD	212	245
德国 Goettingen	IBAD-YSZ	PLD	10	223
日本 Fujikura	IBAD-Zr$_2$Gd$_2$O$_7$	PLD	100	126
美国 LANL	IBAD-MgO	PLD	1	350
			206.7	106.7
韩国 ERJ	Y$_2$O$_3$/YSZCeO$_2$	SPUTTER+PLD	1.4	200

3.3 储氢合金

3.3.1 氢是21世纪的能源

　　能源、信息、新材料是现代社会三大支柱产业,是现代文明高速发展的基础。自1992年以来,世界能源消耗量显著增加,预测未来20年内仍将以平均每年2%的速度递增。科学家对人类常用的几种化石燃料资源储量和使用量分析后发现,2020年全球资源将不能满足可持续发展的需要。此外,化石燃料燃烧引起的酸雨、温室效应、城市热岛效应等将对人类产生巨大危害,1965~1998年,全球二氧化碳排放量翻了一番,化石燃料燃烧产生的温室气体占全球温室气体的75%。同时,由于能源危机引发的政治、经济问题,也将威胁人类社会的和平与稳定。随着化石能源的日渐枯竭以及人类环保意识的加强,开发新能源已成为全球十分关注的问题。氢能是一种储量丰富、清洁无污染的新能源。氢能技术的发展,已在航天技术中得到了成功的应用,并显示出巨大的优越性。氢具有很高的比能量密度,它可以作为类似于汽油、柴油等燃料直接燃烧(如应用于液体火箭、燃氧汽车、燃氢飞机等);也可以储存在各种化学电源中（如燃料电池、镍氢电池等）放电后释放出能量。光伏电池领域氢气的循环利用过程如图 3.30 所示。

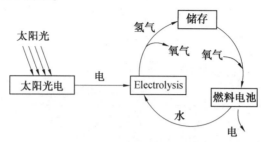

图 3.30　光伏电池领域氢气的循环利用过程

氢被人们作为化石燃料的最佳替代物。因为氢在物理和化学方面都体现出诸多优势：

①氢具有很高的燃烧值。

$$H_2(g) + \frac{1}{2}O_2(g) \longrightarrow H_2O(l)$$

$$\Delta_r H^{\ominus}\theta_m = -286 \ kJ/mol$$

单位质量的氢气所含的化学能（142 MJ/kg）至少是其他化学燃料的 3 倍（例如，等质量的液体碳氢化合物是 47 MJ/kg）。

②氢在氧气中燃烧只产生水，预计不会对环境产生负面影响，是一种绿色的能源。

③氢是地球上最丰富的元素之一。当然，以分子氢形式存在的 H 仅占总量的不到 1%，绝大部分是结合在水和烃类中。要实现氢能源的大规模普及，首先要解决氢气的制取问题，而制取氢气是要消耗化学能的。目前工业上主要以煤或天然气为原料制取氢气，全球产量达每年 5×10^{10} kg，但以化石燃料制取新能源显然有违人们的初衷，这与燃烧化石燃料无异。最清洁的氢气制取方法是在催化剂（如 TiO_2）存在下利用太阳能使水光解：

$$H_2O \xrightarrow{hv} H_2 + \frac{1}{2}O_2$$

这种方法真正实现了能量的持续转化（化学能直接来自太阳能）和物质的循环利用，且没有污染，是未来大规模产氢的理想途径。

④氢的燃烧能以高效和可控的方式进行。由于历史原因，人们曾认为氢的燃烧是难以控制的；然而最近对兴登堡事件的分析表明，这场灾难的主要原因是飞艇的表面材料高度可燃，而并非氢气的缘故。氢气的无毒和高挥发性也保证了其应用的安全。

目前氢能源已在军工、航天等领域率先取得了应用。氢燃料电池是目前应用最广的一种燃料电池，20 世纪 60 年代美国航天局曾把碱性 H_2-O_2 电池应用在载人航天飞船上，但高昂的造价阻碍了其转向民用。

汽车是消耗化石燃料的大户，汽车尾气对于环境的污染也是尽人皆知。要保护环境，必须推广氢燃料的汽车。在汽车上应用氢有两种可能的方式：一种是在发动机内部与氧气混合燃烧。其能量转化效率（约 25%）受卡诺热机效率所限，仅比汽油的效率略高。另一种是通过燃料电池产生电能，能量转化效率能达到 50% ~ 60%，约是前者的 2 倍。所以现在的氢燃料汽车都倾向于第二种方式。

对汽车来讲,氢气的存储应当密度高、轻便、安全而且经济。一台装有 24 kg 汽油可行驶 400 km 的发动机,行驶同样的距离,靠燃烧方式需消耗 8 kg 氢气,靠电池供能则仅需 4 kg 氢气。4 kg 的氢气在室温和一个大气压下体积为 45 m^3,这对于汽车载氢是不现实的。目前限制氢燃料汽车推广的最主要因素就是氢气的储存问题。传统的基于液化氢和高压气态氢的储存方法有很大的弊端。要携带足够行驶 400 ~ 500 km 的高压气态氢,容器必须由能经受住高达 700×10^5 Pa 压力的复合材料制成。如果发生撞车,后果不堪设想;容器的绝热性对再次充氢不利;对压力进行有效的控制就更是一个难题。要增加单位体积容器的储氢量,密度为 70.8 kg/m^3(21 K,101.325 kPa)的液态氢相对可行,为此必须将氢气冷却至 21 K,而该过程消耗的能量相当于储存氢气能量的 $\frac{1}{3}$。为防止形成过高的压力,储氢系统必须是开放的,于是透过绝热壁的有限热交换会使得每天有 2% ~ 3% 的氢气蒸发损失,这进一步降低了储存的效率。液氢作为燃料应用于航天飞机以及一些高速飞机。

目前解决上述问题的最好方法就是将氢气储存在某种可以快速吸入和释放大量氢气的材料中,这就是储氢材料,将这种材料用到汽车上用来储存氢气,相比于其他方式更安全可靠,如图 3.31 所示。

图 3.31　传统储氢合金与新型材料储氢效率比较

3.3.2　储氢材料研究的重要性

氢能的大规模商业应用还有待解决以下关键问题:

①廉价的制氢技术。因为氢是一种二次能源,它的制取不但需要消耗大量的能量,而且目前制氢效率很低,因此寻求大规模的廉价制氢技术是各国科学家共同关心的问题。

②安全可靠的储氢和输氢方法。由于氢易气化、着火、爆炸,因此如何妥善解决氢能的储存和运输问题也就成为开发氢能的关键。储氢材料是伴随着能源危机和环境保护在最近二三十年才发展起来的新型功能材料。由于储氢材料在氢能开发中的重要作用,从而受到各国政府的高度重视。美国能源部(DOE)用于氢储存方面的研究经费约占氢能研究经费的 50%,美国原总统布什在 2000 年年初联合国大会上发表讲话时曾强调,氢能汽车在 2015 年能够工业化生产,在 2003 年的国情咨文中,再次强调了氢能开发利用的重要性。日本政府制订的 1993 ~ 2020 年"新阳光计划"中一项投资 30 亿美元的氢能发电计划中储氢技术就是其中主要的一项。氢能源的最好利用方式是燃料电池,燃料电池被认为是 21 世纪全新的高效、节能、环境友好发电装置。

迄今为止,全球六大汽车公司(通用、福特、奔驰、丰田、雷诺、大众)在开发氢燃料电池汽车上的费用已超过 100 亿美元,并以每年 10 亿美元的速度递增。我国政府一贯支持氢能的研发,在过去的几个五年计划中,都有氢能的研究课题,2000 年还在国家"973"计划中列入氢能项目"氢的规模制备、储运及相关燃料电池基础研究""十一五"和"863 计划"六个领域中有两个领域涉及储氢材料,在"十一五""863 计划"中,氢能利用关键材料同样是新材料领域的研究专题之一。

3.3.3　金属储氢基本原理

氢气分子在金属表面上的吸附反应可以通过下述方程来描述:

$$M_e(s) + xH_2(s) \Longrightarrow M_eH(s) + Q \tag{3.1}$$

其中,Q 为反应热。尽管上述方程在描述热力学方面较为完善,但在动力学方面,现实中的复杂反应过程并不能体现出来。因此,采用简化的一维势能曲线描述完整的吸附过程。

图 3.32 所示为 H_2 在金属表面吸附反应的一维 Lennard–Jones 势能表征图,H 原子和 H_2 分子的一维 Lennard–Jones 势能曲线,在距离表面较远处,此两条曲线被 H_2 的离解能(218 kJ/mol H)隔开,H_2 分子逐渐移向表面的过程中会产生物理吸附态(图 3.32 中的点位 1),作用力主要为范德瓦耳斯力,大小为 0～20 kJ/mol H。随着 H_2 分子靠近表面,二者之间的势能将由于排斥力而减小,在某一个点位上,H_2 分子的势能将与 H 原子的势能交叉(点位 2)。越过这个点位后,H_2 分子将离解为两个 H 原子,并与表面原子成键。若这个交叉点处的势能高于出分子的势能,离解过程被激活,且点位 2 的高度即为激活势垒。若交叉点位 2 位于零点势能附近(点位 3),则离解过程是非激活的。在以前的某些实例中,仅当由分子的能量大于激活势垒时解离才能发生。解离后,H 原子找到一个势能最低位置(点位 4,化学吸附),并在此位置与表面原子成键。若 H—M 的键强大于 H—H 键强,则化学吸附是放热的,否则化学吸附是吸热的。另外,发生化学吸附的 H 原子可以克服表面势垒而穿透表面第一原子层,近而通过扩散进入体结构,形成固溶相。

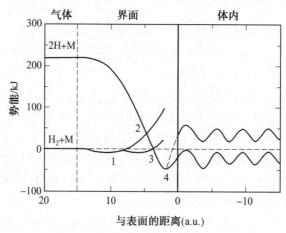

图 3.32　H_2 在金属表面吸附反应的一维 Lennard–Jones 势能表征图

元素周期表中所有的金属元素都能与氢化合生成氢化物,金属元素与氢的反应有两种性质。一种是金属容易与氢反应,能大量吸氢,形成稳定的氢化物,并放出大量的热,这些金属主要是 IA ~ VB 族金属,如 Ti、Zr、Ca、Mg、V、Nb、Re(稀土元素)等,这些金属与氢的反应为放热反应($\Delta H<0$),为放热型金属,它们与氢反应生成的氢化物称为强键合氢化物,这些元素称为氢稳定因素,它们控制着储氢量,是组成储氢合金的关键元素。另一种是金属与氢的亲合力小,很容易在其中移动,氢在这些元素中的溶解度小,通常条件下不生成氢化物,这些元素主要是 VIB ~ VIIIB 族过渡金属(Pd 除外),如 Fe、Co、Ni、Cr、Cu、Al 等,这些金属与氢的反应为吸热反应($\Delta H>0$)),为吸热型金属,它们与氢反应生成的氢化物称为弱键合氢化物,这些元素称为氢不稳定因素,它们控制着吸放氢的可逆性,起调节生成热与分解压力的作用。目前开发的储氢合金,基本上都是将放热型金属和吸热型金属组合在一起,两者合理配合,才能制备出在室温下具有可逆地吸放氢能力的储氢材料。

(1)金属储氢热力学。

许多金属和合金都有可逆吸收大量氢气的能力。氢气与金属或合金反应形成氢化物的热力学可以用压力-浓度等温线来描述。根据 Gibbs 相律,温度一定时,反应有一定的平衡压力。储氢合金-氢气的相平衡图可由压力(p)-浓度(C)等温线,即 P-C-T 曲线表示(图 3.33)。横轴表示固相中的氢与金属原子比,纵轴为氢压。温度不变时,随着氢压力的增加,氢溶于金属使其组成变为 A,OA 段为吸氢过程的第一步,金属吸氢形成含氢固溶体,固溶氢的金属相称为 α 相,点 A 对应于氢在金属中的极限溶解度。达到 A 点时,α 相与氢反

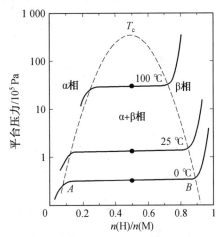

图 3.33　金属-H 体系 p-C-T 曲线

应,生成氢化物相,即 β 相。当继续加氢时,系统压力不变,而氢在恒压下被金属吸收。当所有 α 相都变为 β 相时,组成达到 B 点。AB 段为吸氢过程的第二步,此区为两相(α+β)互溶的体系,达到 B 点时,α 相最终消失,全部金属都变成金属氢化物。这段曲线呈平直状,故称为平台区。相应的恒定平衡压力称为平台压。在全部组成变成 β 相后,如果再提高氢压,则 β 就会逐渐接近化学计量组成。氢化物中的氢仅有少量增加,B 点以后为第三步,氢化反应结束,氢压显著增加。

根据范特霍夫(Van't Hoff)等温式:

$$\ln \frac{p_{eq}}{p_{eq}^{\theta}} = -\frac{\Delta H}{RT} + \frac{\Delta S}{R}$$

平台压力或平衡压力 p_{eq} 强烈地依赖于温度,而且与焓变和熵变分别相关。熵变主要是由于气态氢分子数的变化而产生的,目前研究中的所有金属-氢系统,其吸氢熵变都大约为 130 J·K⁻¹·mol⁻¹(脱氢熵变)。而焓变项表征了金属-氢键的稳定性。要在 300 K 使平衡压力达到 133 Pa,ΔH 应达到 19.6 kJ·mol·H⁻¹(脱氢焓变)。金属氢化物体系的工作温度由热力学平衡压力和整个反应的动力学决定。

　　氢在填入主体金属的晶格后以原子形式存在(图3.34),在吸附氢气过程中,晶格会有所增大,并部分失掉其高度对称性。未膨胀的 α 相及各向异性膨胀的 β 相共存会导致晶格缺陷和内部变形,并使主体金属变得极其脆弱而最终碎裂。氢原子在它们的平衡位置附近振动,进行短距离的移动和长距离的扩散。

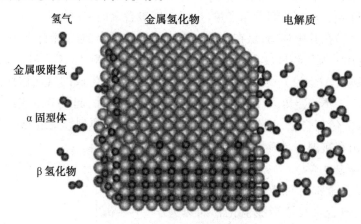

图3.34　氢在金属内部的存在形式

　　金属氢化物及合金一般在吸氢时为放热反应,脱氢时为吸热反应,如 LaNi₅ 的吸放氢反应:

$$LaNi_5 + 3H_2 \longrightarrow LaNi_5H_6 + Q$$

　　压力稍高而温度降低时 LaNi₅ 可以吸收氢,而当压力降低或温度升高时氢又可释放出来,这就实现了反复吸放氢的过程。但对放氢过程(吸热反应)来说,为了使反应进行,必须补充必要的能量,否则反应会因温度降低而停止。这是一个亟待解决的问题。

　　许多金属元素都能形成氢化物,如 $PdH_{0.6}$,稀土 REH_2、REH_3 和 MgH_2,但没有一种能符合汽车储氢的要求(1.33 ~ 13.3 Pa,0 ~ 100 ℃,焓变为 15 ~ 24 kJ·mol·H⁻¹)。实际上,单一金属的氢化物因其高的热力学稳定性而很难在储氢方面有所利用。金属氢化与物氢气吸附的发现给了人们希望,并刺激了世界范围内对该领域的系统研究。

　　(2) 金属储氢动力学。

　　合金氢化反应一般包含内在和非内在动力学机制,涉及表面催化氢分子解离,氢原子通过合金表面向体相的扩散及氢化物的生成和热传导等,整个过程复杂。由于吸氢或放氢总伴有逆过程同时进行,反应热效应常常影响合金氢化反应动力学,吸热或放热甚至成为反应速度的控制因素,这样很难测得真实的动力学数据,给研究带来困难,导致结果差异大。

　　氢化和解氢曲线,如吸氢、放氢与反应时间的函数,主要分为两种:一种为单调降低的吸附曲线;另一种为S形曲线。吸氢、放氢动力学示意图如图3.35所示,其中 A 曲线适用于阐述表面反应或体内扩散为限制性环节这一现象;B 曲线适用于阐述形核和长大机制为限制性环节这一现象。形核和长大机制可采用 Johnson – Mehl – Avrami(JMA)方程来进行解释。

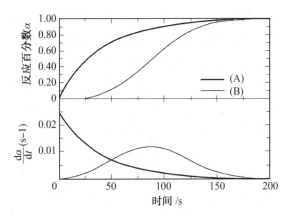

图 3.35　吸氢、放氢动力学示意图

3.3.4　储氢合金分类

储氢材料具有在特定条件下吸附和释放氢气的能力。在实际应用中,由于要经常补充氢燃料,因此要求材料对氢的吸附要有良好的可逆性。储氢材料的主要性能指标有理论储氢容量、实际可逆储氢容量、循环利用次数、补充燃料所需时间以及对杂质(空气中和材料中)的不敏感程度等。更高的要求是要适应燃料电池的工作条件。至于成本因素,由于目前各种材料的成本都较高,还找不到一种特别经济划算的物质,因此这个问题有待进一步研究解决。目前储氢材料的研究基本上是围绕着汽车上的应用而进行的。虽然 LaNi$_5$ 这样的材料已经在镍氢电池领域得到了广泛的应用,但是寻找适合汽车使用的材料仍然困难重重。根据美国能源部(Department of Energy,DOE) 设定的目标,2010 年,储氢系统(包括容器及必要组件)的能量密度应达到 7.2 MJ/kg 和 5.4 MJ/L,即可逆储氢质量分数为 6.0% 和可逆储氢密度为 45 kg/m^3;2015 年的目标更加苛刻:可逆储氢质量分数和可逆储氢密度分别为 9.0% 和 81 kg/m^3,该目标比较接近汽车业界的期望。迄今为止,还没有一个体系能够满足人们所有的要求。以下介绍的储氢合金是目前比较有希望达到上述目标的材料体系,然而不可否认,其中的大多数还与实际应用有着很大的距离,已经投入应用的也远非十全十美。

在储氢合金史上,Libowitz 等人于 1958 年首次报道了金属合金氢化物 ZrNiH$_3$。紧接着 20 世纪 60 ~ 70 年代,美国布鲁克海文国家实验室以及荷兰的菲利浦公司相继开发出了 LaNi$_5$–H,TiFe–H,ZrMn$_2$–H,Mg$_2$Ni–H 金属合金–氢化物体系。自此以后,储氢合金的研究进入了全面发展的局面,世界上各个国家的众多研究机构开发出了各种类型的储氢合金体系。简单来说,储氢合金 A$_m$B$_n$ 由两大类元素组成,A 元素一般容易与氢反应生成稳定氢化物,并放出一定的热量。这些元素主要为 IA ~ VB 族金属,如 Li、Na、Ca、Mg、Ti、V、Zr 以及稀土元素等。B 元素一般不与氢反应,但它与 A 形成合金后,能够催化氢的吸收和放出。这些元素主要是ⅢA 族金属和族过渡金属元素,如 B、Al、Cr、Mn、Ni、Co、Fe 等。典型储氢合金的主要特性见表 3.10。第一代储氢合金是以 LaNi$_5$ 为代表的 AB$_5$ 型稀土类合金。它是 1968 年 Philips 公司在研究永磁材料 SmCo$_5$ 时发现的,LaNi$_5$ 的吸氢量为 1.4% ,室温下吸放氢容易,吸放氢平衡压差小,初期活化容易,抗毒化性能好。为了降低成本,一般使用稀土元素(主要为 La、Ce、Pr、Nb)的混合物 Mm 来取代 La,制得 $MmNi_5$。后来又使用 Ca、Mn、Fe、Cu、Al 等金属部分置换 Mm 或 Ni,形成稀土类储氢合金。这类合金的致命缺点便是价格成本较高。第二代储氢合金为 AB 型的 FeTi 和 AB_2 型的 ZrM_2 和 TiM_2 等,FeTi 储氢量为 1.8%,具有储氢量大、热力学性能良好及原材料便宜等优点,但初期活化困难,需要在高温和高真空条件下进行预处理并经十几次吸放氢循环后才能够正常地吸放氢,而且抗毒化能力差,容易被微量的 O_2、CO_2 等毒化。AB_2 型合金同样需要严格的活化过程。

表 3.10　典型储氢合金的主要特性

合金类型	典型氢化物	合金组成	吸氢质量/%	电化学容量/$(mA \cdot h \cdot g^{-1})$	
				理论值	实测值
AB_5 型	$LaNi_5H_6$	$MmNi_a(Mn、Al)_bCO_c(a=3.5\sim4.0,$ $b=0.3\sim0.8,a+b+c=5)$	1.3	3.72	330
AB_2 型	$Ti_{1.2}Mn_{1.6}H$、 $ZrMn_2H_3$	$Zr_{1-x}Ti_xNi_a(Mn、V)_b(Co、Fe、Cr)_c$ $(a=1.0\sim1.3,b=0.5\sim0.8$ $c=0.1\sim0.2,a+b+c=2)$	1.8	482	420
AB 型	$TiFeH_2$、 $TiCoH_2$	$ZrNi_{1.4}$、$TiNi$、$Ti_{1-x}Zr_xNi_a$ $(a=0.5\sim1.0)$	2.0	536	350
A_2B	Mg_2NiH_4	Mg_2Ni	3.6	965	500

注:Mm 为混合稀土金属。

(1) AB_5 型储氢合金。

早在 1969 年 Phlips 实验室就发现了 $LaNi_5$ 合金具有很好的储氢性能,储氢量为 1.4%。当时用于 Ni-MH 电池,但发现容量衰减太快,而且价格昂贵,很长时间未能发展。直到 1984 年,Willims 采用钴部分取代镍,用钕少量取代镧(La)得到多元合金后,制出了抗氧化性能高的实用镍-氢化物电池,重新掀起了稀土基储氢材料的开发,由 $LaNi_5$ 发展为 $LaNi_{5-x}M_x$(M=m、Co、Mn、Cu、Ga、Sn、In、Cr、Fe 等)。另外,为降低镧的成本,也采用其他单一稀土金属(例如 Ce、Pr、Nd、Y、Sm)、混合稀土金属(Mm-富铈混合稀土、ML-富镧混合稀土)、Zr、Ti 等代替 La。因此品种繁多、性能各异的稀土基 AB_5 型或 AB_{5+x} 型储氢材料在世界各国诞生,展开了广泛的应用研究。主要应用于储氢及各种 Ni/MH 电池,其中储氢合金作为 Ni-MH 电池的负极材料已在各国实现工业化生产,有的电化学容量达 380 $mA \cdot h/g$ 以上。

2005 年 F. Laurencelle 等人用熔炼的方法合成了 $LaNi_{4.8}Sn_{0.2}$ 储氢材料,并对其性能进行了测试。图 3.36 所示为 $LaNi_{4.8}Sn_{0.2}$ 的 XRD 图谱,表明此材料吸放氢稳定,并且滞后小。图 3.37 所示为 $LaNi_{4.8}Sn_{0.2}$ 的 XRD 图谱,该材料在 1 000 次充放电以后基本保持成分不变,有很好的重复性。

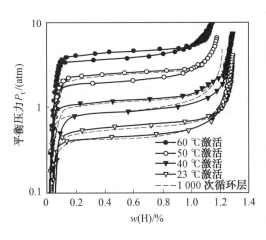

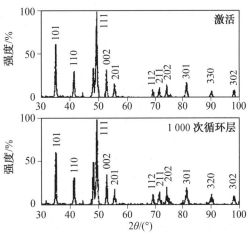

图 3.36　$LaNi_{4.8}Sn_{0.2}$ 的 XRD 图谱　　　　　　图 3.37　$LaNi_{4.8}Sn_{0.2}$ 的 XRD 图

（2）AB_2 型储氢合金。

金属间化合物典型的代表有 ZrM_2、TiM_2（M = Mn、Ni、V 等）。1966 年，Pebler 首先将二元锆基 Laves 相合金用于储氢目的的研究。20 世纪 80 年代中期，人们开始将其用于储氢电极，并用其他金属置换 AB_2 中的 A 或 B，形成了性能各异的多元合金 Ti–Zr–Ni–M（M = Mn、V、Al、Co、Mo、Cr 中的一种或几种元素）。此类合金的储氢容量为 1.8% ~ 2.4%，比 AB_5 型合金的储氢容量高，但初期活化比较困难。

美国 Ovollic 公司是进行 AB_2 型 Laves 相储氢电极合金研究开发的重要厂家之一，1996 年，他们研制成功多元 Ti–Zr–V–Ni–Cr 系 Laves 相储氢合金，电化学容量高达 380 ~ 420 mA·h/g，采用这种合金制备的 4/3AF 型电池质量比能量密度和体积比能量密度分别达 95 W·h/kg 和 330 W·h/L，显示出良好的应用前景。虽然 AB_2 型 Laves 相储氢电极合金在碱性电解质溶液中具有较好的抗腐蚀性能，电极合金显示出较高的循环稳定性，如 $Zr(Mn_{0.25}V_{0.2}Ni_{0.55})_2Cr_{0.1}$ 合金经 300 次充放电循环后容量保持率达 85%。

（3）AB/A_2B 型储氢合金。

AB/A_2B 型储氢合金典型代表是 Ti–Fe 合金，于 1974 年由美国的布鲁克海文国家研究所的 Reilly 和 Wiswall 二人首先发现，并发表了他们对 Ti–Fe 合金氢化性能的系统研究结果。

此后 Ti–Fe 合金作为一种储氢材料逐渐受到重视。Ti–Fe 合金在室温下能可逆地大量吸放氢，吸氢量为 1.86%。其氢化物的分解压在室温下为 0.3 MPa，而且 Ti、Fe 两元素在自然界的含量丰富，价格也较便宜，因而在工业上已得到一定程度的应用。由于 Ti–Fe 合金活化较困难，故常采用其他元素代替 Fe 或 Ti，或添加其他元素，来改善其初期活化性能。从而出现了 $TiFe_xM_y$（M = Ni、Cr、Mn、Co、Cu、Mo、V）等三元或多元合金。这些合金在一定程度上克服了 Ti–Fe 合金存在的一些弱点。其典型合金是 Mg_2Ni，它是 1968 年由美国的布鲁克海文国家研究所的 Reilly 和 Wiswall 二人发现的。Mg_2NiH_4 的吸氢量为 3.6%，253 ℃下的离解压为 0.1 MPa，它是一种是很有潜力的轻型高能储氢材料。但 Mg_2Ni 合金只有在 200 ~ 300 ℃才能吸放氢，且反应速度十分缓慢，故实际应用尚存在问题。为了降低合金的工作温度，采用机械合金化使合金非晶化，从而可以达到使合金在较低的温度下工作的目的。目前已开发了 Mg-10% Ni, Mg-23.3% Ni 合金,用于输氢容器,储氢量可分别达到5.7% 和 6.5%。

(4) V 基固溶体型储氢合金。

V 基固溶体型合金(V-Ti 和 V-Ti-Cr 等)具有 BCC 结构,并有很高的储氢量,吸氢时可生成 VH 和 VH_2 两种氢化物,其中 VH 过于稳定(室温平压约为10^{-9} MPa),因而实际可以利用的 VH_2-VH 反应的放氢量只有 1.9%,但该储氢量仍高于现有 AB_5 和 AB_2 型合金,因此受到人们的普遍重视。但由于 V 固溶体合金在碱液中缺乏电极活性,不具备可充放电的能力,因而一直未能作为 MH/Ni 电池的负极材料得到应用。直到 1995 年 T. Sukahara 等人研究了 V_3TiNi_x 合金($x = 0 \sim 75$),发现当合金中 Ni 含量 x 大于 0.25 时,合金晶界上析出电催化活性良好的 TiNi 等第二相,可改善合金表面的电催化活性,从而使 V 基固溶体合金作为 MH/Ni 电池负极材料成为可能。进一步的研究表明,在 $V_3TiNi_{0.56}$ 中添加 Zr 和 Ni 的合金中出现六方结构的 C14 型 Laves 相(第二相),也可使合金的循环稳定性及高倍率放电性能得到明显提高。Iwakura 等人研究发现,$TiV_{2.1}Ni_{0.3}$ 合金的放电容量可达 540 mA·h/g,但是在充放电过程中,合金新鲜表面上的(Ti、V)会溶解在碱液中,导致容量迅速衰减。将 $TiV_{2.1}Ni_{0.3}$ 与 MgNi、Ni 或 Reney Ni 一起球磨处理后,提高了合金的循环稳定性,但同时降低放电容量,其中 Raney Ni 处理的 $TiV_{2.1}Ni_{0.3}$ 合金,放电容量达到了495 mA·h/g,同时也提高了循环稳定性。

从目前研究结果看,V 基固溶体合金的主要优点是电化学容量高、活化容易、价格便宜,但最大的缺点循环寿命太短,这主要与合金中 V 的氧化溶出及催化第二相在充放电循环过程中逐渐消失,导致合金丧失电化学吸放氢能力有关。此类合金的实用化还需要更深入地研究和探索。

(5) AB_3 型储氢合金。

为了开发高容量、低成本以及对环境无污染的储氢合金,人们逐渐将目光投向 AB_3 型合金。1999 年,Kadir 等人对 $LaMg_2Ni_9$ 及 $CaMg_2Ni_9$ 合金储氢性能的研究表明,在 303 K,3.3 MPa氢压下 $CaMg_2Ni_9$ 吸氢后仍保持 AB_3 型结构,但储氢容量减小,只有 0.33%。在 273 K,3.3 MPa 氢压下 $CaMg_2Ni_9$ 也保持原来的 AB_3 型结构,生成 $CaMg_2Ni_9H_{9.24}$"的氢化物,储氢量大约为 1.48%。2003 年 BLiao 等人对 $La_xMg_9Ni_9$($x = 1.0 - 2.0$)AB_3 型合金的系统研究表明,随 La 含量的增加,合金晶胞逐渐膨胀,当 La 与 Mg 摩尔比为 2∶1 时,合金呈现较高的放电容量(400 mA·h/g)、较好的活化性能和高倍率放电性能,但其放电容量随循环次数的增加衰减迅速。2003 年,Hongge 等人系统地研究了 $La_{0.7}Mg_{0.3}(Ni_{0.85}Co_{0.15})_x$($x = 3.15$、3.3、3.5、3.65、3.8)合金的组成结构及电化学性能。研究表明,合金主要为由 $LaNi_3$ 和 $LaNi_5$ 相组成的双相合金。当 $x = 3.15 \sim 3.5$ 时其中 $LaNi_3$ 相的峰度逐渐增加,当 $x = 3.5 \sim 3.8$ 时,合金中以 $LaNi_5$ 为主相。其放电容量、高倍率放电性能、交换电流密度、极限电流密度、扩散系数等均以 $x = 3.5$ 为转折点先增大后减小。2004 年,B. Liao 等人还对 $La_2Mg(Ni_{0.95}M_{0.05})_9$(M = Co、Mn、Fe、Al、Cu、Sn)做了一些研究和探索。这些元素部分替代并没有改变合金 AB_3 型的原始结构,除 Sn 外其他元素的替代均使合金的晶胞体积增大。除加 Al 合金外其他合金的氢化物也都能保持 AB_3 型结构,但加 Al 合金的氢化物形成部分非晶。除 Sn 替代合金外其他合金的循环性能均有不同程度的提高。

3.3.5　储氢合金的应用

(1)在氢储存与运输中的应用。

氢的储存与运输是氢能利用系统的重要环节,利用储氢合金制成的氢能储运装置实际上是一个金属-氢气反应器,分为固定式和移动式两种,它除了要求其中的储氢合金具有储氢容量高等基本性能外,还要求此装置具有良好的热交换特性,以便合金吸放氢过程及时排出和供给热量,其次还要求装合金的容器气密性好、耐压、耐腐蚀、抗氢脆。

固定式储氢容器的典型是 Daimler-Bellz 公司用 10 t 钛系合金制成的储氢能力为 2 000 m³的储氢容器。该容器尺寸为:直径 114.3 mm、长 1 800 mm、厚 2.9 mm。其内部充填 $Ti_{0.98}Zr_{0.02}V_{0.43}Fe_{0.09}Cr_{0.05}Mn_{1.5}$ 合金,由 7 个储氢容器构成一个组件,再由 32 个组件构成内部设有铝隔板、外部为冷热型的大型固定式储氢容器。移动式储氢容器既可以携带运输氢气,还可用于燃料电池氢燃料的存储。作为移动式装置要兼顾储存与输送,因此要求质量轻、储氢量大。其中,金属氢化物储氢容器不需附加设备(如裂解及净化系统),安全性高,适用于车船方面;用常温型合金,其质量储氢密度与 15 MPa 高压钢瓶基本相同,但体积可小得多。如德国海军潜艇的混合推进系统中,氧以液氧形式储存,氢则以 TiFe 合金氢化物形式储存。

浙江大学王新华等人研究了 ML-Ca-Ni 系储氢合金在氢-汽油混合燃料车中的应用。随着质子交换膜燃料电池(PEMFC)技术的日趋成熟,世界各国政府和各大公司也加紧了对燃料电池车以及相关氢能系统的研发。

(2)在电池中的应用。

镍-氢(Ni-MH)二次电池因能量高、无污染等优点已开始取代传统的镍镉电池在信息产业、航天领域等大规模应用。储氢合金作为镍-氢(Ni-MH)二次电池的负极材料,它是电池制备的关键材料,属于目前储氢合金应用最成熟的领域。用于电池负极的储氢合金应满足:电化学容量高且稳定,平衡氢压适当(25 ℃,0.01~0.5 MPa),对氢的阳极极化具有良好的催化作用,较强的抗阳极氧化、抗碱性溶液腐蚀能力,良好的热电传导性。

目前国内外应用最广泛的是稀土系的 AB_5 型合金,在美国、日本、中国等国家已经达到商业化。其典型合金有 $MmNi_{3.55}Co_{0.75}Mn_{0.4}Al_{0.3}$、$Mm(NiCoMnAl)_{4.55~4.76}$ 等,其电化学容量一般为 280~330 mA·h/g,循环寿命超过 500 次,易于活化;另一类已实用的是 AB_2 型 Ti-Zr-V-Ni-Cr 系合金,如 $Ti_{16}Zr_{16}V_{22}Ni_{39}Cr_7$、$Ti_{17}Zr_{16}V_{22}Ni_{39}C_{r7}$,其电化学容量可达 360~400 mA·h/g,但活化较困难。钒基固溶体型储氢合金 $V_{1-x}(NbTaCo)_xNi_{0.56}$ 因电化学容量高(理论值高达 1 018 mA·h/g,实测值为 500 mA·h/g 左右)等优点,已引起国内外极大的关注,成为高容量镍-氢(Ni-MH)二次电池研究开发的重点。A_2B 型的镁系储氢合金因资源丰富、价格较低廉等优势作为第三代电极合金也成为研究开发的热点。

(3)在氢回收、分离、净化中的应用。

石油化工、冶金工业等行业经常有大量含氢尾气排除,含氢量有些达到 50%~60%。而目前大多是排空或燃烧处理。如果利用储氢合金选择性吸氢的特性,不但可以回收废气中的氢,而且可使氢达到较高纯度,具有十分重要的社会效益和经济效益。美国埃尔盖尼克斯空气产品公司研制出从合成氨排气中回收氢的金属氢化物的中试装置。吸氢合金采用

$LaNi_5$,原料气中含氢60%(体积分数),回收的氢纯度为99.0%,氢回收率为75%~95%,循环时间为5~25 min。1992年,关西电力、三菱电机及日本制钢所都开发了提高发电机内氢气纯度装置,显著提高了发电效率。T. Camo等人采用$TiMn_{1.5}$合金,制成高纯度氢精制装置,以市售钢瓶(3 MPa)为原料,最大精制能力为5 L/min(连续),精制纯度为99.9999%以上,压力为0~1 MPa,容器尺寸为600 mm×500 mm×700 mm,使用程序控制,实现全自动操作。

(4)在蓄热与输热技术中的应用。

利用储氢合金吸放氢过程中的热效应,可将储氢合金用于蓄热装置、热泵(制冷、空调)等。

储氢合金蓄热装置一般可用来回收工业废热。其优点是热损失小,并可得到比废热源温度更高的热能。日本化学技术研究所开发的氢化热型装置,蓄热槽为管束结构,由19根气瓶组成,装置内填充6.27 kg Mg_2Ni合金,蓄热容量约为837 kJ。装置的总传热系数为837 kJ/(h·m²·K)。该系统可有效利用300~500 ℃的工业废热和用于间歇式反应槽热源的节能系统中。

储氢合金热泵的工作原理是:已储氢的合金在某温度下分解出氢,并把氢加压到高于其平衡压,然后再进行氢化反应,从而获得高于热源的温度,热泵系统中同样有两个填充储氢合金的容器,但两个容器内填充的储氢合金的种类不同。P. P. Turillon开发的热泵使用的储氢合金是$LaNi_5$和$LaNi_{4.7}Al_{0.3}$,输入60 ℃温水或25 ℃冷水,循环10 min,可得到95 ℃温水或100 ℃蒸汽。用储氢合金热泵制冷或做空调,具有效率高、噪声低、无氟利昂污染等优点。

(5)在其他领域中的应用。

①用于氢同位素分离。储氢合金吸收氕H_2、氘D_2、氚T的平衡压力和吸附量上存在差异,核工业中H_2、D_2、T等氢同位素分离,则是利用同一温度下H_2、D_2、T与合金反应的平衡压差实现分离,氢同位素分离使用的合金有$V_{0.9}Cr_{0.1}$、$TiCr$等。

②用作吸氢、脱氢反应的催化剂。储氢合金吸收氢气时,氢是分解后被吸收的,氢是以单原子的形式存在于表面的(至少短时间内是这样)。这说明储氢合金表面具有相当大的活性,人们将它作为活性催化剂。

③用作氢压缩机。金属氢化物氢压缩法是利用氢化物的压力-温度特性(范特霍夫的方程)进行工作的。储氢材料在室温和较低压力下吸收氢气形成金属氢化物,饱和后提高金属氢化物的温度,则其平衡压力将相应提高,因此处于高温的氢化物可以释放相应高压的氢气。

此外,储氢合金还应用于温度-压力传感器、储能发电、氢化处理制备金属微粉技术等。

第4章　熔炼热力学与动力学

4.1　金属熔体热力学性质

4.1.1　理想溶液热力学性质

理想溶液中组元的化学位为

$$\mu_{i(1)} = \mu_i^0(T,p) + RT\ln x_i \tag{4.1}$$

式中　　$\mu_i^0(T,p)$——纯 i 的标准态化学位，$\mu_i^0(T,p) = \mu_i^0(T) + RT\ln p_i^0$；

p_i^0——i 的饱和蒸气压。

1 mol 溶液混合前的自由能为

$$G_M^0 = \sum_{i=1}^{k} x_i G_i^0 = \sum_{i=1}^{k} x_i \mu_i^0(T,P) \tag{4.2}$$

式中，$\sum_{i=1}^{k} x_i = 1$。

混合后 1 mol 溶液的自由能为

$$G_M = \sum_{i=1}^{k} x_i \mu_i = \sum_{i=1}^{k} x_i \left[\mu_i^0(T,p) + RT\ln x_i \right] \tag{4.3}$$

混合前后自由能的变化（混合自由能）为

$$\Delta G_M = G_M - G_M^0 = RT \sum_{i=1}^{k} x_i \ln x_i \tag{4.4}$$

理想溶液中同种分子间的作用力与异种分子之间的作用力相等,故由两种分子组成溶液时的混合热为 0,1 mol 溶液形成时焓变为

$$\Delta H_M = \Delta G_M + T\Delta S_M = 0$$

1 mol 溶液形成时熵变为

$$\Delta S_M = -R \sum_{i=1}^{k} x_i \ln x_i$$

混合熵为无序混合熵,组元的活度等于其摩尔数。

4.1.2　真实溶液热力学性质

真实溶液中组元的化学位为

$$\mu_{i(1)} = \mu_i^0(T,p) + RT\ln \gamma_i x_i \tag{4.5}$$

形成真实溶液时,其热力学性质与理想溶液的性质有差别,这个差别称为超额函数,如

超额自由能。超额化学位和超额自由能分别为

$$\mu_i^{ex} = \mu_i - \mu_i^{id} = (\mu_i^0 + RT\ln \gamma_i x_i) - (\mu_i^0 + RT\ln x_i) = RT\ln \gamma_i \tag{4.6}$$

$$G_M^{ex} = \sum x_i \mu_i^{ex} = RT \sum x_i \ln \gamma_i \tag{4.7}$$

为了简化真实溶液能量描述模型,通常对真实溶液做如下三种处理。

(1)正规溶液($S_M^{ex} = 0, \Delta H_M = H_M^{ex} \neq 0$)。

许多液态合金在一定成分范围内显示出混合熵接近于无序混合熵,而混合热不为零的特点,这种溶液称为正规溶液。

1 mol 二元正规溶液形成时,自由能的变化为

$$\Delta G_M = \Omega x_A x_B + RT(x_A \ln x_A + x_B \ln x_B) \tag{4.8}$$

式中　Ω——混合能参量或作用能参量。

对于一定的二元系溶液,Ω 是一个常数,不随溶液的温度及浓度变化,即

$$\Omega = zN\left[E_{AB} - \frac{1}{2}(E_{AA} + E_{BB}) \right]$$

式中,z 为配位数;N 为 1 mol 溶液中的节点数(也就是 N_0)。

$$\Delta E_M = E_{AB} - \frac{1}{2}(E_{AA} + E_{BB}) \begin{cases} < 0, \text{溶液形成时放热,相对于理想溶液产生负偏差} \\ = 0, \text{溶液形成时没有热量变化,为理想溶液} \\ > 0, \text{溶液形成时吸热,相对于理想溶液产生正偏差} \end{cases}$$

γ_A、γ_B 随浓度的变化是对称的。主要原因是 Ω 是常数。

(2)亚正规溶液($S_M^{ex} = 0, \Delta H_M = H_M^{ex} \neq 0$)。

亚正规溶液与正规溶液模型的差别是它的混合能参量不是常数,即

$$\Omega = \Omega_A x_B + \Omega_B x_A$$

式中　Ω_A、Ω_B——A 和 B 的混合能参量。

$$\Delta G_M = \Omega x_A x_B + RT(x_A \ln x_A + x_B \ln x_B) = \Omega_A x_A x_B^2 + \Omega_B x_A^2 x_B + RT(x_A \ln x_A + x_B \ln x_B) \tag{4.9}$$

(3)准正规溶液($S_M^{ex} = 0, \Delta H_M = H_M^{ex} \neq 0$)。

假设 S_M^{ex} 不为零,S_M^{ex} 与 H_M^{ex} 成比例变化,$H_M^{ex} = \tau S_M^{ex}$。通过推导得到

$$\Omega = \frac{RT\ln \gamma_i^0}{\left(1 - \dfrac{T}{\tau}\right)}$$

说明准规则溶液的 Ω 是温度的函数,而亚规则溶液的 Ω 是浓度的函数,正规则溶液中 Ω 不随温度和浓度变化。

4.1.3　熔滴半径对热力学性质的影响

1.曲界面引起的附加压力

如图 4.1 所示,实线曲面为 α 相和 β 相的界面元,界面上任一点的曲率半径应皆不相等。现设 R_1 和 R_2 分别为包含 x 边和 y 边的锥面的主曲率半径。在恒温恒压下,当界面元向 β 相移动 dz 的距离时,则引起界面元面积的变化为

$$dA = (x + dx)(y + dy) - xy = xdy + ydx \quad (4.10)$$

体系所做的表面功为

$$\delta W' = \sigma dA = \sigma(xdy + ydx)$$

根据相似三角形原理,得

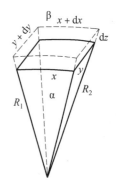

$$\frac{x + dx}{R_1 + dz} = \frac{x}{R_1}, \quad \frac{y + dy}{R_2 + dz} = \frac{y}{R_2}$$

得到

$$dx = \frac{xdz}{R_1}, \quad dy = \frac{ydz}{R_2}$$

所以

$$\sigma dA = \sigma\left(\frac{1}{R_1} + \frac{1}{R_2}\right)xydz \quad (4.11)$$

图 4.1 α 相和 β 相曲界面的移动

再从热力学体积功考虑,当界面移动后,α 相体积的增大等于 β 相体积的减少。体积功的计算等于 α 相反抗 $p_{附}$ 膨胀所做的功:

$$\delta W' = p_{附} dV = p_{附} xydz$$

当两相达到平衡时

$$\delta W' = \sigma dA$$

也就是

$$\delta W' = p_{附} dV = p_{附} xydz = \sigma dA = \sigma\left(\frac{1}{R_1} + \frac{1}{R_2}\right)xydz$$

则

$$p_{附} = \sigma\left(\frac{1}{R_1} + \frac{1}{R_2}\right) \quad (4.12)$$

当 $p_{附} > 0$,附加压力指向曲率中心,α 相为凸面。对于球界面,$R_1 = R_2$,则

$$p_{附} = \frac{2\sigma}{R} \quad (4.13)$$

当界面为平界面时,$R = \infty$,$p_{附} = 0$。曲界面的平衡涉及物质的蒸发、凝固、溶解等各种过程。

2. 曲界面物质的化学势

设 α 和 β 二相由 B、C 两组分形成。在恒温恒压下以平界面及曲界面处于平衡,设曲界面为球面,如图 4.2 所示。设有 dn_B 的组分 B 从 β 相转移到 α 相,达到平衡时,应满足以下关系式

$$dG = \mu_B^{\alpha} dn_B - \mu_B^{\beta} dn_B + \sigma dA = 0$$

则有

$$\mu_B^{\beta} = \mu_B^{\alpha} + \sigma\frac{dA}{dn_B} \quad (4.14)$$

对于图中的平界面(∞),$dA/dn_B = 0$,则组分 B 在两相达到平衡的条件为

$$\mu_B^{\beta} = \mu_B^{\alpha}(\infty)$$

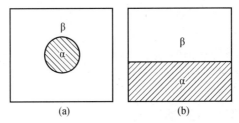

图 4.2　两种平衡体系

对于图中的曲界面 (r)，$\dfrac{\mathrm{d}A}{\mathrm{d}n_B} \neq 0$，$\mu_B^\beta \neq \mu_B^\alpha(\infty)$，应有以下关系式：

$$\mu_B^\beta = \mu_B^\alpha(\infty) + \sigma \frac{\mathrm{d}A}{\mathrm{d}n_B} = \mu_B^\alpha(r) \tag{4.15}$$

设 α 相半径为 r 且为球面，则 α 相的体积和面积分别为

$$V = \frac{4}{3}\pi r^3, \quad A = 4\pi r^2, \quad \mathrm{d}V = 4\pi r^2 \mathrm{d}r, \quad \mathrm{d}A = 8\pi r \mathrm{d}r,$$

$$\frac{\mathrm{d}A}{\mathrm{d}V} = \frac{2}{r}, \quad \frac{V}{\mathrm{d}n_B} = V_m, \quad \sigma\frac{\mathrm{d}A}{\mathrm{d}n_B} = \sigma\frac{\mathrm{d}A}{\mathrm{d}V} \cdot \frac{\mathrm{d}V}{\mathrm{d}n_B} = V_m\frac{2\sigma}{r}$$

则

$$\mu_B^\alpha(r) = \mu_B^\alpha(\infty) + V_m\frac{2\sigma}{r} \tag{4.16}$$

3. 分散度对物质蒸气压的影响

在恒温恒压下，设液体 B 以平界面存在时其饱和蒸气压为 $p_B^*(\infty)$，以小液滴状态存在时，其饱和蒸气压为 $p_B^*(r)$。当液体 B 与其气相处于平衡时有

$$\mu_B^l(\infty) = \mu_B^g = G_B^0 + RT\ln\left(\frac{p_B^*(\infty)}{p_B^0}\right) \tag{4.17}$$

$$\mu_B^l(r) = \mu_B^g = G_B^0 + RT\ln\left(\frac{p_B^*(r)}{p_B^0}\right) \tag{4.18}$$

$$\mu_B^l(r) - \mu_B^l(\infty) = RT\ln\left(\frac{p_B^*(r)}{p_B^*(\infty)}\right) \tag{4.19}$$

$$\ln\left(\frac{p_B^*(r)}{p_B^*(\infty)}\right) = \frac{V_m}{RT} \cdot \frac{2\sigma}{r}$$

液相的分散度越大，r 越小，p_B^* 就越大。

4. 分散度对物质溶解度的影响

在恒温恒压下，设物质 B 在某溶剂中溶解，当物质 B 与溶液处于平衡时

$$\mu_B^l(\infty) = \mu_B^0 + RT\ln\left(\frac{c_B^*(\infty)}{c_B^0}\right) \tag{4.20}$$

$$\mu_B^l(r) = \mu_B^0 + RT\ln\left(\frac{c_B^*(r)}{c_B^0}\right) \tag{4.21}$$

$$\mu_B^1(r) - \mu_B^1(\infty) = V_m \frac{2\sigma}{r} = RT\ln \frac{c_B^*(\infty)}{c_B^*(r)} \tag{4.22}$$

$$\ln \frac{c_B^*(r)}{c_B^*(\infty)} = \frac{V_m}{RT} \frac{2\sigma}{r}$$

物质 B 的分散度越大, r 越小, c_B^* 就越大。

4.2　组元挥发热力学与动力学

金属由固态或液态转变为气态的现象统称为挥发。挥发是自然界中普遍存在的一种现象, 在冶金和铸造等领域也有重要作用。利用元素挥发规律可以有效地进行精炼提纯和抑制合金熔化过程中元素的挥发损失。

4.2.1　纯金属的饱和蒸气压和蒸气结构

纯金属的饱和蒸气压随温度的变化规律可以用克劳修斯 – 克莱普朗方程式表示为

$$\frac{dp}{dT} = \frac{L}{T(V_气 - V_液)} \tag{4.23}$$

式中　　p——蒸气压;

T——熔体温度;

L——挥发潜热;

$V_气$——1 mol 液体蒸发后的体积;

$V_液$——1 mol 的液体体积。

由于 $V_气$ 比 $V_液$ 大得多, 故 $V_液$ 可以忽略, 即

$$V_气 - V_液 \approx V_气 \tag{4.24}$$

低压下, 气体遵守理想气体定律:

$$V_气 = \frac{RT}{p} \tag{4.25}$$

式中　　R——摩尔气体常数。将式(4.24)代入式(4.23)中, 可得

$$\frac{dp}{dT} = \frac{L}{T\,V_气} = \frac{Lp}{RT^2} \tag{4.26}$$

变换式(4.26)可得

$$\frac{dp}{p} = \frac{LdT}{RT^2} \tag{4.27}$$

通常用两种方法积分此式。

金属的挥发潜热 L 在温度变动不大时随温度的变化小, 而把它看作常数, 可得

$$\ln p = - \frac{L}{RT} + C \tag{4.28}$$

式中　　C——积分常数。将式(4.28)换为常用对数后, 得

$$\lg p = - \frac{L}{2.303RT} + \frac{C}{2.303} \tag{4.29}$$

将另外两个系数 $D = C/2.303$ 和 $A = -L/2.303R$ 代入式(4.29),有

$$\lg p = AT^{-1} + D \tag{4.30}$$

该式就是常用的蒸气压与温度的关系式,其精度可满足工程上的要求。

金属的挥发潜热 L 随温度变化而变化,即

$$L = L_0 + aT + bT^2 + \cdots + \cdots \tag{4.31}$$

将式(4.31)代入克劳修斯 – 克莱普朗方程式,有

$$d\ln p = \frac{L_0 dT}{RT^2} + \frac{a dT}{RT} + \frac{b dT}{R} + \cdots$$

积分得

$$\ln p = -\frac{L_0}{RT} + \frac{a\ln T}{R} + \frac{bT}{R} + \cdots + 常数$$

或

$$\lg p = -\frac{L_0}{4.575T} - \frac{a \lg T}{1.987} + \frac{bT}{4.575} + \cdots + 常数$$

略去其中的一些数值很小的项,用 A、B、C 和 D 代替各项的系数,则有

$$\lg p = AT^{-1} + B\lg T + CT + D \tag{4.32}$$

该式较第一种积分准确。各种金属的蒸气压和温度关系的各系数 A、B、C 和 D 可在相应手册中查到。表4.1 给出了部分元素 A、B、C 和 D 参数值。

表 4.1 部分元素 A、B、C 和 D 参数值(压力单位为 $\times 133.3$ Pa)

元素	A	B	C	D	温度范围/K
Ag	– 14 400	– 0.85	—	11.70	熔点 ~ 沸点
Al	– 16 380	– 1.0	—	12.32	熔点 ~ 沸点
Au	– 19 280	– 1.01	—	12.38	熔点 ~ 沸点
Ba	– 9 340	—	—	7.42	熔点 ~ 沸点
Be	– 17 000	– 0.775	—	11.90	1 167 ~ 2 670
Bi	– 10 400	– 1.26	—	12.35	熔点 ~ 沸点
Ca	– 8 920	– 1.39	—	12.45	熔点 ~ 沸点
Ce	– 20 304	—	—	8.207	1 611 ~ 2 038
Cr	– 20 400	– 1.82	—	16.23	2 171 ~ 2 938
Cu	– 17 520	– 1.21	—	13.21	熔点 ~ 沸点
Fe	– 19 710	– 1.27	—	13.27	熔点 ~ 沸点
Hg	– 3 305	– 0.795	—	10.355	298 ~ 沸点
Mg	– 7 550	– 1.41	—	12.79	熔点 ~ 沸点
Mn	– 14 520	– 3.02	—	19.24	熔点 ~ 沸点
Nb	– 37 650	+ 0.715	– 0.166	8.94	298 ~ 熔点

续表 4.1

元素	A	B	C	D	温度范围 /K
Ni	− 22 400	− 2.01	—	16.95	熔点 ~ 沸点
Pb	− 10 130	− 0.985	—	11.16	熔点 ~ 沸点
Re	− 40 800	− 1.16	—	14.20	298 ~ 3 000
Si	− 20 900	− 0.565	—	10.78	熔点 ~ 沸点
Sn	− 15 500	—	—	8.23	505 ~ 沸点
Ti	− 23 200	− 0.66	—	11.74	熔点 ~ 沸点
V	− 26 900	+ 0.33	− 0.265	10.12	298 ~ 熔点
Y	− 22 280	− 1.97	—	16.13	熔点 ~ 沸点
Zn	− 6 620	− 1.255	—	12.34	熔点 ~ 沸点
Zr	− 30 300	—	—	9.38	熔点 ~ 沸点

随着近些年现代测试技术和仪器出现以后,对金属蒸气的结构有了进一步的研究,发现许多金属的蒸气不是单原子分子,有的是双原子、三原子等多原子分子,而且有几种分子同时存在。几种常见元素的气体分子结构见表 4.2。

表 4.2　几种常见元素的气体分子结构

元素	Li	Cu	Mg	Zn	Al	C	Si	P
气体分子结构	Li_2	Cu_2	Mg_2	Zn_2	Al_2	C_2	Si_2	P_2
						C_3	Si_3	P_3
						C_4	Si_4	P_4
						C_5		

气体中许多分子存在的数量受温度和压强的影响,通常压强降低或温度升高,多原子分子趋向于分解成较少原子数结合成的分子。

4.2.2　合金元素的饱和蒸气压

合金中组元 i 的饱和蒸气压 p_i 因为组元 i 与其他组元的分子之间的相互作用而与组元 i 在纯物质时的蒸气压 p_i^0 不同,因此可表示为

$$p_i = a_i p_i^0 = \gamma_i x_i p_i^0 \tag{4.33}$$

式中　　a_i——组元 i 的活度;

　　　　p_i^0——组元 i 在纯物质时饱和蒸气压;

　　　　γ_i——组元 i 的活度系数;

　　　　x_i——摩尔分数。

根据各种物质对 i 作用的情况可以分为三种:

①$\gamma_i = 1$ 即所谓的理想溶液,其中相同物质的质点与不同物质的质点之间作用力相同,各种质点在溶液中分布均匀,故有

$$p_i = x_i p_i^0$$

实际上真正符合理想溶液的情况并不多见,只能看到接近理想溶液的例子,如 Cd – Bi 系,如图 4.3 所示。

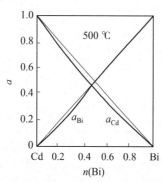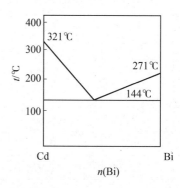

图 4.3　Cd – Bi 的组元活度和状态图

②$\gamma_i > 1$ 称为正偏差。它表明不同元素分子之间的吸引力小于同元素分子之间的吸引力。即

$$p_i > x_i p_i^0$$

Pb – Zn 系和 Pb – Cd 系都是正偏差系。

③$\gamma_i < 1$ 称为负偏差。它表明不同元素分子之间的吸引力大于同元素分子之间的吸引力。按作用力增大的顺序为:

成分范围较宽的固溶体 < 成分范围较窄的固溶体 < 异分熔点化合物 < 同分熔点化合物(达到熔点才分解的化合物)

在负偏差的情况下有

$$p_i < x_i p_i^0$$

组元 i 的实际蒸气压 p_i 小于 $x_i p_i^0$,即阻碍了组元 i 的挥发。

4.2.3　元素挥发动力学

图 4.4 所示为合金元素整个挥发过程的示意图,它包括以下几个阶段:

① 元素从金属熔体内通过液相边界层迁移到金属熔体表面。

② 在金属熔体表面发生从液相转变为气相的气化反应过程。

③ 挥发元素通过气相边界层扩散到气相中去。

图中,β_m 为液相中扩散阶段的传质系数;β_g 为气相中扩散阶段的传质系数;K_m 为界面挥发反应阶段的传质系数;K_g 为界面回凝阶段的传质系数;

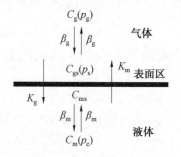

图 4.4　合金元素整个挥发过程的示意图

C_m 为溶解物质或挥发物质在凝结相中的浓度;C_{ms} 为该物质在挥发表面的浓度;p_e 为对应于该浓度的平衡压力(饱和蒸气压);p_s 为挥发过程中挥发表面上挥发元素的表面压力;p_g 为

气体空间的平均压力。在这三个阶段中,连接一个阶段到下一个阶段的条件必须满足,也就是说,在各个阶段中至少应该达到准稳定状态。这些阶段中起决定作用的是最慢物质迁移速率阶段。

图 4.4 中各阶段之间组成具有以下三个阶段的图式,每个阶段挥发元素的传质速率就为图式中相应阶段的箭头上下两项之和。如液相内扩散阶段的传质速率 $\dfrac{\mathrm{d}n_\mathrm{m}}{\mathrm{d}t}$ 就为 $-\beta_\mathrm{m}(C_\mathrm{m} - C_\mathrm{ms})$。

$$C_\mathrm{m} \underset{-\beta_\mathrm{m} \cdot C_\mathrm{ms}}{\overset{\beta_\mathrm{m} \cdot C_\mathrm{m}}{\rightleftharpoons}} C_\mathrm{ms} \underset{-K_\mathrm{g} \cdot C_\mathrm{gs}}{\overset{K_\mathrm{m} \cdot C_\mathrm{ms}}{\rightleftharpoons}} C_\mathrm{gs} \underset{-\beta_\mathrm{g} \cdot C_\mathrm{g}}{\overset{\beta_\mathrm{g} \cdot C_\mathrm{gs}}{\rightleftharpoons}} C_\mathrm{g}$$

在熔体扩散层内的迁移　　在反应区的相变　　在气相中的迁移

图 4.5 所示为通过气液界面上的质量传递对各种不同的控制形式所表现的浓度和分压的情况。下面分别讨论不同的阶段作为控制环节时相应的挥发行为和挥发速率计算式。

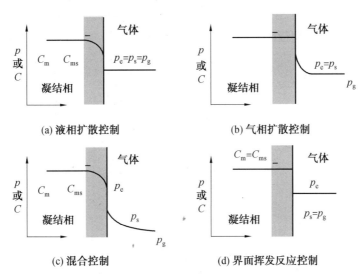

图 4.5　通过气液界面上的质量传递对各种不同的控制形式所表现的浓度和分压的情况

1. 液相控制

元素在液相内部的传质,是受各种原因引起的对流所影响的。一方面,可以人为地促成对流,例如使用感应搅拌;另一方面,也可以因液体的密度差自然地产生对流,如由于熔体表面的热辐射而使上层变得比下层冷些从而产生对流。对流的影响只能使熔体内部的浓度均匀化。在大多数情况下,这种均匀化足以迅速地把熔体内部的浓度与体积浓度一致起来。物质交换的更重要过程,一般是在界面上的迁移。这种迁移是以扩散的形式发生在挥发界面上的扩散界面层中。界面层传质的驱动力,是与流动方向相垂直的浓度差。

根据 Fick 第一定律,通过某一单元界面的传质与熔体内部和表面的浓度差成正比。因此单位时间单位面积上扩散走的某组元的通量为

$$\frac{\mathrm{d}n_\mathrm{m}}{\mathrm{d}t} = - D \cdot \frac{C_\mathrm{m} - C_\mathrm{ms}}{\delta_\mathrm{m}} = - \beta_\mathrm{m}(C_\mathrm{m} - C_\mathrm{ms}) \tag{4.34}$$

式中　　C_m——熔体内部挥发组元的浓度；

　　　　C_ms——与挥发元素在熔体表面上的分压相平衡的表面浓度。

由式（4.34）定义的 β_m 是传质系数（或迁移系数），单位为 cm/s，是表示通过相界面物质转移的一个假想速度。在通常的真空冶金中，可以通过测定某组元从熔体中的挥发损失量来确定。

对于计算传质系数及其与时间的关系都是基于下述概念，即单元容积的熔体从内部向表面迁移是由于对流作用的结果，而后这些容积单元的在它们转回到熔体内部之前运动，只有在一定的时间 t_s 内与表层熔体接触，并平行于熔体表同流动。在这段接触时间内，形成了扩散界面层，该层的厚度增加到多大，取决于扩散系数 D 和接触时间 t_s。如果流动过程可用数学项来表示，并能计算出接触时间，那么传质系数的计算就有可能，至少能得到一次近似值。计算扩散界面层中浓度变化所导出的数学函数，与高斯误差函数形式相同，如图 4.6 所示。该图以浓度差 $(C - C_\mathrm{ms})/(C_\mathrm{m} - C_\mathrm{ms})$ 为纵坐标，以对界面的相对距离 x/δ_m 为横坐标绘制而成。因此，纵坐标 0 相当于表面（$C = C_\mathrm{ms}$），纵坐标 1 相当于熔体内部（$C = C_\mathrm{m}$）。

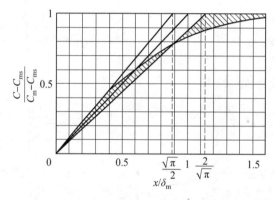

图 4.6　合金元素挥发时熔体界面层中的浓度梯度

这个函数的最佳近似值是斜率为 $2/\sqrt{\pi}$ 的直线。但习惯上往往用斜率为 1 的直线作近似计算，得到的理论结果仅高约 12%。这条线的方程是

$$\frac{C - C_\mathrm{ms}}{C_\mathrm{m} - C_\mathrm{ms}} \approx \frac{x}{\delta_\mathrm{m}} \tag{4.35}$$

微分后为

$$\frac{\mathrm{d}c}{\mathrm{d}x} = \frac{C_\mathrm{m} - C_\mathrm{ms}}{\delta_\mathrm{m}} \tag{4.36}$$

其中，δ_m 视为扩散界面层的有效厚度，在该层中浓度从 C_m 降到 C_ms 是线性的。根据菲克第一定律，单位时间内通过垂直于浓度梯度的平面的单位面积上的物质通量为

$$\frac{\mathrm{d}n_\mathrm{m}}{\mathrm{d}t} = - D \frac{\mathrm{d}c}{\mathrm{d}x} = - \frac{D}{\delta_\mathrm{m}}(C_\mathrm{m} - C_\mathrm{ms}) \tag{4.37}$$

式中　　D——扩散系数。

　　流束在相界面上的停留时间 t_s 内扩散界面层厚度与时间的关系,从图 4.7 中可得到一次近似。该图表示:当界面层的厚度增加 $\mathrm{d}\delta$,在厚度为 δ_m 的容积单元内所含物质的质量变化程度。这个量必定等于物质的转移量 $\mathrm{d}n$,即

$$\frac{\mathrm{d}n_m}{\mathrm{d}t} = -\frac{1}{2}(C_m - C_{ms})\frac{\mathrm{d}\delta}{\mathrm{d}t} \qquad (4.38)$$

由式(4.37)和(4.38)得下列方程式

$$\frac{\mathrm{d}\delta}{\mathrm{d}t} = \frac{2D}{\delta_m} \qquad (4.39)$$

积分后得到

$$t_s = \frac{\delta_m^2}{4D} \qquad (4.40)$$

或

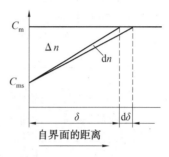

图 4.7　熔体界面层中容积单元的浓度变化

$$\delta_m = 2\sqrt{Dt_s} \qquad (4.41)$$

取平均值,则

$$\delta_{m(平均)} \approx \sqrt{Dt_s} \qquad (4.42)$$

从而可得

$$\beta_{m(平均)} = \sqrt{\frac{D}{t_s}} = \sqrt{D\frac{v}{s}} \qquad (4.43)$$

式中　s——界面层中被熔体的容积单元所覆盖的距离;

　　　v——流动的速度。

　　那么,对于具有强烈感应搅拌作用的感应熔炼来说,其传质系数又怎样处理呢? Machlin 提出了如下的处理精炼过程中气体的去除以及熔体与坩埚之间反应的传质过程的"硬流"模型。同样可以把它应用于处理感应熔炼过程中合金元素的挥发过程。

　　在还没有计算边界层的理论之前,其计算是根据某一假想的界面稳定层,即所谓伦斯脱(Nernst)界面层进行的。这个界面层的厚度是用回归法确定的,然后用于其他的迁移问题。当然这种计算是相当任意的。为了对精炼过程和熔体与坩埚之间反应过程的传质进行计算,有一个较为可靠的基础,Machlin 曾首先从系统的有关参数推导出该界面层的厚度,并提出了所谓的"硬流"模型。当然,这个模型只能用于具有感应搅拌的熔体,或具有类似强迫对流的熔体。

　　如图 4.8 所示,感应线圈的中频磁场与熔体中感应涡流间相互作用所形成的力,使熔体产生流动的情况。Machlin 以这样的假设作为他提出的概念的依据,他认为沿着熔体－气体或熔体－坩埚界面运动的熔体,好像是一个刚体,并且垂直于表面的速度梯度几乎为零。在坩埚中心上升的熔体,迅速地流向四周,然后沿坩埚壁向下。

　　如图 4.9 所示,流线网络示意地表示了扩散界面层的厚度,且假定其厚度显著地小于流动的深度。在这个模型的基础上,合金元素的挥发速率为

$$\frac{\mathrm{d}n_m}{\mathrm{d}t} = -2(C_m - C_{ms}) \cdot \left(\frac{2Dv}{\pi r}\right)^{\frac{1}{2}} \qquad (4.44)$$

　　于是可得

$$\beta_{\mathrm{m}} = 2 \cdot \left(\frac{2Dv}{\pi r}\right)^{\frac{1}{2}} \tag{4.45}$$

式中　　v——熔体在坩埚壁附近流动的速度；

　　　　r——坩埚的半径。

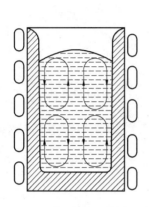

图 4.8　在感应加热熔体中的流线　　　　图 4.9　在用感应搅拌的熔体的自由表面上流线
　　　　　　　　　　　　　　　　　　　　　　　　网络和扩散界面层(无标刻度)

　　从对容量为 100 g 到 1 t 的各种感应炉的熔体表面进行测定的结果来看,约为 10 cm/s,并能精确到一个数量级。

　　当然,根据这一理论计算的传质过程要作为严格的定量计算依据还是不够的,而且 Machlin 本人对这个非常简单的模型的应用限度也颇为重视。虽然如此,仍然证明该模型作为研究动力学问题的出发点,特别是用以估量反应的趋势还是有益的。

2. 气液界面控制

　　根据 Langmuir 理论,纯金属的挥发速率(mol/(cm² · s)) 为

$$\frac{\mathrm{d}n_{\mathrm{g}}}{\mathrm{d}t} = - K_{\mathrm{L}}\varepsilon p_{\mathrm{e}}\sqrt{\frac{1}{M_i T_{\mathrm{ms}}}} \tag{4.46}$$

式中　　K_{L}——Langmuir 方程系数,当 p_{e} 以托为单位时,$K_{\mathrm{L}} = 0.058\ 33$；

　　　　ε　——凝结系数,对于金属蒸气来说一般为 1；

　　　　p_{e}——挥发元素在 T_{ms} 温度时的饱和蒸气压；

　　　　T_{ms}——挥发界面上熔体的温度；

　　　　M_i——挥发元素的相对原子质量。

一般习惯上把这个方程式的有效性扩大应用到合金熔体中元素的挥发过程。 按照 Langmuir 的假说,这个方程式甚至对不平衡状态也是正确的。把方程(4.11)代入此方程可得组元 i 的挥发速率为

$$\frac{\mathrm{d}n_{\mathrm{g}}}{\mathrm{d}t} = - K_{\mathrm{m}}C_{\mathrm{ms}(i)} = - K_{\mathrm{L}}\varepsilon p_i^0 \gamma_i x_i \sqrt{\frac{1}{M_i T_{\mathrm{ms}}}} =$$

$$- K_{\mathrm{L}}\varepsilon p_i^0 \gamma_i \cdot V \cdot C_{\mathrm{ms}(i)} \cdot \sqrt{\frac{1}{M_i T_{\mathrm{ms}}}} \tag{4.47}$$

式中　　x_i—— 挥发组元 i 的摩尔分数；

　　　　V—— 合金熔体的总摩尔体积，cm^3/mol。

这时合金元素挥发传质系数 K_m 为

$$K_m = K_L \varepsilon p_i^0 \gamma_i \cdot V \cdot \sqrt{\frac{1}{M_i T_{ms}}} \tag{4.48}$$

上面两个公式都是在假设挥发过程中挥发组元的蒸气在挥发界面处的压力为零时的理想挥发速率，但实际上由于有外压(惰性气体) 的存在，实际的挥发速率要比此值小。这时因为在较高的残余气体压强下，残余气体粒子(包括惰性气体分子、金属蒸气粒子以及空气分子) 与挥发金属粒子之间互相碰撞。在此过程中部分金属粒子会背着熔体表明散射，也就是说，提高残余气体压强，会再次为提高反方向的传质创造条件。在这种场合，合金组元 i 的挥发速率可表示为

$$\frac{dn_g}{dt} = K_m \cdot C_{ms} - K_g \cdot C_{gs} = K_L \varepsilon (p_{e(i)} - p_{g(i)}) \sqrt{\frac{1}{M_i T_{ms}}} \tag{4.49}$$

式中　　$p_{e(i)}$—— 熔体上方组元 i 的饱和蒸气压；

　　　　$p_{g(i)}$—— 在挥发表面附近气体空间组元 i 的蒸气分压。

3. 气相控制

对于金属原子在气相边界层中的迁移，类似于在熔体边界层中的扩散，是离开和趋向表面的两个挥发气流之差。倘若压力相当低，换句话说，如果金属蒸气原子的平均自由程相当大时，这两个蒸气流可以认为是毫不相关的。每一蒸气流分别正比于表面的或气体空间的粒子密度，并且正比于蒸气原子的传质系数 β_g，该速度在等温等压条件下，可以假设在两个方向是相等的。因此对于本阶段可以得到

$$\frac{dn_g}{dt} = -D \frac{(C_{gs} - C_g)}{\delta_g} = -\beta_g (C_{gs} - C_g) = -\frac{\beta_g}{RT^m}(p_s - p_g) \tag{4.50}$$

其中，传质系数 β_g 为

$$\beta_g = D/\delta_g \tag{4.51}$$

δ_g 为气相边界层的厚度；T 为熔化室内气体温度。

4. 混合控制

方程(4.49) 中当挥发达到平衡，即 $dn_g/dt = 0$ 时，方程可以写成

$$\frac{K_g}{K_m} = \frac{C_{ms}}{C_{gse}} = L \tag{4.52}$$

式中　　C_{gse}—— 平衡气相中的浓度；

　　　　L—— 物质的奥斯脱华尔特(Ostwald) 溶解度系数。

如果熔体中的扩散、挥发以及气相中的扩散共同控制元素的整个挥发过程，那么联立式(4.34) 和(4.49) ~ (4.50) 可得

$$\frac{dn_m}{dt} = -\frac{C_m - LC_g}{\dfrac{1}{\beta_m} + \dfrac{1}{K_m} + \dfrac{L}{\beta_g}} \tag{4.53}$$

令

$$\frac{1}{\beta} = \frac{1}{\beta_m} + \frac{1}{K_m} + \frac{L}{\beta_g} \tag{4.54}$$

则可得

$$\frac{dn_m}{dt} = -\beta(C_m - LC_g) \tag{4.55}$$

这里 β 是总的传质系数,它的倒数(即传质的总阻力)是熔体在相变以及气体空间中各个阻力的总和。

由于 K_m 与 β_g 之间存在如下的关系:

$$\beta_g = \sqrt{\frac{RT_{ms}}{2\pi M_i}} = \frac{LK_m}{\varepsilon} \tag{4.56}$$

因此,当挥发反应和气相中的扩散成为挥发的控制环节时,挥发速率可表示为

$$\frac{dn_m}{dt} = -\frac{C_m - LC_g}{\frac{1}{K_m} + \frac{L}{\beta_g}} = \frac{C_{gse} - C_g}{\frac{1}{K_m L} + \frac{1}{\beta_g}} = -\frac{\varepsilon\beta_g}{RT_{ms}} \cdot \frac{(p_e - p_g)}{1 + \varepsilon} \tag{4.57}$$

而如果熔体中的扩散和挥发成为挥发过程的控制环节(外压很低,$C_g \rightarrow 0$)时,挥发速率则表示为

$$\frac{dn_m}{dt} = \frac{C_m}{\frac{1}{\beta_m} + \frac{1}{K_m}} = \frac{C_m}{\frac{\delta_m}{D} + \frac{C_m}{0.058\,33 \cdot p_e\varepsilon}\sqrt{\frac{T_{ms}}{M_i}}} \tag{4.58}$$

5. 真空感应熔炼过程中合金元素挥发控制环节

合金熔炼过程中,具体是哪个环节起控制作用或者是哪几个环节同时起作用取决于具体的熔炼方法以及所熔炼的合金组元的蒸气压和熔炼室的真空度。Ward 认为在真空感应熔炼过程中,由于存在剧烈的电磁搅拌作用及真空室内存在着大的冷凝面以及真空中分子运动快,蒸气压较高的元素,当气相压力较低时,合金元素的挥发过程受控于液相边界层中的扩散;当气相压力较高时,其挥发过程受控于合金元素在气液界面的挥发反应,但对于不同的合金元素所需要的临界真空度是不一样的。所谓的临界真空度是指这样一个真空度,当真空室内的真空度大于此值时,可以认为外压或外界气氛对合金元素的挥发没有影响,即合金元素处于自由挥发状态。

对钢在真空感应熔炼过程中合金化元素的挥发进行了深入的研究,研究结果表明 Mn 元素的挥发在高温下以熔体边界层中的扩散控制为主,而在低温下则以挥发控制为主;具有比 Mn 的蒸气压($\gamma \cdot p^0$)高的一些元素如 Zn 和 Pb,它们的挥发损失在钢的熔化温度下将完全由熔体边界层中的扩散控制;具有比 Mn 低的蒸气压力的许多元素如 Cr、Cu 以及 Al 等,它们的挥发损失受表面挥发过程所控制,在通常钢的熔化温度下,它们的挥发速率接近于修正 Langmuir 方程的计算值。这一点被 Ward 等人最初的测定结果所证实。

众多的研究结果都认为,在真空熔炼过程中,由于真空度都比较高,挥发元素的平均自由程都比较大甚至超过了真空室范围,因此气体空间的扩散一般不会成为合金元素挥发的控制环节。对真空感应熔炼 Ti – 15V – 3Cr – 3Sn – 3Al 合金中 Al、Cr 和 Sn 元素的挥发行为的研究结果表明,用公式(4.49)计算的结果与实验测定的结果吻合较好,因此这三种元素

的挥发都属于界面控制类型。

如果以真空感应过程为例,对其合金元素挥发各环节的传质系数进行分析,也不难看出这一点。假定熔体中的扩散符合 Machlin"硬流"模型,则根据式(4.45)得

$$\beta_{\mathrm{m}} = 2 \cdot \left(\frac{2Dv}{\pi r} \right)^{\frac{1}{2}}$$

实验结果表明,几乎所有的液体,从溶液到熔融炉渣,其扩散系数都在同一数量级 $10^{-4} \sim 10^{-5}$ cm^2/s;根据 Machlin 的理论,v 取 10 cm/s,而在实际的真空感应熔炼过程中,其值还要更大;r 取 6 cm。把这些值代入计算可得 $\beta_{\mathrm{m}} \approx 10^{-2} \sim 10^{-3}$ cm/s。

根据式(4.56),得

$$\beta_{\mathrm{g}} = \sqrt{\frac{RT_{\mathrm{ms}}}{2\pi M_i}}$$

熔炼钛合金时,熔体温度一般在 1 600 ~ 2 000 K,该值的大小在 10^4 cm/s 数量级左右;而对 Ti – 15V – 3Cr – 3Sn – 3Al 合金真空感应熔炼过程中合金元素的挥发损失的研究结果表明,Al、Cr 和 Sn 三元素的 K_{m} 在 $10^{-4} \sim 10^{-5}$ cm/s 之间。从三者的比较来看,真空感应熔炼 Ti – 15V – 3Cr – 3Sn – 3Al 合金时

$$K_{\mathrm{m}} < \beta_{\mathrm{m}} \ll \beta_{\mathrm{g}} \tag{4.59}$$

由于大部分钛合金中的易挥发合金元素也无外乎以上几种,而且它们的含量都差不多,因此可以粗略认为真空感应熔炼钛合金时,大部分合金元素以表面挥发控制为主,某些元素含量比较高且蒸气压也比较大的合金元素可能由熔体中的扩散和挥发同时作用。具体怎样判断钛合金真空感应熔炼过程中合金元素挥发的控制环节,将在后面介绍。

4.2.4　典型合金真空熔炼过程中合金元素挥发控制方式的判断

在前面曾经简要地分析了合金的真空感应熔炼过程中合金元素的挥发控制方式,即界面挥发控制或界面挥发和液相边界层中扩散同时起作用的双重控制。下面对钛合金在不同熔体温度和外压下的各种控制环节的传质系数进行计算并进行比较,从中就可明显地判断出一定熔体温度和外压条件下合金元素挥发的控制方式。

1.液相边界层扩散控制

假设合金元素在熔体边界层中的质量传递服从马奇林(Machlin)模型,则这个过程的传质系数可用式(4.45)表示,即

$$\beta_{\mathrm{m}} = 2 \cdot \left(\frac{2Dv}{\pi r} \right)^{\frac{1}{2}}$$

这里把 D 和 v 都认为是熔体温度 T 的函数,这是符合真空感应熔炼实际的,因为在真空感应熔炼过程中,熔体温度越高,所加的功率就越大,相应地熔体中的电磁搅拌越剧烈,D 和 v 都会增大。如前面所棕,几乎所有的液体,从溶液到熔融炉渣,其扩散系数都在同一数量级 $10^{-4} \sim 10^{-5}$ cm^2/s 之间;根据 Machlin 的理论,v 约为 10 cm/s。因此这里我们人为地处理这两个量,即把 10^{-4} 和 10^{-5} cm^2/s 分别作为扩散系数 D 的上下限,把5 cm/s 和 10 cm/s 分别作为熔体流动速度 v 的上下限。在某个熔体温度区间($T_1 \rightarrow T_2$)内

$$D = 10^{-5} + (10^{-4} - 10^{-5}) \cdot \frac{T - T_1}{T_2 - T_1} \qquad (4.60)$$

$$v = 5 + (10 - 5) \cdot \frac{T - T_1}{T_2 - T_1} \qquad (4.61)$$

把这两式代入式(4.45)就可计算出不同熔体温度时合金元素在熔体边界层中的传质系数。

2.气液界面控制

当不考虑外压对合金组元 i 的挥发速率的影响时,界面控制的传质系数 K_m 用式(4.48)进行计算,但在实际熔炼过程中外压对挥发损失的影响是不可忽略的,此时的挥发损失速率 $\frac{\mathrm{d}n_g}{\mathrm{d}t}$ 用式(4.49)进行计算,与式(4.48)类似,传质系数可表示为

$$K_m = \frac{1}{C_{m(i)}} \cdot \frac{\mathrm{d}n_g}{\mathrm{d}t} = \frac{K_L \varepsilon (p_{e(i)} - p_{g(i)}) \sqrt{\dfrac{1}{M_i T_{ms}}}}{C_{m(i)}} \qquad (4.62)$$

这个公式中存在一个比较难以确定的量,那就是挥发组元 i 在挥发界面附近气体空间中的分压 $p_{g(i)}$,因为它是一个随时间不断变化的量。为此根据真空感应熔炼工艺的实际情况建立了一个求解分压的模型,如图4.10所示,整个模型的建立和推导如下。

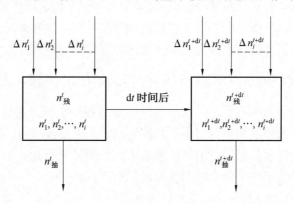

图4.10　真空室内气体浓度变化模型图

建立此模型时有如下的假设:

(1) 真空室内气体为理想气体。

(2) 任一微小的时间间隔内($\mathrm{d}t$),挥发进入真空室的蒸气与被抽走的混合气体的摩尔数是相等的。也就是说,真空室内的压力(这里把它表示为 $p_{外}$)不变。

(3) 任一时刻抽走的气体中各种蒸气(包括残余气体)所占的比例与当时真空室内每种气体的摩尔分数成正比。

图中 $\Delta n_1^t \sim \Delta n_i^t$ 表示 t 到 $t + \mathrm{d}t$ 时间内挥发进入真空室的各种金属的摩尔数,它们可用下面的公式表示:

$$\Delta n_i^t = \frac{N_{m,i}^t S \cdot dt}{M_i} \tag{4.63}$$

式中　$N_{m,i}^t$——t 时刻 i 组元的挥发损失速率；

　　　M_i——i 组元的相对原子质量；

　　　S——i 组元的挥发面积。

$\Delta n_1^{t+dt} \sim \Delta n_i^{t+dt}$ 表示 $t + dt$ 到 $t + 2dt$ 时间内进入真空室的各组元的摩尔数，其表达式类似于上式；$n_1^t \sim n_2^t$ 以及 $n_{残}^t$ 表示 t 时刻真空室内各种蒸气和残余气体的摩尔数；$n_{抽}^t$ 表示 t 到 $t + dt$ 时间内抽走的所有气体的摩尔数，根据前面的假设（1），$n_{抽}^t$ 可表示为

$$n_{抽}^t = \sum_{i=1}^{r} \Delta n_i^t \tag{4.64}$$

同理

$$n_{抽}^{t+dt} = \sum_{i=1}^{r} \Delta n_i^{t+dt} \tag{4.65}$$

式中　r——真空室内总的金属蒸气种类。

另外，因为真空室内压力保持不变，因此下式成立：

$$\sum_{i=1}^{r} n_i^t + n_{残}^t = \sum_{i=1}^{r} n_i^{t+dt} + n_{残}^{t+dt} = \frac{p_{外} V}{RT'} \tag{4.66}$$

式中　V——真空室的有效体积；

　　　T'——真空室内气体空间的温度，一般为 310 K；

　　　R——气体常数。

根据假设（2），t 到 $t + dt$ 时间内抽走的气体中金属蒸气 i 所占的摩尔数为

$$n_{i,抽}^t = n_{抽}^t \cdot \frac{n_i^t}{\sum\limits_{i=1}^{r} n_i^t + n_{残}^t} \tag{4.67}$$

则 $t + dt$ 时刻真空室内 i 组元的摩尔数为

$$n_i^{t+dt} = (n_i^t + \Delta n_i^t) - n_{i,抽}^t = (n_i^t + \Delta n_i^t) - \left(\sum_{i=1}^{r} \Delta n_i^t \right) \frac{n_i^t}{\sum\limits_{i=1}^{r} n_i^t + n_{残}^t} \tag{4.68}$$

则 $t + dt$ 时刻真空室内 i 组元的分压为：

$$p_{g(i)}^{t+dt} = \frac{n_i^{t+dt}}{\sum\limits_{i=1}^{r} n_i^{t+dt} + n_{残}^{t+dt}} \cdot p_{外} \tag{4.69}$$

把式（4.66）和（4.68）代入此方程可得

$$p_{g(i)}^{t+dt} = \frac{RT'(n_i^t M_i + N_{m,i}^t S \cdot dt)}{VM_i} - \frac{R^2 T'^2 n_i^t \left(\sum\limits_{i=1}^{r} \dfrac{N_{m,i}^t S \cdot dt}{M_i} \right)}{p_{外} V^2} \tag{4.70}$$

3. 液相中扩散和界面挥发双重控制

这种控制方式是挥发组元在熔体界面层中的扩散和在界面处的挥发反应双重作用的结果，这个过程的传质系数 K 可写为

$$K = \frac{K_m \cdot \beta_m}{K_m + \beta_m} \tag{4.71}$$

从式(4.71)可明显看出,当 $K_m \ll \beta_m$ 时,$K \to K_m$,即合金元素的挥发受控于界面挥发反应;相反当 $K_m \gg \beta_m$,$K \to \beta_m$,这时合金元素的挥发受控于熔体边界层中的扩散;而如果 K_m、β_m 的大小差不多时,则为双重控制方式。因此,对于某一特定的合金,只要计算出一定熔体温度和外压条件下的 K_m 和 β_m,二者进行比较,就可确定出合金元素在相应条件下的挥发控制方式。

4. 影响控制环节的因素

(1)熔体温度。

图4.11所示为不同熔体温度对 Ti – 5Al – 2.5Sn 合金中 Al 元素传质系数的影响。很明显,随着熔体温度的升高,液相边界层内的传质系数 β_m 和挥发反应阶段的传质系数 K_m 都不断增大,但 K_m 增大的趋势比 β_m 大得多,因此随着熔体温度的升高,Al 元素的挥发控制方式由低温时的界面控制向界面控制和液相控制同时起作用的双重控制方式转变,只是二者的转变温度稍有不同,Al 元素为 2 200 K 左右,而 Sn 为 2 300 K 左右。

(2)外压。

外界压力对界面挥发传质系数 K_m 的大小有比较显著的影响(图4.12),外压的增大使 K_m 逐渐降低,相应地也会使元素的挥发由双重控制变为单一的界面控制($K \to K_m$),当然外压要大到什么程度要视合金元素的蒸气压而定,一般来说,外压应大于合金元素在熔体中的饱和蒸气压。不管怎么说,2 200 K 以前,当外压大于 10^{-4} mmHg(1 mmHg = 133.322 Pa)时,Al 和 Sn 元素的挥发由界面的挥发反应控制,因为这时 $K_m \ll \beta_m$。

另外,成分对传质系数也有重要影响。

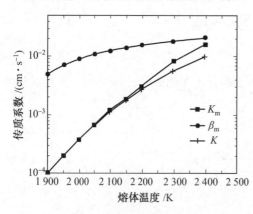

图4.11 不同熔体温度对 Ti – 5Al – 2.5Sn 中
Al 元素传质系数的影响
(外压为 133.3 × 10^{-3} Pa)

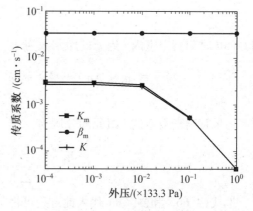

图4.12 不同外压对 Ti – 5Al – 2.5Sn 中 Al 元素传质系数的影响
(外压为 133.3 × 10^{-3} Pa)

5. 熔体中多组元的挥发

如同 Langmuir 指出的那样,如果熔体中组元以分子的形态挥发,组元相对分子质量的大小对挥发速率的影响必须考虑。因此不能简单地用熔体中各个组元的饱和蒸气压的大小来判断组元间的挥发趋势。这里引入了另一个参数来判断熔体中组元的挥发趋势,即相对挥发系数。

(1) 熔体组元挥发趋势判断模型。

在某一温度下,对某种合金熔体,组元 i 的饱和蒸气压可以表示为

$$p_i^e = x_i \cdot \gamma_i \cdot p_i^0 \tag{4.72}$$

式中　　p_i^e—— 合金熔体中组元 i 的饱和蒸气压,Pa;

x_i—— 熔体中组元 i 的摩尔分数;

γ_i—— 熔体中组元 i 的活度系数;

p_i^0—— 纯组元 i 的饱和蒸气压,Pa。

对式(5.72),p_i^0 可以从有关文献上查到,而 γ_i 的获得要困难得多。熔体中组元活度的获得一般有两种方法,即实验测量和基于热力学的理论计算。对 TiAl 基合金这样的高活性熔体,用实验方法测定组元的活度系数非常困难,但是熔体中组元的活度(或活度系数) 又是研究熔体性能的一个重要指标。为此,正如第 3 章所指出的那样,近年来,国内外学者对熔体中组元活度的模拟计算已经进行了广泛而深入的研究,建立了多个模型,计算的准确性也已得到证实。本文对合金熔体中各组元的活度系数的确定均采用文献提供的理论模型进行计算。

当熔体与真空室中气体达到平衡时,对合金熔体,设组元 i 的饱和蒸气压为 p_i^e,且真空室中金属蒸气满足理想气体状态方程。那么,由理想气体状态方程可以得到,组元 i 在真空室中的蒸气密度可推导为

$$p_i^e V = n_i RT$$

$$n_i = \frac{\rho_i V}{M_i}$$

$$p_i^e V = \frac{\rho_i V RT}{M_i}$$

$$\rho_i = \frac{p_i^e M_i}{RT_{va}} \tag{4.73}$$

式中　　n_i—— 真空室中组元 i 的摩尔数;

R—— 气体常数;

ρ_i—— 组元 i 在真空室中蒸气中的密度,kg/m^3;

V—— 真空室的体积;

M_i—— 组元 i 的摩尔质量,g/mol;

T_{va}—— 真空室中气体的温度,K。

同理也可以写出熔体中组元 j 在真空室中的蒸气密度 ρ_j,式中各量的意义与(4.73) 相似,即

$$\rho_j = \frac{p_j^e M_j}{RT_{va}} \tag{4.74}$$

比较金属蒸气中组元 i 和组元 j 的含量有

$$\frac{\rho_i}{\rho_j} = \frac{p_i^e M_i}{p_j^e M_j} \tag{4.75}$$

如果合金熔体中组元 i、j 的质量分别为 m_i、m_j，则熔体中组元 i、j 的摩尔分数的比为

$$\frac{x_i}{x_j} = \frac{m_i M_j}{m_j M_i} \tag{4.76}$$

由式(4.72)和(4.75)得到

$$\frac{\rho_i}{\rho_j} = \frac{\gamma_i x_i p_i^0 M_i}{\gamma_j x_j p_j^0 M_j} \tag{4.77}$$

由式(4.76)和(4.77)得

$$\frac{\rho_i}{\rho_j} = \frac{\gamma_i p_i^0}{\gamma_j p_j^0} \cdot \frac{m_i}{m_j} \tag{4.78}$$

令 $\beta = \dfrac{\gamma_i p_i^0}{\gamma_j p_j^0}$，则有

$$\frac{\rho_i}{\rho_j} = \beta \frac{m_i}{m_j}$$

$$\beta = \frac{\rho_i / \rho_j}{m_i / m_j} \tag{4.79}$$

式(4.79)中分子项是 i、j 两组元在真空室蒸气中的质量之比，而分母项是两组元在熔体中的质量之比，比例系数为 β，将其定义为相对挥发系数。这样，当熔体中组元挥发达到平衡时，β 就可以被用来当作合金熔体两个组元在气液相中成分差异的判断标准，也可以被当作熔体中各个组元之间挥发趋势的判断指标。因此将有如下的三种情况：

① 当 $\beta = 1$ 时，式(4.79)变成

$$\frac{\rho_i}{\rho_j} = \frac{m_i}{m_j}$$

这时，气液两相中两组元的质量比相等，也就是说两组元按照熔体初始成分同步挥发，这样合金的成分在熔炼前后将不会发生变化，合金挥发的结果只是使得在熔炼后合金的总质量减少。

② 如果 $\beta > 1$，式(4.79)变成

$$\frac{\rho_i}{\rho_j} > \frac{m_i}{m_j}$$

在这种情况下，组元 i 在蒸气中的质量分数比其在熔体中所占的质量分数要大，也就是组元 i 比组元 j 挥发得更严重一些，合金的成分在熔炼前后将发生变化，组元挥发的结果将会导致熔体中 i 组元的含量比其初始成分要小一些。如果 $\beta \gg 1$，则相对组元 i 来说，组元 j 的挥发可以忽略不计。

③ 如果 $\beta < 1$，式(4.79)变成

$$\frac{\rho_i}{\rho_j} < \frac{m_i}{m_j}$$

这与第二种情况相反,这时熔体中组元 j 将比组元 i 挥发严重。同样,当 $\beta \ll 1$ 时,熔体在熔炼过程中由于挥发所导致的合金成分的变化主要是由于组元 j 的挥发所致。针对后面两种情况,为了减少合金在熔炼过程中成分的变化,在合金熔炼过程中应该采取一些必要的措施,如往真空室中反充氩气增加真空室中的压力,控制加热功率不要让熔体温度过高等。

（2）熔体组元挥发趋势计算结果与讨论。

当用式（5.79）来判断熔体中组元之间挥发趋势大小的时候,由挥发趋势大小的定义可知,其大小取决于各个组元的活度系数与纯组元的饱和蒸气压。蒸气压的大小可以由相关的热力学手册查找计算,而由于熔体的一些性质,如高温、高活性,通过实验来对熔体中组元活度（或活度系数）的测量往往是困难的、有限的。为此,正如第 3 章所指出的那样,国内外很多学者通过从热力学基本定律出发,建立理论模型对熔体中组元的活度进行模拟与预测,并且通过有限的实验测量来检测理论模型的正确性。为此这里采用已经建

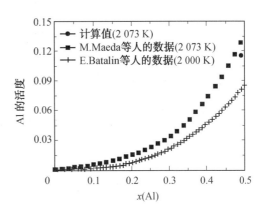

图 4.13 　TiAl 熔体中 Al 组元活度计算值与
实验值比较

立起来的模型来对 TiAl 熔体中组元的活度系数进行理论上的模拟计算。图 4.13 所示为当熔体温度为 2 073 K 时,TiAl 熔体中 Al 的原子百分比为（0 ~ 50%）时 Al 组元的活度系数,从图中可以发现 Al 组元的活度远小于 1,表明 TiAl 熔体相对于理想溶液呈负偏差,这与 Ti 与 Al 原子的强烈作用有关。同时随着熔体中 Al 的原子百分含量的增加,Al 组元的活度也随着相应地增加,这主要是熔体中 Al 原子的增加进而减少了每个 Al 原子周围 Ti 原子的数目。

为了检测理论计算模型的正确性,图 4.13 中还同时给出了两组实验测量值。对比理论计算值与实验测量值可以发现,本书采用的理论模型对 Al 组元活度随成分变化的趋势及其大小的预测的可靠性都是比较好的。

图 4.14 与图 4.15 所示分别为 TiAl 熔体中不同温度下 β 随着 Al 含量的变化和 TiAl 熔体中不同 Al 摩尔分数下 β 随温度的变化。

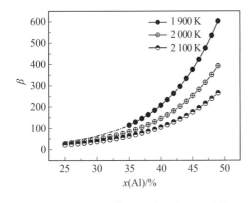

图 4.14 　TiAl 熔体中不同温度下 β 随着
Al 含量的变化

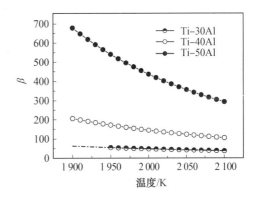

图 4.15 　TiAl 熔体中不同 Al 摩尔分数下
β 随温度的变化

需要指出的是,图 4.14 和图 4.15 中的虚线表示该状态下的合金不是熔体。从图 4.14 可以发现,随着 TiAl 熔体中 Al 原子数分数的增加,Al、Ti 组元之间的相对挥发系数 β 也增加。当熔体温度大于 1 900 K 时,Al 的原子数分数为 25% ~ 50% 时,相对挥发系数 β(Al∶Ti) 恒大于 30。而图 4.15 表明,随着熔体温度的升高,Al、Ti 组元之间的相对挥发系数 β 减小,说明随着熔体温度的升高 TiAl 熔体中各个组元的挥发趋势趋向一致。

但是,实际上应用广泛的 TiAl 基合金,合金中的 Al 原子数分数往往高于 0.3,这样当熔体温度低于 2 100 K 时,Al 组元的挥发趋势分别比 Ti 组元的挥发趋势大几乎两个数量级以上。这说明在合金的真空熔炼过程中,从热力学的观点来看,TiAl 合金中元素的挥发损失将主要是 Al 元素的挥发损失。

(3) 组元挥发实际分压的计算。

已经给出了计算挥发组元 i 的挥发损失速率 N_i^t 详细计算过程,这里不再详叙。为了计算式(5.36),给出其初始条件为

$$ n_i^t \Big|_{t=0} = 0 \qquad p_g^t(i) \Big|_{t=0} = 0 \qquad\qquad (4.80) $$

其他的计算参数为:$T_g = 298$ K;真空室的体积为 6 m^3;在熔炼过程中由于电磁搅拌形成了弯月面,熔体挥发表面积要比平面要大,其挥发表面积 S 由第 6 章的计算模型求解。

在合金的 ISM 过程中,从炉料开始熔化到合金全部形成熔体的过程要花费一定的时间,在这段时间内,固态炉料的量逐渐减少,液态合金的量逐渐增加,这个过程是比较复杂的,计算这一个过程中液态金属中各个组元的活度及其挥发的表面积比较困难。然而,从炉料开始熔化到合金熔体的全部形成这段时间内确实存在熔体组元的挥发损失。不过,由于以上原因,这段时间内组元的挥发量与保温阶段熔体组元的挥发量比较起来可以忽略。

① 在熔炼过程中,存在 Ti 和 Al 之间的剧烈反应,这大大加快了炉料转化成熔体的进程。

② 熔炼过程中,炉料表面的合金颗粒往往最后熔化,在炉料完全转化成熔体以前,挥发表面大部分都被固态的金属颗粒所覆盖,其液态合金中组元的挥发表面积要比熔体在保温阶段由于电磁推力的作用形成的搅拌驼峰的面积小得多。

这样,可以认为合金熔体中组元的挥发损失绝大部分是在炉料全部熔化成液态熔体后到浇铸的保温阶段内发生的。为此,在模拟计算熔体中组元的挥发损失是从炉料全部变成熔体时开始的。

可以通过式(4.48)发现,随着熔体中挥发组元源源不断地通过挥发进入到真空室中,与此同时真空室中的气体又不断地被抽走,真空室中各个气体组元的含量不断变化,即某个挥发组元 i 在真空室中的实际气体分压 $p_{g(i)}^t$ 随着保温时间的增加是不断变化的,其变化反过来又影响了熔体中组元的挥发损失速率。因此只能够通过不断迭代来求解。为了讨论方便,表 4.2 给出了不同温度和熔体成分时 TiAl 合金熔体中 Al 和 Ti 的饱和蒸气压。

(4) 熔体组元挥发的两种机制。

在真空室中气体总压 p 恒定保持为 13.33 Pa 时,Ti – 40Al 熔体中 Al 与 Ti 两组元在真空室中气体实际总分压 $p_{g(Ti+Al)}$ 随保温时间的变化如图 4.16 所示,其中,$p_{g(Ti+Al)}$ 与 Al 与 Ti 两组元在真空室中的实际气体分压有如下的关系:

$$p_{g(Ti+Al)} = p_{g(Ti)} + p_{g(Al)}$$

式中　　$p_{g(Ti)}$——真空室中 Ti 组元的实际分压,Pa;

　　　　$p_{g(Al)}$——真空室中 Al 组元的实际分压,Pa。

表 4.3　不同温度和熔体成分时 TiAl 合金熔体中 Al 和 Ti 的饱和蒸气压　　　　Pa

成分 (Al 原子数分数)/%	1 900K		1 950K		2 000K		2 050K		2 100K	
	Al	Ti	Al	Ti	Al	Ti	Al	Ti	Al	Ti
Ti – 30Al	—	—	6.11	0.26	10.65	0.51	18.04	0.99	29.82	1.84
Ti – 35Al	5.93	0.10	10.48	0.20	18.01	0.40	30.13	0.77	49.13	1.44
Ti – 40Al	9.81	0.07	17.12	0.15	29.04	0.30	47.98	0.58	77.34	1.10
Ti – 45Al	15.52	0.05	26.75	0.11	44.84	0.22	73.24	0.43	116.81	0.81
Ti – 50Al	23.54	0.03	40.12	0.07	66.52	0.15	107.51	0.30	169.81	0.58

注:— 表示该温度下的 TiAl 合金为固体,还没有熔化

从图 4.16 中可以发现,保温刚刚开始时,由于真空室中熔体中挥发组元的量为零,即 $p_{g(Ti+Al)}$ 为零,根据式(4.48)可以知道此时熔体中 Al、Ti 两组元的挥发损失速率都是最大值。然后,随着保温时间的增加,在开始的一段时间内真空室中 Ti、Al 组元实际气体的总量增加很快,表现在图 4.16 中为实际蒸气压 $p_{g(Ti+Al)}$ 增加很快。随着保温时间的进一步延长,真空室中 Ti、Al 两组元的实际总分压 $p_{g(Ti+Al)}$ 越来越大,根据式(4.49)可以知道,两组元的挥发损失速率必然越来越小,这样就导致了 $p_{g(Ti+Al)}$ 的增加进一步放慢,最终趋于一个恒定值。

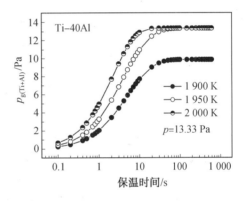

图 4.16　Ti – 40Al 熔体中 Ti 和 Al 两组元在真空室中气体实际总分压随保温时间的变化

从图 4.16 中还可以看到,保温过程熔体中挥发组元在真空室中实际分压趋于恒定值所需要的时间约为 60 s。然而,对于不同的熔体温度,当真空室中挥发组元气体的实际总压力趋于恒定值的时候,所趋向的恒定值的大小是不一样的。如当熔体温度为 1 900 K 时,对比表 4.2 可以发现,$p_{g(Ti+Al)}$ 的大小趋向于 Ti 和 Al 在该熔体温度下的饱和蒸气压之和,即 9.88 Pa((9.81 + 0.07) Pa),而当熔体温度为 2 000 K、2 100 K 时,Ti 和 Al 在该熔体温度下的饱和蒸气压之和大于 13.33 Pa,$p_{g(Ti+Al)}$ 最终趋向于真空室中气体的总压力 p,即 13.33 Pa。

如上所述,$p_{g(Ti+Al)}$ 在达到平衡值所趋向的截然不同的值揭示了合金组元在挥发过程中所遵循的两种不同的机制。下面分别给予讨论。

由式(4.27)可以发现,组元挥发损失速率 N_i 与真空室中组元的实际分压 $p_{g(i)}$ 是一对相互依赖、相互制约的因素,使得最终挥发组元在真空室中的挥发组元气体实际总压力 $p_{g(Ti+Al)}$ 的最终大小存在以下两种情况,也就是组元挥发过程中所遵循的两种机制。

第一种情况为如果熔体温度为某一个值,而该温度值使得熔体中挥发组元的饱和蒸气压 p_i^e 之和大于真空室中气体的总压力 p,即 $\sum_{i=1}^{r} p_i^e \geq p$。由式(4.49)可以知道,熔体中组元挥发的驱动力为

$$\Delta p = (p_i^e - p_{g(i)}) \tag{4.81}$$

显而易见,式(4.81)表示的驱动力永远大于零,所以组元的挥发损失速率也永远大于零。由于挥发速率不为零,随着时间的延长,组元在真空室中的量逐渐增加。由于模型假定熔炼过程中真空室中气体总压力 p 值保持恒定,显而易见,挥发组元在真空室中气体的实际分压 $p_{g(i)}$ 值也不可能超过真空室中气体总压力 p 值,这样,组元挥发的结果为挥发组元在真空室中的气体实际分压的总和趋向于 $\sum_{i=1}^{r} p_i^e$ 与 p 中的小者,对当前这种情况,即

$$\sum_{i=1}^{r} p_{g(i)} \longrightarrow p$$

虽然这种情况下 $\sum_{i=1}^{r} p_{g(i)}$ 趋于平衡值,但是由式(4.81)可以知道,组元挥发的驱动力依然不为零且较大,组元依然以较大的速度挥发,挥发的气体不断地被系统的抽真空装置源源不断地抽走,以保持真空室中气体总压力 p 值的大小不变,这种 p 值对减小组元的挥发不是很有效。

图4.16中熔体温度为1 950 K与2 000 K所示的就是这种情况,由表4.2可以知道,对 Ti – 40Al 而言,当熔体温度分别为1 950 K和2 000 K时,Ti 和 Al 组元的饱和蒸气压之和 $(p_{Al}^e + p_{Ti}^e)$ 分别为17.27 Pa和29.34 Pa,都大于真空室气体总压力13.33 Pa,因此 Ti 和 Al 组元的在真空室中实际压力之和 $(p_{g(Al)} + p_{g(Ti)})$ 最终趋向于真空室气体总压力13.33 Pa。

第二种情况与第一种情况正好相反,挥发组元的饱和蒸气压之和小于真空室气体总压力,即 $\sum_{i=i}^{r} p_i^e < p$,这时,对每一个组元而言,其挥发的驱动力依然是由式(4.81)表示的压差。随着组元挥发量的增加,挥发组元的实际分压 $p_{g(i)}$ 越来越大,结果使得由式(4.81)表示的组元挥发的驱动力也越来越小,最终挥发组元的实际分压 $p_{g(i)}$ 趋向于组元的饱和蒸气压 p_i^e,也就是

$$\sum_{i=1}^{r} p_{g(i)} \longrightarrow \sum_{i=1}^{r} p_i^e$$

由式(4.81)可以知道,当 $\sum_{i=1}^{r} p_{g(i)}$ 趋向于平衡值的时候,挥发驱动力也趋向于某一值,各个组元挥发损失速率也趋向于某一值,这是与第一种情况根本的区别。这种情况下,真空室中气体的总压力 p 对抑制组元的挥发是很有效的。

图4.16中熔体温度为1 900 K就是这种情况,表4.2表明 Ti – 40Al 熔体 Ti、Al 的饱和蒸气压 $(p_{Al}^e + p_{Ti}^e)$ 之和为9.88 Pa,小于真空室气体总压力13.33 Pa,因此由图中可以很明显看到 Ti 和 Al 组元在真空室中的实际压力之和 $(p_{g(Al)} + p_{g(Ti)})$ 最终趋向于 Ti、Al 的饱和蒸气压 $(p_{Al}^e + p_{Ti}^e)$ 之和,即9.88 Pa。

为了与图4.16相对应,图4.17给出 Ti – 40Al 熔体中 Al 组元挥发的实际分压随保温时间的变化。从图4.17中可以看出,Al 组元的实际分压 $p_{g(Al)}$ 随保温时间的变化关系与

图 4.16 中表示的 $(Ti + Al)$ 实际气体的总压力 $(p_{g(Al)} + p_{g(Ti)})$ 的大小变化关系是一致的。由于熔体温度为 1 900 K 时,Al 组元的饱和蒸气压 p_{Al}^e 为 9.81 Pa,小于真空室中气体的总压力 (13.33 Pa),因此其按照上述第二种挥发机制挥发。保温过程中,当 $p_{g(Al)}$ 趋于平衡值的时候,$p_{g(Al)}$ 趋向于 p_{Al}^e。但是,当熔体温度为 1 950 K 和 2 000 K 时,问题变得复杂一些。当保温时间超过 100 s 之后,熔体温度为 1 950 K 时的 Al 组元的实际分压要比熔体温度在 2 000 K 时候稍微大一些。这种看似异常的压力变化趋势其实需要同时考虑由于熔体中 Ti 组元挥发而在真空室中形成的实际分压 $p_{g(Ti)}$ 对 $p_{g(Al)}$ 的影响。

图 4.18 所示为 Ti - 40Al 熔体中 Ti 组元挥发的实际分压 $p_{g(Ti)}$ 随保温时间的变化。

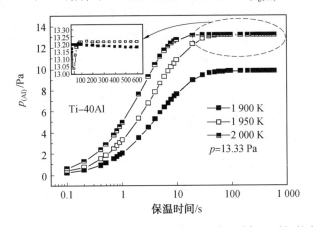

图 4.17　Ti - 40Al 熔体中 Al 组元挥发的实际分压随保温时间的变化

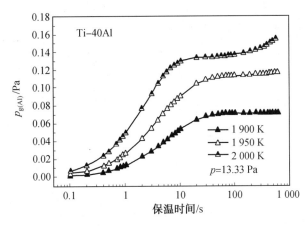

图 4.18　Ti - 40Al 熔体中 Ti 组元挥发的实际分压随保温时间的变化

同样,从图 4.18 可以看出,当保温时间为 100 s,熔体温度为 1 900 K 时,保温过程中 Ti 在真空室中的实际分压 $p_{g(Ti)}$ 最终趋向于 p_{Ti}^e,即 0.07 Pa。但是,当熔体温度为 1 950 K,特别是 2 000 K 的时候,可以看到,$p_{g(Ti)}$ 还有随着保温时间延长而逐渐上升的趋势,而图 4.17 中 Al 组元的实际分压 $p_{g(Al)}$ 却有随着保温时间的延长稍微下降的趋势。

下面给出这种现象的解释。由式(4.81)可以知道,就 TiAl 熔体中 Al 和 Ti 的挥发驱动力而言,在保温过程中,两组元的实际分压之和未达到如图 4.16 所示的平衡值的时候,Al 组元的驱动力比 Ti 组元的驱动力大得多,所以 Al 的挥发损失速率要比 Ti 的挥发损失速率大很多,同时 Al 组元按照第一种挥发机制进行挥发,这样 Al 组元的实际分压 $p_{g(Al)}$ 很快就趋向于真空室气体的总压力 p。而熔体中 Ti 组元的挥发速率要小得多,同时其也按照第二种挥发机制进行挥发,其实际分压 $p_{g(Ti)}$ 最终只能够趋向 p_{Ti}^e,由于达到如图 4.16 所示的平衡时间时,$p_{g(Ti)}$ 比 p_{Ti}^e 小得多,致使 Ti 挥发的驱动力依然较大,因此 $p_{g(Ti)}$ 随着保温时间的延长依然缓慢上升。

但是,按照上述讨论的第一种机制,如图 4.17 所示,熔体中 Ti 和 Al 挥发的实际气体的总压力($p_{g(Al)}+p_{g(Ti)}$)的上限值为真空室气体总压力 p,所以当 $p_{g(Ti)}$ 随着保温时间的延长依然缓慢上升时,Al 组元的实际分压 $p_{g(Al)}$ 却随着保温时间的延长稍微下降。

不过,由于这时 $p_{g(Al)}$ 和 $p_{g(Ti)}$ 相对于保温初始阶段的变化已经很小,仍然认为当保温时间为 300 s 时,熔体中组元挥发的实际分压已经趋于平衡值。以下讨论实际分压都是指保温时间为 300 s 时的值。

(5) 熔体组元实际分压随熔体温度和真空室气体总压的变化。

在真空室中气体总压力 p 为 13.33 Pa 时,Ti – 30Al、Ti – 40Al 和 Ti – 50Al 熔体组元在真空室中的实际分压随温度的变化如图 4.19 所示。

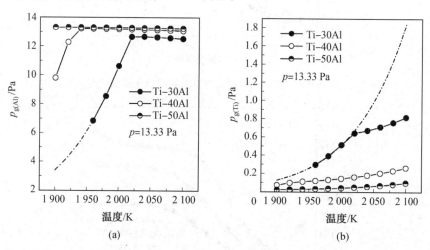

图 4.19　Ti – 30Al、Ti – 40Al 和 Ti – 50Al 熔体组元在真空室中的实际分压随温度的变化

从图 4.19(a) 中可以看出,当熔体温度较低时,由于 Al 组元的饱和蒸气压 p_{Al}^e 小于 p,$p_{g(Al)}$ 随着温度的增加而增加,其大小与 p_{Al}^e 相等;如果温度较大时,由于 Al 组元的饱和蒸气压 p_{Al}^e 大于 p,$p_{g(Al)}$ 随着温度的增加而变化很小,而且其大小与真空室气体总压力 p 接近。

对熔体中 Ti 在真空室中的实际分压 $p_{g(Ti)}$ 而言,如图 4.17(b) 所示,随着熔体温度的升高而增大。对于图中所示 Ti – 30Al 熔体中 Ti 的实际分压 $p_{g(Ti)}$ 随温度的增加而存在一个"拐弯"的现象,原因解释如下。

由表 4.2 可以知道,当熔体温度低于 2 000 K 时,Al 和 Ti 的饱和蒸气压 p_{Al}^e 和 p_{Ti}^e 都小于真空室气体总压力 p,这时从图 4.19(a)、(b) 两图可以看到,$p_{g(Ti)} \rightarrow p_{Ti}^e$,同时 $p_{g(Al)} \rightarrow p_{Al}^e$,而

且 $\sum_{i=1}^{r} p_{g(i)} \rightarrow \sum_{i=1}^{r} p_i^e$。但是,当熔体温度高于 2 000 K 的时候,Al 饱和蒸气压 p_{Al}^e 大于真空室气体总压力 p,这样 $p_{g(Al)} \rightarrow p$,熔体中组元按照上述第一种机制进行挥发。因为 Ti 的挥发受到了 Al 蒸气压的抑制,$p_{g(Ti)}$ 不能够达到 p_{Ti}^e 值,$p_{g(Ti)}$ 随温度的变化曲线偏离了 p_{Ti}^e 随温度变化曲线,所以出现了如图 4.19(b) 所示的曲线"拐弯"现象,如图中虚线所示。同时 Al 的挥发也受到了 Ti 挥发的抑制,$p_{g(Al)}$ 稍微有所下降,如图 4.19(a) 所示。

从上述的讨论可以知道,真空室气体总压力 p 对 TiAl 熔体组元实际分压有着重要的影响,图 4.20 所示为真空室总压 p 对 Al 和 Ti 真空室中实际分压 $p_{g(Al)}$ 和 $p_{g(Ti)}$ 的影响。

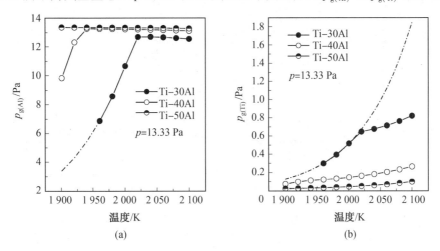

图 4.20　真空室总压 p 对 Al 和 Ti 真空室中实际分压 $p_{g(Al)}$ 和 $p_{g(Ti)}$ 的影响

由图 4.20 可以看出,真空室总压 p 对 TiAl 熔体中 Ti 和 Al 组元实际分压的影响明显可以分出两个区,对应着上一节讨论的两种挥发机制。如前所述,当真空室总压 p 小于 $\sum_{i=1}^{r} p_i^e$ 时,则有 $\sum_{i=1}^{r} p_{g(i)} \rightarrow p$,如图 4.20(a) 和 (b) 两图中左边部分的 p 较小的区域,Al 和 Ti 的实际分压均随着真空室总压 p 的升高而增大。而当真空室总压 p 大于 $\sum_{i=1}^{r} p_i^e$ 时,则变为 $\sum_{i=1}^{r} p_{g(i)} \rightarrow \sum_{i=1}^{r} p_i^e$,对应着图 4.20(a)、(b) 两图中右边部分 p 较大的区域,这时 Al 和 Ti 的实际分压 $p_{g(Al)}$ 和 $p_{g(Ti)}$ 均不再随着真空室总压 p 的升高而发生变化。

6. TiAl 合金熔体中组元的挥发速率

上面一节讨论了保温时间、熔体温度、熔体成分以及真空室总压力对 TiAl 熔体中各个组元在熔体上方真空室中实际分压的影响。正如上一节所指出的,组元的实际分压与组元的挥发速率是一对相互依赖,相互制约的变量。同时,熔炼保温过程中组元的挥发损失量在很大程度上取决于各个组元的挥发损失速率的大小。为此,本节将对熔体温度、真空室总压、熔体成分对组元的挥发损失速率的影响进行研究。

（1）保温时间对组元挥发损失速率的影响。

图4.21所示为保温过程中TiAl熔体中Al和Ti组元的挥发损失速率随保温时间的变化。从图4.21中可以看出，保温时间刚刚开始时，挥发速率最大，然后随着时间的延长，挥发速率逐渐减小，最终趋于一个平衡值。由于保温时间开始时，真空室中挥发组元实际分压为零，根据式（4.71），此刻组元处在自由挥发的状态，其挥发速率最大。随着真空室中挥发组元实际分压的增加，如式（4.71）所示，组元的挥发动力源 Δp 逐渐减小，随之挥发速率也减小。

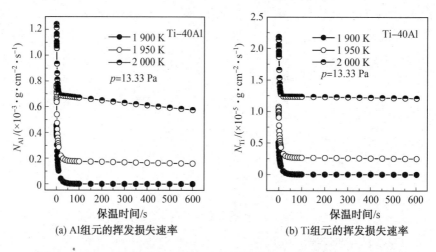

(a) Al组元的挥发损失速率　　　　　　(b) Ti组元的挥发损失速率

图4.21　Ti – 40Al 熔体中 Al 和 Ti 组元的挥发损失速率随保温时间的变化

上一节的分析表明，随着保温时间的延长，组元在真空室中的实际分压 $p_{g(Al)}$ 趋向于某一个固定的值，这样，挥发动力源 Δp 也趋向于恒定，组元挥发损失速率 N_{Al} 的大小也趋于恒定。

图5.21（b）是TiAl熔体保温过程中Ti组元的挥发损失速率随保温时间的变化，比较图5.21（a）可以发现，在保温过程中，Ti 组元的挥发损失速率 N_{Ti} 随保温时间的变化与熔体中Al组元的挥发损失速率 N_{Al} 随保温时间的变化规律是一致的。

从图4.21可以发现，当保温时间为300 s时，Al、Ti 组元的挥发损失速率的大小几乎已经固定不变，说明这时熔体中组元的挥发已经达到了平衡状态，也就是说真空室中气体的成分随时间的变化已经很小，这一点从前面的Al和Ti在真空室中的实际分压随保温时间的变化关系可以同样清楚地看到。

更为重要的是，从图4.21（a）、（b）两图对Al和Ti组元的挥发损失速率的大小比较可以看到，Al组元的挥发损失速率 N_{Al} 比 Ti 组元的挥发损失速率 N_{Ti} 大两个数量级左右。所以，从挥发动力学的角度上来看，TiAl熔体中 Al 组元的挥发损失要比 Ti 组元的挥发损失大很多，相对于 Al 组元的挥发，Ti 组元的挥发可以忽略不计。基于这个判断，以下讨论组元的挥发速率、挥发损失，仅仅讨论 Al 的挥发速率、挥发损失。

由于保温过程中，组元的挥发损失速率由最大值逐渐减小到某一个固定值，在这个过程中，损失速率的值并非固定不变。与讨论熔体组元挥发的实际分压不同的是，由于组元挥发量的大小与各个时刻的挥发损失速率密切相关，一般不能够用挥发损失速率达到平衡值时的大小来表征一段时间内的挥发损失速率，而应该选取挥发损失速率在这一段时间内的平均值。为此,下面所给出的组元挥发损失速率随熔体温度、真空室总压的变化都是指从开始到保温时间达到 300 s 这段时间内的平均值。

（2）熔体温度对 Al 组元挥发损失速率的影响。

在真空室总压 p 分别为 1.333 Pa 和 13.33 Pa 时,Ti－XAl(X = 30、35、40、45、50) 熔体中 Al 组元的挥发损失速率随熔体温度的变化如图 4.22 所示。

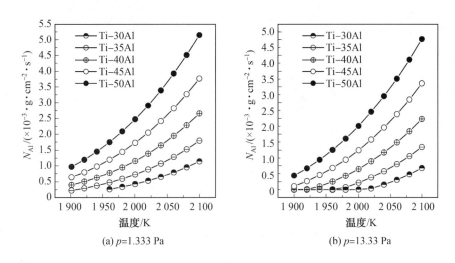

图 4.22　熔体中 Al 组元挥发损失速率随温度的变化

从图 4.22（a）可以看到,当真空室总压较小的时候,对于不同的 TiAl 合金熔体成分,随着熔体温度的增加,熔体中 Al 组元的挥发损失速率 N_{Al} 按照幂函数的方式增加。如图 4.22（b）所示,当真空室总压相对较大时,除 Ti－45Al 和 Ti－50Al 按照与（a）图相似的方式随着熔体温度的上升以幂函数的方式增加以外,其他三种合金熔体在熔体温度较低时,挥发损失速率很小,并且随熔体的温度升高而增加很慢。这是因为熔体处于这个温度区间时,熔体中 Al 组元的饱和蒸气压 p_{Al}^{e} 小于真空室中气体总压 13.33 Pa,由以前的讨论可以知道,Al 挥发的结果是使其挥发驱动力趋于零,所以按照式（4.71）其挥发损失速率很小,而且随温度的升高增加很慢。不过,当熔体的温度使得 Al 组元的饱和蒸气压 p_{Al}^{e} 大于真空室中气体总压 13.33 Pa,随着熔体温度的升高,熔体中 Al 组元的挥发损失速率 N_{Al} 还是按照幂函数的方式增加。

这种结果表明真空室总压 p 对熔体中组元的挥发有着非常重要的影响,因此,下一小节将详细介绍真空室总压 p 对 TiAl 熔体中 Al 组元挥发损失速率的影响。

（3）TiAl 熔体中 Al 组元挥发的临界压力和阻塞压力。

从前面的章节可以看到,真空室气体总压 p 对熔体组元的挥发损失速率具有非常重要的影响,本节详细讨论这种影响。不同熔体成分时 TiAl 熔体中 Al 组元的挥发速率 N_{Al} 随真空室气体总压 p 的变化如图 4.23 所示。以 Ti－40Al 熔体为例,不同熔体温度时 Ti－40Al 熔体中 Al 组元的挥发损失速率 N_{Al} 随真空室气体总压 p 的变化。

从图 4.23 和图 4.24 可以看出,无论是对同一温度下不同 Al 含量,还是针对同一熔体成分时不同的熔体温度,熔体中 Al 组元的挥发损失速率 N_{Al} 随真空室总压 p 的变化曲线都是相似的。并且,人们在实际生产过程中也发现挥发速率随着真空室总压的变化具有相似的结果。这种相似的曲线形状揭示了真空室气体总压 p 对组元挥发损失速率 N_{Al} 影响的重要特征,现描述如下。

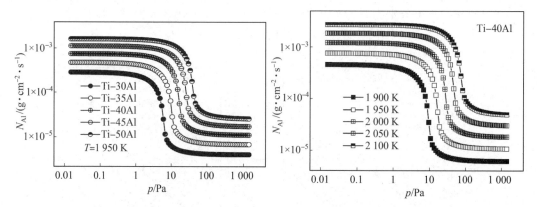

图 4.23　不同熔体成分时 TiAl 熔体中 Al 组元的　　图 4.24　不同熔体温度时 Ti–40Al 熔体中 Al 组
　　　　　挥发损失速率随真空室气体总压 p 的　　　　　　　　元的挥发损失速率随真空室气体总压
　　　　　变化　　　　　　　　　　　　　　　　　　　　　p 的变化

可以按不同的真空室气体总压 p 时组元挥发损失速率 N_{Al} 的大小把图中的曲线分成三个区。当真空室气体总压 p 小于某一个压力,把这个压力记为 p_{crit},挥发损失速率 N_{Al} 接近于该条件下的最大值并且几乎不再随着真空室气体总压 p 的减小而变化(增加),如两图之中的左半部分。而对于两图之中的右半部分,当真空室气体总压 p 大于某一个压力,同样,把这个压力记为 p_{impe},挥发损失速率 N_{Al} 接近于该熔炼条件下的最小值,同样当 $p > p_{impe}$ 之后,挥发损失速率 N_{Al} 几乎不再随着真空室气体总压力 p 的增加而变化(减小)。而当 p 大于 p_{crit} 且小于 p_{impe} 时,随着 p 的增加,挥发损失速率 N_{Al} 急剧减小,如两图中的中部区域。

对于压力 p_{crit},国内外的冶金学家早有研究而且人们把它称为组元挥发的临界压力,在粗合金的蒸馏、分离、提纯过程中为了达到最大的生产效率,往往在低于 p_{crit} 值的真空度的条件下操作。而对于 p_{impe},还没有发现对它研究的报道,为此,把它称为组元挥发的阻塞压力(Impeding Pressure),它的存在说明在合金的熔炼过程中可以调节真空室中气体的总压力来达到减小合金熔体中组元的挥发效果。

从图 4.23 和图 4.24 可以看到,当真空室的压力达到 0.013 33 Pa 的时候,挥发损失速率最大,设为 N_{max}。设对应于临界压力 p_{crit} 的挥发损失速率为 N_{crit},并且有

$$N_{crit} = N_{max} - a \cdot N_{max} \tag{4.82}$$

式中　　N_{crit}—— 对应于临界压力 p_{crit} 的挥发损失速率,$g/(cm^2 \cdot s)$;

　　　　N_{max}—— 对应于 p 等于 0.013 33 Pa 挥发损失速率,$g/(cm^2 \cdot s)$;

　　　　a—— 由所求问题决定的计算精度,一般为小于 5% 的数。

由图 4.23 可以看到,每条曲线上的 N_{crit} 都有一个 p_{crit} 相对应,这样通过求出 N_{crit} 就可以求出相应的 p_{crit}。在计算中,取 a 为 5%,通过计算得到 N_{Al} 与 p 的数据,N_{crit} 就可以计算出来,其结果见表 4.4。

表 4.4　不同熔体温度下 Ti - XAl(X = 30 ~ 50) 熔体中 Al 元素挥发的临界压力

温度 /K	p_{crit}/Pa				
	Ti - 30Al	Ti - 35Al	Ti - 40Al	Ti - 45Al	Ti - 50Al
1 900	—	0.193	0.316	0.558	0.901
1 950	0.201	0.318	0.569	0.898	1.404
2 000	0.303	0.551	0.902	1.401	2.251
2 050	0.702	0.942	1.341	2.114	3.105
2 100	1.221	1.532	2.051	2.921	4.176

从表 4.4 中可以看出,随着熔体温度的升高或熔体中 Al 含量的增加,TiAl 熔体中 Al 组元挥发的临界压力 p_{crit} 均增大。

由表 4.3 提供的数据,以熔体中 Al 组元的摩尔百分数为自变量,以 Al 组元挥发临界压力为因变量进行二项式拟合,可以得到

1 900 K：　　　　$p_{crit} = 1.638\ 14 - 0.115\ 03X + 0.002\ 2X^2$ 　　　　(4.83)

1 950 K：　　　　$p_{crit} = 2.415 - 0.170\ 63X + 0.003\ 03X^2$ 　　　　(4.84)

2 000 K：　　　　$p_{crit} = 3.727\ 71 - 0.234\ 16X + 0.004\ 19X^2$ 　　　　(4.85)

2 050 K：　　　　$p_{crit} = 5.166\ 4 - 0.309\ 24X + 0.005\ 36\ X^2$ 　　　　(4.86)

2 100 K：　　　　$p_{crit} = 6.829\ 43 - 0.386\ 65X + 0.006\ 68\ X^2$ 　　　　(4.87)

上述 5 个式子拟合的相关系数都大于 99.8%。从这几个式子还可以看到,TiAl 熔体中 Al 组元的挥发的临界压力 p_{crit} 可以表示为

$$p_{crit} = A - B \cdot X + C \cdot X^2 \qquad\qquad (4.88)$$

比较式(4.83) ~ (4.87)和(4.88),可以看到式(4.88)中的系数 A、B 和 C 为熔体温度的函数。于是,通过对式(4.83) ~ (4.87)中相应项对熔体温度进行二项式拟合,可以得到：

$$A = 168.099\ 08 - 0.190\ 68\ T + 5.423\ 77 \times 10^{-5}T^2$$

$$B = 3.813 - 0.004\ 94T + 1.576\ 29 \times 10^{-6}T^2$$

$$C = 0.072\ 13 - 9.056\ 29 \times 10^{-5}\ T + 2.828\ 57 \times 10^{-8}T^2$$

同样,从图 4.23、4.24 可以看出,当真空室气体总压 p 等于 1 333 Pa 的时候,TiAl 熔体中挥发损失速率 N_{Al} 已经最小,设为 N_{min}。上述阻塞压力 p_{impe} 所对应的挥发损失速率 N_{impe} 可以定义为

$$N_{impe} = N_{min} + b \cdot (N_{max} - N_{min}) \qquad\qquad (4.89)$$

式中　　b—— 由所求问题决定的计算精度,一般为小于 5% 的数。

按照求解 Al 组元挥发临界压力的方法,计算过程中取 b 为 5%,这样 Al 组元挥发的阻塞压力就可以求出来,结果见表 4.5。

表 4.5　不同熔体温度下 Ti - XAl(X = 30 ~ 50) 熔体中 Al 元素挥发的阻塞压力

温度 /K	p_{impe}/Pa				
	Ti - 30Al	Ti - 35Al	Ti - 40Al	Ti - 45Al	Ti - 50Al
1 900	—	6.201	11.952	21.552	44.245
1 950	6.152	11.752	21.352	43.467	88.267
2 000	11.352	20.353	43.352	86.235	178.354
2 050	21.08	44.012	85.451	179.01	350.213
2 100	44.345	84.886	178.674	350.225	699.256

同样,由表 4.4 提供的数据,以熔体中 Al 组元的摩尔百分数为自变量,以 Al 组元挥发阻塞压力为因变量进行二项式拟合,可以得到

1 900 K:　　　　　p_{impe} = 136.209 71 - 8.194 93X + 0.126 67X^2　　　　　(4.90)

1 950 K:　　　　　p_{impe} = 280.065 57 - 16.861 67X + 0.259 76X^2　　　　(4.91)

2 000 K:　　　　　p_{impe} = 560.180 4 - 33.878 28X + 0.523 2X^2　　　　　(4.92)

2 050 K:　　　　　p_{impe} = 1 045.416 57 - 63.828 89X + 0.996 18X^2　　　(4.93)

2 100 K:　　　　　p_{impe} = 2 088.067 4 - 127.295 18X + 1.984 98X^2　　　(4.94)

上述 5 个式子拟合的相关系数都大于 99.8%,与 Al 组元挥发的临界压力相似,TiAl 熔体中 Al 组元挥发的阻塞压力 p_{impe} 也可以表示为

$$p_{impe} = D - E \cdot X + F \cdot X^2 \qquad (4.95)$$

同样,式(4.95) 中的系数 D、E、F 为熔体温度 T 的函数,这样就有

$$D = 210\ 740.909\ 94 - 219.543\ 16T + 0.057\ 22T^2$$

$$E = 12\ 895.619\ 04 - 13.433\ 45T + 0.003\ 5T^2$$

$$F = 202.229\ 86 - 0.210\ 63T + 5.488\ 46 \times 10^{-5}T^2$$

根据式(4.95),对于熔体中 Al 的摩尔分数在 30% ~ 50% 的 TiAl 熔体,其 Al 组元挥发的阻塞压力 p_{impe} 就可以方便地求出来。

以 Ti - 35Al 和 Ti - 50Al 为例,根据式(4.88) 和(4.95),熔体温度 T 和真空室总压 p 对 TiAl 熔体中 Al 的挥发行为的影响如图 4.25 所示。

对图 4.25(a)、(b) 两个图形中熔体温度与真空室总压的组合,用熔体中 Al 组元挥发的临界压力 p_{crit} 和阻塞压力 p_{impe},可以把每个图都分成 3 个区。对于 Ⅰ 区,由于真空室总压 p 小于 p_{crit} 值,如前所述,Al 组元的挥发损失速率最大。而对于 Ⅲ 区,真空室总压 p 大于 p_{impe} 值,同样可以知道这时 Al 组元的挥发受到抑制,挥发损失速率最小。

这样,由于合金熔体在挥发过程中存在着组元挥发的临界压力和阻塞压力,就可以在熔炼的实践中通过选择合适的真空室压力来达到控制熔炼过程中由于挥发而导致合金熔体成分变化的目的。

(4) 其他合金组元对 TiAl 熔体中 Al 挥发损失速率的影响。

人们在 TiAl 合金的应用中,往往添加其他合金元素,如 Cr、Nb、V 等来使合金化后的构

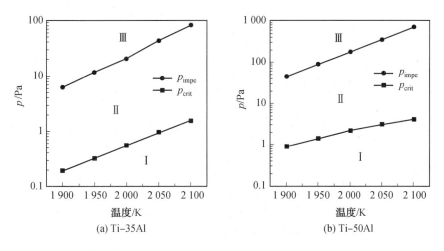

图 4.25　熔体温度 T 和真空室总压 p 对 TiAl 熔体中 Al 的挥发行为的影响

件具有较好的综合性能,以满足需要。在 TiAl 合金中加入合金元素后一方面改变了合金的熔点,更重要的是使熔体中各个组元的活度变化,从而影响各个组元的挥发速率。图 4.26 给出了 Ti – 13Al – 29Nb – 2.5Mo 和 Ti – 48Al – 2Cr – 2Nb 合金熔体组元的挥发损失速率随熔体温度的变化。

　　从图 4.26 中可以看到,在熔体中各个组元挥发速率均随着熔体温度的升高而增大,其中 Al 组元挥发损失速率最大,Ti 次之。同时,当合金熔体中加入 Nb、Cr 等合金元素后,与图 4.22 相比,在熔体温度相同时,Al 组元的挥发损失速率具有一定程度的减小,Ti 组元的挥发损失速率有一定程度的增加。以 Ti – 48Al – 2Cr – 2Nb 熔体为例,熔体中 Al 挥发损失速率为 Ti – 48Al 熔体中 Al 挥发损失速率的 60%,这主要是由于在合金中加入的 Nb、Cr 元素使Al 的活度减小,降低了熔体中 Al 组元的饱和蒸气压的值,从而使 Al 的挥发损失速率有所降低。

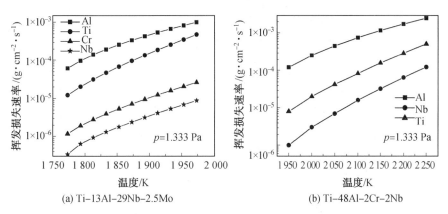

图 4.26　Ti – 13Al – 29Nb – 2.5Mo 和 Ti – 48Al – 2Cr – 2Nb 合金熔体组元挥发损失速率随熔体温度的变化

4.3　熔渣与熔体的反应

4.3.1　熔渣的物理化学性质

熔渣的物理性质包括黏度、表面张力等,熔渣的化学性质包括碱度、氧化能力,它们对控制熔体质量有重要影响。熔渣有时也称为熔剂。

1.熔渣的碱度

冶金熔渣主要由氧化物组成,熔渣的化学性质就决定于其中占优势的氧化物的化学性质。按照氧化物对氧离子 O^{2-} 的行为把氧化物分为三类:

① 供给 O^{2-} 的为碱性氧化物,如 CaO、MgO、FeO、MnO。

② 吸收 O^{2-} 而转变为复合阴离子的为酸性氧化物,如 SiO_2、P_2O_5、V_2O_5。

③ 两性氧化物,在不同的外界条件下,表现出提供或吸收氧离子,如 Al_2O_3、V_2O_3 Fe_2O_3、Cr_2O_3。

氧化物按碱性或酸性的相对大小,可根据其静电力大小进行排列:

$$CaO \quad MnO \quad FeO \quad MgO \quad Fe_2O_3 \quad Al_2O_3 \quad TiO_2 \quad P_2O_5 \quad SiO_2$$

碱性增强　　　　　←　　　　　中性　　　→　　　　酸性增强

利用氧化物酸性或碱性的强弱,可以确定反应的方向,强氧化物能从复合化合物中取代出弱氧化物,这可以用熔渣的微观不均匀理论解释。如由于 CaO 的碱性比 FeO 的碱性强,CaO 能从 $2FeO \cdot SiO_2$ 中取代 FeO,而将 FeO 游离出来,提高 FeO 的活性,反应式如下:

$$2FeO \cdot SiO_2 + 2CaO \xrightarrow{\quad\quad} 2CaO \cdot SiO_2 + 2FeO$$

熔渣的酸性或碱性取决于其中占优势的氧化物是酸性还是碱性。一般用碱度表明碱性渣碱性的大小,用酸度表明酸性渣酸性的大小,但为了便于应用,一律用碱度来表明渣的酸、碱度。熔渣所应具有的脱硫、脱磷能力主要与碱度有关,因为金属中的硫、磷只有在 O^{2-} 的作用下才能转变为能溶解于渣内的 PO_4^{3-} 和 S^{2-}。

用熔渣中氧离子浓度($n_{O^{2-}}$)来表明熔渣的酸碱性:

$$n_{O^{2-}} = n_{CaO} + n_{MnO} + n_{FeO} + n_{MgO} - 2n_{SiO_2} - 3n_{P_2O_5} - n_{Fe_2O_3} - n_{Al_2O_3}$$

当 $n_{O^{2-}} \geqslant 0$ 时,熔渣应是碱性,具有脱磷、脱硫能力,实际上并非如此。这是因为上式中将所有氧化物与氧离子的作用视为等值造成的(完全离子理论)。

用碱性氧化物与酸性氧化物质量百分数表示碱度,即

$$R = \frac{w(CaO) + n_1 w(MnO) + n_2 w(FeO) + n_3 w(MgO) + \cdots}{w(SiO_2) + n_1' w(P_2O_5) + n_2' w(Fe_2O_3) + n_3' w(Al_2O_3) + \cdots}$$

2.熔渣的氧化性

熔渣的氧化性决定于熔渣中的不稳定氧化物氧化铁的存在。渣中氧化铁含量越高,渣的氧化性越强,即氧化能力越强。在一定温度下,渣的氧化性受成分影响,因为渣中的氧化铁有两种存在方式:FeO 和 Fe_2O_3。为了便于计算,通常将 Fe_2O_3 折合成 FeO,有两种折合方法:

全氧折合法：

$$Fe_2O_3 + Fe \Longrightarrow 3FeO$$
$$160 \qquad\qquad 216$$

$$(\% \sum FeO) = (\% FeO) + 1.35(\% Fe_2O_3)$$

全铁折合法：

$$Fe_2O_3 \Longrightarrow 2FeO + \frac{1}{2}O_2$$
$$160 \qquad\qquad 144$$

$$(\% \sum FeO) = (\% FeO) + 0.9(\% Fe_2O_3)$$

事实上熔渣并非理想熔体，用渣中氧化铁含量来说明渣的氧化性并不完全合理。它的实际浓度并不代表参加反应时的有效浓度，因此应引入氧化铁的活度 α_{FeO}。

氧化铁的活度在正硅酸盐和氧化铁顶点的连线附近具有最大值，即熔渣具有最大氧化能力，在其他地方无论靠碱性或酸性一方，都小于最大值，即氧化能力降低。当碱度一定时，随氧化铁含量增加，渣的氧化性增强。这就提出了理论指导：在发挥渣的氧化性时应使渣处于中性，而且应尽可能增加 FeO 含量。根据氧化铁的活度，可以确定金属液中氧含量。

溶解于金属液中的氧与氧化铁之间存在平衡关系：$(FeO) = [Fe] + [O]$[①]，反应平衡常数 $k = [Fe][O]/\alpha_{FeO}$，分配系数 $L_O = \alpha_{[O]}/\alpha_{FeO}$，$L_O$ 是氧在渣与金属液间的分配系数，与浓度无关，在熔融的纯氧化铁渣中，$\alpha_{FeO} = 1$，在 1 600 ℃ 时，$[\%O]_{sat} = 0.23$，由于 $[O]$ 的浓度较低，假设 $[\%O] = \alpha_{[O]}$，即 $L_O = \alpha_{[O]}/\alpha_{FeO} = [\%O]_{sat}/\alpha_{FeO} = 0.23/1 = 0.23$，在此温度下与渣中氧化铁平衡的氧含量 $[\%O]_{sat} = 0.23 \times \alpha_{FeO}$，$\alpha_{FeO}$ 不同时，铁液中的氧含量不同。依此类推，不同温度、不同氧化铁活度时金属液中的氧含量可以计算。

首先通过试验获得不同温度时 L_O 值，之后测定铁液中氧含量或测定熔渣中 FeO 活度。因此金属液中的氧浓度达到平衡值时具有定值关系 $\lg[\%O]_{sat} = -\dfrac{6\,320}{T} + 2.73$，如果金属液中实际氧含量小于与熔渣平衡时金属液含氧量，则熔渣向金属液供氧，此时熔渣具有氧化性。

3. 黏度

黏度是衡量熔渣运动时内摩擦力的量。黏度对渣与金属间的传质和传热速度有密切关系，它影响着渣与金属间的反应速度及渣的传热能力（主要通过影响渣的运动速度实现）。黏度过大，渣池不活跃，冶炼过程不能顺利进行。黏度过小，容易产生喷溅，并且严重侵蚀炉衬，降低炉衬寿命。合适的熔渣黏度在 0.02 ~ 0.1 Pa·s。

在二元渣系中，渣的黏度受组成影响。若质点间的结合能 E 较低，则该物质的黏度较小。由 A、B 组元组成的熔体，假设 $E_{AA} < E_{BB}$，B 的黏度会高于 A 的黏度，当组成熔体 AB 后，若 $E_{AB} > E_{BB}$，黏度的等温线将是凸向上，而且可能高于纯 B 熔体的黏度。当 $E_{AB} < E_{AA}$ 时，熔体 AB 的黏度的等温线会是凸向下，而且 AB 熔体黏度可能低于 A 熔体的黏度。

---

① 　[ ] 表示溶液中某组元的含量（质量分数）；

　　（ ）表示溶液中某化合物的含量（质量分数）。

根据熔渣离子理论,黏度升高是由于熔体中形成大尺寸的离子团,它的排列有序,在熔体中运动时困难,即增大了运动的阻力。因此,熔渣中阴离子的聚合程度越高,结构越复杂,它的黏度越大。在熔体中出现稳定化合物时,熔体黏度会增加。

熔渣组成对黏度有重要影响。酸性渣中 SiO_2 含量较高,聚合的 Si – O 离子较多,黏度较大。随着熔渣中 SiO_2 的加入,渣的黏度迅速升高。向酸性渣中加入二价氧化物,会产生 O^{2-},它能破坏 —Si—O—Si— 键。因此常用 CaO、MnO、MgO、FeO 二价氧化物降低酸性渣的黏度。

$$2Si_3O_9^{6-} + 3O^{2-} = 3Si_2O_7^{6-}$$

$$Si_2O_7^{6-} + O^{2-} = 2SiO_4^{4-}$$

向酸性渣中加入一价的 Na_2O、K_2O 同样能降低渣的黏度,但效果仅为二价氧化物的一半。随着在酸性渣中碱性氧化物的加入,渣的黏度不断降低。当渣中碱性氧化物与 SiO_2 之比超过正硅酸盐中这两种氧化物的比值后,渣转为碱性,Si – O 聚合离子几乎全部转为单独的四面体 SiO_4^{4-},黏度最小。如果继续加入高熔点碱性氧化物(CaO),将增大熔渣黏度。Al_2O_3 有助熔作用,加入到碱性渣中能降低渣的黏度。但酸性渣中加入 Al_2O_3 会使黏度升高。CaF_2 能促进 CaO 熔化,降低碱性渣的黏度,同时也能降低酸性渣的黏度,因为生成的阴离子 F^- 能破坏 Si—O 键,使聚合度降低。

温度与黏度的关系如下:

$$\eta = A\exp\left(\frac{E_\eta}{RT}\right)$$

式中　　E_η——黏流活化能,表明质点由一个位置移动到另一个位置所需的活化能。成分一定的熔渣,温度越高,黏度越小。

对于酸性渣,温度升高,Si—O 键被破坏,聚合度降低,黏流活化能降低,黏度降低;对于多相碱性渣,温度升高,悬浮高熔点固态颗粒减少,黏度降低。然而,酸性渣黏流活化能(251 kJ)高于碱性渣黏流活化能(84 kJ),因此,随着温度的变化,对碱性渣的黏度的影响较大。降温过程中,碱性渣的黏度增加比较显著,而酸性渣变化较慢,因此酸性渣通常称为长渣,而碱性渣称为短渣。

4. 表面张力

为了促进熔渣与金属的反应,或为了使熔渣充分隔离金属液与气相的反应,对于冶金渣和覆盖渣而言,都要求熔渣在金属液表面有很好的覆盖能力。另外,对于即将浇铸的金属,要求熔渣容易与金属液分离,以避免渣卷入金属中,形成夹渣。上述性能都与熔渣的表面张力、界面张力有关。

设渣滴在金属液表面处于平衡时的接触角(润湿角)为 θ,在渣、液、气三相交线的单位长度上有三个力互相平衡:熔渣的表面张力 σ_z、金属液的表面张力 σ_j、熔渣与金属液之间的界面张力 σ_{zj},在平衡时,有

$$\sigma_j = \sigma_{zj} + \sigma_z\cos\theta$$

有两种极端情况:

一种是完全覆盖的情况,此时 $\theta = 0$,$\cos\theta = 1$,即 $\sigma_j \geqslant \sigma_{zj} + \sigma_z$,该式左边为促进覆盖的因素,右边是反抗覆盖的因素。

另一种是完全脱离的情况,此时 $\theta = 180°$,$\cos \theta = -1$,即 $\sigma_{zj} \geqslant \sigma_j + \sigma_z$,该式左边为促进脱离的因素,右边是反抗脱离的因素。

σ_j 和 σ_{zj} 的作用是相反的,无论对覆盖还是脱离。

除了考虑熔渣与金属液的反应而关心熔渣的表面张力问题外,为了发挥熔渣的去除非金属夹杂物的作用,还要考虑熔渣与非金属夹杂物之间的表面张力之间的关系。产生单位面积的 SZ 界面所需能量为 σ_{zs},而单位面积的 ZJ、JS 的能量分别为 σ_{jz} 和 σ_{js},显然为了发挥渣的集渣剂作用,要求:

$$\sigma_{zs} < \sigma_{zj} + \sigma_{js}$$

表示渣的上述作用,讨论熔渣的表面张力、界面张力及影响因素。

成分的影响:由熔渣的离子结构理论可知,离子半径越大,电荷越少,对其他离子的作用力越小。在 $FeO - P_2O_5$ 渣系中,磷酸根离子较大,Fe^{2+} 与 O^{2-} 结合而将磷酸根排挤到表面,又由于磷酸根离子半径大,与内部质点作用力小,而使熔渣的表面张力降低。

温度的影响:对于纯物质,随着温度的升高,质点间的距离增加,相互作用力减弱,表面张力降低;对于溶液,由于表面活性物质的存在使表面张力降低,但随着温度的升高,表面吸附的活性物质减少,而使溶液表面张力升高。

4.3.2　熔渣与熔体反应热力学与动力学

诸如上面所说,熔渣在冶金过程中起着重要的物理化学作用。

1. 熔渣脱硫

硫在钢中是非常有害的杂质元素,因此在钢中硫含量一般要求 $< 0.05\%$(质量分数),脱硫是炼钢过程的重要任务之一。

脱硫反应主要发生在熔渣与钢液的界面上。渣中通常含有 CaO、MgO、MnO 等碱性氧化物,按照分子理论,它们和金属中的 FeS 发生如下反应:

$$[FeS] + (CaO) = (FeO) + (CaS) ①$$
$$[FeS] + (MgO) = (FeO) + (MgS)$$
$$[FeS] + (MnO) = (FeO) + (MnS)$$

按照离子理论,脱硫反应为:

$$[S] + (O^{2-}) = [O] + (S^{2-})$$

硫在熔渣中为 2 价阴离子($r_{S^{2-}} = 1.84$ Å),而硫在钢液中为原子 [S]。在界面处,熔渣有 S^{2-},钢液有 [S],钢液中的硫可以过渡到渣中,但要带去两个电子,成为 S^{2-}:[S] + 2e = (S^{2-})

$$\frac{Ca^{2+} \ S^{2-} \ O^{2-} \ Fe^{2+} \ Mg^{2+}(\text{熔渣中})}{[S][Fe][O][Mg][Mn](\text{钢液中})} \quad [S] + 2e = (S^{2-}) \uparrow$$

同时,熔渣中的 S^{2-} 和 O^{2-} 可能过渡到钢液中,但 S^{2-} 比 O^{2-} 过渡的可能性小,因为硫离子半

---

①　圆括号( )表示熔渣中的组成;方括号[ ]表示熔体中的组成。

径大于氧离子半径($R_{O^{2-}} = 1.4$ Å),因此总的趋势是硫离子在渣中聚集,这样转移的结果使钢液表面带正电,而熔渣表面带负电,产生双电层。当电位差达到一定值后,硫离子不能过渡到渣中,只有消除双电层才能继续进行硫的迁移。双电层可以通过以下两个途径消除:

① 伴随[S]向渣中转移,同时钢液中的[Fe]转移部分,这样可以消除双电层。因为钢液中的[Fe]原子为金属键,实际呈离子状态,当[Fe]转移到渣中去后呈(Fe^{2+})状态,把两个价电子留在钢液中抵消双电层。

② 随着[S]向渣中转移,渣中的(O^{2-})转移到钢液中,带走渣中的电子,可以抵消双电层。

因为渣中的[Fe^{2+}]始终处于饱和状态,尽管[Fe]伴随[S]向渣中转移可以抵消双电层,但却受到渣中[Fe^{2+}]的排斥,而难以转移。因而当向渣中转移时必然有相对转移。

理论研究认为,[S]向渣中转移时,必然有渣中的[O^{2-}]向钢液中转移

$$(O^{2-}) = [O] + 2e$$
$$[S] + 2e = (S^{2-})$$

总反应式为:

$$[S] + (O^{2-}) = [O] + (S^{2-})\,(a)$$

从热力学方面分析,熔渣的脱硫能力常常用硫在渣中和金属中的分配系数表示,$f_{[S]}[\%S]$ 根据离子反应式(a),平衡常数为

$$K_S = \frac{(f_{[O]}[\%O]) \times (\gamma_{S^{2-}} N_{S^{2-}})}{(f_{[S]}[\%S]) \times (\gamma_{O^{2-}} N_{O^{2-}})}$$

式中　　$f_{[O]}[\%O]$——熔体中溶解的氧的活度系数和浓度;

　　　　$\gamma_{S^{2-}} N_{S^{2-}}$——渣中硫离子的活度系数和浓度。

假定金属中氧的活度系数随熔渣成分的变化不大($f_{[O]} = 1$),硫的分配系数:

$$L = \frac{N_{S^{2-}}}{[\%S]} = K_S \frac{\gamma_{O^{2-}} N_{O^{2-}}}{[\%O] \gamma_{S^{2-}}} f_{[S]}$$

根据此式讨论影响熔渣脱硫的因素如下。

① 碱度的影响。熔渣的碱度就是指熔渣中氧离子的浓度,碱度越大,氧离子浓度 N_O^{2-} 越大,硫的分配系数越大,熔渣的脱硫能力越强。

② FeO 的影响。金属含氧量[%O]与渣中(Fe^{2+})的浓度有关。当碱度一定时,提高渣中(FeO)含量,金属含氧量[%O]增加,硫的分配系数 L 降低,不利于脱硫。这种规律只在渣中(FeO)含量较低时适用。当(FeO)含量超过 3% 后,这种影响就消失。这是因为(FeO)在渣中,具有两方面作用,一方面,渣中 Fe^{2+} 浓度增加,因而金属中氧含量增加,不利于脱硫;另一方面,渣中 O^{2-} 浓度增加 $N_{O^{2-}}$ 增加,对脱硫有利。当(FeO)含量很高时,其加入时两方面作用相互抵消,对脱硫无影响。当(FeO)含量很低,渣的碱度主要由氧化钙决定时,(FeO)对氧离子浓度的影响较小而对金属中氧含量的影响较大,因而对脱硫影响很大。

③ 金属成分的影响。硫的分配系数与金属中硫的活度系数 $f_{[S]}$ 有关,$f_{[S]}$ 越大,L_S 越大。Si、C 提高 $f_{[S]}$ 有利于脱硫。因此在炼钢前,要求利用铁水中的 Si、C 等尽可能脱硫。

④ 温度影响脱硫反应。平衡常数与温度的关系,温度越高平衡常数越大,硫的分配系数越大,越有利于脱硫。但由于热效应绝对值较小,温度对 K_S 的影响不大。生产中提高温度得到更好的脱硫效果,主要是因为高温能促进石灰溶解,获得高碱度渣,同时在动力学上创造条件。

$$\lg K_S = -\frac{3\ 750}{T} + 1.996$$

从动力学方面分析,脱硫的过程包括硫、氧离子相反方向的运动,哪个过程是脱硫过程的控制环节是分析动力学过程的关键问题,通常认为,化学反应及离子的传质并非限制环节,而只有硫离子在渣相侧边界层内的扩散是限制性环节,因此脱硫速度表示为

$$V_S = \frac{DA}{\delta}(C_1 - C_2)$$

式中　　V_S—— 脱硫速度;

　　　　D—— 硫离子在渣中的扩散系数;

　　　　A—— 钢渣界面面积;

　　　　δ—— 渣相侧边界层厚度;

　　　　C_1—— 界面处硫离子浓度;

　　　　C_2—— 熔渣内部硫离子浓度。

由上式可知,影响脱硫的动力学因素包括:提高温度,增大扩散系数,有利于脱硫;加入氟化物,降低熔渣黏度,δ 降低,增大脱硫速度;搅拌渣池,减小 δ,有利于脱硫;后两种方法在生产中普遍应用,都是以增大界面面积、减小边界层厚度为指导的。

2. 熔渣脱磷

在碱性炉中,金属液中的 P 在渣液界面上被渣中的 FeO 氧化成磷酸酐,形成磷酸铁,但都不稳定:

$$2[P] + 5(FeO) = 5[Fe] + (P_2O_5)$$
$$(P_2O_5) + 3(FeO) = (3FeO \cdot P_2O_5)$$

在一定条件下,上述反应可能向左进行,即渣中的 P 进入金属液,称为"还磷"现象。

但若渣中有碱性氧化物:

$$(3FeO \cdot P_2O_5) + 3(CaO) = (3CaO \cdot P_2O_5) + 3(FeO)$$
$$(3FeO \cdot P_2O_5) + 4(CaO) = (4CaO \cdot P_2O_5) + 3(FeO)$$

形成的磷酸钙较稳定,不会发生还磷现象。反应的方程式可写为

$$2[P] + 5(FeO) + 4(CaO) = (4CaO \cdot P_2O_5) + 5[Fe]$$

反应的平衡常数为

$$\lg K'_P = \frac{(N_{4CaO \cdot P_2O_5})}{[\%P]^2 (N_{FeO})^5 (N_{CaO})^4} = \frac{40\ 067}{T} - 15.06$$

$$\frac{(N_{4CaO \cdot P_2O_5})}{[\%P]^2} = K'_P (N_{FeO})^5 (N_{CaO})^4$$

平衡常数相当于 P 在渣及钢液中的分配系数,可以代表渣的脱磷能力,其影响因素有:

① 脱磷是强烈放热反应,降低温度能使 K_P 增大,有利于脱磷。

② 增大(%CaO) 有利于脱磷。

③(FeO) 增大有利于脱磷。

由上面的分析就比较容易理解把脱磷任务放在熔化期的原因了。主要是因为脱磷反应是放热反应,在较低的温度下容易进行。另外,吹氧助熔时为氧化性气氛,(FeO) 浓度高有利于脱磷,碱度高也有利于脱磷,两者之间相矛盾,若 FeO 浓度高,在碱度不变的情况下 CaO 的浓度将降低,不利于脱磷。碱度越高,P 的分配系数越大,脱磷效果越好,但碱度高,渣的流动性降低。当炉料熔化 90% 左右时进入氧化熔炼期。

3. 氧化熔炼的热力学基础

钢的生产过程:矿石经高炉还原生成被 C 饱和的生铁,在电炉内用氧化剂将生铁中的 C 及 S、P 氧化,降低到规定的限度,此时钢中氧含量高,然后加入脱氧剂和合金化元素调整合金成分。上节介绍了熔渣脱硫,本节介绍金属液内元素的氧化规律。

(1)熔渣的氧化能力。

在炼钢过程中,当直接向熔池供给氧时,熔池中的元素可与氧直接作用发生氧化反应,但由于熔池中铁原子数远比其他原子多,铁首先被氧化成 FeO,然后再与溶解元素反应

$$2[Fe] + O_2 = 2(FeO)$$
$$2(FeO) = 2[Fe] + 2[O]$$
$$2[O] + 2[M] = 2(MO)(间接氧化)$$

总反应:
$$2[M] + O_2 = 2(MO)(直接氧化)$$

大部分元素都是间接氧化。因为 FeO 在金属液表面形成,而且铁液中的元素难以达到反应界面。因此气态氧和金属熔池相互作用,首先形成 FeO,而后才是 FeO 与溶解元素的相互作用。 故在热力学分析上,氧化反应写成 $2[O] + 2[M] = 2(MO)$,而不是 $O_2 + 2[M] = 2(MO)$。

在氧气顶吹高枪位操作时,金属液与气态氧不直接接触,氧主要通过金属液面上的熔渣层按照下列方式传入金属液内:

气相 – 熔渣界面(FeO) 被氧化成(Fe$_2$O$_3$):
$$2(FeO) + 1/2\,O_2 = (Fe_2O_3)$$

由于熔池的对流作用,Fe$_2$O$_3$ 转移到金属 – 熔渣界面,被还原成 FeO:
$$(Fe_2O_3) + [Fe] = 3(FeO)$$

形成的 FeO 在熔渣和金属液中分配,熔渣中的 FeO 运动到气相 – 熔渣界面,再次被氧化,而金属液中的 FeO 分解:
$$[FeO] = [Fe] + [O]。$$

熔渣中的氧化铁控制着金属液中氧的浓度。根据氧在熔渣与金属液中的分配系数,可得到计算金属液中氧浓度的公式:
$$[\%O] = [\%O]_{饱} \times a_{(FeO)}$$

在 1 600 ℃,$[O\%] = 0.23 \times a_{(FeO)}$。可见,熔渣中 $a_{(FeO)}$ 越大,则熔渣向金属液供氧越强。$O_2 = 2[O]$,平衡常数 $K_0 = [O]^2/P_{O_2}$,取对数,
$$RT \ln P_{O_2} = -RT \ln K_0 + 2RT \ln [O]$$

根据金属液中的氧含量[O]计算得到的 $RT \ln P_{O_2}$ 称为金属液的氧势。当金属液中溶解的元素的氧势小于金属液的氧势时,元素才能被氧化。

(2)铁液中元素氧化的氧势。

炼钢池中元素的氧化反应为

$$(FeO) + [M] = (MO) + [Fe]。$$

溶解于金属液的氧呈单原子状态,因此反应式可写为:

$$[M] + [O] = (MO)$$

该式的自由能变化可通过下列叠加计算:

$$2M(S) + O_2 = 2MO(S), \Delta G_1^0$$
$$- 2M(S) = 2[M], \Delta \bar{G}_2^0$$
$$- O_2 = 2[O], \Delta \bar{G}_3^0$$
$$2[M] + 2[O] = 2MO(S)$$

或

$$[M] + [O] = MO(S)$$

$$\Delta G_a^0 = \frac{1}{2}(\Delta G_1^0 - \Delta \bar{G}_2^0 - \Delta \bar{G}_3^0)$$

FeO 是炼钢熔池中的氧化剂,所以比较 FeO 自由能曲线与其他氧化物的位置,就能确定熔池中的元素在标准状态下不同温度氧化的特性。FeO 直线以上的元素,基本不氧化,特别是位置高的元素,如 Cu、Ni,在氧化铁直线以下的元素,则有不同程度的氧化。值得注意的是,碳氧化的直线与其他元素的氧化直线不同,有相反的走向。在低温时,碳比较难氧化(这时主要是 Si、Mn 氧化),随着温度升高,其他元素的氧化趋势减弱,而碳的氧化趋势不断增加。CO 的直线与许多氧化物的直线都相交,此交点称为氧化反应的转向温度。

转向温度是两种元素氧化次序变更的温度,在转向温度以下,碳不会氧化或氧化很弱,转向温度以上,碳有保护其他元素不受氧化的作用。如用高碳铬铁吹氧脱碳冶炼低碳铬铁或用高碳含铬废钢冶炼不锈钢时,为了去碳保铬,在标准状态下,冶炼温度应在 1 514 K 以上。

利用铁液中氧化物的标准生成自由能,可以确定杂质去除或合金元素的加入的条件。常见的合金化元素可分为以下四类:

(a)不能被氧化的 Cu、Ni,原料中含有这样的杂质元素是不能用氧化法除去的,如果钢中需要这样的合金元素,可以在入炉原料中加入。

(b)基本上不氧化的 Mo、W,也可在原料中加入。

(c)氧化程度随冶炼条件变化的 Cr、Mn、V,需在电炉的还原期或冶炼出钢前加入。

(d)最易氧化的 Si、Ti、Al,能完全被氧化,钢中这些元素是在出钢或脱氧时加入。

(3)炼钢熔池中元素氧化的热力学条件。

在实际炼钢反应中,元素的氧化反应为

$$[M] + (FeO) = (MO) + [Fe]$$

反应的平衡常数为

$$K_a = \frac{\alpha_{MO}}{\alpha_{FeO}\alpha_M} = \frac{N_{MO}\gamma_{MO}}{\alpha_{FeO}[\%M]}$$

金属元素在渣相和熔池中的分配比为

$$\frac{N_{\mathrm{MO}}}{[\%M]} = Ka\frac{\alpha_{\mathrm{FeO}}}{\gamma_{\mathrm{MO}}}$$

分配比越大,元素被氧化的程度越高,得出元素氧化的热力学条件:因为元素的氧化是放热的,K_a 随温度升高而减小,所以温度升高,大多数元素的氧化减弱(碳的氧化除外);熔渣的氧化能力越大,元素的氧化程度越高。碱性渣的氧化能力大于酸性渣的氧化能力,所以相同温度下同一元素在碱性渣下氧化程度大。降低 γ_{MO},即增大氧化物与熔渣的结合力,可使元素的氧化程度提高。利用氧化物与熔渣的酸碱性达到这个目的。

第5章　合金熔体质量控制

5.1　熔体成分控制

5.1.1　熔体中气体与夹杂物的来源与表征

金属与合金在熔炼时,气体往往以各种不同的形式进入其中,形成各种缺陷及危害,例如氢脆、白点、气孔、石状断口及气体皱纹等。但在某些情况时气体也是有效的生产工具,最普通的例子是在炼钢时吹入氧气以产生碳沸腾、氩气精炼等。利用 H 作为临时元素对钛合金的化学热处理。

1. 气体的存在形态

若气体以原子状态溶解于金属中,则以固溶体形态存在。若气体与金属中某元素之间具有较大的亲和力,则形成化合物。金属中气体含量超过其溶解度,或侵入的气体不溶解,则以分子状态存在于金属液中,若凝固前气泡来不及排除,铸件将产生气孔。氢原子半径很小(0.371 nm),几乎能溶解到各种合金中。氧原子半径虽然较小(0.066 nm),但它是极活泼元素,能与多种金属元素形成化合物。氮的原子半径比较大(0.08 nm),在钢铁中有一定的溶解度,而在铝和铜中几乎不溶解。

气体来源主要与熔炼过程、铸型条件和浇注条件有关。

熔炼过程:主要来自各种炉料的锈蚀及周围气氛中的水分、氮、氢、氧和 CO_2、CO、SO_2、H_2 及有机化合物的燃烧产物。

铸型:即使烘干的铸型,浇铸前也会吸收水分,结晶水在热作用下会分解,有机物的燃烧会产生大量的气体。

浇铸过程:浇包未烘干,铸型浇铸系统设计不当,铸型透气性差,浇铸速度控制不当,铸型内气体不能及时排除,由于温度急剧上升,气体体积膨胀而增大压力,都会使气体进入金属液,增加金属中气体含量。

铸件中的气体主要是氢气,其次是氮、氧。氢主要来源于各种金属炉料、溶剂、炉气、浇包、炉前加入物及铸型中的水分。炉气及大气中的氢气,虽然也能被吸收,但氢的分压力极低,仅为 5×10^{-9} 大气压,微不足道。氢的来源主要是环境中的水气。

2. 气体溶解度的表示方法

(1) 质量百分浓度:100 g 金属或合金中所溶解的气体克数。

(2) 质量百万分数:由于气体在金属中的溶解度很小,常用质量百万分之一时的浓度作为气体溶解的基本单位,用符号 ppm 表示:$1 \text{ ppm} = 10^{-6} = 10^{-4}\% = 0.000\ 1\%$

（3）标准体积：在 100 g 金属或合金中溶解气体的标准体积（cm^3）。

气体的各种溶解度可以互相换算，如假设气体为理想气体，则由气体状态方程：

$$pV = nRT = \frac{G}{M}RT$$

可得

$$G = \frac{pM}{RT}V$$

式中　　G, M——气体的质量及相对分子质量，g；

　　　　p, V——气体的压力（atm，1 atm = 101.325 kPa）及体积（cm^3）；

　　　　R——气体常数，$R = 0.082$ $cm^3 \cdot atm \cdot ℃^{-1} \cdot mol^{-1}$。

例如，1 cm^3 氢标准状态对应的质量 G 为

$$G = \frac{1 \times 0.001 \times 2}{0.082 \times 273} = 0.000\,09 \text{ g}（相当于 0.9 ppm）$$

同理，

$$[N]\ 1\ cm^3/100\ g = 0.001\,25\% = 12.5\ ppm$$
$$[O]\ 1\ cm^3/100\ g = 0.001\,43\% = 14.3\ ppm$$

3. 单质气体在金属及合金中的溶解

金属吸收气体过程可分为吸附和扩散两个过程。

① 吸附过程。多数金属都有吸附气体的倾向，吸附有两种形式：物理吸附和化学吸附。物体的表面层粒子由于受力不均匀而存在力场，气体分子受该力场作用而发生的吸附为物理吸附。物理吸附最多只能覆盖单分子层厚度，气体能否稳定吸附在金属表面，取决于表面力场的强弱、温度和压力。如表面力场大，易吸满，不易脱离。随着温度升高或金属表面压力的降低，吸附的气体的浓度降低，物理吸附能力降低。温度较低，压力较大时易发生物理吸附。气体分子与金属原子有一定亲和力，使它们在金属表面离解成原子，然后以原子状态吸附在金属表面。化学吸附不是化学过程，不产生新相，但能促进化学反应。

② 扩散过程。被吸附的气体原子，只有向金属内部扩散，才能溶解于金属中。扩散过程就是气体原子从浓度较高的金属表面向气体原子浓度较低的金属内部的运动过程，使浓度差趋于减小、平衡。

金属吸收气体包括四个过程：气体分子撞到金属表面、在高温金属表面气体分子离解为气体原子、气体原子被吸附在金属表面、气体原子扩散进入金属内部。前三个为吸附过程，第四个为扩散过程。

金属吸收气体过程的影响因素包括分压力、温度、合金成分等。

（1）气体分压力的影响。

由于氢、氮都是以原子状态溶解 $1/2H_2 = [H]$，$1/2N_2 = [N]$，因为 H、N 的溶解度相对较小，将其活度系数视为 1，则上述反应的平衡常数为

$$K_H = \frac{[\%H]}{p_{H_2}^{1/2}}, \quad K_N = \frac{[\%N]}{p_{N_2}^{1/2}}$$

故

$$[\%H] = K_H\sqrt{p_{H_2}}, \quad [\%N] = K_N\sqrt{p_{N_2}}$$

可概括为 $C = K\sqrt{p}$ 称为平方根定律(西华特定律)。当 $p = 1$ 时, $K = C$,故常数 K 在数值上即等于该气体分压力为 1 atm 时金属中的溶解度。如 1 600 ℃ , $p_{H_2} = 1$ atm 时,已知氢在铁液中的溶解度为 [H] = 0.002 75% , $P_{N_2} = 1$ atm 时, [N] = 0.04% ,则

$$K_H = \frac{[\%H]}{p_{H_2}^{1/2}} = 0.002\ 75/1 = 0.002\ 75$$

$$K_N = \frac{[\%N]}{p_{N_2}^{1/2}} = 0.04/1 = 0.04$$

由平方根定律可知,当已知某温度时的气体在金属中的溶解平衡常数 K 时,即可计算出在同一温度下其他 p_{H_2} 、 p_{N_2} 时的气体溶解度,也可计算出达到某一溶解度与之相平衡的气体压力。

例题:在氧化炼钢时要求钢的 [N] ≤ 0.003% ,熔炼温度为 1 600 ℃。计算:

① 所用氧气的纯度;

② 在出钢浇铸时,空气中的氮在钢液中的溶解度。

根据平方根定律 $[\%N] = K_N\sqrt{p_{N_2}}$,已知 $p_{N_2} = 1$ atm, $[\%N] = K_N = 0.04$,而出钢时要求的 [N] ≤ 0.003% ,故与气相中相平衡的氮分压为

$$p_{N_2} = \left(\frac{[\%N]}{K_N}\right)^2 = \left(\frac{0.003}{0.04}\right)^2 = 0.005\ 6\ \text{atm}$$

设氧化熔炼时所用的氧气由氧、氮组成,则 $p_{O_2} = (1 - 0.005\ 6)$ atm $= 0.994\ 4$ atm,即要求氧的纯度 $> 99.44\%$ 。

由于在空气中氮压力为 0.79 atm,故在 1 600 ℃ 时,钢中的溶解的最大的氮量:

$$[\%N] = K_N\sqrt{p_{N_2}} = 0.04\sqrt{0.79} = 0.035\%$$

上述计算为平衡状态时的氮含量,但在实际浇铸时不能达到平衡,因此钢中氮的溶解度不能达到 0.035% 。但如果浇铸温度高、浇速慢、有害气体分压高,则会加大气体的溶解量。因此在熔炼时应尽可能降低气体分压,如采用电炉熔炼时炉气气氛容易控制,可以降低氮含量;采用高纯氧也可降低钢中的氮含量;采用真空熔炼,控制型砂水分、发气性材料及黏结剂的用量,减少有害气体分压。

(2) 温度对气体溶解度的影响。

温度对气体溶解度的影响主要视溶解反应是吸热反应还是放热反应。若气体溶解是吸热反应,随温度升高气体溶解度增加;反之,若气体溶解是放热反应,随着温度升高气体溶解度降低。H 在 Fe、Ni、Co、Cu、Cr、Al、Mg 金属中的溶解都是吸热反应,N 在铁及铁合金的溶解是吸热反应,因此其溶解度将随温度的升高而增加。

溶解反应属放热反应的金属及合金,有以下几种类型:氢在 Ta、Th、、Ti、V、Zr 等金属中的溶解,形成间隙固溶体;氢在 Ce、La 等稀土金属及碱金属碱土金属中的溶解,形成金属氢化物;氮在 Al、Ti、V、Zr 中的溶解,形成稳定的氮化物。

（3）合金成分的影响。

合金成分不同对气体溶解度有很大影响。氢、氮的溶解度随碳含量增加而降低,因此铸铁的吸气能力比钢低。加入提高气体含量的合金元素,提高金属中气体含量。如果加入的合金元素与气体形成稳定的化合物,则能降低气体溶解度。炉前加入吸气属放热反应的合金元素,也会增加气体溶解量。此外,合金元素能改变金属表面膜的性质及金属蒸气压等,从而改变气体的溶解度。例如铁中存在微量的铝,会加速水在铁水表面的分解,从而加速氢在铁水中的溶解。

5.1.2　熔体中气体与夹杂物含量控制

合金在熔炼过程中极易吸气和发生化学反应形成夹杂,这将大大降低合金的机械性能。因此,必须对合金熔体进行净化处理,以去除熔体中的气体、非金属夹杂物和其他有害元素,提高冶金质量。

净化合金熔体方法可以分为三大类,即非化学反应净化、化学反应净化和混合净化。

1. 非化学反应净化

（1）非化学反应净化热力学。

西华特定律给出了气体在熔体中的浓度与表面上的分压关系。如果以氢为例,可写为:

$$[H] = K_{H_2} \sqrt{p_{H_2}}$$

$$K = \frac{A}{T} + B$$

式中　A 和 B—— 常数,与合金的成分有关。

根据该定律可以分析除气的可能性和极限。氢在熔体中的析出反应可写为

$$H_2 = 2[H] \tag{5.1}$$

那么,在一定温度和压力下达到平衡时,有

$$\Delta G^0 = - RT\ln \left(\frac{[H]^2}{p_{H_2}} \right) \tag{5.2}$$

若熔体中氢含量一定,而氢气的实际分压为 $p_{H_2}^1$,这时平衡就要遭到破坏,自由能变化为

$$\Delta G = \Delta G^0 + RT\ln \left(\frac{[H]^2}{p_{H_2}^1} \right) = - RT\ln \left(\frac{[H]^2}{p_{H_2}} \right) + RT\ln \left(\frac{[H]^2}{p_{H_2}^1} \right) = RT\ln \left(\frac{p_{H_2}}{p_{H_2}^1} \right) \tag{5.3}$$

当 $p_{H_2} > p_{H_2}^1$ 时,$\Delta G > 0$,反应式(5.1) 将向左进行,即溶解在熔体中的氢将自动排除进入气体空间;当 $p_{H_2} < p_{H_2}^1$ 时,$\Delta G < 0$,反应式(5.1) 将向右进行,即气体空间中的氢将自动向熔体中溶解。因此,将合金熔体置于氢分压很小的真空中或通入惰性气体,就有除气的驱动力,氢分压越小,驱动力越大。

在工业生产中,通常将 N_2 和 Ar 等惰性气体吹入熔体中,非化学反应除气原理图如图5.1所示,一开始由于气泡内部完全没有氢气,即 $p_{H_2}^1 = 0$,因此,气泡周围的熔体中溶解的氢原子向气泡内扩散,然后随气泡一起上浮逸出熔体进入气体空间。

当脱离熔体气泡中氢的分压与熔体中的瞬时浓度所决定的平衡分压相等时,分压与体

积的关系为

$$- dV_{H_2} = (dV_F + dV_{H_2}) \frac{p_{H_2}}{p_{H_2} + p_F}$$

(5.4)

式中　　V_{H_2} —— 熔体中溶解的氢的体积；

　　　　V_F —— 吹入熔体中惰性气体的体积；

　　　　p_{H_2} —— 气泡中氢的分压；

　　　　p_F —— 气泡中惰性气体的分压。

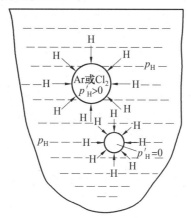

图 5.1　非化学反应除气原理图

设体系中总压力为 1 atm，即 $p_{H_2} + p_F = 1$ 时，式(5.4) 可改写为

$$dV_F = - dV_{H_2} \left(\frac{1 + p_{H_2}}{p_{H_2}} \right)$$

(5.5)

将氢的标准体积单位 m³ 换算为 cm³/100 g，则

$$dV_F = - \frac{100}{W} \left(\frac{1 + p_{H_2}}{p_{H_2}} \right) dC_{H_2}$$

(5.6)

式中　　W —— 合金熔体的质量，t；

　　　　C_{H_2} —— 合金熔体中的氢浓度，cm³/100 g。

由西华特定律 $C_{H_2} = K_{H_2} p_{H_2}^{1/2}$，得

$$p_{H_2} = \left(\frac{C_{H_2}}{K_{H_2}} \right)^2$$

代入式(5.6)，取定积分为

$$\int_0^W dV_F = - \frac{100}{W} \int_{C_0}^C \left(dC_{H_2} + K_{H_2}^2 \frac{dC_{H_2}}{C_{H_2}^2} \right)$$

为使熔体中氢的含量从 C_0 降到 C，所需以标准立方（N·m³）计的惰性气体体积为

$$V_F = \frac{100}{W} \frac{[(C_0 - C) (K_{H_2}^2 - C_0 C)]}{C_0 C}$$

(5.7)

在用惰性气体脱气的大多数情况下，气体逸出熔体时，其中氢的浓度比惰性气体的浓度小得多，因此式(5.4) 可变为

$$- \mathrm{d}V_{\mathrm{H}_2} = \mathrm{d}V_{\mathrm{F}} \frac{p_{\mathrm{H}_2}}{p_{\mathrm{F}}} \tag{5.8}$$

当 $p_{\mathrm{F}} = 1$ atm 时,则

$$\mathrm{d}V_{\mathrm{F}} = - \frac{100}{W} \frac{\mathrm{d}C_{\mathrm{H}_2}}{p_{\mathrm{H}_2}}$$

或

$$\int_0^W \mathrm{d}V_{\mathrm{F}} = - \frac{100}{W} K_{\mathrm{H}_2}^2 \int_{C_0}^C \frac{\mathrm{d}C_{\mathrm{H}_2}}{C_{\mathrm{H}_2}^2}$$

积分得

$$V_{\mathrm{F}} = \frac{100}{W} K_{\mathrm{H}_2}^2 \left(\frac{1}{C} - \frac{1}{C_0} \right) \tag{5.9}$$

从式(5.7)或式(5.9)可得到当达到规定脱气程度时,所需精炼气体的最小体积。如果惰性气体用量一定时,可算出脱气程度。实际操作中,气泡上浮速度较快,未达到平衡状态时便已逸出。因此所需惰性气体量常大于平衡计算值。

(2)非化学反应除气动力学。

非化学反应除气分为两种情况,一种是能形成氢气泡的除氢过程;另一种是不能形成氢气泡的除氢过程。

①能形成氢气泡的除氢动力学。它包括三个阶段,首先是气泡的形核,然后是气泡的生长和上浮,最后是气泡的逸出。

a. 气泡的形核。在熔体中,气泡的形核必须满足以下条件:

(a)合金熔体中溶解的气体处于过饱和状态而具有析出压力 p_{g}。

(b)气泡内气体压力大于作用于气泡的外压力,即

$$p_{\mathrm{H}_2} \geqslant p_{\mathrm{at}} + p_{\mathrm{m}} + \frac{2\sigma}{r} \tag{5.10}$$

式中　　p_{H_2}——气泡中氢的压力,kPa;

　　　　p_{at}——合金熔体上方气相中的压力,kPa;

　　　　p_{m}——气泡上方合金熔体液柱静压力,kPa,$p_{\mathrm{m}} = 0.1\rho Hg$;

　　　　ρ——合金熔体密度,N/cm^3;

　　　　H——气泡上方合金熔体液柱高度,cm;

　　　　g——重力加速度,9.8 m/s^2;

　　　　σ——合金熔体的表面张力,dN/cm;

　　　　r——气泡半径,cm。

随着熔体中氢含量的降低,p_{H_2} 变小,在熔池深度为 h 处,t 时刻如果 $p_{\mathrm{H}_2} = p_{\mathrm{at}} + p_{\mathrm{m}} + 2\sigma/r$,则在熔池深度 h 以下的合金熔体中气泡将无法形核。此时氢的极限浓度可表示为

$$C_{\mathrm{m}} = K \left(p_{\mathrm{at}} + p_{\mathrm{m}} + \frac{2\sigma}{r} \right)^{\frac{1}{2}} \tag{5.11}$$

式中　　C_{m}——氢的极限浓度;

　　　　K——常数。

在熔池深度 h 以下的合金熔体中除氢只能依靠扩散进行。

由于合金熔体中总是含有非金属夹杂,可成为氢气泡的形核基底,这时 $2\sigma/r$ 可忽略不计,式(5.11) 简化为

$$C_{m} = K \left(p_{at} + p_{m} \right)^{\frac{1}{2}} \tag{5.12}$$

利用式(5.12),通过系列试验,测得 C_{m} 值,求出 K 值,如图 5.2 所示。图 5.2 中阴影区域内,铝熔体中含氢量高于平衡状态含氢量,又高于 C_{m} 值,因此在此区域内将析出氢气泡。在阴影区下面,熔池深度加大,C_{m} 值相应增大,铝熔体中含氢量将低于 C_{m} 值,已不能产生气泡,但仍高于平衡状态含氢量,将通过扩散除氢。

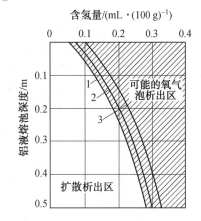

图5.2　700 ℃ 时铝熔体中气泡存在的极限深度
1—$p_{at} = 13.33$ Pa;2—$p_{at} = 133.32$ Pa;
3—$p_{at} = 1\ 333.2$ Pa

b. 气泡的上浮与长大。气泡一旦形成,在密度差的作用下将上浮。上浮的速度可由 Stokes 公式计算,即

$$v = 2r^{2} \frac{\rho_{M} - \rho_{B}}{9\eta} \tag{5.13}$$

式中　　v——气泡上浮的速度,cm/s;

　　　　r ——气泡半径,cm;

　　　　ρ_{M}——合金熔体的密度,g/cm^3;

　　　　ρ_{B}——气泡的密度,g/cm^3;

　　　　η——合金熔体的动力黏度系数,N·s/cm^2。

这里需要指出的是,气泡与夹杂等不同,它的体积可以变化。在上浮过程中,一方面外压不断减小,另一方面,还有氢不断地向气泡内扩散,使气泡内氢的原子数增加,两方面原因都将导致气泡体积增大,即气泡半径增大。由外压减小和氢的原子数增加产生的气泡直径增大可分析如下:

假设气泡内的气体是理想气体,它满足理想气体方程;气泡为球形;$2\sigma/r$ 项很小,可忽略,即

$$p_{H_2} V_{H_2} = nRT$$

$$V_{H_2} = \frac{nRT}{p_{H_2}} \tag{5.14}$$

因为

$$V_{H_2} = \frac{4\pi r^3}{3} \tag{5.15}$$

$$p_{H_2} = p_{at} + 0.1\rho_{M}H \tag{5.16}$$

将式(5.15) 和式(5.16) 代入(5.14) 得

$$\frac{4\pi r^3}{3} = \frac{nRT}{p_{at} + 0.1\rho_{M}H}$$

那么,气泡半径随着熔体深度值和氢的原子数变化可表示为

$$r^3 = \frac{3nRT}{4\pi(p_{at} + 0.1\rho_M H)} \tag{5.17}$$

将式(5.17)代入式(5.13)得

$$v = 2\left[\frac{3nRT}{4\pi}(p_{at} + 0.1\rho_M H)\right]^{\frac{2}{3}} \frac{\rho_M - \rho_B}{9\eta} \tag{5.18}$$

c. 气泡的逸出。熔体中气泡通过表面逸出是除气的最后阶段。表面通常都有氧化膜,因此,气泡逸出的速度取决于表面上存在的氧化膜种类和厚度等。

② 不能形成氢气泡的除氢动力学。不能形成氢气泡的除氢主要指通过形成其他种类气泡而除氢,例如吹氮气和氩气等,它的动力学过程主要包括以下三个阶段:

a. 气体原子从合金熔体内部向熔体表面或气泡表面迁移。

b. 气体原子从溶解状态转变为吸附状态,并在吸附层中发生反应,生成气体分子从表面脱附。

c. 气体分子扩散进入气体空间或气泡内。

通常情况下,第三阶段进行很快,不会成为控制环节。因此,这里只分析第一阶段和第二阶段的传质系数。

(3)理论分析。

根据扩散定律,通过边界层的传质速度和铝熔体内氢浓度 C_m 与气泡侧界面层氢浓度 C_{ms} 之差($C_m - C_{ms}$)成正比。假定铝熔体的容积为 V,则单位时间内通过表面积 A 的物质通量 J 可表示为

$$J = Ak\frac{C_m - C_{ms}}{V} \tag{5.19}$$

式中　　k——传质系数,cm/s。

从物质平衡可得

$$J = \frac{dC_m}{dt} \tag{5.20}$$

从式(5.19)和(5.20)可得

$$\frac{dC_m}{dt} = Ak\frac{C_m - C_{ms}}{V}$$

由于气泡上浮速度较大,通常 C_{ms} 可视为常数,对上式积分得

$$\ln\frac{C_m - C_{ms}}{C_{mo} - C_{ms}} = -\frac{Akt}{V} \tag{5.21}$$

式中　　C_m——时间 t 时熔体内气体浓度;

　　　　C_{mo}——熔体内气体的原始浓度;

　　　　C_{ms}——气液界面处的气体浓度。

式(5.21)是气液边界成为气体扩散渗入气泡的限制环节时的除气速度公式。

K 值可以通过实验求得,也可以从理论上计算出来。根据表面更新理论可求得

$$K = \frac{2}{\sqrt{\pi}}\sqrt{\frac{D}{t}} \approx \sqrt{\frac{Dv}{\pi d}}$$

式中 D——气体原子在熔体中的扩散系数；

t——气泡与体积元之间的接触时间；

v——气泡上浮速度；

d——气泡直径。

① 考虑气泡上浮速度影响的理论分析。气体原子在惰性气泡表面合金熔体边界层内的传质系数和传质速度。

惰性气泡上浮过程中，与熔体产生相对运动，如果假设气泡不动，那么熔体就相当于沿气泡表面流动，这与 Machlin 模型完全相似。因此，第一阶段的传质系数可表示为

$$\beta_m = 2\left(\frac{2Dv}{\pi r}\right)^{\frac{1}{2}}$$

式中 β_m——气体原子在熔体中的传质系数；

D——气体原子在熔体中的扩散系数；

v——惰性气泡上浮速度；

r——惰性气泡的半径。

传质速度为

$$\frac{\mathrm{d}n_m}{\mathrm{d}t} = -2(C_m - C_{ms}) \cdot \left(\frac{2Dv}{\pi r}\right)^{\frac{1}{2}}$$

式中 C_m——熔体中气体原子浓度；

C_{ms}——惰性气泡表面处熔体中气体原子浓度。

通过上式也可以给出不同时间和不同表面积的气体原子在第一阶段的通量公式，即

$$n = At\frac{\mathrm{d}n_m}{\mathrm{d}t} = -2(C_m - C_{ms}) \cdot \left(\frac{2Dv}{\pi r}\right)^{\frac{1}{2}}At \tag{5.22}$$

式中 A——惰性气泡表面积；

t——除气时间。

由式(5.22)可以看出，气体原子在熔体中向表面或惰性气泡扩散的通量与气体原子扩散系数、惰性气泡上浮速度、熔体内部与表面的浓度差、表面面积和时间成正比。

根据 Langmuir 公式可写出第二阶段的传质系数，即

$$K_m = \frac{K_L\varepsilon(p_{e(i)} - p_{g(i)})\sqrt{\dfrac{1}{M_i T_{ms}}}}{C_{m(i)}}$$

第二阶段的传质速度为

$$\frac{\mathrm{d}n_g}{\mathrm{d}t} = K_m \cdot C_{ms} - K_g \cdot C_{gs} = K_L\varepsilon(p_{e(i)} - p_{g(i)})\sqrt{\frac{1}{M_i T_{ms}}}$$

式中 K_L——Langmuir 方程系数，当 p_e 以托为单位时，$K_L = 0.05833$；

ε——凝结系数；

p_e——挥发元素在 T_{ms} 温度时的饱和蒸气压；

T_{ms}——挥发界面上熔体的温度；

M_i——挥发气体的相对原子质量；

$p_{e(i)}$——熔体上方或惰性气泡内气体 i 的饱和蒸气压;

$p_{g(i)}$——在挥发表面附近气体空间气体 i 的蒸气分压。

通过上式也可以给出不同时间和不同表面积的气体原子在第二阶段的通量公式,即

$$n = K_L \varepsilon (p_{e(i)} - p_{g(i)}) \sqrt{\frac{1}{M_i T_{ms}}} \, At \tag{5.23}$$

由式(5.23)可以看出,气体原子挥发量与气体原子 i 饱和蒸气压和气体 i 的实际蒸气分压的差、表面面积和时间成正比。

② 影响气泡除氢的因素。a. 温度的影响。温度的影响体现在两个方面,一是改变气体原子从合金熔体内部向熔体表面或气泡表面迁移阶段的扩散系数;二是改变界面气体原子挥发阶段的速度。随着熔体温度的升高,两个阶段速度都增加,因此,总的除气速度也增加。

b. 气泡上浮速度的影响。气泡上浮速度的影响也包括两个方面,即气泡上浮速度对除氢速率的影响和气泡上浮速度对除氢时间的影响。从式(5.22)和式(5.23)可以发现,气泡上浮速度越快,气体原子从合金熔体内部向熔体表面或气泡表面迁移的速度也越快,界面气体原子挥发阶段的速度也越快。这是因为气泡上浮速度越快,熔体与气泡的相对速度越大,熔体界面层更新的速度越快,使与气体接触的熔体表面始终保持较高的气体含量或较大的浓度梯度。但是,气泡上浮速度越快,气泡在熔体中停留的时间越短,除气量将减少。总的除气量是增加还是减少,取决于气泡上浮速度对除氢速率和除氢时间的综合影响。

c. 气泡半径的影响。从式(5.22)可以看出,气泡的半径增大,气体原子从合金熔体内部向熔体表面或气泡表面迁移阶段的速度将下降。这是因为气泡的半径越大,与气泡接触的熔体从气泡顶点流到底部的时间越长。在此过程中熔体表面的气体浓度越来越小,表面区的浓度梯度也越来越小。同时气泡的半径越大,气泡上浮速度也越快,除气时间将缩短。

d. 气泡的总表面积与其分布的影响。很显然,气泡的总表面积越大,除气的效果越好,但是气泡的分布也起很重要的作用。如果气泡的总表面积很大,但是集中在熔体中某一局部区域,其他区域熔体中的气体原子只能依靠扩散向气泡迁移。因为气体原子在熔体中扩散速度与气泡上浮速相比较慢,导致不与气泡接触且与气泡有一定距离的熔体无法除气。

e. 时间的影响。一般情况下,处理时间越长,除气量越多。除气速度随时间增加变得越来越小。

f. 气体本身和合金熔体的性质等也有影响。

2. 有化学反应的净化

(1)有化学反应的除气热力学。

加入元素与气体原子之间的反应式可写为

$$a\text{M} + b[\text{H}] = \text{M}_a\text{H}_b \tag{5.24}$$

该反应能否进行取决于自由能的变化。即

$$\Delta G < 0, \quad 反应自发进行$$
$$\Delta G = 0, \quad 平衡状态$$
$$\Delta G > 0, \quad 进行逆反应$$

也就是说自由能的变化负值越大,反应的推动力越大。

（2）有化学反应时除气动力学。

有化学反应时除气动力学过程应该包括以下三个阶段：

① 除气剂的溶解和与气体原子相互扩散接触阶段。

② 除气剂与气体原子发生反应形成含气体原子的化合物。

③ 含气体原子的化合物（气态或固态）长大和排除阶段（上浮或下沉）。

含气体原子的化合物如果是气态可以用前面的解化学反应部分公式进行分析，含气体原子的化合物如果是固态可以用 Stokes 公式来描述。

3. 混合除气动力学

混合除气是指除气过程既包括化学除气，又包括非化学除气，如 $ZnCl_2$ 和 C_2Cl_6 的除气过程等。它的动力学过程包括以下几个阶段：

① 除气剂的溶解和与气体原子相互扩散接触阶段。

② 除气剂与气体原子发生反应形成含气体原子的气态化合物。

③ 气态化合物长大和上浮阶段。

④ 气态化合物的逸出阶段。

其中气态化合物长大和上浮阶段可以用前面的解化学反应部分公式进行分析。

4. 合金熔体的净化方法

这里以铝合金为例进行介绍。铝合金熔体的净化方法已有几十种，概括起来分为三大类，即非化学反应除气、化学反应除气和混合除气。非化学反应除气包括吹惰性气体、真空处理、过滤、气体的电迁移和超声处理等；化学反应除气主要指稀土除氢；混合除气主要包括气化熔剂、吹活性气体和吹活性熔剂等。

（1）除气方法。

① 吹惰性气体净化法。a. 单管吹气法。图5.3所示为单管吹气法原理图。它是由高压 N_2（或 Ar）气瓶、减压阀、耐熔体吹气喷头和干燥剂等组成的。它的工艺过程是：先将吹气喷头预热，去除其表面吸附的水分等，再根据插入熔体的深度调整好减压阀，打开气瓶开关，将气路内的空气排除干净，插入吹气喷头到达熔体的下部，惰性气体在管内压力的作用下，以气泡的形式进入熔体内。气泡进入熔体有两种方式，即鼓泡方式和射流方式。鼓泡方式形

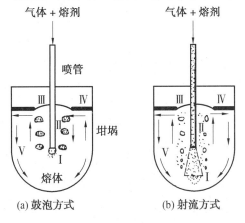

图5.3　单管吹气法原理图

成的原因是吹头内惰性气体压力过低,使惰性气体压力小于吹头处熔体静压力和大气压力及表面张力之和,惰性气体无法吹出。这时气瓶中惰性气体仍然不断地向气管内排出,使气管内惰性气体压力不断上升,当其压力大于吹头处熔体静压力和大气压力及表面张力之和时,少量惰性气体气泡就会形成,并进入熔体中;射流方式形成的原因是吹头内惰性气体压力高,使惰性气体压力远远大于吹头处熔体静压力和大气压力及表面张力之和,惰性气体以相当高的速度喷射进入熔体中。射流区的形成过程示意图如图5.4所示,具体可描述为:

(a) 在喷枪口首先形成气体的射流,如图5.4(a) 所示。

(b) 由于射流与熔体间相互作用导致射流侧面出现扰动,形成波状面,如图5.4(b) 所示。

(c) 当扰动发展到一定程度,波状面撕裂,在气体射流的吸动作用下,熔体被吸入,形成气体和熔体两相射流,如图5.4(c) 所示。

(d) 随着熔体被吸入,在射流下部,气体被熔体分割并在表面张力作用下形成气泡,如图5.4(d) 所示。

(e) 气泡上浮,并带动周围的熔体进入卷流区,同时又不断产生气泡,形成稳定的射流区,如图5.4(e) 所示。

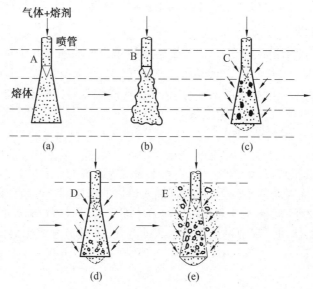

图5.4　射流区的形成过程示意图

射流区各断面的结构示意图如图5.5所示。断面 I – I 处为气体流;在断面 II – II 中心部位仍然为气体流,但边缘附近出现了气体与熔体的两相流;到断面 III – III,已完全转变为气体与熔体的两相流;在断面 IV – IV 中,气体被熔体分割并在表面张力作用下形成气泡;到断面 V – V,所有气泡均上浮,熔体速度为零。

该方法的工艺要点:

(a) 应注意惰性气体的纯度。研究证明,若氮气中氧体积分数为0.5% 和1%,除气效果分别下降40% 和90%。故惰性气体中氧体积分数不得超过0.03%,水分体积质量不得超过3.0 g/L,对一般合金,可达到满意的除气效果。

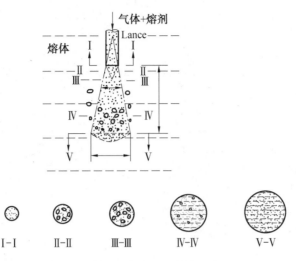

图 5.5 射流区各断面的结构示意图

（b）惰性气体压力要合适。压力大则气泡的直径大,它的上浮速度过快,逸出表面时会引起合金熔体的飞溅,破坏熔体表面的氧化膜。若气流速度过快,易形成链式气泡流。在这种条件下,气泡与熔体接触面积小,会降低除气效果。而小直径非链式气泡能加强熔体搅拌,增大气泡与熔体的接触面积。且直径小的气泡上浮速度慢,与熔体作用时间长,因而净化效果好。

（c）吹头要尽量插入熔体的下部。

（d）吹头要不断移动,使熔体中每个部位都有气泡。

（e）吹头内径大小要合适。

该方法的优点：

（a）设备简单。

（b）有较好的除气效果。

该方法的缺点：

（a）去气效率低。

（b）气泡较大。

b. 多孔吹头旋转吹气法。为了克服单管喷吹法作用面积小、气泡尺寸不易控制等缺点,开发了多孔吹头旋转吹气法。吹头的结构可以多种多样,但是目的只有一个,即在熔体中均匀地形成大量细小的气泡。如图 5.6 所示,惰性气体从上部向下流动,在定片 3 和动片 2 之间改变方向向径向流动,由于它的吸动作用,熔体从吹头的上部和下部沿齿槽向下和向上流动,两者在定片 3 和动片 2 之间相遇,在剪切力的作用下形成较均匀气液流,当气液流离开吹头时形成大量均匀细小的气泡。这些气泡向径向运动,然后向上运动逸出,同时,熔体也做环流运动。利用离心力作用的旋转喷吹法的喷头典型结构如图 5.7 所示。喷头沿径向分布许多小孔,而且还有许多与径向小孔相连,并成一定角度的斜向小孔。惰性气体从上部向下流动,然后改变方向向径向流动,由于离心力作用,熔体从吹头的下部沿斜向小孔向斜上方流动,两者在交汇处相遇,形成较均匀气液流,当气液流离开小孔时,会遇到吹头的凸台将其打碎,形成大量均匀细小的气泡。这些气泡向径向运动,然后向上运动逸出,同时,熔体也做环流运动。该方法除气效果好,无污染,在工业中已得到广泛应用。

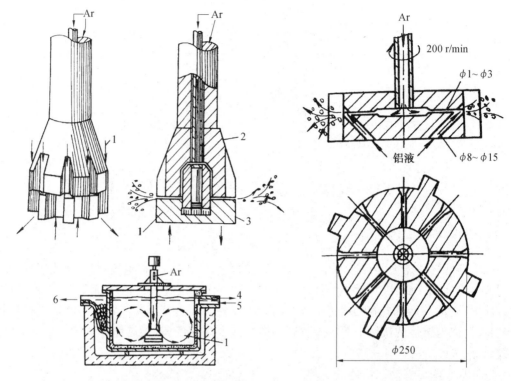

图 5.6　利用剪切作用的旋转喷吹法　　　图 5.7　利用离心力作用的旋转喷吹
　　　　　　　　　　　　　　　　　　　　　　法的喷头典型结构

②真空除气法。真空除气法可分为两大类,即静态真空除气和动态真空除气。

a. 静态真空除气。1957 年出现了铝液的真空除气净化工艺。该法是将盛有铝液的坩埚置于密闭的真空室内,在一定温度下静置一定时间,使溶入铝液中的气体上浮逸出。根据西华特定律,温度一定,空间内氢气分压越低,则铝液中相应的氢溶解度就越小。由于除气反应只限于界面,液面上的氧化膜阻碍氢的扩散,导致除气效率不高。钢液的真空除气效果好的原因是由于钢液内产生了大量 CO 气泡,起到了精炼和搅拌作用。该法在铸铝业中应用不多。

b. 动态真空除气。铝加工业开发了动态真空除气工艺,动态真空除气原理如图 5.8 所示。在该工艺中,由于铝液受到强烈搅拌,熔体表面相对增加,传质系数也增加,因而有良好的除气效率。一般情况下,动态真空除气 5 min 比静态真空除气 20 min 的效果还好。

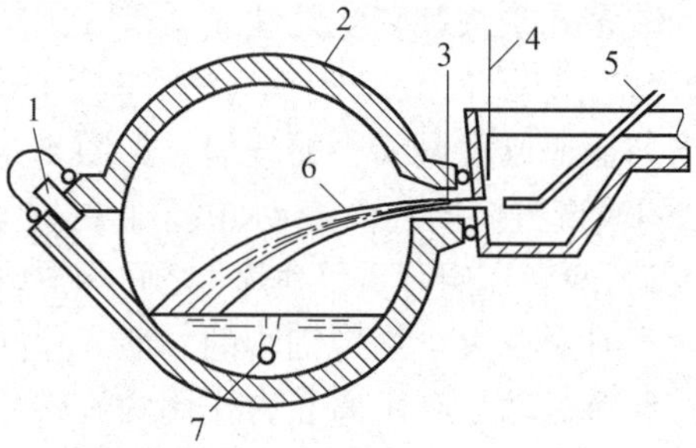

③预凝固除气法。在大多数情况下,气体在合金熔体中的溶解度随着熔体温度的下降而降低。如果将高温熔体缓慢冷却到固相点附近,让气体按平衡溶解度曲线变化,使气体自动

图 5.8　动态真空除气原理示意图
1—出液口;2—炉体;3—喷嘴;4—塞板;
5—喷射管;6—铝液;7—气体注入口

扩散析出而除去大部分气体。再将冷凝后的熔体快速升温重熔,此时气体来不及大量重新溶于熔体便开始浇铸,此法要额外消耗能量和时间,仅在重熔含气量较多的废料时使用。

④ 振荡除气法。合金熔体受到高速定向往复振动时,导入合金熔体中的弹性波会在熔体内部引起空化现象,产生无数显微空穴,于是溶于熔体中的气体原子就以空穴为气泡核心,进入空穴并复合为气体分子,长大成气泡而逸出熔体,达到除气的目的。该法的实质就是瞬时局域性真空泡除气法。振动方法有机械振动和超声波振动。在功率足够大时,超声波振动的空化作用范围可达到全部熔体,不仅能消除宏观气孔,也可以消除显微气孔,提高致密度。

⑤ 气体的电迁移。铝熔体在直流电流的作用下,在正极产生正离子,即 $[H] - e \rightarrow H^+$,H^+ 向负极移动。在负极上发生反应 $H^+ + e \rightarrow H, 2H \rightarrow H_2 \uparrow$,生成的氢分子逸出液面,从而达到除气的目的。实践表明,将石墨坩埚容量为 100 kg 的 ZL102 合金液通入直流电流 250 ~ 300 A 以及容量为 150 kg 的 ZL105 合金熔体,通入的电流密度为 0.5 ~ 0.7 A/cm^2,通电时间为 20 ~ 40 min,则氢含量减少 28% ~ 30%,电迁移净化铝熔体原理示意图如图 5.9 所示。若将电极改为海绵钛,能进一步提高除气率并使铝熔体内残留有钛,兼有细化作用。

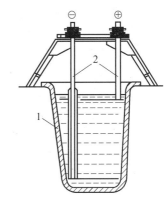

图 5.9　电迁移净化铝熔体原理示意图
1— 坩埚;2— 电极

⑥ 稀土净化。稀土与氢有很大的亲和力,在铝熔体中它与氢能生成稳定的弥散稀土氢化物,从而减少铝熔体中原子态和分子态的氢,起到所谓的固定氢的作用,以显著减少针孔。

富铈混合稀土的加入量为 0.2% ~ 0.3%,生产上稀土的加入多以 Al - RE 中间合金形式加入。精炼温度为 720 ~ 750 ℃,如果精炼和变质同时进行,则温度为 760 ~ 780 ℃。

该方法操作简单,不产生任何污染,精炼效果良好,但稀土的价格较高。

⑦ 熔剂净化。a. 六氯乙烷(C_2Cl_6) 除气。C_2Cl_6 的精炼反应为

$$C_2Cl_6 = C_2Cl_4 \uparrow + Cl_2$$

C_2Cl_4 的沸点为 121 ℃,成为精炼气泡,其中一部分分解,反应式为

$$C_2Cl_4 = 2C + 2Cl_2 \uparrow$$

其中,C 分散在铝熔体中成为夹杂,氯气在铝熔体中可能产生两个反应,即

$$Cl_2 + 2[H] = 2HCl \uparrow$$

$$3Cl_2 + 2Al = 2AlCl_3$$

六氯乙烷用量与合金成分有关,不含镁的合金加入量为 0.2% ~ 0.6%,含镁合金为 0.50% ~ 0.75%,因为镁与氯和氯化铝会发生反应。

b. 氯化锌($ZnCl_2$) 除气。氯化锌在铝熔体中会发生如下反应:

$$3ZnCl_2 + 2Al = 3Zn + 2AlCl_3 \uparrow$$

$$2AlCl_3 + 3H_2 = 2Al + 6HCl \uparrow$$

前者是主要的,$AlCl_3$ 的沸点是 183 ℃,因而在铝熔体中造成大量无氢气泡,从而起到净

化作用。其具体工艺为,首先将 $ZnCl_2$ 预热脱水,然后将其用钟罩压入熔体的下部,并做水平运动,直至反应结束。为了防止铝熔体激烈翻腾,使铝熔体氧化,可分批加入,总加入量为 0.1% ~ 0.3%,精炼温度为 690 ~ 720 ℃。该工艺的优点是操作简单,有一定的除气效果,成本较低,清渣能力强;缺点是产生有毒气体,去除夹杂的能力较差。

（2）夹杂物的去除。

① 气泡捕捉夹杂。铝合金熔体中悬浮的夹杂微粒受到搅动时,夹杂物相互碰撞、聚集和长大。当夹杂物长大到一定尺寸后,才能与上浮的气泡碰撞,被捕获而随气泡上浮到表面。气泡捕捉夹杂物有两种方式,如图5.10所示,尺寸较大的夹杂物可能与气泡产生惯性碰撞捕获,如图5.10(a)所示;尺寸较小的夹杂物很难与气泡产生惯性碰撞,但可能在气泡周围产生相切捕获,如图5.10(b)所示,其捕获系数为

$$E = \left(1 + \frac{2a}{r}\right)^2 - 1$$

式中　　a—— 夹杂物的半径;

　　　　r—— 气泡的半径。

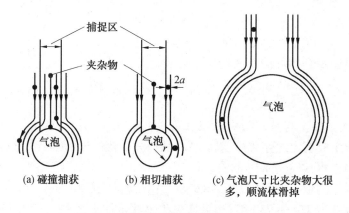

图 5.10　气泡捕捉夹杂物的两种方式

② 过滤除渣。熔炼过程中进行过滤除渣在铝加工业中应用广泛,熔炼后过滤除渣示意图如图5.11所示。图5.11中内层坩埚中的铝熔体是由外层坩埚通过底过滤后进入的,这些过滤片(或网)对通过的铝熔体产生机械的吸附作用和物理的吸附作用。

③ 电磁除渣。电磁除渣主要有四种方式:直流电流与恒定磁场的叠加、施加直流或交流电流、施加交流磁场和施加移动磁场,电磁除渣的主要方式如图5.12所示。这里只介绍直流电流与恒定磁场的叠加以及移动磁场除渣原理和方法。

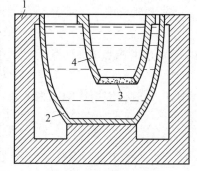

图 5.11　熔炼后过滤除渣示意图

1— 坩埚支架;2— 外层坩埚;

3— 过滤液;4— 内层坩埚

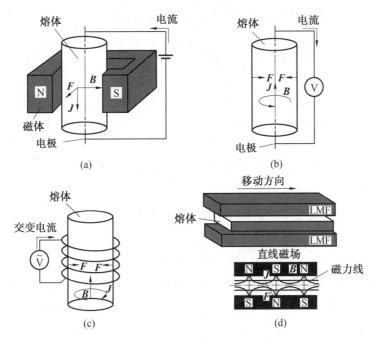

图 5.12　电磁除渣的主要方式

a.直流电流与恒定磁场的叠加除渣原理。由电磁力学理论可知,处于磁场中的通电导体将受到电磁力的作用。该力作用在物体的每个基本单元上,其物理性质酷似地心引力,当其他条件相同时,作用在各组元单位体积上的电磁力 F 取决于各组元的电导率,可表示为

$$F = \sigma E \times B = J \times B \tag{5.25}$$

式中　　σ——电导率,s/m;

　　　　E——电场强度矢量,V/m;

　　　　B——磁感应强度矢量,T;

　　　　J——熔体中组元的电流密度矢量,A/m^2。

式(5.25)表明,导体所受的电磁力密度与其所处的电场和磁场强度及其电导率成正比,当电场和磁场强度恒定时,则只取决于导体的电导率。电磁力垂直于电场与磁场组成的平面。当该平面为水平时,F 的方向平行于重力方向。分析电磁力的性质可知,它与重力有相似之处,主要表现在:首先,它们都由物质的自身特性决定;其次,它们都作用于物质的每一基本单元,属于体积力。因此,在一定程度上它可以起与重力相似的作用,改变熔体中相或组元的受力状态。当然电磁力与重力也有不同之处:一方面,电磁力的大小可通过改变电场和磁场强度来人为控制;另一方面,其方向也可通过改变电场和磁场的方向进行调整,包括与重力的方向相同、相反或垂直。

用直流电流与恒定磁场的叠加除渣正是基于上述分析,因为熔体中的夹杂几乎不导电,在同一电场和磁场作用下,它们所受的电磁力密度几乎为零。但是熔体具有良好的导电性,通电后的熔体在恒定磁场作用下会产生电磁压力,该压力相当于使熔体等效密度增加或减小,从而使夹杂产生电磁浮力。

　　正交电磁场中夹杂受力示意图如图 5.13 所示。假定夹杂为球形,通过熔体的电流密度为 J,磁感应强度为 $\boldsymbol{B}$,则由电磁流体力学可知夹杂所受的电磁浮力为

$$F_{电} = \frac{3}{2} \boldsymbol{J} \times \boldsymbol{B} V \frac{\sigma_{m} - \sigma_{d}}{2\sigma_{m} + \sigma_{d}} \qquad (5.26)$$

式中　　σ_{d}、σ_{m}——夹杂和基体熔体电导率;

　　　　J——熔体通过的电流密度。

　　从式(5.26)可以看出,夹杂的导电率越小,它所受到的电磁浮力越大。

　　b. 移动磁场除渣原理。多年前人们就提出了一个利用移动磁场除渣的方法,其原理如图 5.14 所示。合

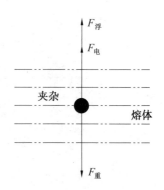

图 5.13　正交电磁场中夹杂受力
　　　　　示意图

金熔体在多根细管中沿 y 方向流动,移动磁场沿 z 方向移动,熔体在移动磁场作用下应向 z 方向移动,但由于管壁的阻碍,熔体不能向 z 方向运动,因此,夹杂物将受到电磁浮力的作用,其方向为移动磁场方向的反方向,使夹杂物向移动磁场方向的反方向的管壁移动,并被管壁捕获。

　　有无移动磁场条件下 Al_2O_3 夹杂物的分布如图 5.15 所示。实验针对含 10% Al_2O_3 的铝熔体采用比较方法进行,即施加磁场和不施加磁场两种情况。图 5.15(a) 是不施加磁场的实验结果,可以发现 Al_2O_3 由于密度较大,呈下沉状态;图 5.15(b) 是施加 0.08 T 移动磁场的实验结果,可以发现 Al_2O_3 夹杂物向移动磁场方向的反方向的管壁移动,并被管壁捕获。

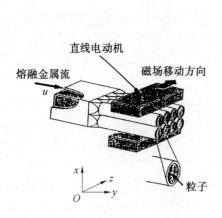

图 5.14　移动磁场除渣示意图

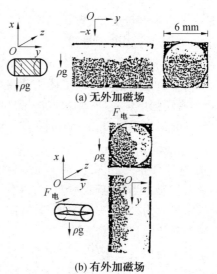

图 5.15　有无移动磁场条件下 Al_2O_3 夹杂物的分
　　　　　布(z 为磁场移动方向, $-x$ 为重力方向)

5. 铁水的炉外处理

（1）铁水的炉外脱硫。

由于铁水中的 C、Si、Mn 含量比钢水中的高，而且与之平衡的高炉渣中的（FeO）含量也比钢渣中的低，结果铁水脱硫的分配系数 L_s 为钢水脱硫的 10 倍。只是铁水脱硫没有钢水脱硫那么优越的动力学条件。要是给铁水脱硫加上较好的动力学条件就只能是炉外脱硫，或称普通铁水预处理。

① 炉外脱硫的意义。炉外脱硫能够保证高炉冶炼获得质量合格的生铁。由于入炉原料含硫的增加，难免生铁含硫超过规定标准；或者为了进一步节省燃料消耗和提高生产效率，而采用低碱度渣操作得到高硫生铁，都需对铁水进行炉外脱硫处理。

炉外脱硫能够向炼钢提供优质低硫生铁。为了改善钢材的加工性能及断裂韧性，需要炼出质量分数小于 0.010% ~ 0.005% 的超低硫钢，一般生铁含硫难以满足要求；即使向氧气转炉提供质量分数小于 0.01% ~ 0.03% 的低硫生铁，也给高炉冶炼增加难度。

在高炉内创造脱硫条件总是有限的，而用炉外脱硫方法以改善脱硫的扩散条件，降低生铁含硫量是合理的。在炉外进行铁水预处理脱硫，比在炼钢过程脱硫，无论从力学条件或工艺原理方面来看都要合理得多，经济上也是合算的。

② 脱硫剂。目前可供选用的脱硫剂很多，如石灰、苏打等。无论何种脱硫剂，都应促使生成比 FeS 更稳定的硫化物，而且只溶于渣而不溶于铁液。

a. 石灰或石灰石。这是最经济的脱硫剂，使用比较广泛。用石灰脱硫的反应为

$$[FeS] + (CaO) + [C] \longrightarrow (CaS) + Fe + CO$$

当用石灰石做脱硫剂时，其作用与石灰相同。但因石灰石分解放出 CO，对液相有搅拌作用，可增加脱硫效果。不过石灰石分解是吸热反应，因此比使用石灰时有更大的降温作用。在石灰或石灰石粒度小于 0.1 mm、搅拌良好的情况下，脱硫效率可达 40% ~ 50%。

b. 苏打灰。它是一种强碱性脱硫剂，我国一些大中型高炉都曾使用过苏打灰在铁水沟内脱硫。其反应式为

$$Na_2CO_3 + FeS \longrightarrow (Na_2S) + (FeO) + CO_2$$

苏打灰脱硫效率高，国内生产实践表明，在苏打灰用量为铁水质量的 1% 时，脱硫效率可达 70% ~ 80% 或更高。但苏打灰脱硫成本高，而且劳动条件差，环境污染严重。

c. 电石（碳化钙）。电石也是高效率的脱硫剂，其脱硫反应式为

$$[S] + CaC_2 \longrightarrow (CaS) + 2[C]$$

（CaC_2）脱硫效率与用量有关。随电石用量增加，脱硫效率随之提高；当电石用量达到 13 ~ 14 kg/t 铁时，脱硫率高达 90%。

d. 镁焦。镁焦脱硫效率最高，其反应式为

$$Mg + [S] \longrightarrow MgS$$

反应迅速且放热，脱硫过程中铁水温度下降少，MgS 稳定。但镁的熔点（651 ℃）和沸点（1 107 ℃）都很低，1 350 ℃ 时镁的蒸气压力达 0.642 MPa，在铁水中极易发生爆炸。工业

上把焦炭浸透熔化的镁,制成质量分数为 45% ~ 50%,块重 0.9 ~ 2.2 kg 的镁焦,用专门容器压入铁水中进行脱硫,铁水包镁脱硫装置如图 5.16 所示。焦炭为减缓镁挥发的钝化剂,在脱硫过程中并不减少。

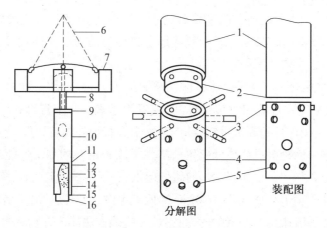

图 5.16　铁水包镁脱硫装置

1— 石墨杆;2— 伸缩接头;3— 插销;4— 石墨钟罩;5— 气孔;6— 四股钢链;7— 钢压件;

8— 钢轴;9— 法兰;10— 石墨杆;11— 石墨插销;12— 伸缩接头;13— 镁焦;

14— 销钉;15— 石墨钟罩;16— 镁焦罐

③ 脱硫方法。为了实现脱硫,结合不同的脱硫剂,常采用的脱硫方法如图 5.17 所示。

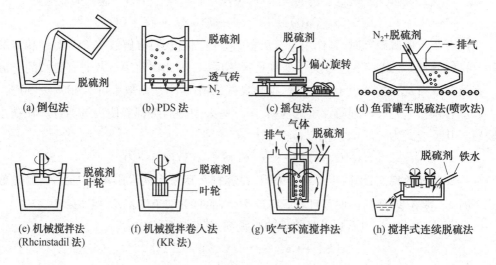

图 5.17　常用脱硫方法示意图

(2) 钢液的炉外精炼。

① 炉外精炼的提出。随着现代科学技术和工业的发展,对钢质量的要求越来越高,用普通炼钢炉(转炉、电炉) 冶炼出来的钢水已经难以满足其质量的要求。

为了提高生产率,缩短冶炼时间,也希望能把炼钢的一部分任务移到炉外去完成。另外,连铸技术的发展,对钢水的成分、温度和气体的含量等也提出了更严格的要求。这几方面的因素迫使炼钢工作者寻求一种新的炼钢工艺,于是就产生了炉外精炼方法。

②炉外精炼的目的。所谓炉外精炼,就是把常规炼钢炉(转炉、电炉)初炼的钢液倒入钢包或专用容器内进行脱氧、脱硫、脱碳、去气、去除非金属夹杂物和调整钢液成分及温度以达到进一步冶炼目的的炼钢工艺。即将在常规炼钢炉中完成的精炼任务,如去除杂质(包括不需要的元素、气体和夹杂)和夹杂变性、成分和温度的调整和均匀化等任务,部分或全部地移到钢包或其他容器中进行,把一步炼钢法变为二步炼钢法,即初炼加精炼。

国外也称为二次精炼(Secondary Refining)、二次炼钢(Secondary Steelmaking)和钢包冶金(Ladle Metallurgy)。

③炉外精炼的分类。目前所采用的主要精炼手段有:渣洗、真空(或气体稀释)、搅拌、喷吹和加热(调温)五种。当今名目繁多的炉外精炼方法都是这五种精炼手段的不同组合,综合一种或几种手段构成一种方法,如图 5.18 所示。

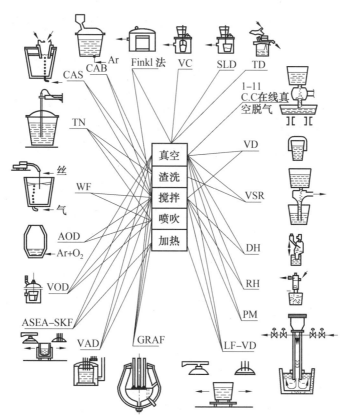

图 5.18　各种炉外精炼法示意图

精炼设备通常分为两类:一是基本精炼设备,在常压下进行冶金反应,可适用于绝大多数钢种,如 LF(钢包埋弧加热吹氩法)、CAS－OB、AOD(氩、氧混吹脱碳法)等;另一类是特种精炼设备,在真空下完成冶金反应,如 RH(真空循环脱气法)、VD(真空罐内钢包脱气法)、VOD(真空吹氧脱碳法) 等只适用于某些特殊要求的钢种。

目前广泛使用并得到公认的炉外精炼方法是 LF 法与 RH 法,一般可以将 LF 与 RH 双联使用,可以加热、真空处理,适于生产纯净钢与超纯净钢,也适于与连铸机配套。至今已出现四十多种炉外精炼方法,主要炉外精炼方法的分类、名称、开发年份与适用情况见表 5.1。

表 5.1　主要炉外精炼方法的分类、名称、开发年份与适用情况

分类	名称	开发年份及国别	适用情况
合成渣精炼	液态合成渣洗(异炉) 固态合成渣洗	1933 法国	脱硫、脱氧、去除夹杂物
钢包吹氩精炼	CAZAL(钢包吹氩法) CAB(带盖钢包吹氩法) CAS(封闭式吹氩成分微调)	1950 加拿大 1965 日本 1975 日本	去气、去夹杂、均匀成分与温度。CAB、CAS 还可脱氧与微调成分,如加合成渣,可脱硫,但吹氩强度小,接吻气效果不明显。 　CAB 适合 30 ~ 50 t 容量的转炉钢厂;CAS 法适用于低合金钢种精炼
真空脱气	VS(真空浇注) TD(出钢真空脱气法) SLD(倒包脱气法) DH(真空提升脱气法) RH(真空循环脱气法) VD 法(真空罐内钢包脱气法)	1952 联邦德国 1962 联邦德国 1952 联邦德国 1956 联邦德国 1958 联邦德国 1952 联邦德国	脱氢、脱氧、脱氮。RH 精炼速度快,精炼效果好,适于各钢种的精炼,尤适于大容量钢液的脱气处理。现在 VD 法已将过去脱气的钢包底部加上透气砖,使这种方法得到了广泛的应用
带有加热装置的钢包精炼	ASEA – SKF(钢包真空精炼法) VAD(真空电弧加热法) LF(埋弧加热吹氩法)	1965 瑞典 1967 美国 1971 日本	多种精炼功能。尤其适于生产工具钢、轴承钢、高强度钢和不锈钢等各类特殊钢。LF 是目前在各类钢厂应用最广泛的具有加热功能的精炼设备
不锈钢精炼	VOD(真空吹氧脱碳法) AOD(氩、氧混吹脱碳法) CLU(汽、氧混吹脱碳法) RH – OB(循环脱气吹氧法)	1965 联邦德国 1968 美国 1973 法国 1969 日本	能脱碳保铬,适于超低碳不锈钢及低碳钢液的精炼
喷粉及特殊添加精炼	IRSID(钢包喷粉) TN(蒂森法) SL(氏兰法) ABS(弹射法) WF(喂线法)	1963 法国 1974 联邦德国 1976 瑞典 1973 日本 1976 日本	脱硫、脱氧、去除夹杂物、控制夹杂形态、控制成分。应用广泛,尤适于以转炉为主的大型钢铁企业

④炉外精炼方法简介。a. 钢包炉精炼法(LF(V)法)。该法通过电弧加热、造高碱度还原渣,进行钢液的脱氧、脱硫、合金化等冶金反应,以精炼钢液。为了使钢液与精炼渣充分接触,强化精炼反应,去除夹杂,促进钢液温度和成分的均匀化,通常从钢包底部吹氩搅拌,LF(V)精炼法示意图和多功能 LF 法如图 5.19、图 5.20 所示。

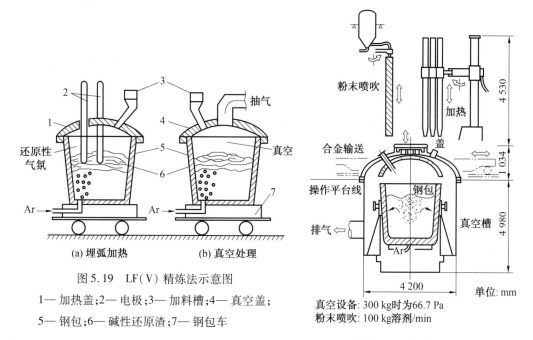

图 5.19　LF(V)精炼法示意图

1— 加热盖;2— 电极;3— 加料槽;4— 真空盖;
5— 钢包;6— 碱性还原渣;7— 钢包车

真空设备: 300 kg时为66.7 Pa
粉末喷吹: 100 kg溶剂/min

图 5.20　多功能 LF 法

b. 真空吹氩脱气法(VD 法)。这种方法是美国芬克尔(Finkl)公司 1958 年首先提出来的,所以也称芬克尔法,在我国一般简称为 VD 法,VD 钢液真空脱气装置如图 5.21 所示。

c. 循环真空脱气法(RH 法)。循环真空脱气法是德国蒂森公司所属鲁尔(Ruhrstahl)公司和海拉斯(Heraeus)公司于 1957 年发明的,所以简称 RH 法,RH 法设备的特征是在脱气室下部设有与其相通的两根循环流管,脱气处理时将环流管插入钢液,靠脱气室抽真空的压差使钢液由管子进入脱气室,同时由两根管子中的上升管吹入驱动气体氩,利用气泡泵原理引导钢水通过脱气室和下降管产生循环运动,并在脱气室内脱除气体,RH 法原理示意图如图 5.22 所示。

d. 真空提升脱气法(DH 法)。真空提升脱气法是 1956 年 Dortmund(多特蒙德)和Horder(豪特尔)冶金联合公司首先发明的,所以简称 DH 法。根据压力平衡原理,将钢液经吸嘴分批吸入真空室内,进行脱气处理。处理时将真空室下部的吸嘴插入钢液内,真空室抽成真空后其内外形成压力差,钢液沿吸嘴上升到真空室内的压差高度。由于真空作用室内的钢液沸腾形成液滴,大大增加气液相界面积,钢中的气体由于真空作用而被脱除。当钢包下降或真空室提升时,脱气后的钢液重新返回到钢包内。当钢包提升或真空室下降时,又有一批钢液进入真空室进行脱气。这样钢液一批一批地进入真空室直至处理结束为止,真空提升脱气装置示意图如图 5.23 所示。

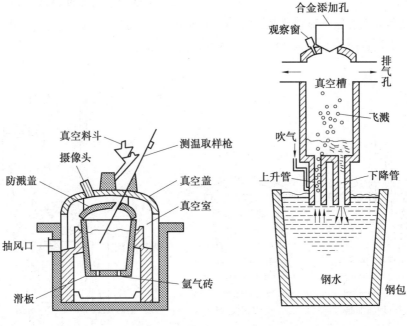

图 5.21 VD 钢液真空脱气装置   图 5.22 RH 法原理示意图

e. 真空吹氧脱碳法(VOD 法)。VOD 法是为了冶炼不锈钢所研制的一种炉外精炼方法,其方法特点是向处在真空室内的不锈钢水进行顶吹氧和底吹氩搅拌精炼,达到脱碳保铬的目的,VOD 法设备示意图如图 5.24 所示。

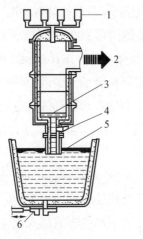

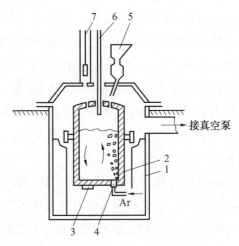

图 5.23 真空提升脱气装置示意图   图 5.24 VOD 法设备示意图

1— 合金添加料斗;2— 真空排气管;3— 钢液;   1— 真空室;2— 钢包;3— 水口;4— 透气砖;

4— 氩气管;5— 渣;6— 滑动水口   5— 合金漏斗;6— 吹氧枪;7— 取样测温

f. 氩 氧 脱 碳 法 （ AOD 法 ）。　氩 氧 脱 碳 精 炼 法 简 称 AOD 法 （ Argon Oxygen Decarburization），氩气－氧气－脱碳脱碳保铬不是在真空下，而是在常压下进行，AOD炉及喷枪示意图和 AOD 炉设备示意图如图5.25、图5.26所示。

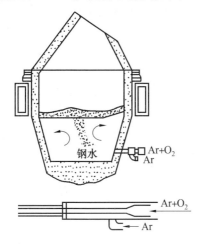

钢水

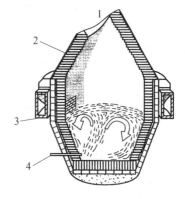

图 5.25　AOD 炉及喷枪示意图

图 5.26　AOD 炉设备示意图

1— 倾动出钢;2— 活动炉壳;

3— 倾动耳轴套圈;4— 气体喷嘴

g. 喂线法。喂线法是将 Ca－Si、稀土合金、铝、硼铁和钛铁等多种合金或添加剂制成包芯线,通过机械的方法加入钢液深处,对钢液脱氧、脱硫,进行非金属夹杂物变性处理和合金化等精炼处理,以改善冶金过程。综合对比各种炉外精炼技术,喂线技术存在以下优越性:合金收得率高;合金微调接近目标值;铝的收得率提高,喂丝设备布置示意图如图5.27所示。

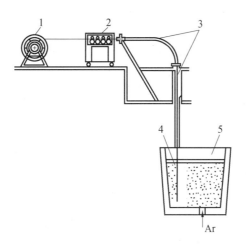

图 5.27　喂丝设备布置示意图

1— 线卷装载机;2— 辊式喂线机;3— 导管系统;4— 包芯线;5— 钢水包

各种炉外精炼法的精炼手段及主要冶金功能见表5.2。

表5.2　　各种炉外精炼法的精炼手段及主要冶金功能

名称	精炼手段					主要冶金功能							
	造渣	真空	搅拌	喷吹	加热	脱气	脱氧	去除夹杂	控制夹杂物形态	脱硫	合金化	调温	脱碳
钢包吹氩			√					√				√	
CAB	+		√			√	√			+	√		
DH		√				√							
RH		√				√							
LF	+	①	√		√	①	√	√		+	√	√	
ASEA – SKF	+	√	√	+	√	√	√	√		+	√	√	+
VAD	+	√	√	+	√	√	√	√		√	√	√	+
CAS – OB			√	√	√	√	√	√			√	√	
VOD		√	√			√	√	√					√
RH – OB		√	√			√							√
AOD			√			√							√
TN			√			√				√			
SL			√						√	√	√		
喂线							√		√		√		
合成渣洗	√		√			√	√	√		√			

注:符号"+"表示在添加其他设施后可以取得更好的冶金功能。

　　① 表示 LF 增设真空装置后被称为 LF – VD,具有与 ASEA – SKF 相同的精炼功能。

5.1.4　净化效果的检验

1. 除气效果的检验

(1)观察常压下凝固试样的表面状况。

观察常压下凝固试样的表面状况有两种方法,即表面观察和断口观察。在直径为 40 ~ 50 mm 和高为 20 ~ 30 mm 的预热 200 ℃ 以上的干砂型或耐火砖等换型中浇注铝合金试样。铝合金熔体凝固前用干净铁皮刮去表面氧化膜,露出光亮的表面,观察凝固过程中表面情况。当熔体中含气量较高时,会有小气泡逸出,根据逸出气泡与否可判断净化效果。一般认为试样表面凝固时无小气泡逸出,即认为净化好,否则需重新进行净化处理。该方法的特点是迅速,且简单易行,但是不能定量。试样凝固后将试样敲断观察断口,当含气量较高时,断口中会出现白点,根据白点的多少可判断净化效果。

(2)观察减压下凝固试样的表面状况。

常压下凝固试样的表面观察一般只适用于铝硅合金,因为该方法灵敏度低,对于熔化潜热低、凝固速度快的铝铜合金和铝镁合金很难应用。因此,提出了减压下凝固试样的方法,减压凝固装置示意图如图 5.28 所示。将约 100 g 的铝合金熔体倒入小坩埚内,在低压下凝固,如果表面不冒泡和不凸起,则含气量较低,净化效果好;如果试样表面凸起,且有气泡逸出,则含气量较高,需重新处理。

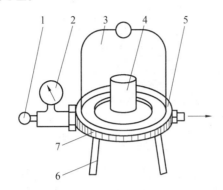

图 5.28　减压凝固装置示意图
1— 排气阀;2— 压力表;3— 玻璃罩;4— 小坩埚;
5— 橡皮垫圈;6— 支架;7— 底座

（3）测定减压试样的密度。

在一定的凝固条件下,铝熔体在标准铸型中凝固,切去冒口,然后分别在空气和水中称重,并按下式求得试样的密度:

$$\rho_s = \frac{W_a}{W_a - W_w} \tag{5.27}$$

式中　　ρ_s—— 凝固试样的密度;

　　　　W_a—— 试样在空气中的质量,g;

　　　　W_w—— 试样在水中的质量,g。

ρ_s 越大,含气量越小,净化效果越好。这种检测方法既可靠又能量化,为现代化的铸铝企业采用。

另外,还有气相色谱法和定量减压测氢法等。

（4）第一气泡法。

第一气泡法是根据下式来进行的,即

$$\lg C = -\frac{A}{T} + B + \frac{1}{2}\lg p \tag{5.28}$$

式中　　C—— 铝合金熔体中的氢含量;

　　　　T—— 熔体的温度;

　　　　p—— 铝合金熔体中氢的分压;

　　　　A、B—— 与合金成分有关的常数。

在一定真空度下,当熔体表面出现第一个气泡时,可近似认为氢的分压与外压相等,而外压是容易测得的。将温度和外压以及常数代入式(5.28),就可以计算出此时熔体的含气量。该法设备简单,使用方便。但第一气泡出现受到合金成分、温度、黏性、表面张力和氧化膜等因素的影响,不能连续测量,且测量精度不高,因此该法使用受到限制。第一气泡阀测定铝合金含气量装置示意图如图 5.29 所示。

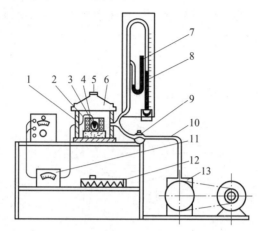

图 5.29　第一气泡阀测定铝合金含气量装置示意图
1— 真空罐;2— 电阻炉;3— 小坩埚;4— 热电偶;5— 观察孔;6— 真空盖;
7— 水银压力计,1 mm 汞柱;8— 水银压力计,200 ~ 760 mm 汞柱;9— 三通阀;10— 管道(真空抽气);11— 电位计;12— 调压变压器;13— 真空泵

2. 夹杂的检测

(1)溴 – 甲醇法。

该法可测定纯铝和硅含量低于 1.0% 的铝合金中 Al_2O_3 含量。将薄片试样溶于溴 – 甲醇溶液中,Al_2O_3 等不溶解,然后过滤出这些夹杂物,冲掉滤纸上的铝离子和灰化滤纸,最后用比色法测定 Al_2O_3 含量。

溴 – 甲醇法分析时间长,有毒性,不适用于铝硅类合金,而且不能反映氧化夹杂在试样中的分布。

(2)中子活化法测定铝熔体中的氧含量。

该法是利用快中子或热中子等冲击铝试样,使含氧夹杂物活化,随后将其活化能测出来,从而得出铝中的氧含量。因为铝合金中氧主要以 Al_2O_3 形式存在。该法测量速度快,精度高。

近年来还相继出现了多种其他方法,如压力或真空过滤法、定量金相法、熔剂洗涤法、污染度测定法、超声波法和离心法等。

5.2　合金熔体结构控制

一般凝固条件下,金属材料的性能很低,通过熔体处理方面的研究,包括熔体过热处理、孕育、变质或球化处理来改善凝固组织,使金属材料的各方面性能得以提高。

$$\begin{cases} 均质形核 \\ 非均质形核 \end{cases} \Rightarrow 控制形核 \Rightarrow 控制凝固 \Rightarrow 控制组织 \Rightarrow 提高性能$$

由于(失控的)非均质形核核心数量未知及分布不均匀,使凝固组织不均匀,有异常长大倾向,也就是说非均质形核有偶发性。

均质形核必须有相对于非均质形核更大的过冷度,对于 Fe－C 合金系而言,在较大的过冷度下可能析出渗碳体,因此铸铁凝固过程中不能采用均质形核来控制凝固。必须发挥主观能动性、实现可控的非均质形核过程。

5.2.1　化学方法控制

通过外加物质影响熔体性质来实现凝固过程控制称为化学法控制。

1. 灰口铸铁的孕育

铁液浇铸以前,在一定的条件下(一定的过热度、化学成分、合适的加入方式)向铁液中加入一定量的物质(孕育剂)以改变铁液的凝固过程,改善铸铁组织,从而达到提高性能为目的的处理方法,称为孕育处理。

孕育铸铁的生产过程是利用冲天炉(电弧炉、感应电炉)熔炼出低碳硅含量的铁液,并将其过热到一定温度,而后加入适量的孕育剂进行孕育处理。处理好的铁液在一定时间内进行浇注。

采用非高纯炉料及一般方法熔炼的铁液中常存在有多种氧化物和硫化物等杂质的细微颗粒,可以作为石墨的非均质核心,因此铸铁的结晶是以非均质形核为主。为了细化铸铁的组织,还可以在适当控制铸铁化学成分的条件下,往铸铁中加入某些能形成大量非均质核心的物质,即进行孕育。

(1)孕育处理的目的。

通过加入孕育剂,在铁液中形成大量的非均质石墨核心,从而消除低共晶度铸铁在共晶转变过程中的白口倾向,使其结晶成为具有良好石墨形态的灰口铸铁;改善石墨形态,使过冷型石墨转变为均匀分布无方向型的石墨,并获得细片珠光体基体,从而提高铸铁的性能;适当增加共晶团数;减小铸件上薄壁与厚壁之间由于冷却速度不同而产生的组织和性能上的差别,消除壁厚敏感性,提高组织均一性。

(2)孕育处理的本质。

孕育处理的本质是利用非均质形核来细化凝固组织和改善石墨形态,非均质形核应符合以下要求:能促进铸铁按灰口铸铁而不是白口铸铁结晶;避免产生不希望有的过冷组织;在片状石墨灰口铸铁中能增加共晶团数(共晶团频率)。

铁液中存在的杂质颗粒中只有一部分能起到非均质形核的作用,这种能起到晶核作用的物质必须与石墨相有共格或半共格的界面。在有共格界面的情况下,晶核基底与结晶相(石墨)存在应变,晶核基底上原子之间被拉伸,而形核相原子之间被压缩,或与此相反。在有半共格界面的情况下,晶核基底的晶面与石墨的晶面之间,由完全配合区域与错配区域构成,在界面上有间隔开的位错。

在铁液中的某种固体颗粒上形成石墨晶体时,在两种晶格之间通常总会存在失配度 δ:

$$\delta = \frac{a_\alpha - a_\beta}{a_\beta}$$

式中　　a_α——石墨六方晶格的(0001)面的点阵间距;

a_β——非均质核心的物质基底面的点阵间距。

若失配度小于 15%,该固体颗粒可能构成石墨的非均质核心。

(3) 孕育剂的作用原理。

生产中应用的片状石墨灰口铸铁大部分是亚共晶铸铁。在大的冷却速度下,亚共晶铸铁中常会形成在奥氏体枝晶间分布、细小而无一定方向性的分枝发达的过冷石墨,降低铸铁的性能。孕育处理能有效防止出现过冷石墨,也能避免在薄壁铸件断面上产生白口。孕育处理能增加共晶团数目,提高铸铁机械性能。关于孕育机理还无定论,各种假说互有长短。

① 氧化物晶核孕育说。铁液中的氧化物,特别是 SiO_2 是形成非均质核心的主体。其根据是硅和氧有高的亲和力,在铁液中能有效地形成 SiO_2 晶体。而且在 SiO_2 晶体中存在有与石墨的(0001)面互相共格的晶面。这种学说的不足在于不能解释很纯的 FeSi 对片状灰口铸铁只有微弱的孕育作用,而含有少量的 Ca、Zr 等的 FeSi 却具有明显的孕育作用。

② 碳化物晶核孕育说。孕育形成的晶核可能是具有盐类结构的碳化物,其中最可能的是,碳化物上的碳层构成了为石墨晶体形成而预先准备的碳集合物。石墨沿平行于 CaC_2 晶格的(111)面而生长。在 CaC_2 晶格的(111)晶面之间的原子间距为 0.341 nm,而石墨(0001)晶面之间的原子间距为 0.335 nm,两者比较接近。

③ 硫化物 – 氧化物双重晶核孕育说。利用现代电子测试手段研究认为,晶核具有双层结构,其核心是尺寸大约为 1 μm 的硫化物,由氧化物的外壳包裹。

作为孕育剂使用的硅铁中含有微量的 Ca、Ce、Zr 等元素,这种硅铁在有白口倾向的亚共晶成分铁液中溶解以后,随即形成以 CaS、CeS 等硫化物(或碳化物)为核心和以 SiO_2 为外壳的晶核,这些晶核与石墨的原子排列有一定的共格关系而使铁液中的碳原子能够依附在其表面上生长。

与此同时,由于硅铁溶解,在铁液中形成大量的富硅微区。由于硅提高铁液中碳的活度,促进了碳原子从铁液中析出,从而在共晶转变过程中助长石墨晶体的生成,又由于有大量的晶核在铁液中均匀分布,故能形成多而细小的共晶团和细片石墨。

(4) 孕育效果。

孕育处理的效果将随时间的推移而逐渐消失,即发生孕育衰退现象。孕育衰退来自三方面的原因:已形成的晶核的老化、晶核在铁液中上浮和富硅微区消失。

由于铁液中溶解有 FeO、MnO 等氧化物他们与晶核表面的 SiO_2 分子化合而形成 $FeSiO_3$、$MnSiO_3$ 等化合物,使晶核受到污染,失去其作为晶核的活性,此即为晶核的老化。

孕育作用的发生和衰退过程可以通过孕育前后以及孕育处理后不同时间所浇注的三角试样的白口深度变化来表明。如图 5.30 所示为孕育效果随时间的变化,在孕育处理后的 1 ~ 2 min,孕育效果表现充分,随后的一段时间内孕育作用逐渐消失。

(5) 孕育处理工艺。

① 原铁液的化学成分和温度。适当控制孕育处理前原铁液的化学成分和温度是实现有效孕育的重要条件。原铁液的碳硅含量应相当于使铸铁组织处于即将由白口向灰口过度(但仍为白口组织)的临界状态,即相当于白口铸铁的边缘成分。这样在加入为数不多的孕育剂时,即可收到良好的孕育效果。在一般情况下,原铁液的 $w(C) = 2.6\% ~ 3.2\%$,$w(Si) = 1.0\% ~ 2.0\%$,铸铁组织与碳硅含量的关系如图 5.31 所示。

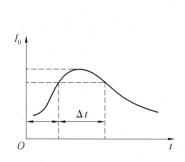

图 5.30　孕育效果随时间的变化

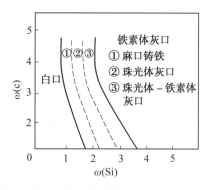

图 5.31　铸铁组织与碳硅含量的关系
（Si 有促进石墨析出的作用）

原铁液经过适当的过热和静置,以使铁液中残存的石墨晶芽得以消除,也会使铁液中某些可能作为石墨形核衬底的夹杂物从铁液中上浮而除去,使铁液得到一定程度的净化(避免偶发非均质形核)。为此,铁液温度应达到 1 450 ℃ 以上,并在此温度静置 10 ~ 15 min。

② 孕育剂的加入量和粒度。灰铸铁用孕育剂的主要成分是硅铁(一般 $w(Si) = 75\%$ 的硅铁),孕育剂的加入量应根据铸件的壁厚而定:对厚壁铸件加入量为铁液重的 0.2% ~ 0.4%,对薄壁铸件,加入量为铁液重的 0.3% ~ 0.5%。孕育剂应有适宜的粒度(一般为 1 ~ 3 mm),以使其能在铁液中迅速熔化和吸收,粉状硅铁在孕育处理过程中容易氧化烧损,故应避免应用。

(6) 孕育处理方法。

最初采用的孕育处理方法是冲浇法,即将孕育剂放置在铁包底部,靠铁液液流将孕育剂冲熔的方法。其缺点是一包铁水处理后,必须在孕育衰退之前浇注完毕。这对一次处理大量铁水而又需要较长时间浇注的生产情况是不适应的。为了避免孕育衰退,在孕育处理工艺方面进行了改进(防止孕育衰退)。

包内孕育:包内冲入法及出铁槽孕育法。

迟后孕育:浇口杯内孕育法、硅铁棒孕育法、浮硅孕育法、孕育丝孕育法及随流孕育法。

浮硅孕育法:在临浇注之前,将硅铁块撒布在铁液表面,进行孕育。这种操作方法简单,其缺点是有时硅铁块被熔渣包裹住,而失去孕育作用。

浇口杯孕育法:这种孕育方法操作简单,但有时孕育剂分布不均匀。

硅铁棒孕育法:用硅铁粉与黏结剂为材料,压制成硅铁棒,将硅铁棒置于包嘴位置以进行孕育。其优点是实现了瞬时孕育,作用较可靠,缺点是操作复杂。

型内孕育法:将孕育剂制成型内插入块,安放在浇注系统中。浇注时铁液将孕育剂冲熔而实现孕育。这种方法孕育效果良好,作用可靠,适宜于大量生产。

2. 白口铸铁的变质

采用变质处理方法可以改善初晶及共晶碳化物的形态,使碳化物在基体中呈不连续分布,从而能够减小白口铸铁的脆性并提高其强度。变质处理的实质是改变白口铸铁中碳化物的形核和长大条件,抑制其择优取向生长的趋势。

以 Ce 为主要元素的混合稀土与适宜的细化奥氏体枝晶的元素(Ti、N、V 等) 相配合,可以收到良好的变质效果。稀土元素 Ce 具有很强的表面活性,在铸铁结晶过程中,在碳化物的不同晶面上进行选择性吸收,它优先吸附在能位较高同时也是生长较快的晶面上,减缓其生长速率,其结果是减弱了晶体生长的各向异性,促使碳化物成为板块状。而 Ti、N、V 等元素在铁液中形成大量的非均质晶核,使奥氏体枝晶增多变细,并缩小碳化物的尺寸,使其分散和孤立化。同时,由于碳化物尺寸的减小,也使其保持块状生长的相对稳定性得到提高,避免块状碳化物在生长过程中产生分支。

3. 石墨球化处理

球墨铸铁一般用稀土镁合金对铁液进行处理,以改善石墨形态,从而得到比灰铸铁性能更好的铸铁。球墨铸铁中的石墨以圆球形状存在,由于球状石墨对铸铁基体的割裂作用最小,因而能使基体的性能得到充分发挥。球墨铸铁具有比灰铸铁高得多的强度和韧性,成为可以和铸钢相比的铸造合金材料。

蠕墨铸铁中的石墨以蠕虫状存在,蠕虫状石墨与片状石墨形状相似,但两者之间有明显的不同:蠕虫状石墨的长度与厚度的比值较小(2 ~ 10),而片状石墨的长度与厚度的比值较大(50);蠕虫状石墨的端部呈圆钝状,而片状石墨的端部为锐角形;蠕虫状石墨的卷曲程度远大于片状石墨。由于这些原因,使得蠕墨铸铁具有比灰铸铁高得多的强度。而由于蠕墨铸铁中的石墨之间的连续性比球墨铸铁强,它的导热性和减振性均优于球墨铸铁。因此蠕墨铸铁比灰铸铁强度高,又在一定程度上保留了灰铸铁的良好性能的一种铸铁材料。

球墨铸铁的一般生产过程包括熔炼铁液、球化处理、孕育处理、浇注铸件和热处理,在上述环节中熔炼优质的铁液和进行有效的球化 - 孕育处理是生产球墨铸铁的关键。

蠕墨铸铁的一般生产过程包括熔炼铁液、蠕化处理、孕育处理和浇注铸件,在上述环节中熔炼优质的铁液和进行有效的蠕化 - 孕育处理是生产蠕墨铸铁的关键。

(1) 石墨的球化机理。

① 核心说:该学说认为作为晶核物质的晶格结构是决定石墨形状的条件。用镁处理铁液能使石墨球化是因为能在铁液中生成具有立方晶格结构的 MgO、MgS、MgC_2 等化合物,碳原子从四面八方以相同的速度结晶而形成球状石墨。但该机理不能解释有的石墨核心是片状石墨。

② 碳化物快速分解说:该学说认为球状石墨的生长过程包括两个阶段,首先是球墨铸铁结晶成白口组织,其后因为铸铁含硅量高,白口组织中的碳化物立即分解为奥氏体和石墨。但是该机理不能解释球状石墨从铁液中直接结晶析出。

③ 过冷说:该学说认为球状石墨与片状石墨一样,可以从铁液中直接析出,而将石墨长成球状的原因归于过冷度。其根据是球墨铸铁的结晶过冷度比片状石墨铸铁大得多。球墨铸铁在更低的温度下结晶,碳原子的扩散速度成为石墨生长的限制性环节,而且随着过冷度的增大,铁液的表面张力增加,更促进生成相朝着比表面积小的形态发展。

④ 过饱和奥氏体说:该学说认为由于球墨铸铁的结晶过冷度大,在结晶时不能达到平衡状态,故会形成过饱和奥氏体,而后在过饱和的奥氏体中分解出石墨,由于是在固态下分解,故石墨长成球状。

⑤ 气泡学说:该学说认为石墨长成球形,是镁蒸汽泡作用的结果。石墨在铁液中直接

形核和生长的初期将受到铁液巨大的表面张力作用,而无适当的空间条件,其形核和生长的可能性很小。而球化处理时,产生的镁蒸汽泡为石墨的形核和长大创造了条件。

关于石墨球化过程至今还无定论。结合石墨析出过程的分析,球化剂的加入改变 S 和 O 的存在,改变界面能,而使 c 轴向生长加快,长成球状。

（2）石墨球化的评定标准。

球化率指在铸铁微观组织有代表性的视场中,在单位面积上球状石墨数目与全部石墨数目的比值(以百分数表示)。

石墨球径,即在放大 100 倍的条件下测量的有代表性的球状石墨直径。

圆整度,是对石墨球圆整程度的定性概念。

为了保证球状石墨具有良好的性能,要求有高的球化率,圆整而细小的球状石墨。

（3）镁、铈和钇作为球化剂的特点。

镁作为球化剂,有很强的脱硫、脱氧能力,能有效地消除硫、氧的吸附作用,增加铁液的表面张力,提高铁液／石墨界面能,故能稳定地使石墨球化。在用镁处理铁液时,能形成分散度很大的镁的硫化物、硫氧化物及碳化物的微粒,这些夹杂物微粒可作为球化处理后孕育处理过程中,生成 SiO_2 晶体时所依赖的基地,从而有利于形成大量的细小而圆整的石墨球。用铈、钇处理的铸铁要差些。

铁液中含有的 Al、Ti、Zr、Pb、Te 等为反球化元素。为了保证石墨的良好球化,应对铁液中反球化元素的含量进行严格限制。不同的球化元素对反球化元素的干扰作用具有不同的抵抗能力。

由于镁与大部分反球化元素不能化合,或化合程度很小,对反球化元素的抵抗能力低。而稀土元素与反球化元素具有一定的化合能力,而表现出好的抗干扰能力。

球化处理后的铁液,随着时间的延长,石墨球化作用会逐渐减弱而消失,表现为石墨球化率下降,球径变大,圆整度变差,逐渐发生畸变,直至变为片状石墨。这种现象称为球化衰退,其原因为:在铁液停留过程中,空气中的氧会不断地进入铁液中,并向铁液深处扩散,造成铁液中氧的活度升高,使铁液中球化剂的残留量降低。

在球化处理温度下,铁液中残留的 Ce、Mg 与 S、O 之间的反应已达到平衡,但在铁液停留过程中,由于温度降低,铁液中 S、O 的溶解度降低,析出 S 和 O,致使其与部分 Ce、Mg 重新发生化合反应,使铁液中 Ce、Mg 残留量降低。

溶解于铁液的 Mg 具有较高的饱和蒸气压,容易从铁液中逸出,致使残留镁量不断下降。

从球化处理完获得良好的石墨球化状态开始,到开始出现球化程度降低为止的一段时间称为球化衰退时间。镁作为球化剂时,球化衰退时间只有 10 ~ 15 min,稀土合金 Ce 衰退时间为 15 ~ 20 min,稀土 Y 衰退时间为 1 ~ 3 h。

（4）球化元素的适宜残留量。

为了使铸铁中的石墨达到稳定的球化,必须将铁液中 S 和 O 的反球化作用降低到一定程度,为此需要在铁液中保持一定的球化元素平衡含量,即适宜的残留量。

在采用镁作为球化剂时,其适宜的残留量与铁液含硫量、铸件壁厚及铸型材料(冷却强度)有关,铸铁含硫量高、铸件凝固时间长,镁的适宜残留量应高些,一般为 $w(Mg) =$

0.030% ~0.065% 。镁的残留量不是越高越好,残留量高时,会使石墨形状发生恶化,严重时出现畸变。

（5）球墨铸铁孕育的必要性。

经球化处理的铁液,石墨形核能力差,凝固过程中达到的过冷度大,当过冷度超过临界过冷度后,会析出渗碳体,而降低球墨铸铁的性能。

4. 引入异质晶种

向合金熔体中加入细化剂来形成晶核,从而细化合金组织的方法为化学法。细化剂主要有三类,即同成分的合金细粉、具有异质晶核的合金和通过反应可形成异质晶核的合金。异质固相颗粒要成为晶核必须满足以下条件:

① 与结晶相有良好的晶格匹配关系,从而获得很小的接触角。

② 尺寸非常小,高度弥散,并具有高的稳定性。

③ 不带入任何影响合金性能的有害元素。

在熔体流入锭模或铸型的过程中,把合金粉末加入熔体,从而使整个熔体强烈的冷却。这种方法是控制结晶过程,特别对厚铸件或铸锭结晶过程很有效,这些合金粉末的加入像众多的小冷铁均匀分布在熔体中,使整个熔体得到强烈的冷却,同时生成大量晶核,并以很大的速度成长。

具有异质晶核的合金细化法是一种常用的方法。如向铝合金熔体中加入含有 TiB_2 微粒的 Al - Ti - B 细化剂,可以使铝合金组织显著细化,未细化和细化后的 A357 合金的宏观组织如图 5.32 和图 5.33 所示。

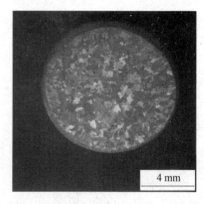

4 mm

图 5.32　未细化的 A357 合金的宏观组织

合金熔体的细化处理的目的是获得组织细小的铸件或铸锭,从而提高铸件或铸锭的性能。通过外加物质细化凝固组织的技术原理可以做如下分析。

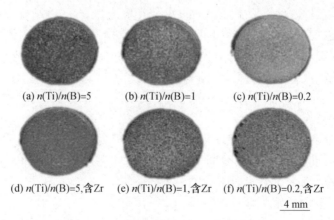

(a) $n(Ti)/n(B)=5$　(b) $n(Ti)/n(B)=1$　(c) $n(Ti)/n(B)=0.2$

(d) $n(Ti)/n(B)=5$,含Zr　(e) $n(Ti)/n(B)=1$,含Zr　(f) $n(Ti)/n(B)=0.2$,含Zr

4 mm

图 5.33　细化后的 A357 合金的宏观组织

向铝合金熔体中加入少量的钛时,它将与铝发生反应,形成与 α - Al 具有良好匹配关系的 TiAl₃。然后,TiAl₃ 与液相再发生包晶反应形成 Al 相(图 5.34),即

$$L + TiAl_3 \rightarrow \alpha - Al$$

此处,TiAl₃ 作为 α - Al 的结晶核心,从而细化铝合金的组织。但对于 Ti 质量分数低于 0.15% 时的细化现象还无法解释。

有人认为铝合金熔体中即使有万分之几的碳原子也能形成大量的与 α - Al 有良好匹配关系的 TiC,这些 TiC 可起到异质核心的作用。这虽然解释了 Ti 质量分数低于 0.15% 时的细化现象,但它还不能解释高纯铝加钛所产生的细化现象。

若向铝合金熔体中加入 B,也能形成大量的与

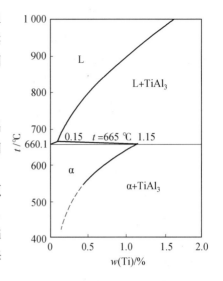

图 5.34　Al - Ti 二元相图

α - Al 有良好匹配关系的 TiB₂,它们在铝合金熔体中具有很高的稳定性,也可起到异质核心的作用而细化铝合金的组织。

5.2.2　物理方法控制

1. 基于形核理论的控制方法

(1) 形核理论。

在凝固过程中,并不是所有的小结晶体都能成为晶核,它有一个临界尺寸,假设晶核为球形,那么临界尺寸可以表示为

$$r^* = 2\sigma/\Delta G = 2\sigma T_M/L\Delta T \tag{5.29}$$

式中　　σ——液相与晶核之间单位界面自由能;

　　　　ΔG——结晶过程中单位体积自由能变化;

　　　　T_M——合金的熔点;

　　　　L——合金的结晶潜热;

　　　　ΔT——过冷度。

对于一定的合金来说,σ、T_M 和 L 均为常数,临界晶核半径只与过冷度有关,且与过冷度成反比。

从热力学上看,凝固时,系统自由能变化由两部分组成,即液相与固相之间的体积自由能差,它是生核的驱动力;固液界面能的出现和增加,它是生核的阻力。可以看出,只有当晶体半径等于 r^* 时,随着晶体半径的增加,体系总的自由能才呈下降趋势。也就是说,只有当晶体半径等于 r^* 时,它才有可能成为晶核,这可以用图 5.35 进行分析。过冷度增加,液相与固相之间的体积自由能差增加远远高于固液界面能的增加,因此,临界晶核半径随过冷度增加而下降。

形核速率可表示为

$$I = C\exp(-\Delta G_A/KT)\exp(-\Delta G^*/KT) \tag{5.30}$$

式中　　ΔG_A—— 扩散激活能；

　　　　ΔG^*—— 形核功；

　　　　K—— 玻尔兹曼常数。

ΔG_A 基本与温度无关，C 为比例常数。由于

$$\Delta G^* = 16\pi\sigma^3 T_0^2/3L^2\Delta T^2 \tag{5.31}$$

由式(5.30) 和式(5.31) 可以看出：

当 $\Delta T \to 0$ 时，$\Delta G^* \to \infty$，形核速率 $I \to 0$；

当 ΔT 增加时，ΔG^* 变小，形核速率 I 增大，形核速率与过冷度的关系如图 5.36 所示。

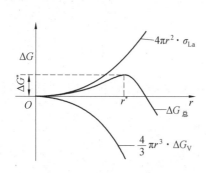

图 5.35　形核时自由能变化

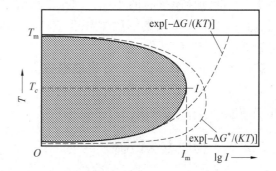

图 5.36　形核速率与过冷度的关系

由图 5.36 可见，在过冷度较小时，需要的形核功较高，形核速率很小；当过冷度增加时，形核速率随之增大。但当过冷度太大时，由于原子扩散困难，使形核速率下降。

上面的讨论都是基于均质生核假设。实际凝固过程中以非均质形核为主。

非均质形核速率 $I_{非}$ 的表达式与均质形核速率 I 的表达式在形式上完全相同，即

$$I_{非} = C\exp(-\Delta G_A/KT)\exp(-\Delta G_{非}^*/KT) \tag{5.32}$$

式中　　ΔG_A—— 扩散激活能；

　　　　$\Delta G_{非}^*$—— 非自发形核功，它与均质形核功的关系为 $\Delta G_{非}^* = \Delta G^* f(\theta)$；

　　　　θ—— 接触角。

当 $\theta = 0$ 时，$f(\theta) = 0$，也就是说可以直接外延生长；当 $\theta = 180°$ 时，$f(\theta) = 1$，与自发形核相同。

非均质形核的形核过冷度与接触角的关系如图 5.37 所示。从图 5.38 可以看出，接触角越小，所需的过冷度越小。

均质形核速率和非均质形核速率随过冷度的变化如图 5.38 所示。非均质形核速率曲线一般位于均质形核速率曲线的左侧，接触角越小，大量形核所需的过冷度越小。

生核衬底应具备的条件：

① 尽可能小的接触角，错配度 ≤ 5%，界面能较低。

② 在合金熔体中有较高的稳定性。

③ 具有较大的表面积和最佳的表面特性。

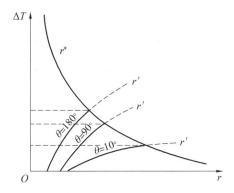

图 5.37 非均质形核的形核过冷度与接触角的关系

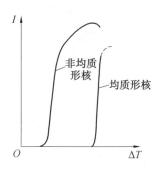

图 5.38 均质形核速率和非均质形核
速率随过冷度的变化

（2）控制方法。

① 熔体的过热和高温静置处理。在一定范围内提高铁液的过热温度，延长高温静置时间，会导致铸铁的石墨及其基体组织的细化，使铸铁的强度提高；进一步提高过热温度，铸铁的形核能力降低，使石墨形态变差，甚至出现自由渗碳体，使强度降低，因而存在一个临界温度。临界温度的高低主要决定于铁液的化学成分和冷却速度。所有促进增大过冷度的因素（碳硅含量低、冷却速度快、成核能力差），都会使临界温度降低。普通灰口铸铁的临界温度为 1 500 ~ 1 550 ℃。

经过高温处理的铁液在较低温度下静置相当时间后，过热效果会消失，即过热处理具有可逆性。其原因为重新形成非均质形核核心，成核能力提高，而出现异常长大。

上述现象的存在是与过热过程中熔体微观结构的变化有密切关系的。熔体结构与固体结构相似，原子之间有较强的作用力，原子之间的距离也和晶体晶格参数接近（5% 偏差）。熔体和固体更为相近的是熔体中存在结构的微观不均匀体，某些区域原子之间的结合紧密，与晶体结构更接近，这样的区域称为原子团簇（Cluster），它可以成为晶胚，为凝固过程提供非均质核心衬底。另外，熔体中不可避免地存在各种非金属氧化物，它们熔点高，在熔体中稳定存在，也可能成为非均质核心。还有一点就是熔体中的气体，它也可能为形核创造条件。

应该说上述非均质形核核心的尺寸是随熔体温度的提高而不断降低的，在某些合金系中这样的降低甚至有可能是不连续的，如 Al – Si 合金方面的研究结果。熔体温度的提高会使非金属氧化物及气体含量降低，因为熔体温度升高，黏度降低，非金属氧化物及气体易于逸出。

非均质核心尺寸的变化有两种原因，其一是核心外层原子的逃逸，其二是大尺寸的核心分解为小尺寸的核心（熔体对外表现为黏度降低）。这样的结果会使核心数量增加，当随着熔体温度的提高，大尺寸核心分解使核心数量增加到一定程度后，温度的进一步增加，使核心尺寸逐步小于临界核心尺寸，而表现为形核率的降低。因此熔体过热处理存在临界过热温度。可逆性的存在是由于上述非均质核心的分解是可逆的。无论是分解还是聚合都是动力学过程,需要一定的时间,所以熔体过热到合适的温度后还要静置合适的时间。

熔铸技术要求的高温出炉低温浇注也是满足上述理论分析的。这里的关键是低温温度的确定以及在该低温下保持的时间。低温浇注的目的是减少凝固收缩,但低温处理有可能使过热处理的积极作用消失。上面提到核心聚合过程是动力学过程,这也就为确定低温静置时间提供了依据,熔体中团族尺寸的变化如图 5.39 所示。

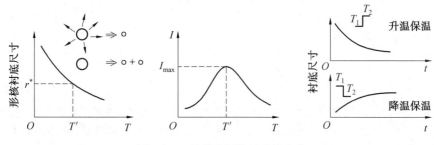

图 5.39　熔体中团族尺寸的变化

② 熔体的热速处理技术。热速处理是在合金熔化时,将合金熔体过热到液相线以上 250 ~ 350 ℃,然后再迅速冷却到浇注温度进行浇注的工艺。过热处理是为了使化合物溶解和合金钝化,消除异质核心,增大结晶过冷度,从而细化组织。热速处理的关键:一是过热到适当温度,二是快冷至浇注温度,把高温时形成的结构状态保留至低温。

过热熔体快冷工艺主要有以下几种:

a. 异炉熔配法。将要进行热速处理的合金料分为两部分,分别在两个熔炉中进行熔化。将其中一个炉中的合金料熔化,并过热到所要求的温度,而另一个炉中的合金料,只需加热到使其熔化的温度,然后将过热的熔体倒入低温熔体中,接着进行迅速搅拌,在整个熔体达到预定的浇注温度时进行浇注。

b. 同炉熔配法。将要进行处理的合金料全部装入同一炉内进行熔化,并加热至所要求的温度和进行必要的保温,然后将过热熔体的一部分倒入经预热的坩埚中,使其在在内冷却,而余下的部分放回炉内继续保温。待炉外部分冷至结晶温度,再将炉内熔体倒入炉外熔体中混合,当整个熔体达到预定的浇注温度时进行浇注。

c. 冷料激冷法。将一部分炉料留在炉外,待炉内合金料熔化并加热至所要求的温度和进行必要的保温后,再将炉外合金料预热后加入高温熔体中,然后进行迅速搅拌和浇注。冷料的加入量以使过热熔体温度降至浇注温度为准。

d. 熔体激冷法。将过热后的熔体浇入专门的不锈钢容器中,边浇边搅拌熔体。浇注前将不锈钢容器置入盛有冰水混合物的大容器中,当整个熔体达到预定的浇注温度时进行浇注。

图 5.40 和图 5.41 所示为热速处理对 Al – Si 合金组织的影响和对含铁 1.8%(质量分数)的 ZL108 活塞合金中铁相的影响。与无热速处理的合金组织相比,无热速处理的合金组织得到显著的细化。

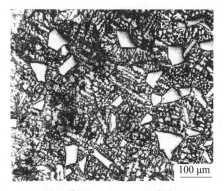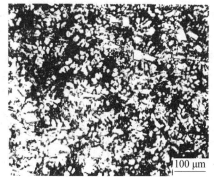

(a) 过热至 780 ℃, 760 ℃浇注　　　　　(b) 过热至 1 000 ℃, 热速处理

图 5.40　热速处理对 Al – Si 合金组织的影响

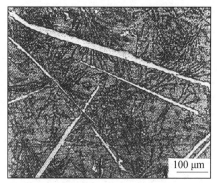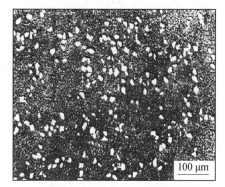

(a) 过热温度 820 ℃, 浇注温度 800 ℃,　　(b) 过热温度 900 ℃, 金属型浇注，铸态
金属型浇注，铸态

图 5.41　热速处理对含铁 1.8% 的 ZL108 活塞合金中铁相的影响

2. 基于结晶游离理论的控制方法

（1）结晶游离理论。

① 枝晶生长过程中颈缩现象。多年的理论和实验研究发现枝晶生长过程中存在颈缩现象,凝固初期铸型壁上的树枝晶的形态如图 5.42 所示。无论是在铸型壁上,还是在合金熔体中,由于溶质再分布和枝晶根部元素扩散不畅,总要形成颈缩,这也包括二次枝晶和三次枝晶的根部。

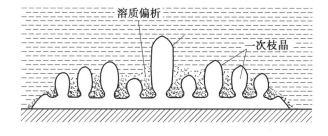

图 5.42　凝固初期铸型壁上的树枝晶的形态

　　②枝晶生长过程中熔断(或折断)和游离现象。研究同样发现,枝晶生长过程中存在枝晶熔断(或折断)和游离现象。图5.43所示为枝晶熔断(或折断)和游离现象直接观察的装置示意图。它由加热系统、抽拉系统、空气冷却系统和显微镜观察系统组成。选择锡合金作为观察对象,首先将锡合金放入水平管内,然后通电加热熔化,到达一定过热温度,从左端吹入空气使左端冷却,形成从左到右定向凝固条件,用显微镜观察固液界面枝晶熔断(或折断)和游离情况。图5.44所示为锡合金凝固过程中枝晶熔断(或折断)和游离观察结果。对于纯锡,它的凝固界面是平的,无枝晶熔断(或折断)和游离现象,如图5.44(a)所示;对于Bi的质量分数为0.5%的锡合金,晶体以柱状生长,也无枝晶熔断(或折断)和游离现象,如图5.44(b)所示;对于Bi的质量分数为10%的锡合金,无数晶体从冷端向熔体中快速飞出,就像从枪膛射出的子弹一样,如图5.44(c)所示。

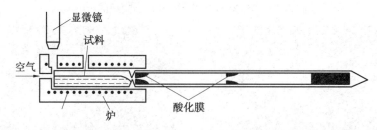

图5.43　枝晶熔断(或折断)和游离现象直接观察的装置示意图

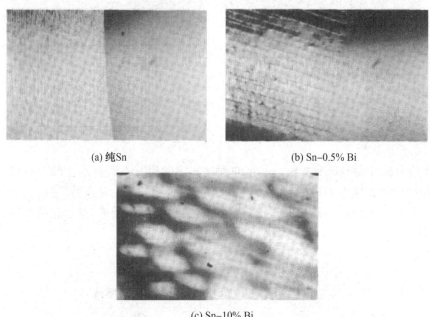

(a) 纯Sn　　　　　　　　　　　(b) Sn–0.5% Bi

(c) Sn–10% Bi

图5.44　锡合金凝固过程中枝晶熔断(或折断)和游离观察结果

　　大野笃美教授还对铸锭进行了实验,结果如图5.45所示。图5.45(a)是一边对液面进行振动,一边凝固的组织,它主要由等轴晶组成;图5.45(b)也是一边对液面进行振动,一边凝固的组织,不同的是图(b)坩埚中部放置一个网,以阻止等轴晶的下沉。可见与图(a)完全不同,网的下面无细小的等轴晶,而网的上部几乎全部是细小的等轴晶。这说明存在枝晶的熔断和游离。枝晶生长过程中颈缩使该处的固相截面很小,低熔点组元富集,从而导致该处的熔点和强度下降,这是枝晶的熔断和游离的内在因素。

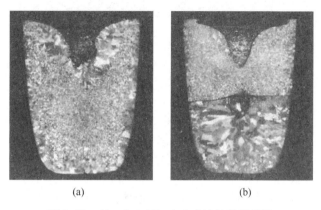

(a)　　　　　　　　　　　　　(b)

图 5.45　Al－0.3% Be 合金水冷铸锭的组织

合金熔体浇入铸型后,由于铸型的激冷作用,在铸型壁上凝固首先开始。如果所形成的晶体横向生长非常快,相邻的晶体很快接触,形成凝固壳,这时等轴晶不会形成,整个铸件组织为柱状晶。只有在稳定的凝固壳形成以前,才能形成结晶游离。它可以来源于多种条件,等轴晶的来源如图 5.46 所示。

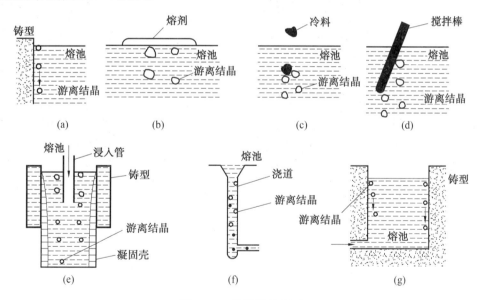

图 5.46　等轴晶的来源

总结上述结果和分析,大野笃美教授提出了结晶游离说,游离晶的熔断与增殖过程示意图如图 5.47 所示。结晶首先在冷的铸型壁上形成,由于溶质再分配和枝晶根部元素扩散不畅导致根部产生颈缩,此处如遇温度起伏或液流冲击极易断开,成为游离晶。

这些游离晶遇到高温则再溶解,遇到低温再长大,长大时也可能产生颈缩,再遇到高温熔断成碎晶,再遇到低温时又长大,完成增殖过程。

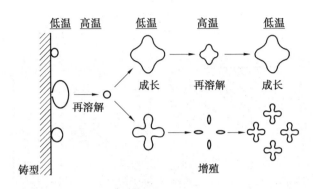

图 5.47　游离晶的熔断与增殖过程示意图

（2）控制方法。

① 液面振动细化法。对液面加强振动可以促使结晶游离形核。为了考察液面振动的作用,大野笃美教授做了一些实验,如图 5.48 ~ 5.49 所示。比较图 5.48 和图 5.49 可以发现,仅仅将浇注口的位置从中心移至近侧壁处时,等轴晶的数量便显著增加,区域扩大,尺寸减小。如果将近侧壁处的浇注口由一个大的变为 6 个小的,整个铸锭可获得细小的等轴晶。

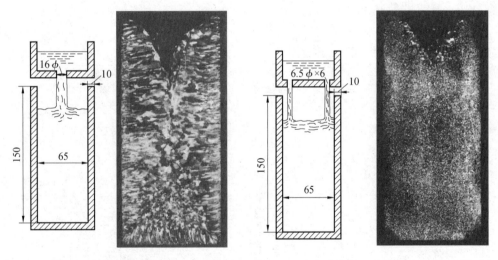

图 5.48　浇注口在中轴线部位时的 Al – 0.2Cu　　图 5.49　6 个小浇注口在近侧壁时的 Al – 0.2Cu
铸锭宏观组织(熔体温度 680 ℃)　　　　　　　铸锭宏观组织(熔体温度 680 ℃)

② 电磁搅拌法。对正在凝固的熔体进行搅拌处理,可以显著细化凝固组织,电磁搅拌细化法示意图如图 5.50 所示。进行电磁搅拌的位置和时间非常重要。太早合金熔体还未开始凝固,因此,枝晶的熔断和游离便无从谈起。太晚合金熔体已凝固成厚的坚固的壳,也起不到细化组织的作用。

③ 斜板浇注法。它是将合金熔体直接浇到水冷斜板上,使熔体受到激冷而发生部分凝固,这些已凝固的晶体在随后高温熔体的冲刷下发生折断或熔断,进入铸型中成为结晶核心,斜板浇注细化法示意图其原理如图 5.51 所示。

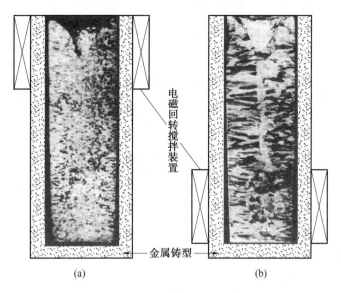

图 5.50　电磁搅拌细化法示意图

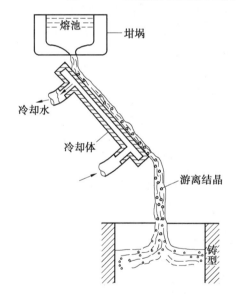

图 5.51　斜板浇注细化法示意图

④ 铸型振动法。在凝固过程中振动铸型可使熔体与晶体之间产生相对运动,导致枝晶折断成为晶核,同时促进晶雨的形成。

第6章　金属材料熔炼技术

6.1　外热式熔炼技术

6.1.1　燃料炉熔炼

1. 冲天炉熔炼

冲天炉是铸铁熔炼中应用最广泛的一种炉子,它具有结构简单、设备费用少、电能消耗低、生产率高、成本低、操作和维修方便并能连续进行生产等许多优点。

冲天炉熔炼由底焦燃烧、热量交换和冶金反应3个基本过程组成。

焦炭的燃烧反应在焦炭的表面进行。因条件不同,碳和氧之间要发生4种不同反应。当空气供给充足时,发生完全燃烧反应:

$$C + O_2 \longrightarrow CO_2 + 34\ 070\ kJ/kg$$

当空气供给不充足时,发生不完全燃烧反应:

$$C + \frac{1}{2}O_2 \longrightarrow CO_2 + 10\ 270\ kJ/kg$$

当 CO 又遇到空气时,则会再次燃烧继续放出热量:

$$C + \frac{1}{2}O_2 \longrightarrow CO_2 + 23\ 800\ kJ/kg$$

除以上氧化放热反应外,焦炭燃烧过程中还有一个还原吸热反应:

$$CO_2 + C \longrightarrow 2CO + 12\ 628\ kJ/kg$$

可见,炉气中 CO 的比例越大,其化学热损失也越大。但是,为了减少硅、锰等元素的氧化烧损,保证铁液冶金质量,炉气中要有一定数量的 CO。炉气中 CO 量的多少,不仅说明焦炭燃烧的完全程度如何,同时也表明了炉气氧化性的高低,对熔炼过程的热效率和冶金作用有重要影响。炉气中 CO 和 CO_2 的比例关系通常用燃烧系数 η_V 表示:

$$\eta_V = \frac{V(CO_2)}{V(CO_2) + V(CO)} \times 100\%$$

式中　$V(CO)$、$V(CO_2)$ —— 炉气中 CO 和 CO_2 的体积分数。

从充分利用焦炭能量的角度来看,燃烧系数越大越好,但从保证铁液质量、减少金属元素氧化烧损的角度来看,燃烧系数不能太高。因此炉气成分应当根据产品对铁液质量的不同要求,进行合理选择和控制。根据气体流动特性,焦炭的燃烧包括空气中的氧向焦炭表面扩散并被吸附,发生氧化反应生成气相产物,然后脱附、扩散、离开焦炭表面这样一系列过程。燃烧过程进行得快慢,取决于扩散速度和化学反应速度,而且受其中进行较慢的一方制约。因为在温度高于 800 ℃ 时,化学反应速度往往大于扩散速度,所以,冲天炉内焦炭燃烧得快慢主要由扩散速度决定。凡是能够提高气流速度、加大焦炭与气流的接触面积、提高风温和增加氧气含量的措施,均可提高扩散速度,强化焦炭的燃烧。

冲天炉内的燃烧过程是在底焦中进行的,根据焦炭燃烧的化学反应,可将底焦燃烧划分为两个反应区段:

氧化带 —— 从主排风口到自由氧基本耗尽、CO_2 浓度达到最大值的区域,发生下列反应:

$$C + O_2 \longrightarrow CO_2$$

$$C + \frac{1}{2}O_2 \longrightarrow CO$$

$$CO + \frac{1}{2}O_2 \longrightarrow CO_2$$

还原带 —— 从氧化带顶面至炉气 CO_2 和 CO 含量基本不变的区域,CO_2 被高温的焦炭还原,发生下列反应:

$$CO_2 + C \longrightarrow 2CO$$

冲天炉工作过程原理及结构示意图如图 6.1 所示。

根据炉气温度和炉料、铁液的受热状态,一般将冲天炉沿炉身高度方向划分为预热区、熔化区、过热区和炉缸区 4 个区域。各区温度和炉料状态不同,热交换方式和效果也不同。

① 预热区。冲天炉的预热区是指从加料口下沿料面到铁料开始熔化的位置这段区域。正常操作条件下,预热区下端炉气温度可达 1 200 ~ 1 300 ℃,上部炉气温度为 200 ~ 500 ℃。由于这一区域平均温度不高,炉气黑度和辐射空间较小,炉气在料层内的流速较大,因此炉气与炉料之间的热交换方式以对流为主。铸铁预热、熔化、过热到 1 500 ℃,根据计算所需热量约为 1 381 kJ/kg,其中预热区传递热量为 787 kJ/kg,占总热量的 57% 左右。可见,预热区传递热量比例很大。但是,炉料在预热区内停留时间较长,一般为 30 min 左右,因此传热强度并不高,约 0.44 kJ/(kg·s)。

冲天炉预热区高度受有效高度、底焦高度、炉内料面的实际位置、炉料块度、熔化速度、焦铁比等许多因素的影响。即使结构相同的炉子,也会因操作条件的变动,导致预热区高度的波动和预热效果的差异。

② 熔化区。从铁料开始熔化到熔化完毕这一区域称为熔化区,实际上也就是底焦顶面高度的波动范围,其高度大致等于层焦的厚度。熔化区内的热交换方式仍以对流为主。受炉壁效应的影响,熔化区炉气与温度分布同样是不均匀的,靠近炉壁处温度高。所以,熔化区不是平面区带,而是呈中心下凹的曲面。从铁液过热和成分均匀角度出发,希望熔化区窄而平直。熔化区在炉内位置的高低基本是由炉气和温度分布状态决定,也受焦炭燃烧速度、批料质量、炉料块度等因素的影响。这些因素将使铁料的受热面积、受热时间和受热强度发生变化,造成熔化区高度的波动。当铁焦比一定,熔化区平均高度将会因批料质量的减少而提高,从而扩大了过热区,提高了铁液温度。但批料层不宜过薄,否则易混料并使加料操作不便。

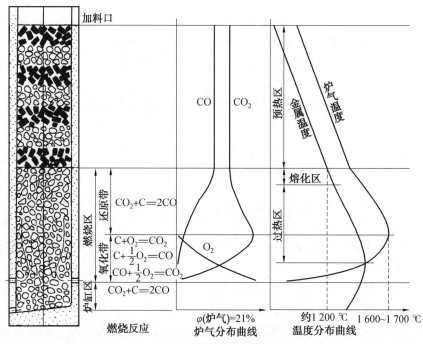

(a) 冲天炉工作过程原理示意图

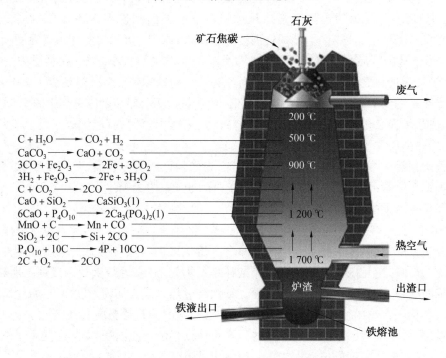

(b) 冲天炉结构示意图

图 6.1　冲天炉工作过程原理及结构示意图

③ 过热区。铁料熔化后铁液滴下落过程中,与高温炉气及炽热焦炭相接触,温度得到进一步提高,铁液经过的这一区域称为过热区。铁液的过热过程是以焦炭与铁液接触传导传热为主。所以,焦炭表面燃烧温度对热交换效果有重要影响。因而,应该设法强化底焦的燃烧。

④ 炉缸区。在一般操作条件下,炉缸内无空气供给,焦炭几乎不燃烧,所以对高温铁液来说,炉缸是个冷却区,而且炉缸越深,冷却作用越大。因此,适当的开渣口操作或前炉放气操作,对提高铁液温度有利。一般,开炉初期由于炉缸、过桥和前炉温度较低,采取开渣口或前炉放气操作,对提高铁液温度有一定效果;当熔炼稳定后,对铁液温度则无明显影响,而且,如果控制不当(放气量太大),反而可能增加合金元素的烧损和铁液的氧化程度。

为了改善冲天炉的熔炼效果,国内外在冲天炉结构和供风方式等方面采取多项有效的强化措施。常用的冲天炉强化措施及冲天炉技术发展方向如下。

① 多排大间距送风。与单排风口送风相比,在焦炭消耗相同的情况下,铁液温度提高约 50 ℃,在铁液温度相同的情况下,则焦炭消耗下降 20% ~ 30%,并且熔化效率提高 10% ~ 20%。

② 预热送风。借助热交换器实现预热空气送风。常用的热交换器有炉内式和炉外式两种。炉内式热交换器(又称热风炉)一般安装在冲天炉炉身部分,炉外式热交换器(又称热风炉)是利用冲天炉排出的废气和外加燃料对空气进行加热。炉内式预热送风,空气温度为 150 ~ 200 ℃,炉外式预热送风,空气温度可达 500 ~ 600 ℃。采取预热送风,可有效地提高铁液温度,降低能耗。

③ 大型水冷无炉衬长炉龄热风冲天炉,热风温度为 450 ~ 650 ℃,连续工作时间长,铁液温度达 1 500 ℃ 以上,生产成本大幅度下降。

④ 富氧送风,当富氧的体积分数为 2% 时,出铁温度提高 30 ~ 50 ℃;当富氧的体积分数为 3% 时,出铁温度提高 50 ~ 80 ℃。这多用在送风开始或中途停风时旨在迅速提高铁液温度,或者是在浇注大型铸件时可在短时间内提高熔化率。

⑤ 燃料助剂。在冲天炉熔化带以上一定位置增设喷燃口,使燃料与空气混合后,点燃喷入冲天炉起助燃作用,有时喷燃口设置在冲天炉预热带或过热带。常用的附加燃料有煤粉、燃油和煤气等。该项措施对节约焦炭,稳定炉况具有一定效果。

⑥ 与感应电炉双联熔炼,提高总体热效率,调整和均匀铁液的化学成分,提高炉料的利用率,适用于大量生产。

⑦ 利用冲天炉的计算机辅助操作,实现自动化生产。

⑧ 环境保护型冲天炉,实现除烟除尘,使废气净化。

2. 焦炭坩埚炉熔炼

图 6.2 所示是以焦炭做燃料的固体式鼓风焦炭坩埚炉,用来熔炼铝合金、铜合金及其中间合金。炉子的炉膛直径一般为坩埚直径的 2 倍左右,坩埚置于高于炉栅 20 mm 左右的底焦层上或填砖上,周围填满焦炭。其生产率为 100 kg/h 左右。

这种炉子的优点是结构简单、投资小、适应性强,是中小型车间常用的铝、铜合金熔炼设备。其缺点是火焰直接与合金液面接触,温度不易控制,产量小,质量不易保证,劳动条件较差。

3. 火焰炉熔炼

与固体燃料坩埚炉相比,采用油或气体为燃料时,由于燃料与空气混合均匀,燃烧速度快而稳定,熔化速度快,符合快速熔炼的要求,炉温可以控制,合金液质量较高,劳动条件好,铝、铜、镁、锌等合金及中间合金均可以熔化,在中、小车间很适用。但火焰炉的炉温控制不如电炉方便,要求有较熟练的操作水平。

火焰炉分为固定式和倾斜式两种。图 6.3 所示为固定式柴油坩埚化铜炉,容量为100 kg。喷嘴将风、油混合物以切线方向喷入炉中,火焰自下而上旋绕坩埚运动。炉膛下部直径较大,有足够的空间和时间使燃料得以充分燃烧,放出热量。炉口直径缩小以增加气流速度,提高传热效果。这种炉子浇注时需要有坩埚的起吊设备。

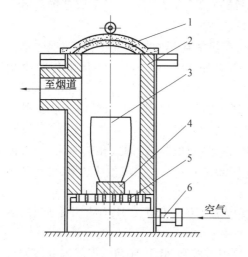

图 6.2　固体式鼓风焦炭坩埚炉
1—炉盖;2—炉身;3—坩埚;
4—填砖;5—炉栅;6—风管

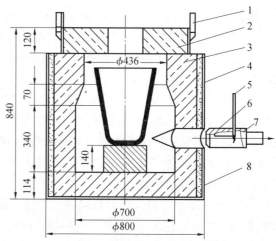

图 6.3　固定式柴油坩埚化铜炉
1—吊环;2—炉盖;3—炉身;4—炉壳;
5—油管;6—低压喷嘴;7—风管;8—填料

图 6.4 所示为倾斜式柴油坩埚炉,容量为 150 kg。这种熔炉通过回转手轮、涡轮、蜗杆等旋转机构,使支承在支架上的炉体在 90 ℃ 范围内倾转倒出铜液,缩短了辅助时间,节省了起吊设备,改善了劳动条件。每炉熔炼时间为 40 ~ 50 min(第一炉容炼时间较长),每班产量可达 1 t 左右,生产效率高。

4. 火焰反射炉熔炼

火焰反射炉分固定式或回转式(可倾式),可用来熔炼铝、铜及其合金,容量较小时做成可倾式的。火焰反射炉是利用高温火焰经炉顶辐射及火焰直接传热来加热和熔化炉料,可用固体、液体和气体做燃料,现多用液体和气体燃料,炉膛温度可达 1 600 ~ 1 700 ℃。这种熔炉容量较大,为几百千克到几十吨,可达 120 t,多用于铝和紫铜的熔炼。图 6.5(a) 所示为典型的燃油/燃气反射炉的熔化示意图。为了提高反射炉的熔化效率,利用移动磁场对熔体进行电场搅拌,增加熔炼温度的均匀性并且可以大幅提升熔化效率,如图 6.5(b)所示。

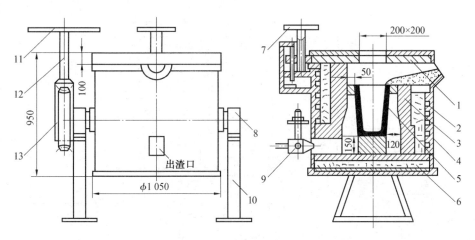

图6.4　倾斜式柴油坩埚炉

1— 炉盖;2— 炉壳;3— 耐火砖;4— 石棉板;5— 石墨坩埚;6— 石棉填料;7— 手轮;
8— 轴承座;9— 高压喷嘴;10— 支架;11— 回转手轮;12— 蜗杆;13— 涡轮

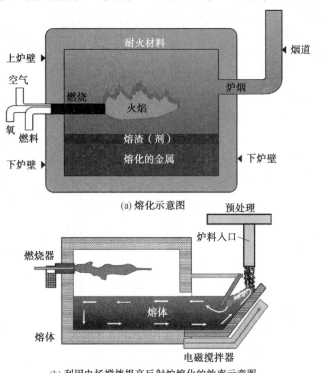

(a) 熔化示意图

(b) 利用电场搅拌提高反射炉熔化的效率示意图

图6.5　燃料反射炉熔化示意图

图6.6和图6.7所示分别为回转式和固定式炼铜反射炉,炉子容量分别为10 t和40 t。这种炉子的燃烧室和熔炼室在一起,由喷嘴雾化后的油粒与空气边混合边燃烧。高温火焰顺着向下倾斜的炉顶运动,在前墙转弯后掠过熔池,从开设在后墙下部的三排烟口流入烟道,从炉内排出。金属的加热和熔化主要是靠被加热到高温的炉顶、炉墙的辐射传热,以及火焰流动中的辐射和对流传热。

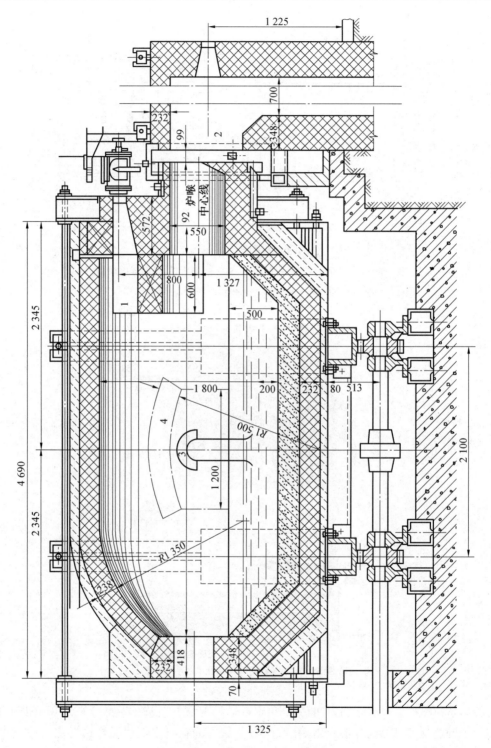

图 6.6　回转式 10 t 炼铜反射炉
1— 喷嘴;2— 烟道;3— 流口;4— 装料

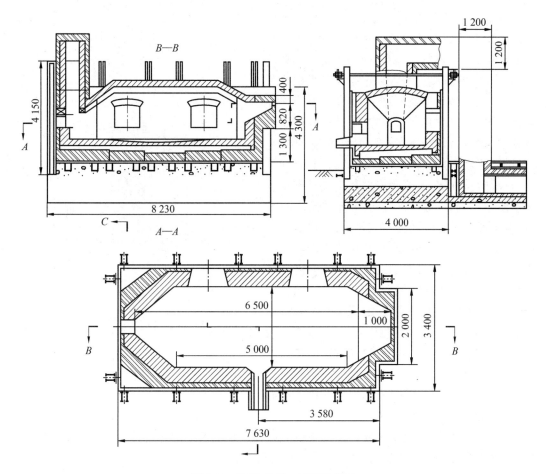

图 6.7　固定式 40 t 炼铜反射炉

炉顶受热强度大,温度高,宜用热稳定性好的耐火砖砌筑。火焰反射炉的优点是炉膛容积大,可熔化大块炉料,炉子容量大,生产率高,经修补,可熔炼 300 炉次左右,广泛使用在铸件重、产量大的铸铜车间。其缺点是熔池表面积大,深度浅,炉气与金属直接接触,造成熔体氧化,挥发烧损较大,一般为 3% ~ 6% 。有熔剂熔炼时,烧损小些,为下限。金属上、下层没有对流,温度和成分不够均匀,故需采取强化搅样措施。火焰反射炉的生产劳动强度大,炉气带走的热量多,炉体的蓄热损失也大。加之熔池受热面积大,火焰反射炉的热效率低,烟尘容易污染环境。采用机械下料和搅拌器,可以减轻劳动强度;采用高压富氧喷嘴和附换热装置,可提高生产率和热效率。

5. 竖式燃料炉熔炼

竖式燃料炉是 20 世纪 80 年代中期由国外引进的新技术。图 6.8 所示为一种与冲天炉相似的竖式燃料炉,主要用于熔炼铜和铝合金。竖式燃料炉的构造简单,是一个高 6 m 左右的圆筒形炉,炉膛直径比电解铜板的对角线稍大些(约 ϕ1 770 mm),炉膛内壁用碳化硅砖砌筑。炉料由炉顶侧门装入,与由下而上的炉气接触,被加热升温熔化。在炉顶上部侧面设置下料炉口,由上部连续加入炉料,火焰由下部向上运动,对下部炉料进行快速加热,热量由下

向上逐步预热上部的炉料,以加速炉料的熔
化。炉膛下部周围配置 20 多个可控高速喷嘴
(燃烧器),以天然气或液化气(煤气)为燃料。
由喷嘴喷出的高温火焰,直接喷射到经充分预
热的炉料上,熔化率高。排出的炉气由炉顶导
入换热器,可以预热燃气和空气。其特点是可
连续快速熔化和供给过热金属液,可随时快速
开停炉,熔化率高,设备简单,占地面积小,炉衬
寿命长,操作方便,但要严格控制空气过剩量。
现已研制出自动调控空气与燃气混合比的喷
嘴,可实现既完全燃烧又不氧化铜,这也是竖式
燃料炉可以成功熔炼高质量紫铜的关键。

　　由于竖式燃料炉具有连续、高速熔化和过
热熔体但无精炼作业的特点,因此必须配备保
温炉进行精炼熔体和合金化,然后再连铸连
扎。要注意的是,开炉熔炼时要防止炉内炉料
搭桥(相互黏结)。为此,开炉时要先预热好炉

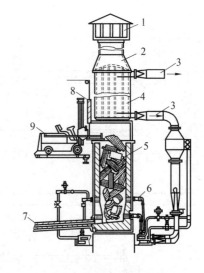

图 6.8　　竖式燃料炉结构示意图
1— 烟罩;2— 烟囱;3— 风管;4— 炉筒;5— 炉膛;
6— 喷嘴;7— 流槽;8— 装料门;9— 装料车

料及炉衬,当炉料快要熔化时,立即加大火力进行高温快速熔化。停炉只要先停止送燃料,
并继续送风一段时间使铜凝固即可。快速开炉和停炉是竖炉的独特之处,有利于检修和遇
到故障时临时停炉。

　　竖式燃料炉熔炼技术主要用于高质量的铝合金和铜合金的连续铸造或连铸连轧生产。
图 6.9 所示为日本坩埚株式会社生产的竖式熔炼炉的结构示意图。

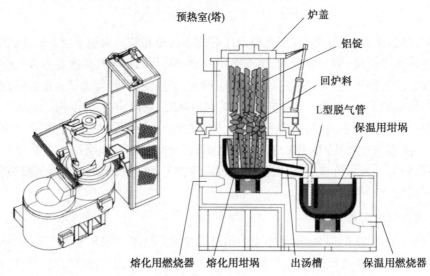

图 6.9　　日本坩埚株式会社生产的竖式熔炼炉的结构示意图

6.1.2　电阻炉熔炼

1. 电阻坩埚炉

电阻坩埚炉是利用电流通过电热体发热加热熔化合金,炉子容量一般为 100 ~ 500 kg,大炉子容量可达 1 500 kg。电热体有金属(镍铬合金或铁铬铝合金)和非金属(碳化硅)两种,是广泛用来熔化铝、铜等有色合金的炉子。这种炉子的优点是炉气为中性,金属液不会强烈氧化,炉温便于控制,操作技术容易掌握,劳动条件好。

这种炉子最大的缺点是熔炼时间长,熔炼 500 ~ 600 kg 铜液,第一炉需要 5 ~ 6 h,耗电较大,生产率低。由于金属液在高温下长时间停留,会引起吸气等不良后果。

图 6.10 所示为电阻坩埚炉的结构示意图。因为坩埚和炉体倾转会造成电阻线的移动、变形甚至断裂等,降低电阻丝使用寿命,所以一般做成固定式。浇铸中、小铸件时用手提浇包直接自坩埚中舀取金属液;当浇铸较大的铸件时,可吊出坩埚进行浇铸。在生产规模不大的中小型车间,铜合金的熔化、精炼以及变质处理在同一坩埚炉内进行;当生产规模较大时,常常采用双联法,即合金的熔化在容量较大(200 kg 以上)、熔化速度快、炉体可以倾转的柴油或煤油坩埚炉中进行,熔化后的铜液则浇入浇包后转入炉气稳定、炉温容易控制、劳动条件好、在熔化速度较慢的电阻坩埚炉中进行精炼、变质处理及保温。

2. 电阻反射炉

电阻反射炉的结构与火焰炉相似,图 6.11 所示为一个典型的反射式电阻炉的结构示意图。它是利用安装在炉顶型砖内的电阻产生的热量,通过辐射传热来加热和熔化炉料的,这种炉多作为保温炉用,炉膛温度最高可达 1 200 ℃ 左右。其优点是温度易于控制,熔体含气量低,熔体质量好。其缺点是加热速度慢,熔炼时间长,电阻易被熔剂和炉气腐蚀,使用寿命短,单位能耗大。

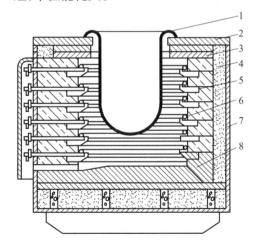

图 6.10　电阻坩埚炉的结构示意图

1— 坩埚;2— 坩埚托板;3— 耐热铸铁板;

4— 石棉板;5— 电阻丝托砖;6— 电阻丝;

7— 炉壳;8— 耐火砖

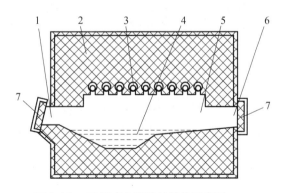

图 6.11　反射式电阻炉的结构示意图

1— 出料口;2— 炉衬;3— 加热元件;4— 熔池;

5— 前室;6— 装料口;7— 炉门

6.1.3　电弧炉

在两电极之间的气体介质中,强烈而持久的放电现象称为电弧。电弧放电时产生高温(温度可达 6 000 ℃)和强光。产生电弧的主要原理是:气体(或空气)中含有少量正负离子,在外加电压的作用下,离子加速运动,在碰撞中离子数目大大增加,这些离子在电场中的定向运动就形成电流。电流通过气体时伴随着强烈的发热过程,以致电流通道内的中性气体分子全被电离而形成等离子体。这种有强烈的声、光和热效应的弧光放电,就是电弧的形成过程。所以,电弧实质上就是一种能导电的电子、离子流。

电弧放电可用于焊接、冶炼、照明、喷涂等,这些场合主要是利用电弧的高温、高能量密度、易控制等特点。电弧熔炼是利用电弧产生的高温来熔化金属材料的,利用电弧为主要热源的熔炼炉称为电弧炉。电弧按电流种类可分为交流电弧、直流电弧和脉冲电弧;按电弧的状态可分为自由电弧和压缩电弧;按电极材料可分为自耗电弧和非自耗电弧。根据不同电弧种类设计的电弧熔炼炉,适用于不同金属的熔炼。

1. 交流电弧炉

炼钢是铸钢件生产中的一个重要环节。铸钢件的质量与钢液有很大关系。铸钢的力学性能在很大程度上由钢液的化学成分所决定,而很多种铸造缺陷,如气孔、热裂等也都与钢液的质量有很大关系。因此,要保证铸件质量就必须要炼出优质钢液。炼钢的目的和要求包括以下 4 个方面:

① 将炉料熔化成钢液,并提高其过热温度,保证浇注的需要。

② 将钢液中的硅、锰和碳(冶炼合金钢时,还包括合金元素)的含量控制在规定范围以内。

③ 降低钢液中的有害元素磷和硫含量,使其含量降低到规定限度以下。

④ 清除钢液中的非金属夹杂物和气体,使钢液纯净。

(1) 交流电弧炉构造及设备原理。

铸钢生产上应用最广泛的是电弧炉炼钢,首先应用的就是三相交流电弧炉熔炼炉。

电弧炉炼钢是利用电弧产生的高温来熔化炉料和提高钢液过热温度的。由于不用燃料燃烧的方法加热,故容易控制炉气的性质,可按照冶炼的要求,使其成为氧化性的或还原性的。炉料熔化以后的炼钢过程是在炉渣的覆盖下进行的。由于电弧的高温是通过熔渣传给钢液的,炉渣的温度很高,具有高的化学活泼性,因而有利于炼钢过程中冶金反应的进行。电弧炉依照所采用炉渣和炉衬耐火材料的性质而分为碱性电弧炉和酸性电弧炉。碱性电弧炉具有较强的脱磷和脱硫的能力,对炉料的适应能力强。电弧炉作为炼钢设备的另一优点是热效率高,特别是在熔化炉料时,其热效率高达 75%。基于上述这些优点,电弧炉成为在铸钢生产中应用最普遍的炼钢炉。电弧炉炼钢的发展方向是采用大功率和大容量的电弧炉,不仅能提高生产能力,而且能降低炼钢的耗电量。此外,在电弧炉熔炼过程控制方面,正由目前的半自动控制向全自动控制发展。目前电弧炉炼钢过程只有维持电弧稳定性的电极升降动作是自动控制的,而现代化的新型电弧炉则利用电子计算机对炼钢的全过程(包括电压的变换等)进行自动控制,使电炉始终处在最优化的条件下工作,从而加速炼钢过程和节约电力消耗。

　　电弧炉炼钢最早采用的是三相交流电电弧炉,其结构如图 6.12 所示。电弧炉主要由炉体、炉盖、装料机构、电极升降机构、倾炉机构、炉盖旋转机构、电气装置和水冷装置构成。

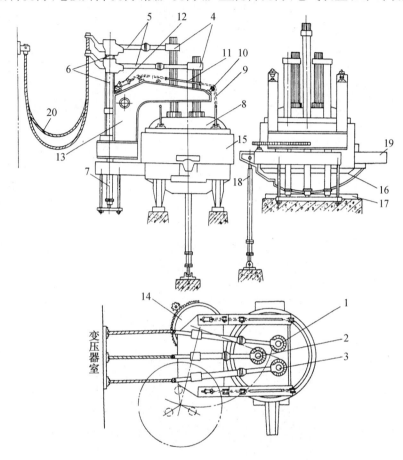

图 6.12　三相交流电电弧炉的结构示意图

1,2,3— 三个电极;4— 电极夹持器;5— 电极支承横臂;6— 升降电极立柱;7— 升降电极液压缸;8— 炉盖;9— 提升炉盖链条;10— 滑轮;11— 拉杆;12— 提升炉盖液压缸;13— 提升炉盖支撑臂;14— 转动炉盖机构;15— 炉体;16— 月牙板;17— 支撑轨道;18— 倾炉液压缸;19— 出钢槽;20— 电缆

　　① 炉体。炉体是用钢板制成外壳,内部用耐火材料砌筑而成。酸性电弧炉的炉体内部是用硅砖砌筑,硅砖的内面用水玻璃硅砂打结炉衬。碱性电弧炉的炉体内部是用黏土砖和镁砖砌筑,镁砖的内面用卤水链砂打结炉衬。砌好的碱性电弧炉炉体的剖面图如图 6.13 所示。

　　② 炉盖。炉盖是用钢板制成炉盖圈(空心的,内部通水冷却),圈内砌耐火砖。酸性炉一般是用硅砖砌筑炉盖,碱性炉一般是用高铝砖砌筑炉盖。图 6.14 所示为电弧炉高铝砖炉盖。电弧炉炉盖也有用耐火水泥捣制或整体为钢板焊制、中空通水冷却的。

　　③ 装料机构。机械化装料是将配好的全部炉料,预先用电磁吊车装入开底式加料罐内备用。在加料时,先将炉盖升起并旋转,以露出炉膛,用吊车将加料罐吊到炉体上方,打开料罐底,将炉料卸在坩埚中。

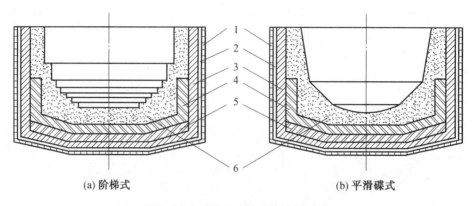

(a) 阶梯式　　　　　　　　　　　(b) 平滑碟式

图 6.13　碱性电弧炉炉体的剖面图

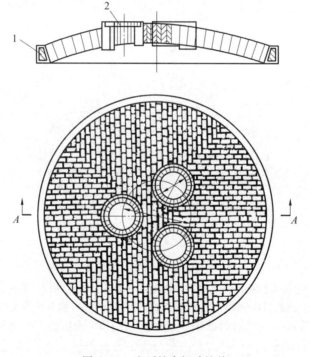

图 6.14　电弧炉高铝砖炉盖

④ 电极升降机构。在炼钢过程中,为了使电极能灵敏、频繁地上下运动,以便随时调节通过电极的电流,达到稳定电弧的目的,对电极的升降是实现自动控制的。由自动控制电器系统操纵液压阀,以驱动使电极升降的液压缸,从而使电极做向上或向下运动。

⑤ 倾炉机构。在炼钢过程中,为了除渣和出钢,需要倾动电炉。倾炉机构有两种驱动方式:机械驱动式和液压驱动式。图 6.12 所示为液压驱动式倾炉机构:炉体的下面装有月牙板以支承炉体重力,月牙板可在支承轨道上滚动,而炉体的倾动是由液压缸驱动的。

⑥ 电气装置。三相电弧炉的主电路图如图 6.15 所示。高压供电线路的电压一般是10 000 V 或 35 000 V。高压线路的电流经过空气断路器、高压油开关、塞流线圈(电抗器)、电压切换开关而接在变压器的一次线圈上。经过降压以后,由变压器的二次线圈以低电压

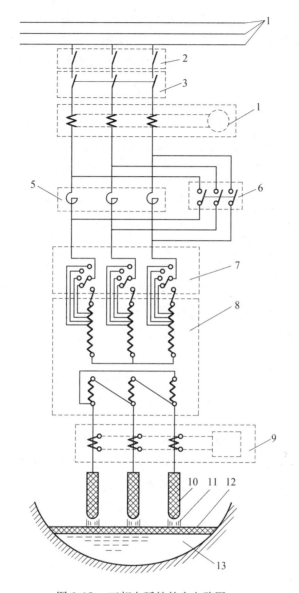

图 6.15　三相电弧炉的主电路图

1—高压线路;2—空气断路器;3—高压油开关;4—高压部分电压电流测量装置;5—塞流线圈(电抗器);6—电抗器分流开关;7—电压切换开关;8—电炉变压器;9—功率自动调节装置;10—电极,一般为石墨;11—电弧;12—炉渣;13—钢液

(200 ~ 400 V) 供给电极。空气断路器是一个电源开关,它是经常闭合的,只有在修理电炉需要停电时,方才断开。高压油开关是在炼钢过程中接通或切断电源时使用的,它需要经常接通或切断,在炼一炉钢的过程中往往要开闭几次。塞流线圈(电抗器)是一个带有铁芯的感应线圈,当电流通过时起阻抗和稳定电流的作用。在炼钢中熔化炉料时,当炉料崩塌碰到电极时,发生短路,容易烧毁变压器和其他电器,此时,塞流线圈产生反电动势,能限制电流过大,达到保护电器设备的作用。此外,塞流线圈还起稳定电弧的作用。但是,塞流线圈本

身要消耗一定的电能,所以只有在熔化初期才使用塞流线圈。当熔化过程正常,不会再发生短路以后,就用分流开关将塞流线圈从电路中切除掉。近年来随着电炉的电控系统灵敏度的提高,已有可能在发生短路的瞬间,自动将电源切断,因而在熔化炉料的阶段中甚至也可以不用塞流线圈。

电炉变压器的基本原理与一般的电力变压器相同,但在结构和性能上有一些特点。电炉变压器的过负荷能力要比一般电力变压器大,并且要能经得住冲击电流和短路电流的作用。电炉变压器的一次线圈有几个抽头,通过电压切换开关,接在高压电源上,以便在二次线圈上产生不同的电压,供给炼钢的不同时期使用。炉用变压器的容量大,发热量多,因此需要有强力的冷却装置。

电弧炉一般都有功率自动调节装置。在这个装置中包括电流互感器和电压互感器。电弧的电压和电流分别在这两个互感器中产生相应的感应电流,调节信号就是由电压互感器和电流互感器两处的电流经过整流和比较而产生出来的。调节信号经过放大以后输入调节线路中,以对电弧进行自动控制。

⑦ 水冷装置。为了保证电炉变压器的安全工作,需要有强力冷却,大部分的电炉变压器采用循环水流冷却。除此以外,电炉上还有一些部分(包括电极夹持器(电极卡子)、炉盖圈、炉门框和炉门)也都需要采取循环水流冷却。

2. 直流电弧炉

直流电弧炉炼钢技术的研究始于 19 世纪。1885 年,原 ASEA 公司设计了第一座直流弧炉,限于当时的技术条件,不可能制造大功率、高效整流设备,因此直流电弧炉的炉容量很小,使其生产应用受到限制。

20 世纪 60 年代以来,大型超高功率电弧得到迅速发展,以及一系列配套技术的开发应用,使电弧炉炼钢技术有了很大的进步。直流电弧炉是在超高功率交流电弧炉的基础上发展起来的,已成为现代电弧炉炼钢发展过程中的一项重大技术,并且发展迅速。20 世纪 80 年代中期,电炉炼钢工业发生了一件大事,即德国 MAN – CHH 和 BBC 公司联合把美国纽柯钢铁公司达林顿厂原有的 30 t 交流电弧炉改造成世界第一台钢厂中使用的直流电弧炉。随后又有 1986 年投产的美国佛罗里达公司坦帕钢厂 35 t 交流电弧炉改造为直流电弧炉,1989 年日本 NKK 公司采用 MAN – GHH 直流电弧炉技术为东京钢铁公司九州厂建成当时最大的 130 t 直流电弧炉。1990 年初这台电弧炉生产每吨钢液电极消耗 1.1 kg,电能消耗 359 kW·h,出钢周期 58 min,炉底电极寿命大于 862 炉的好效果。20 世纪 90 年代,大型高功率直流电弧炉得到了迅速推广。最近几年,新投产的直流电弧炉容量大都大于 100 t,每吨钢液变压器容量一般在 1 000 kW 左右。

在直流电弧炉技术实现大型化的同时,国外电弧炉制造商又纷纷推出双炉壳超高功率直流电弧炉、Consteel™ 直流电弧炉和竖式直流电弧炉,这些电弧炉与常规直流电弧炉相比,具有明显降低电极消耗和电耗,显著提高生产率,以及烟尘更容易控制等优点。

直流电弧炉的炉体部分构造示意图如图 6.16 所示。电弧在上部电极(可沿上、下方向运动)与底部电极之间产生。直流电弧炉也有采用另一种结构形式 —— 两根电极(无底部电极)的。

与交流电弧炉相比,直流电弧炉在性能方面有许多优点。其主要优点如下。

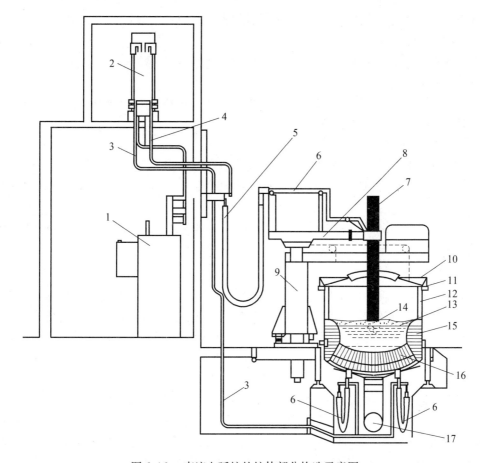

图 6.16　直流电弧炉的炉体部分构造示意图

1— 电炉变压器;2— 整流器;3— 水冷汇流排管(正极);4— 水冷汇流排管(负极);5— 水冷电
缆(正极);6— 水冷电缆(负极);7— 石墨电极;8— 电钮支承臂;9— 液压电极升降装置;
10— 电炉炉盖;11— 炉盖与炉体外壳间的电绝缘法兰;12— 炉体外壳;13— 炉渣;14— 电弧;
15— 钢液;16— 导电炉底(由镁砂—石墨砖砌成);17— 炉底通风冷却装置

(1)电弧稳定性强。

交流电弧每秒钟内点燃 – 熄灭100次(50 Hz交流电),因而稳定性较差。特别是在熔化
初期,经常发生断弧,对电力网产生闪烁效应。而直流电弧无自然的点燃 – 熄灭过程,电弧
的稳定性高。

(2)电极消耗量少。

交流电弧护由于电弧不稳定,在频繁的点燃 – 熄灭过程中,产生电极表面崩碎,致使电
极损耗较大,而直流电弧炉由于无自然的点燃 – 熄灭电弧过程,电极损耗较小。作为对比,
对应于单位能耗(1 kW·h)的石墨电极消耗率,在交流电弧炉中的消耗率为6 g/(kW·h),
而在直流电弧炉中则仅为1.4 g/(kW·h)。

(3)噪声污染程度小。

交流电弧炉由于电弧的自然点燃 – 熄灭过程而产生100 Hz频率的噪声,这种低频率的
噪声难以用隔离或吸收的方法来消除。而直流电弧产生的噪声的频率较高(大部分在

300 Hz 以上），而且声量较低，较易于采取措施降低。

（4）电能消耗较低。

在炼钢的单位能耗（kW·h/t）方面，直流电弧比交流电弧炉低 3% ~ 5%。

（5）电弧较长。

与交流电弧相比，直流电弧较长，可用长电弧操作，有利于减少钢液增碳。特别对于冶炼低碳钢，这是一个很大的优点。

（6）能产生电磁搅拌作用。

交流电弧炉中电极电流产生的交变磁场，不会在钢液中产生机械搅拌作用。而直流电弧炉中电极电流产生的恒定方向的磁场，在钢液中产生搅拌作用，使熔池的化学成分和温度均匀。

直流电弧炉的炼钢工艺与交流电弧炉基本相同。由于直流电弧炉炼钢有许多优点，它已得到日益广泛的应用。

3. 真空自耗电弧炉

在前面介绍的燃料炉、电阻炉、电弧炉都是针对在大气下可以直接熔炼的金属，如铝合金、镁合金、铜合金、钢铁等。而对有些金属材料，在大气下熔炼会发生剧烈的反应，无法冶炼出满足要求的合金，只能采用真空熔炼的方式，如钛合金、锆合金、铌合金等。下面以最典型的钛合金为例来介绍真空熔炼的优势和真空自耗电弧熔炼技术。

（1）真空熔炼与真空熔炼方法。

从钛化合物制取金属钛的过程都在低于钛熔点（1 668 ℃）的温度下进行，只能得到多孔的金属 —— 海绵钛。海绵钛除了少量直接应用外，大多数都必须首先熔炼成致密钛锭，方可进一步加工成钛材。此外，为了制取钛合金材料，在钛的熔铸时要添加合金组元，调整成分，制取含有一定成分范围的钛合金锭，然后再加工成各种型材。

对作为加工钛材的锭坯有以下要求：

① 化学成分和杂质含量在规定的范围内，且均匀分布。

② 无夹杂、裂纹和缩孔疏松等冶金缺陷。

③ 无折皱和大凹凸等表面缺陷。

④ 合理的形状。

钛是一种高活性金属，在熔炼温度下能和许多元素，包括耐火材料（各种氧化物）起化学反应。因此，钛熔炼必须在真空中或惰性气氛保护下进行。在低于常压下进行的特殊冶金工艺称为真空熔炼。在真空熔炼的过程中，可同时除去一些杂质，提高金属的纯度。

在真空熔炼时，还需要解决的另一个难题是需寻找一种合适的冷凝器（或结晶器）。从钛的化学性质可知，在高温熔炼时，各种材料都与钛发生反应，包括各种氧化物耐火材料。实践中，采用水冷铜坩埚作为熔炼时的冷凝器，顺利地解决了这一难题。真空熔炼时，用真空或惰性气体气氛可防止大气污染，用水冷铜坩埚控制坩埚的温度，使熔炼时钛不与铜（低温时）发生反应，保持惰性，使熔融钛安全地冷凝在水冷铜坩埚中。

真空熔炼尽管在工艺上存在设备复杂、工艺复杂和生产成本高的特点，但要制取优质的钛锭，这是唯一可行的途径。这也导致钛工业生产投资大，钛材价格高。

因为真空熔炼的温度一般要超过基体金属熔点 150 ~ 300 ℃，所以纯钛的熔炼温度一般在 1 800 ~ 2 000 ℃，而钛合金熔炼温度需要略高一些。以钛合金为例，真空熔炼的方法有多种，具体介绍如下。

①真空自耗电弧熔炼法(VAR)。它是在真空自耗电弧炉(图 6.17)中熔炼的，是将压制的原材料作为电极，钛电极边熔化边自身消耗熔铸成锭的一种炉型。它的特点是可以制取结构上符合要求的锭，具有良好的结构组织和均匀的化学成分，而且功率消耗低，熔化速度快，具有良好的质量重现性，经济上竞争力很强。它的缺点是必须预制电极，工艺长，因而给生产带来麻烦。

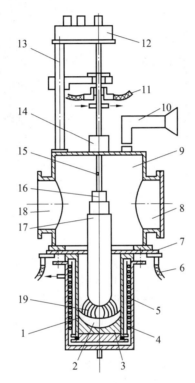

图 6.17　真空自耗电弧炉的基本组成部分及工作示意图

1— 坩埚；2— 熔池；3— 铸锭；4— 稳弧线圈；5— 水套；6— 阳极电缆；7— 进电法兰；
8— 入孔；9— 炉体；10— 光学观察装置；11— 阴极电缆；12— 齿轮；13— 电极升降机构；
14— 动密封盒；15— 电极杆；16— 电极夹头；17— 自耗电极；18— 排气口；19— 电弧

②真空非自耗电弧熔炼法(NAR)。它是在真空非自耗电弧炉(图 6.18)中熔炼的，炉内有电极(钨、钨钛合金、石墨或水冷铜)，利用电弧的热量使坩埚内的金属熔化，随之熔炼。目前，水冷铜电极(图 6.19)已经取代了原有的电极，解决了产品被污染的问题。水冷铜电极有两种：一种是自旋转的，另一种是旋转磁场的。其目的是防止电弧对电极的烧损。真空非自耗电弧炉也有两种：一种是在水冷铜坩埚内熔炼，随后在水冷铜模中浇铸成锭；另一种是在水冷铜坩埚内连续加料熔炼，随后凝固成锭。真空非自耗电弧熔炼法可直接使用各种散料，也可熔炼更多的残钛料，避免了需要制备电极的麻烦。该方法是钛，特别是残钛回收熔炼的一种工艺，几吨级的真空非自耗电弧炉已在欧美运转，成为某些厂家采用的方法。

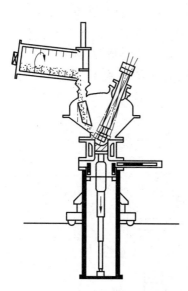

图 6.18　真空非自耗电弧炉结构
示意图

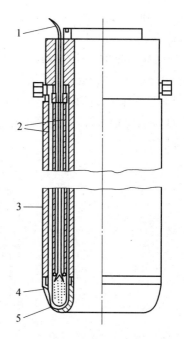

图 6.19　水冷铜电极旋转电弧熔
炼法的电极示意图

1— 磁力线圈导线;2— 冷却水道;
3— 电极;4— 铜头;5— 电磁线圈

③ 真空电渣熔炼法(ESR)。该法用于钛熔炼时,又称真空－充氩电渣熔炼,因为熔炼钛时必须采用真空充氩气氛。该法是利用电流通过熔渣时将电能转化为热能,即以熔渣电阻产生的热能将金属熔化和精炼。电渣炉炉体结构如图 6.20 所示。熔炼钛时,常用的电渣为非极性材料 CaF_2,因为它可直接使用交流电,所以设备投资费用低,所铸的锭表面质量好,可获得矩形、方形等各种形状的锭,无须扒皮可直接开坯。该法缺点是脱氢效果差,提纯能力低,所以针对钛合金尚未实现工业化生产,ESR 方法目前主要使用在冶炼高等级的合金钢,尤其是核工业领域用的钢基本都需要经过 ESR 方法重熔。

④ 真空感应熔炼法(简称冷坩埚熔炼,ISM)。它是一种无渣水冷铜坩埚感应熔炼工艺,它将整体铜坩埚换成多块弧形瓣铜块组合成的铜坩埚,块间用陶瓷绝缘,然后将铜坩埚与感应线圈都通过高压水冷却。用这种结构的坩埚感应熔炼钛,它改变了感应电源集肤效应和坩埚内的磁场强度。它是靠电磁感应产生热能将钛熔炼的过程。因为

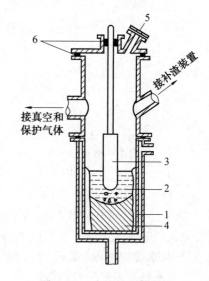

接补渣装置

接真空和
保护气体

图 6.20　电渣炉炉体结构

1— 水冷铜坩埚;2— 熔渣;3— 料棒;
4— 锭;5— 观察孔;6— 密封垫

水冷铜坩埚属于冷坩,所以可避免钛与铜作用而造成产品污染。多块弧形瓣铜块组合的坩埚优点在于每两个铜块间的间隙都是一个增强磁场,磁场产生的强烈搅拌使化学成分和温度一致,从而提高产品质量。ISM 方法不需要制作电极即可一次获得成分均匀而无坩埚污染的高质量铸锭,具有设备成本低、操作简便等优点。所以有些国家已经达到工业试生产规模,已生产出 $\phi 1 \text{ m} \times 2 \text{ m}$ 的圆形钛锭。该方法将在 6.2 节详细介绍。

⑤ 电子束熔炼法(EBM)。它是利用高速电子流的动能转变为热能做热源进行熔炼铸锭的工艺。它在熔炼时获得很高的热能,精炼效果最好,但金属挥发损失也最大。特别是由于金属钛熔点较低,在电子束熔炼的过热温度下损失大,所以该法在熔炼钛合金时存在很大的难度,但是熔炼纯钛具有非常大的优势,在下文还将详细介绍。此外,EB 还适宜用于制取高纯钽、铌、钨、钼及铪等难熔金属铸锭。

⑥ 等离子熔炼法(PAM)。等离子熔炼一般指等离子弧熔炼,它是利用高能等离子体作为热源熔炼金属的。它的精炼效果比自耗电弧熔炼好,而挥发损失又比电子束熔炼小,所以是要进一步研发的工艺,在下文将详细介绍。

⑦ 冷炉床熔炼法(CHM)。冷炉床熔炼是以电子束或等离子体作为热源,熔化的金属随后在冷炉床上依次经历熔化、精炼和凝固的工艺。该设备主要由电子枪或等离子枪、冷炉床和结晶器三部分组成。所以它有 3 个工作区,即熔化区、精炼区和结晶区。冷炉床熔炼法最大的优点就是将熔化、精炼和凝固分离,即炉料先进入熔化区熔化,然后在冷炉床(精炼区)精炼,最后在结晶区结晶。因此,熔化的钛熔体在炉床上可停留较长时间,可保证合金元素充分熔化均匀、避免偏析。由于熔体在真空下停留时间长,可有效地去除易挥发杂质,因此使 H、Cl、Ca、Mg、K 等达到很低的水平。在炉床中,低密度杂质(LDI),如 TiN 可以溶解或上浮;而高密度杂质(HDI),如 WC 则可以下沉,黏结至底部凝壳上。所以它在铸锭过程中减少低密度夹杂以及减少偏析的能力远远超过了 3 次真空自耗熔炼获得的钛锭,利用该法生产的钛锭成为当前航空发动机钛合金转动部件首选的原材料。通过控制功率,还可使结晶器出口的熔体过热度很小,熔池浅,有利于获得均质细晶钛锭。该法还可以用于回收残钛料,从而降低成本。

从经济的观点出发,真空自耗电弧熔炼法已成为目前主要的生产方法。冷炉床熔炼法是以特有的优势为航空航天等领域提供质量更高的钛合金铸锭,并占据市场一定份额的新方法。不同真空熔炼方法的特征和比较见表 6.1。

表 6.1　不同真空熔炼方法的特征和比较

项目名称	电子束冷床炉(EBCHM)	等离子冷床炉(PAMCHM)	真空自耗电弧炉(VAR)	真空非自耗电弧炉(NAR)	真空感应熔炼(ISM)	真空电渣重熔炉(ESR)
原料状态	散装料或棒料	散装料或棒料	制备自耗电极	散装料	散装料	棒料电极
铸锭规格	大、中、小	大、中、小	大、中、小	中、小	中、小	大、中、小
铸锭端面形状	圆形、异形	圆形、异形	只限于圆形	圆形、异形	圆形、异形	圆形、异形
脱气效果	最优	有限	有限	有限	有限	有限

续表 6.1

项目名称	电子束 冷床炉 （EBCHM）	等离子 冷床炉 （PAMCHM）	真空自耗 电弧炉 （VAR）	真空非自耗 电弧炉 （NAR）	真空感应 熔炼 （ISM）	真空电 渣重熔炉 （ESR）
去除 HDI、 LDI	最优	最优	有限	优／有限	一般	一般
真空度 /Pa	$0.133 \sim 10^{-3}$	惰性气体 $0.133 \sim 10^5$	$0.133 \sim 10$	惰性气体 $2\,660 \sim 10^5$	惰性气体 $0.133 \sim 10^5$	惰性气体 $0.133 \sim 10^5$
化学成 分控制	成分烧损，难	良好，易	良好，易	一般	容易	难控制
相对密度 /%	100	98	100	$95 \sim 100$	100	100
表面质量	良好	良好	一般	一般	一般	较好
熔炼速率 /（kg·h^{-1}）	$500 \sim 1\,800$	$600 \sim 900$	$800 \sim 2\,000$	$300 \sim 800$	400	—
回炉料 使用量	较大	较大	有限	较大	有限	有限
比电能消耗	较大	较大	小	较大	大	大
操作	难	一般	容易	一般	一般	一般
设备投资	最高	较高	低	较低	一般	一般
适用范围	铸锭	铸锭	铸锭	一次锭	一次锭	铸锭
综合评价	良	良	优	一般	一般	一般

　　真空电弧熔炼已有 100 多年的历史，1839 年开始熔炼钼和钽，1903 年首次用自耗电弧炉熔炼钽。1949 年以后，大型真空泵的出现使大型工业真空自耗电弧炉迅速发展。它目前不仅用来熔炼钛、锆、钨、钼、钽、铌和高温合金，而且是优质钢二次重熔的重要方法。

　　真空自耗电弧熔炼技术一直是制备钛锭的主要方法，并可能在今后较长一段时间仍占据熔炼工艺的主导地位。因此，本节将重点介绍该技术。

　　（2）真空自耗电弧熔炼原理。

　　真空自耗电弧熔炼是在真空下利用电极和坩埚两极间电弧放电产生的高温作为热源，将金属材料熔化，并在坩埚内冷凝成锭的过程。

　　① 熔炼电弧特性。电弧的产生是一个电极间放电过程。辉光放电和弧光放电都是电极间两种气体自激导电的形式。辉光放电的特点是电流小，仅有少量电子和正离子参与导电过程，发出较弱的光。弧光放电的特点是气相中有大量的电子和正离子参与导电过程，电流密度大，并发出耀眼的亮光。如果在两电极间施加一外电压时，当电流逐渐增大时，电极间的放电会逐渐增强，并从辉光放电转变到弧光放电。所以弧光放电也是在一定的电压和电流下方可产生的放电现象。弧光放电，不仅可以用高压引弧，也可以用低压引弧。实践中常采用低压引弧，它是先将两电极短路后再拉开，瞬间两极间电流密度极大从而产生高温，阴极发射出热电子而产生电弧。

　　自耗电弧炉中正极性熔炼时将压制的钛锭当阴极,铜坩埚当阳极。熔炼时对电弧炉施加一定电压,当两极间拉开有一定间隙时,产生弧光放电,阴极上的电子受电压的驱动,获得高速动能的电子迅速向阳极(铜坩埚)发射。电子到达铜坩埚中,熔炼初期轰击预先放置的底垫料,一旦坩埚内形成熔池后,电子直接轰击钛熔池。此时,电子的动能会释放并转化为热能,并不断使钛锭熔化,液滴落入熔池中,并使部分金属汽化。与此相反,阳极产生的正离子会迅速射向阴极,这样就形成了两极间的等离子体的运动。尽管它的电离程度较低,但它产生了高的温度场,这使熔炼时达到需要的温度。

　　电弧外形与阴阳两极的面积有关。为了达到熔炼钛锭的质量和安全要求,工艺上要求坩埚比(即电极直径和坩埚直径之比)在 0.625 ~ 0.88 之间,以保证熔炼时电极直径和坩埚壁间有一定间隙。此时电极底端为阴极面,坩埚底为阳极面,阴极面远小于阳极面。所以弧光放电时,电子从阴极面向阳极面发射时呈发散状;反之亦然,阳离子从阳极面向阴极面发射时呈收敛状。所以钛熔炼时,电弧外形呈钟罩状。

　　真空自耗电弧熔炼的热能来自电弧。熔炼过程的电弧行为直接影响熔炼产品的质量。简单地讲,电弧是由阴极区、弧柱区和阳极区这 3 部分组成。

　　阴极区由两部分组成:一部分是在电极端面附近和弧柱交界之间的正离子层,它与电极端面之间构成很大的电位降,该电位降促使电子从电极端面自发射,用以维持电弧的正常燃烧;另一部分位于阴极表面的一个光亮点,称为阴极斑点,在正离子形成的正电场作用下,电子集中在这里向外发射产生电弧放电。

　　阴极斑点的大小与电弧放电所在空间的气体介质的压力有密切的关系。气体介质压力高,阴极斑点的面积就小。图 6.21 所示为在不同压力下自耗电极端面形状示意图。电弧周围气体介质压力减少,阴极斑点面积就增大,而且高速游动,由电极端面游至侧表面,使电极端面熔化成圆锥形。在熔炼过程中,阴极斑点在阴极表面游动,它的大小直接反映电弧的稳定性,斑点越小,越易游动,电弧越不稳定。斑点的温度与电极材料的熔点和熔化电流密度有关。电极材料熔点越高,熔炼电流密度越大,斑点的温度就越高。

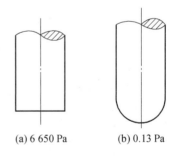

(a) 6 650 Pa　　　　　(b) 0.13 Pa

图 6.21　　在不同压力下自耗电极端面形状示意图

　　弧柱区位于阴极区和阳极区之间,呈钟形分布,是一个电子和离子混合组成的中性的高温等离子体。不过,它的电离程度较低,是电弧的主体,亮度最高,温度也最高。随着熔炼电流的增加,弧柱面积增大,电弧的束密度增加,温度升高,燃烧更稳定。熔炼过程物质的分解、挥发等都是在此区进行的。

　　弧柱截面积的大小与周围气体介质压力有关。气体介质压力大,弧柱截面积变小,反之亦然。弧柱截面积的大小还受外界磁场的影响。当对电弧施加一个纵向磁场时,在磁场力的作用下,电弧受到压缩,致使电弧截面积变小,电弧长度相应增加,提高了电弧的稳定性。

　　阳极区位于阳极表面,它有一个斑点。由于阳极区气体介质压力较低,阳极斑点面积扩大而近似"消失"。阳极斑点是集中吸收来自阴极的电子和弧柱区的离子的地方,电位降很大。在高速运动的电子和负离子流的连续轰击下,阳极斑点加热到很高的温度。它的温度主要取决于阳极区气体介质的压力,压力增大时阳极斑点的面积缩小。熔炼条件的变化会引起阳极斑点大小和温度的改变,从而使金属熔池的温度梯度、熔池深度和体积发生变化,最终会改变钛锭的凝固结晶和提纯效果。

真空自耗电弧熔炼利用的是弧光放电,这种放电是在低电压(十几伏到几十伏)和大电流(几千安到几万安)条件下产生的放电,放电过程产生强烈的白炽光和高温。弧光放电时两极间的电压降称为电弧电压。电弧电压 U 由阴极压降 $U_K = \sqrt{2e/mV} = 593 \times 10^3 \sqrt{V}$、弧柱压降($U_C$, 1.6×10^{-19})和阳极压降(U_A, 9.1×10^{-31})组成:

$$U = U_K + U_C + U_A$$

式中,$U_K + U_A = U_S$,称为表面压降。

表面压降与电极材料、气体成分、压力和电流强度等有关,与两极的距离无关。在电极材料、气体及压力不变的情况下,电弧电压的变化取决于弧柱压降 U_C,但值很小,两极间距离的变化对电弧电压的影响很小,不呈直线关系(图6.22)。

在真空自耗电弧熔炼过程中,电弧电压 U 主要受极性、电流、电极直径与坩埚直径之比值(d/D)、电极材料和电弧长度的影响。其中,以电流强度对表面压降 U_S 影响最大,而对弧柱压降 U_C 影响较小,即

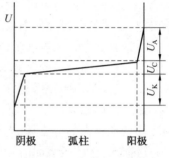

图6.22　电弧电压分布

$$U = U_0 + aI$$

式中　　U_0—— 电弧电压的不变分量;
　　　　a—— 常数;
　　　　I—— 电流,A。

真空自耗电弧熔炼钛时,在一定的弧长(电极下端与熔池表面间的距离)范围内,弧长每变化10 mm便会引起0.5 V的电压变化。熔炼不同金属,电弧长度的变化也不一样,真空自耗电弧熔炼钛和钢的电弧电压与弧长的特性曲线如图6.23所示。实践表明,真空自耗电弧熔炼钛的电弧压降为30 ~ 40 V。

当电极材料和尺寸一定时,电弧压降 U 随电流大小(即随电流密度)而变,如图6.24所示。当电流小时,增加电流,电弧压降变小;当进一步增加电流时,电弧压降几乎呈直线增加。电弧压降中主要是表面压降增加,弧柱压降增加不多。

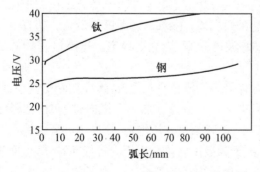

图6.23　真空自耗电弧熔炼钛和钢的电弧电压
　　　　　与弧长的特性曲线

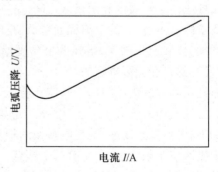

图6.24　电弧压降与电流关系曲线

电弧中温度场的温度分布情况很复杂,具体的温度值与电极材料、电流大小和气相组成有关。一般来说,当以钛阴极作自耗电极(称为正极性熔炼)时,阴极端的温度约为 1 775 ℃,金属熔池表面的工作温度约为 1 850 ℃,而弧柱区的温度最高,可接近 50 00 ℃。

正极性自耗熔炼时熔炼区的温度场如图 6.25 所示。图中给出了温度的分布情况,从其温度分布可知,电弧的能量一部分消耗于弧柱,其余大部分则消耗于两极。电弧能量消耗在弧柱区的能量值约为弧柱压降与电流的乘积,部分能量由于辐射而损耗,是无效的。消耗于两极的能量与电极熔点有关。试验结果表明,金属熔点越高,分配于阳极的能量与阴极的能量之比越高。对熔炼钛而言,此比值约为 1 : 3。

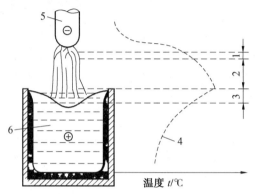

图 6.25　正极性自耗熔炼时熔炼区的温度场

1— 阴极区;2— 弧柱;3— 阳极区;4— 温度分布曲线;5— 电极;6— 铸锭

真空熔炼时,炉内压力自弧区至排气口依次递降,如图 6.26 所示。熔炼时所测炉室压力比弧区压力低分数形式。

气相压力对电弧的稳定性有很大影响。当气相压力和其他工艺参数控制不好时,电弧便不稳定,易产生边弧(即自耗电极和铜坩埚之间产生的电弧)和扩散弧,严重时会烧穿坩埚,造成严重事故。因此,在工艺设计和熔炼过程中都必须设法确保电弧的稳定性。

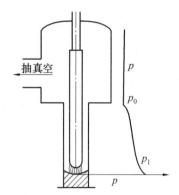

实践表明,气相压力在 $6.7 \times 10^3 \sim 6.7 \times 10^5$ Pa 范围内电弧是稳定的,压力低于 6.7×10^3 Pa 时,电弧在坩埚内严重漂移,易产生边弧和散弧,这个气相压力范围称为

图 6.26　真空熔炼时炉内压力分布

危险区;气相压力降低至 67 Pa 以下,电弧又恢复稳定,称 67 Pa 这个恢复稳定的气相压力均为临界压力。在真空熔炼作业中,气相压力必须避开危险区,常保持在临界压力以下。

虽然钛的自耗电弧熔炼可以在惰性气体的保护下于常压中进行,但与常压熔炼相比,真空熔炼加热温度更均匀,弧柱压降小,因而具有热效率高的优点,正常生产中多采用真空熔炼工艺。

如前所述,临界压力随电流减少而降低。如用钢电极试验时,发现电流为 1 500 A 时临界压力约为 67 Pa,电流为 600 A 时临界压力约为 4 Pa。因此,宜选用大的电流。

生产实践中,为了使电弧工作稳定,通常在坩埚外加稳弧线圈。稳弧线圈的作用是当通入直流电(或交流电)时便会产生纵向磁场,减少边弧,稳定电弧。稳弧线圈示意图如图6.27 所示。纵向磁场除能减少边弧外,也能使熔池中液态钛旋转产生搅拌作用,有利于液态钛中合金组元或杂质的扩散,使钛锭质量均匀化和结晶细化。外加纵向磁场对金属熔池的影响如图6.28 所示。

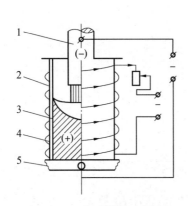

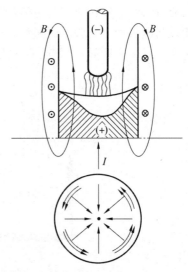

图6.27 稳弧线圈示意图
1— 金属自耗电极;2— 上结晶器;3— 水冷层;
4— 螺旋管(内通直流线圈);5— 底结晶器

图6.28 外加纵向磁场对金属熔池的影响
→—熔炼电流 I 的方向;⇒—磁场力 F 的方向;B—磁场方向(由纸面向外);⊗ 和 ⊙— 稳弧电流方向

使用稳弧线圈时,应选用合适的稳弧电流。电流过小稳弧作用不明显;电流过大则由于电弧被压缩得厉害而导致熄灭,并因熔池旋转激烈而影响钛锭质量。合适的安匝数应是以电弧稳定燃烧、熔池平稳或微微旋转为准。

② 金属熔滴在弧区的过渡。金属端面受到电弧的高温作用加热熔化,当熔化的金属在电极端面累积到一定的大小后,就以熔滴的形式脱离电极穿过弧柱区落到熔池中去。此时,金属熔滴穿过电弧空间的过程被称为金属熔滴在电弧区的过渡过程,如图6.29 所示。此过程对产品的质量有很大的影响。

在钛的自耗电弧熔炼过程中,电极末端的金属熔滴受到各种力的作用,开始时颈部收缩,接着是伸长,最后克服了表面张力而断落,造成在弧区的扩散。它主要受到下列 5 种力的作用:

a.重力作用。它使熔滴脱离电极向熔池过渡。

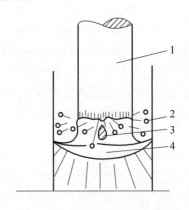

图6.29 金属熔滴在电弧区中的
过渡过程示意图
1— 自耗电极;2— 分散的小熔滴;
3— 大的金属熔滴;4— 金属熔池

b. 表面张力作用。它使熔滴收缩成球状并黏附在电极末端,阻止熔滴向熔池过渡。

c. 电磁力作用。熔炼过程中,电极和电弧周围产生一个横向磁场,对熔滴产生一个径向压力,加速熔滴细化。

d. 电弧放电。它使气体流动产生冲击力的作用。电弧放电时,瞬间形成的气体流动冲击力将熔滴击散,碎裂成许多小熔滴。其中,大熔滴落入熔池,部分小熔滴飞溅到结晶器壁上凝固成冒口。

e. 荷电质点轰击力的作用。它阻止熔滴向熔池过渡。

在上述 5 种作用力中,熔滴的重力、电磁感应压力和电弧放电的作用力起主要的作用,它们使熔炼得以正常进行。

在钛的自耗电弧熔炼过程中,每秒钟过渡的熔滴数目和颗粒大小取决于电流种类和大小、熔炼极性、电弧长短、稳弧线圈的安匝数、电极成分和气体含量等许多因素。其主要影响为:

a. 电弧电流小,熔滴数量少且颗粒粗大,反之亦然。

b. 负极性熔炼中的电极端面温度比正极性高,因而熔滴数目多且颗粒小。

c. 熔炼过程有放气行为时,促使熔滴细化且喷溅严重。

d. 电弧长度越短,电弧的集中程度越高,熔滴数目增加得越多,颗粒越小。

e. 稳弧磁场强度增加,电磁作用力增大,使熔滴数目增加,颗粒变小。

熔滴过渡过程与产品质量密切相关,对它的研究有以下重要意义:

a. 影响熔炼的效果。熔滴颗粒越小,其比表面积越大,熔炼效果越好,反之亦然。

b. 影响电弧长度的控制。当熔炼电弧长度过短时,如 10 mm 左右,这个长度与金属熔滴大小相近,会引起电极和熔池之间的短路,导致电弧熄灭而使熔炼中断,或者因为频繁短路使熔池温度急剧变化。此两种情况都会破坏正常熔炼的进行,也影响钛锭组织的均匀性。因此,熔炼的电弧长度一般控制在 15 mm 以上。

c. 影响钛锭表面质量。金属熔滴的分散结果,使得一小部分金属喷溅并黏附到坩埚上;电弧对金属熔池的作用也会引起喷溅;加上熔池的旋转作用以及金属挥发物和杂质在坩埚器壁上黏附,就构成了铸锭的冒口。由于冒口不能很好地被金属熔池熔化,而且吸附或黏附了较多的杂质,致使钛锭必须经过平头和扒皮后方能进行加工。

(3) 真空自耗电弧炉。

真空自耗电弧炉,简称自耗炉。自耗炉的形式是多种多样的。目前应用的大型工业炉按基本的结构特征区分可分为 4 种形式,即炉体固定 - 坩埚移动式、炉体固定 - 坩埚转动式、坩埚固定 - 炉体移动式和坩埚固定 - 炉体转动式。另外,按电极的极性联结方式,又分为正极性和负极性两种方式,将自耗电极接为负极的称为正极性,反之称为负极性。

自耗炉的结构示意图如图 6.30 所示,主要由炉壳体、真空机组、电源、电极传动机构和控制系统、坩埚系统和冷却系统等构件组成,下面分别进行介绍。

炉壳体容纳自耗电极,构成与大气隔离的空间。炉壳体应能承受电极、电极杆及电极驱动系统等装置的质量,具有良好的气密性,且与结晶器连接方便,便于熔炼操作。

真空机组的作用是对密闭的炉体和结晶器构成熔炼所需的真空,即使在炉料大量放气出现辉光放电时,也能保证在最短时间内恢复到正常状态,因此它必须具有足够高的抽气速度,应使炉体在 30 ~ 45 min 时间内由大气压抽到所需的真空度。熔炼钛(和锆)所需的真空度为 0.67 ~ 1.3 Pa。熔炼炉配置的真空系统通常用油增压泵和罗茨泵作为主泵串联,再用机械泵做预抽泵。油增压泵在 1.3 ~ 0.13 Pa 的压力范围内有较大抽速,抽除氢的效率约比抽空气大 1 倍;罗茨泵启动和停止迅速,电机功率小,在 133 ~ 0.13 Pa 的压力范围内有较大抽速,即使炉子进水的情况下也能继续工作。这是两种常用的真空泵的特点。

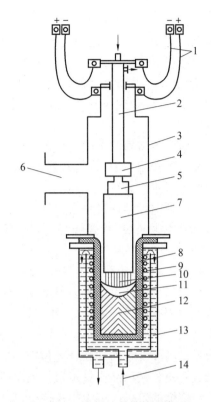

图 6.30　　自耗炉的结构示意图
1— 电流导线;2— 水冷电极杆;3— 真空室;4— 电极夹头;5— 过渡电极;6— 接真空系统;7— 金属自耗电极;8— 水冷铜结晶器(上);9— 稳弧线圈;10— 电弧;11— 金属熔池;12— 金属锭;13— 水冷结晶器(底);14— 进出冷却水

　　电源是为真空自耗电弧熔炼提供能源的装置,通常采用直流电源。自耗电弧熔炼对电源的基本要求是:在低电压下能提供大电流,近恒电流的良好下垂特性,短路时过载电流值小,能承受短时间过载而不丧失工作特性。真空自耗电弧炉一般不采用交流电源,因为交流电源电流的周期性变化使电弧产生不稳定。目前工业上使用的真空自耗凝壳炉都采用带有饱和电抗器的硅整流柜,以获得大的熔池,使 75% ~ 80% 具有一定过热度的钛金属液能浇注出来,满足浇注成形的要求。

　　电极传动机构和控制系统是在熔炼和装炉过程中用以调节及传动电极杆升降的机构。要求它在熔炼过程中能调节电极进给速度,以维持正常的弧光放电过程。在发生短路时能在 0.2 s 的时间内迅速提升电极,消除短路,恢复正常熔炼;在发生辉光放电和边弧时能迅速下降电极保证正常熔炼,并且以较高的电极提升速度进行装炉操作,提高生产效率。电极传动有双电动机单式差动和多电动机复式差动两种形式。

　　坩埚也称为结晶器,它是自耗炉的核心部件,为铸锭结晶的空间。坩埚系统由坩埚、底座、水套和磁场线圈构成。坩埚应具有良好的导热、导电和气密性,通常由厚壁铜管构成,常见的两种结构形式如图 6.31 所示,其中以图 6.31(a)所示的形式应用较广泛。中小型炉水套常和坩埚组装在一起,大型炉水套与坩埚是分离的。

　　冷却系统是自耗炉保证安全生产的命脉,特别是坩埚系统的冷却水套,如果短暂的停水都可能导致严重事故发生。因此需要有十分可靠的冷却系统,以保证熔炼过程连续供水。冷却系统包括保安水源和供水系统。保安水源应提供含矿物质少的软质净水,以防沉淀堵塞管道导致供水中断。供水系统要保证提供熔炼过程中足够压力和流量的水。保安水源的

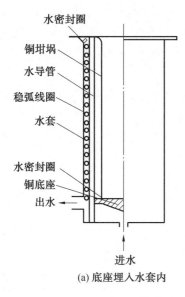

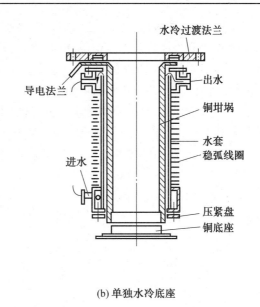

(a) 底座埋入水套内　　　　　　　(b) 单独水冷底座

图 6.31　自耗炉坩埚结构示意图

储水量要保证使铸锭冷却到安全温度以下。冷却
系统还要冷却电极杆、电缆、真空机组和炉室。为
保持炉室干燥,防止炉室在敞开期间结露和吸潮,
可设附加温水系统,水温通常为 30 ~ 40 ℃。

磁场线圈装置由缠绕在冷却水套内层的电源
线圈及控制系统构成。磁场线圈可用直流电源也
可用交流电源,一般应产生 800 ~ 20 000 安匝的磁
场。为减少发热,磁场线圈通常都浸在水中。

为减少熔炼过程中可能出现的爆炸所造成的
损失,真空自耗电弧炉均采用遥控操作,在操作室
内配有一系列监测装置,这些装置包括观测装置、
计量指示记录仪及继电保护仪器等。观测装置包
括电视或光学潜望镜。

图 6.32 所示为 ZH - 3000 型自耗炉总装示意
图,它带有两个坩埚位置和其他系统。

4. 真空非自耗电弧炉

真空非自耗电极电弧熔炼(NAR) 基本原理与
真空自耗电极电弧熔炼一样,都是利用电弧热熔
化金属,从结构上看也非常相似,如图 6.33(a) 所
示。它们之间的最大区别就是电极,真空非自耗
电极电弧炉采用钨电极(钨钍电极由于具有微量
放射性,目前已经基本不采用了) 或石墨电极,在惰性气体保护下,在水冷铜坩埚中进行电

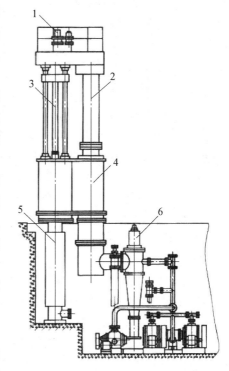

图 6.32　ZH - 3000 型自耗炉总装示意图
1— 电极升降传动机构;2— 炉体旋转机构;
3— 电极杆;4— 炉体;5— 坩埚;6— 真空系统

弧熔炼,是最早的一种熔炼钛的方法。卢森堡科学家 W. J. Krall 于 1949 年用这种方法在美国铸造出世界上第一件钛铸件。虽然作为电弧阴极的钨或者石墨的熔点很高,在熔炼过程中消耗量较少,但是损耗的电极材料还是容易进入到熔池中,对熔炼的合金产生一定的影响,尤其是熔炼时间较长时,这种影响就比较明显。

为了解决这个问题,现在研制成水冷铜电极,解决了电极对合金污染的问题,因为合金中铜的含量是在允许范围内。一种非自耗铜电极也称旋转电弧电极,如图 6.33(b) 所示;另一种称为自身旋转非自耗电极,采用这种结构的非自耗电弧熔炼铸造炉如图 6.33(c) 所示。

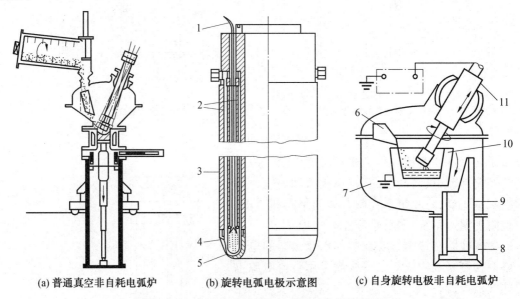

(a) 普通真空非自耗电弧炉　　(b) 旋转电弧电极示意图　　(c) 自身旋转电极非自耗电弧炉

图 6.33　真空非自耗电弧炉及旋转电极电弧炉

1— 磁力线圈导线;2— 冷却水道;3— 电极;4— 铜头;5— 电磁线圈;6— 进料装置;
7— 水冷熔炼室;8— 水冷铸造室;9— 铸锭模;10— 水冷铜坩埚;11— 自身旋转电极

真空非自耗电弧炉的熔炼一般是首先将炉膛真空抽至满足要求的真空度,然后充入纯的惰性气体(通常用氩气)冲洗一次或数次,以驱赶炉内的残余空气或水蒸气。熔炼时炉内的压力保持在 5×10^4 ~ 1×10^5 Pa 之间,氩气在电弧作用下被电离,使电弧稳定燃烧。

旋转电弧电极实际上是一种特殊的高压水冷铜电极,它在电极头部内安装一个电磁线圈,利用线圈产生的磁场使电弧沿铜电极端部表面不停顿地旋转,避免了电极头部局部过热和烧熔而导致污染金属。这种电极已被工业采用,美国的钛技术公司用旋转电弧电极装备了一台 362 kg 的非自耗电极电弧凝壳炉。用这种非自耗旋转电弧电极熔炼试验表明,在熔炼速度为 4.5 kg/min 的情况下,铜的污染仅为 0.000 6% 。自身旋转非自耗电极也是一种水冷铜电极,它是通过电极自身的旋转,使电弧不停留在电极头部的局部位置上,而且电极轴线与坩埚轴线成一倾斜角配置,以保证电极旋转时,头部只有局部与电弧接触,从而防止了电极端部的局部过热和熔化。

上述两种非自耗电极,虽然解决了熔炼金属的污染问题,但它们消耗热量大、能效比较低,而且寿命较短,因而限制了它们在工业生产上的推广应用。

虽然非自耗电弧炉在工业上的大容量推广应用受到限制,但是小容量的非自耗电弧炉的应用却非常广泛。这是因为非自耗电极如果采用强制冷却并且单次熔炼时间较短,一般不超过 10 min,单次熔炼的钨极损耗非常少,对熔炼合金的成分基本不产生明显影响。因此,这种非自耗电弧熔炼炉非常适合进行新材料的研究和检测,尤其是需要在真空下熔炼的高熔点、高活性金属,如钛、锆、铌等合金。

图6.34 所示为哈尔滨工业大学研制的 ZX5 – 1250 型真空非自耗电弧炉。由图6.34 可以看到,这种炉子熔出的锭形状非常类似于大的纽扣,所以这种小容量非自耗电弧炉又称为纽扣炉。从图6.34(c) 可以看到,中间一个铜坩埚中间有一个小孔,当金属液完全熔化后,金属液在重力或真空室气体压力的作用下,流到坩埚下部的单独模具中,可以制得一些简单形状的铸锭／铸件。

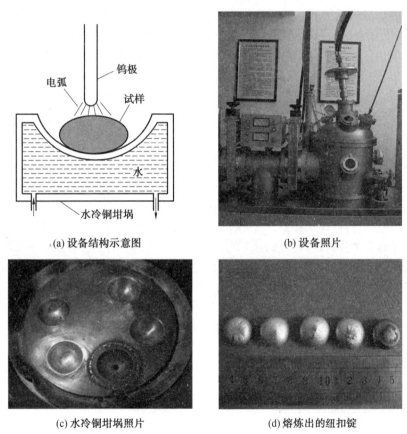

(a) 设备结构示意图　　　　　　　　　　(b) 设备照片

(c) 水冷铜坩埚照片　　　　　　　　　　(d) 熔炼出的纽扣锭

图6.34　ZX5 – 1250 型真空非自耗电弧炉

6.1.4　电子束炉熔炼

1.概述

电子束熔炼法(EBM),是利用在真空下受热阴极表面发射的电子流,在高压电场的作用下产生高速运动,并通过聚焦、偏转使高速电子流准确地射向阳极,把高速电子的动能转变成热能被阳极吸收,使阳极金属熔化。因为阳极是受电子轰击而熔化,所以电子束炉也称电子轰击炉。

高速运动的电子能使金属熔化,这一现象很早就为人们所发现。早在 1905 年,Von Pirani 就成功地研制了第一台电子束熔炼的实验设备,并用电子束来熔化金属钽,而且发现用电子束熔炼制成的钽,比用真空电弧熔炼的纯度高,而且塑性好。但当时因为坩埚问题没有解决,并且缺乏大抽气能力的真空设备,所以这项技术长期没有得到发展。直到第二次世界大战以后,由于原子能工业和宇航工业的出现,对难熔和高纯金属等新型材料的需求增大,又由于出现了水冷铜坩埚以及制成了大抽气能力的真空泵,电子束炉熔炼才得到发展应用。

电子束炉是难熔金属熔炼和提纯的专用设备。电子束熔炼由于在高真空下进行,熔炼时的过热温度高,维持液态的时间长,使材料精炼提纯作用能够充分有效地进行。电子束熔炼时,材料主要发生脱气、分解、脱氧、金属杂质的挥发和不熔杂质上浮等冶金反应。电子束炉目前主要用于熔炼在熔点时蒸汽压低的一些金属材料,如四大难熔金属钨、钼、钽、铌以及稀有活泼金属钛、锆、铪等。这些材料用电子束炉熔炼,被公认为是最理想的熔炼方法。另外,在熔炼优质合金钢(特别是镍基和钴基合金钢)、钛屑的回收重熔等,电子束炉熔炼也得到了广泛的应用。20 世纪 90 年代初,电子束炉的功率已达 3.3 MW,铸锭质量达 25 t。电子束炉熔炼可以保证合金的纯度,甚至达到超高纯。美国使用的超级耐热合金,其中约有 85% 是采用电子束炉精炼工艺生产的。

2. 电子束炉熔炼的特点

电子束炉熔炼是高速电子的发射、真空冶金、水冷铜坩埚 3 个主要技术的结合,与其他真空熔炼方法相比有以下主要优点:

(1) 由于熔炼是在高真空(2.7×10^{-2} ~ 2.7×10^{-4} Pa) 下进行,保证了在熔炼温度下,能使气态或蒸汽压较高的杂质被除去,可获得很好的净化效果。如难熔金属中的碳、钒、铁、硅、铝、镍、铬、铜等元素均可挥发除去,其含量低于分析法测量范围,有的可达光谱分析极限水平,比精炼前能降低 2 个数量级,可得到晶界无氧化物的钼和钨。高温合金经电子束熔炼后,去除杂质的效果比其他真空熔炼都好。氧的质量分数可从 0.002% 降至 0.000 4% ~ 0.000 9%,氮的质量分数降至 0.004% ~ 0.008%,氢的质量分数低于 0.000 1% ~ 0.000 2%,见表 6.2 和表 6.3。

表 6.2　电子束炉重熔的金属提纯效果

金属种类	原料	分析样品	H /$(mg \cdot kg^{-1})$	C /%	O /$(mg \cdot kg^{-1})$	N /$(mg \cdot kg^{-1})$	硬度 HB
钽	海绵状粒	原料	4	600	3 000	30	—
		二次重熔	1	57	150	5	80
铌	棒	原料	12	—	154	18	—
		一次重熔	1	—	84	8	62
钒	颗粒料	原料	10	670	831	280	
		一次重熔	8	110	270	200	110
	海绵状态	原料	1 700	—	500	50	
		一次重熔	25	—	260	—	136
钼	烧结粉末	原料	—	170	810	51	
		二次重熔	—	25	6	3	140
钨	烧结粉末	原料	1	70	4 100	30	—
		二次重熔	1	3	5	2	200

表 6.3　钛、锆、铪在真空电弧炉和电子束炉中重熔后气体含量和硬度的比较

金属种类	熔炼设备	O /(mg·kg⁻¹)	H /(mg·kg⁻¹)	N /(mg·kg⁻¹)	硬度 HB
钛	真空电弧炉	680	15	177	164
	电子束炉	659	6	66	122
锆	真空电弧炉	190 ~ 250	5 ~ 10	30 ~ 100	—
	电子束炉	120 ~ 160	2 ~ 4	20 ~ 60	—
铪	真空电弧炉	440	175	80	200
	电子束炉	140	13	20	153

（2）熔炼速度和加热速度可以在较大范围内调节。被熔化的金属材料在液态的保持时间可以在很大范围内控制,有利于液态中的碳和氧完全反应,使扩散能力低的杂质能扩散到熔体表面,参与蒸发作用。

（3）功率密度高,可达到 $10^4 \sim 10^8$ W/cm²。熔池表面温度高并可以调节。同时电子束的扫描,对金属熔体有搅拌作用。

（4）金属熔体在水冷铜坩埚中凝固形成铸锭,所以熔融金属不会被耐火材料污染。

（5）可以得到很高的温度,能熔化任何难熔金属,也可以熔化非金属。

电子束熔炼除上述优点外,还有以下缺点:

（1）熔炼合金时,添加元素易于挥发,合金的成分及均匀性不易控制。

（2）电子束炉结构比较复杂,需采用直流高压电源,运行费用较高。

（3）由于电子束炉熔炼采用高压加速电子流,在工作中会产生对人体有害的 X 射线,故需要采取特殊的防护措施。

3. 电子束炉熔炼的基本原理

图 6.35 所示电子束炉结构中,阴极 1 被加热到 $2\,600 \sim 2\,800$ ℃,就会产生热电子发射,发射出大量热电子,若在阴极 1 和阳极 3 之间保持较大的电位差,电子在电场作用下得到加速,即电能转化为电子的动能。根据能量守恒定律推导出电子速度与极间电压的关系:

$$v = \sqrt{2e/mV} = 593 \times 10^3 \sqrt{V}$$

式中　　v——电子的速度,m/s;

V——加速电压(即极间电压),V;

e——电子电荷,1.6×10^{-19};

m——电子质量,9.1×10^{-31}。

如果加速电压为 25 kV,则电子速度达 94 000 km/s,即接近光速的 $\frac{1}{3}$。与此同时,若系统内的真空度足够高(2.7×10^{-2} Pa 以下),气体分子的平均自由程将大大超过设备的尺寸,即高速电子将基本上不与空间气体分子发生碰撞,而经磁透镜聚焦后,形成具有较高能量的电子束流。以很大的速度轰击在金属(靶)上,将其动能转化成热能,或原子或分子的激发能。电子的一部分将被反向散射,产生背散射电子。在作用的过程中还将产生 X 射线、二次电子发射。由于束流电子的动能主要转变为热能,所产生的热使轰击点的温度升高,并向作用区以外进行热传导和热辐射转移能量。电子束流与轰击金属(靶)间的基本作用如图 6.36 所示。

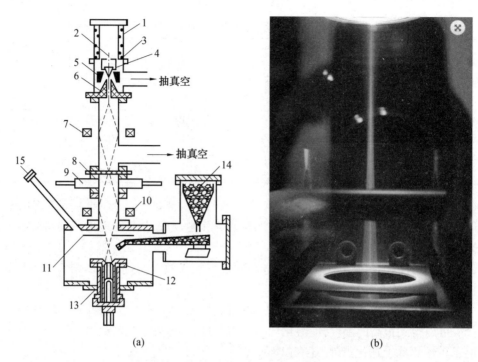

(a) (b)

图 6.35　电子束炉结构示意图

1—电子枪罩;2—钽阴极;3—钨丝;4—屏蔽极;5—聚焦极;6—加速阳极;7、10—聚焦线圈;
8—拦孔板;9—阀门;11—隔板;12—结晶器;13—铸锭;14—料仓;15—观察孔

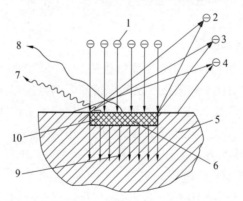

图 6.36　电子束流与轰击金属间的基本作用

1—电子束;2—背散射的电子;3—二次电子;4—热电子;5—靶金属;
6—能量转换区;7—X 射线;8—热辐射;9—热传导;10—束流作用区

　　若使靶金属获得的能量大于热传导和热辐射带走的能量,金属的温度就会不断升高,直至熔化,进而滴入水冷铜坩埚;坩埚中的液态金属则不断由下向上逐步凝固成锭,因此其凝固过程的特点是顺序凝固。随着过程的进行而慢慢从底部将锭拉出。

　　电子束发生器又称电子枪,是电子束炉的关键部分,用来产生和发射电子,用于熔炼炉上的电子发生器主要有近距环形、远距环形、横向环形和轴向环形四种结构形式,如图 6.37所示。

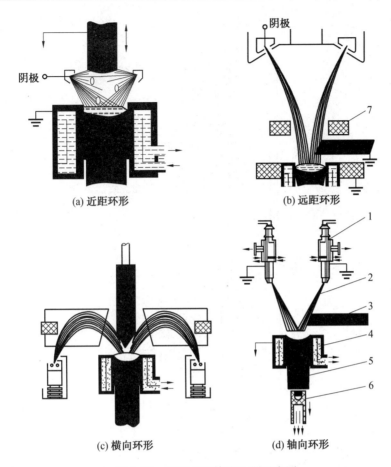

(a) 近距环形　　　　　　　　(b) 远距环形

(c) 横向环形　　　　　　　　(d) 轴向环形

图 6.37　四种电子束发生器示意图

1— 轴向枪;2— 电子束;3— 料棒;4— 结晶器;5— 锭子;6— 拉锭机构;7— 聚焦线圈

　　轴向电子束发生器又称轴向枪、远聚焦枪、直聚焦枪或皮尔斯(Pierce) 枪。这种枪外形像一个筒,其内部结构如图 6.38 所示。在这种枪中,发射电子束的阴极通常用金属钽(或钨) 做成块状,由另一个加热阴极灯丝间接加热,但也有做成丝状而直接通电加热的,即所谓直热式阴极。电子束发射后,通过加速阳极的加速,聚焦线圈的聚焦,最后通过偏转线圈的控制而按一定的方向射到被加热的材料上。这种枪的优点是:

　　① 枪的阴极离熔炼区比较远,不易被金属蒸汽所污染,而且枪体本身有单独的真空系统,所以阴极的使用寿命是几种枪中最长的(可达到 100 ~ 150 h)。

　　② 枪本身可做成独立组件,一台电炉可以用多支枪联合工作,如图 6.39 所示。

　　③ 电子束的密度和方向可根据需要灵活调节,从而炉内所用的结晶器的内径,也可以有较大范围内变动。

　　由于具有这些优点,因此这种枪是几种枪中用得最多的一种。这种枪的缺点是结构比较复杂,并且要有单独的真空系统。

　　热阴极电子枪阴极热电子放射的电流密度主要取决于阴极温度和阴极材料的逸出功。理想的阴极材料是电子逸出功小而工作温度高。其中,钨电子逸出功为 4.52 eV,熔点为

3 380 ℃, 钽电子逸出功为 4.1 eV, 熔点为 2 988 ℃, 还有钨钍合金和铌等都可以做阴极材料, 其工作特性见表6.4。

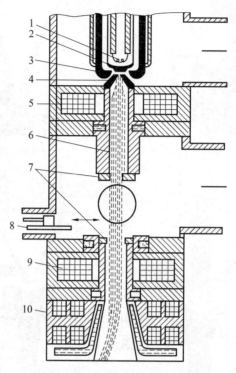

图 6.38　轴向电子束发生器的基本结构

1— 灯丝;2— 阴极;3— 聚束极;4— 阳极;5— 第一透镜;

6— 电子束;7— 钼光阑;8— 闸阀;9— 第二透镜;10— 偏转器

表 6.4　几种阴极材料的工作特性

阴极材料	阴极温度 /℃	电子逸出功 /eV	发射电流密度/(A · cm^{-2})		阴极工作寿命 /h
			静定的	脉冲的	
钨	2 600	4.52	0.5	0.5	10 000
钽	2 400	4.1	0.5	0.5	10 000
铌	2 300	4.0	0.5	0.5	1 000
钨–钍	2 000	2.7	1.0 ~ 3.0	1.0 ~ 3.0	5 000

电子枪的输出功率, 等于电子束的加速电压和电子束电流两者的乘积。为了使从阴极表面发射的 X 射线不致太强, 对于熔炼用电子束炉来说, 加速电压一般限制在2 万 ~ 3 万 V 的范围内。另外, 从轴向枪的设计考虑, 电子束电流一般限制在 10 A 以下, 所以轴向枪的功率一般每支枪不超过200 ~ 250 kW。通常是采用多支枪联合使用的方法来获得大的输出功率。目前也有轴向枪功率达到 1 200 kW。图 6.39 所示为多支轴向枪联合工作示意图。电子束一部分打在料棒上, 使棒料熔化;另一部分打在熔池表面上, 给熔池加温使熔池保持过热的液态, 以利于金属的充分净化。

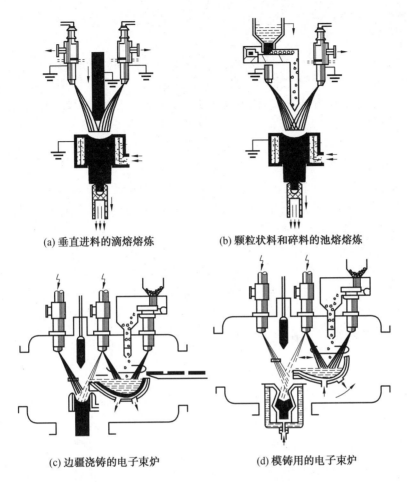

(a) 垂直进料的滴熔熔炼　　(b) 颗粒状料和碎料的池熔熔炼

(c) 边疆浇铸的电子束炉　　(d) 模铸用的电子束炉

图 6.39　多支轴向枪联合工作示意图

金属熔炼的目的,在于去除金属中的金属及非金属杂质、气体,提高金属的纯净度;通过熔炼使金属合金化,合金均匀化,获得性能优良的新型材料;通过熔炼,获得致密的金属,提高金属的力学性能和加工性能。电子束熔炼是在高真空条件下进行的,一般真空度不低于 2.7×10^{-2} Pa,熔炼温度高,又能准确地控制熔速和材料保持液体的时间,为金属材料的提纯提供了优越的条件,使得冶金反应能够充分有效地进行。

(1) 脱气。

电子束熔炼中,氢能被较为彻底地脱出,对于大多数金属及合金,甚至在熔化前的加热阶段就已经完成了脱出。在熔炼中,对于那些溶解在金属中氮的脱出也很有效。

(2) 分解。

在真空条件下,许多金属的氢化物、氮化物的分解比常压下易于进行,其中最易分解的是氢化物。除氮化钛、氮化锆外,一般氮化物在真空条件下都能分解脱除。如果熔炼过程中加大熔炼功率或减慢熔炼速度,脱氮才能更为有效地进行。分解生成的气体产物则通过不同方式进入气相而被真空系统排除炉外。如钽经电子束熔炼后,氮的质量分数从原来的 0.003% 降至 0.001%;铌经电子束熔炼后氮的质量分数从原料中的 0.05% 降至 0.01%。

但铌中氮的脱除受到一定限制,表现为经多次熔炼后氮含量反而有上升的趋势。

（3）脱氧。

电子束熔炼一般可通过 C－O 反应和低价氧化物挥发的途径来脱氧。但 Ti、Zr、Hf 不能用 C－O 反应脱氧,钛也不能通过低价氧化物挥发来脱氧。W、Mo、Ta、Nb 通过碳脱氧的效果很明显。但是铌以 NbO 形式脱氧(称为自脱氧)的速度要比以 CO 形式脱氧的速度快约 4 倍,因此铌原料中氧含量与碳含量的比值对熔炼后的脱氧程度有很大的影响。一般认为,氧、氮的脱除程度在同样的过热条件下,主要取决于维持液体状态的时间。

（4）金属杂质的挥发。

在电子束熔炼温度下,比基体蒸汽压高的金属杂质,都能通过挥发有不同程度的去除。挥发对于提纯是很有利的,但对于合金熔炼,则使配料比及合金成分的控制变动困难,另外,也伴随有相当数量基体金属损失掉了。

（5）非金属不溶杂质的上浮。

由下而上的顺序凝固铸锭方式,有利于不溶的非金属杂质上浮而富集在铸锭顶部,在切头时去除。电子束熔炼不能像真空感应熔炼那样有一个整体熔池,使整个铸锭内的合金组元和杂质充分反应和均匀化。电子束熔炼只能在棒料的基础上局部地提纯和均匀化,而对整个铸锭合金成分和杂质的不均匀和偏析是难免的。

4. 电子束熔炼炉的主要构成

电子束熔炼炉主要由炉体、真空系统和电器系统几大部分组成。电子束熔炼炉的炉体主要由真空外壳、电子枪、加(进)料装置、坩埚(结晶器)和拖锭装置等组成(图 6.40)。

炉体的结构形式与电子枪的形式、数量及原料状态、加料方式等有关,有卧式和立式两种。电子束熔炼炉的坩埚一般用铜制作,使用时内壁通水冷却。工业上用的坩埚有两种结构形式,一种坩埚底是固定的,铸锭长度与坩埚一样;另一种坩埚底是活动的,并连有拖锭机构。后者在工作时拖锭机构的拖锭杆一面旋转一面往下拖,这样可以用比较短的坩埚铸成比较长的铸锭。

电子束熔炼炉的供电系统包括主回路和真空系统、送料机构、拖锭或浇铸机构等。电子束熔炼炉的主回路主要由灯丝电源、用作加速加压的高压电源、电磁透镜和偏转器的低压直流电源,对于采用间热式

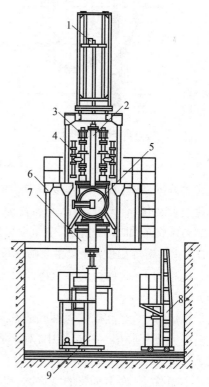

图 6.40　120 kW 电子束熔炼炉的结构示意图
1— 料棒送进机构;2— 装料室;3— 电子枪;
4— 电子枪真空系统;5— 炉体;6— 工作台;
7— 真空系统;8— 出料小车;9— 拉锭机构

电子枪的炉子还有轰击电源。

电子束熔炼炉的主回路供电系统,三相主电路由电抗器稳流,通过升压变压器升压,再由闸流管或硅整流器整流成直流电压,供给阴极和阳极。此电压根据炉子结构和用处的不同在 1 万 ~ 3 万 V 之间。为了保证电子束流稳定,主电路中通常都用磁饱和电抗器来稳压和稳流。

电子束熔炼炉的真空系统由扩散泵和预真空泵(机械泵)以及相应的真空阀门、仪表和真空元件构成,有时在扩散泵和预真空泵之间加装罗茨泵或油增压泵。由于电子束熔炼炉要求的真空度在 0.1 Pa 以上,因此要求真空系统排气能力大,能迅速将熔炼中放出的气体排除;同时还要求其极限真空度高,能维持炉内真空度在 0.1 ~ 0.01 Pa 的水平。枪室往往还有单独的真空系统。

熔炼圆形铸锭主要有两种方法:一种是滴熔,电子束主要打在料棒上,使料棒端头熔化,逐滴滴入熔池中;另一种是池熔,电子束主要打在结晶器中的熔池表面上,颗粒料直接加入熔池里。在实际生产中往往两种方法结合起来应用。表 6.5 为几种电子束熔炼炉的技术参数。

表 6.5　几种电子束熔炼炉的技术参数

炉型		EMO – 20	EMO – 1200	ПЭЛ – 300	ПЭЛ – 1000	ЭРП – 2A – 1000
电子枪支数		1	1	1	1	2
电子枪功率 /kW		200	1 200	300	1 000	500
装料机构数量		1	2	1	2	1
重熔电极最大尺寸 /mm	直径	150	280	250	380	200
	长度	2 200	2 200	2 500	3 000	1 500
金属锭尺寸 /mm	方形	—	370 × 240	70 × 200	80 × 250	—
	圆形 φ	70 ~ 230	500 ~ 800	60 ~ 270	100 ~ 500	160 ~ 280
	长度	1 500	3 000	1 500	3 000	1 500
$d_{料棒}/D_{结}$(max)		0.7	0.7	1.7	1.7	0.7
保证供料情况 /%	棒料	100	100	100	100	100
	散料	—	—	100	100	—
	块料(棒头、压块)	—	—	100	100	100
炉子外形尺寸 /m	宽 × 长	13 × 16	15 × 26	7 × 10	13 × 17	10.8 × 11.6
	高度	9	18	6	9	7.2

5. 电子束冷床炉

真空自耗电弧熔炼(VAR)一直是钛合金熔炼的主要方法。对于航空发动机转动件用钛合金,为了提高铸锭成分的均匀性和尽可能消除偏析等缺陷,一般采用三次真空电弧熔炼。但是大量研究及实践证明,真空电弧熔炼消除钛合金中的高密度夹杂(HDI)和低密度夹杂(LDI)的能力有限。而这两种缺陷是钛合金零部件的疲劳裂纹源,降低了零部件的使用寿命,用于航空发动机,可能引起机毁人亡的重大灾难。因此美国在20世纪80年代开始研究开发一种熔炼钛合金的新工艺冷床熔炼(Cold Hearth Melting,CHM)技术。根据热源的不同,冷床熔炼可分为电子束冷床熔炼(Electron Beam Cold Hearth Melting,EBCHM)和等离子束冷床熔炼(Plasma Arc Cold Hearth Melting,PACHM)两种熔炼方式。冷床炉熔炼技术以独特的精炼方式,可以有效地消除钛合金中的各种夹杂物,解决了长期困扰钛工业界和航空企业的一大难题,因此,冷床熔炼技术可以认为是钛合金熔炼技术发展史上的一次飞跃。目前电子束冷床熔炼是最成熟的冷床熔炼方法,下面对其进行简要介绍。

VAR熔炼炉可以看作是一个封闭系统,电极熔炼和凝固是不可分的连续步骤,电极材料经过电弧熔化以后都直接进入了铸锭,无法将熔池与不熔物分离,就无法过滤掉硬 α 和HDI夹杂。另外,电极材料熔化后在高温阶段保温的时间短,高熔点的硬 α 和HDI来不及充分熔化。经测试,TiN颗粒在1 650 ℃静止的钛熔池中的溶解速度,大约为0.004 cm/ min,WC夹杂物颗粒在VAR熔炼过程中经一次VAR熔炼仅能熔化尺寸为0.4 mm的颗粒,经过两次VAR熔炼,90%左右尺寸为0.6 mm的WC颗粒能熔化,经过三次VAR熔炼后,尺寸为0.6 mm的WC颗粒能全部熔化,但0.8 mm及更大尺寸的WC颗粒即使经过三次VAR熔炼也无法充分熔化。因此,采用VAR熔炼工艺想要得到高纯的钛合金铸锭是非常困难的,即使采用了三次VAR熔炼,结果也不是很理想。

经过十余年冷床熔炼的实践,认为采用冷床炉熔炼技术对于消除硬 α 夹杂和高密度夹杂效果显著,并逐步在一些工业标准中实施,关键性的发动机转子零件用钛合金必须经过一次冷床熔炼。

(1)冷床熔炼的工作原理。

冷床熔炼就是在冷坩埚(水冷坩埚)熔炼技术的基础上,再加上电子束或等离子束的高温外加热源作用的结合。所谓冷床实际就是凝壳熔炼的坩埚,冷床熔炼就是凝壳熔炼的新发展。图6.41所示为电子束冷床熔炼工作原理示意图。

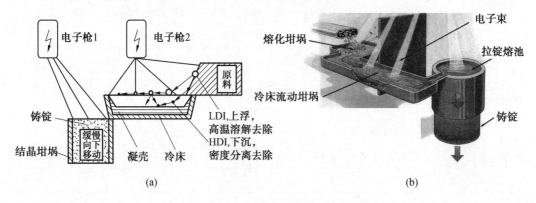

图6.41　电子束冷床熔炼工作原理示意图

冷床炉在设计上将熔炼过程分为以下三步:

第一步,炉料在真空(或惰性气氛)中高温热源的作用下熔化滴入冷床。

第二步,熔体在冷床中保温精炼,使熔体净化。

第三步,净化后的熔体流入结晶器,凝固成圆形或矩形截面铸锭。

冷床炉将水冷铜床和结晶器分开,允许输入能量和熔炼速度独立控制,因此实现了原材料熔化、熔体精炼和凝固成形的分离。如图 6.41 所示,钛合金原料经受电子束或等离子束的高温高能轰击,熔化后在冷床中形成熔池,熔池中熔体的停留时间可以自由控制,经过精炼、搅拌后的熔体经槽口流入结晶器中,通过结晶器上方的电子枪或等离子枪的再次加热和搅拌,最后凝固成形。在精炼过程中,熔体在冷坩埚中自身凝壳的保护下,有足够的时间使高密度夹杂(HDI)依靠溶解或较大密度差的作用,下沉进入低温的凝壳上,并沉积在那里得以除去。低密度夹杂(LDI)上浮到熔池的表面,经受高温加热使其挥发或溶解而消除。中间密度的夹杂在冷床内的流动过程中,由于冷床内的流场复杂,使其在冷床内有充足的时间溶解消除。

电子束冷床熔炼是利用电子枪发射的高能电子束为热源(图 6.41),冷床在高真空(1×10^{-2} Pa)下有利于去除钛合金中的低熔点挥发性金属和杂质,起到提纯作用。

(2) 电子束冷床熔炼炉。

图 6.42 所示为 KV Titan 公司的电子束冷床熔炼炉的结构示意图,它主要由炉体、电子枪系统、进料系统、铸造系统、真空系统、电子束电源及其控制部分组成。炉体的结构形式与

(a) 炉体照片

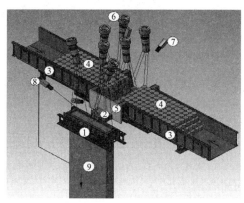

(b) 内部结构示意图

图 6.42　KV Titan 公司的电子束冷床熔炼炉的结构示意图

1— 结晶器;2— 冷床;3— 料仓;4— 原料;5— 挡板;6— 电子束枪;
7— 熔炼室摄像头;8— 拉锭室摄像头;9— 铸锭

电子枪的类型、支数和原料状态及其进料方式有关,目前进料方式有水平和垂直两种。根据原料形态不同,可以同时有棒状料进料系统和粒状散料振动加料器系统。加入散料时,原料由旋转式原料缸送出,再由振动进给加料器投入到冷床内。为了提高生产效率,一般原料室有两个,可交替使用,一个熔炼期间投料,而另一个则备料,因此,可以不间歇供料。原料室与熔炼室之间用真空阀隔开,其维修与保养可在保持熔炼室真空的情况下完成。熔炼室一般为双壁水冷结构,电子枪及枪室的真空系统装在炉体上部或斜上方。冷床装在炉室内,一边连接进料系统,另一边连接坩埚和拉锭系统。原料熔炼在水冷铜床中进行。原料经熔化后首先在水冷铜床内壁形成一层凝壳,后续原料在凝壳内熔化。熔化的钛液达到一定高度后,经水冷铜床另一侧的浇口流入水冷结晶器,凝固成铸锭。水冷铜床的形状、大小根据生产能力和厂家设计而有所不同,通常的冷床是一个盆形的长方体,也有采用 C 形结构的炉床。铸造是一个连续过程,熔化的金属不断地流入凝固坩埚并凝固成固态,然后在拉锭系统的作用下向下缓慢移动进入真空铸锭室,形成大型铸锭。

①真空系统。电子枪需要在高真空下工作,电子枪室的真空度一般在 1×10^{-3} ~ 2×10^{-2} Pa 的压力范围内。当真空度低于 $(2 ~ 3) \times 10^{-2}$ Pa 时,就会出现放电现象。单位时间内放电的次数随着压力的增高而增加。熔炼室内允许的工作真空度与电子枪的结构有关,也就是与电子枪的压力分级室的数量有关。电子枪室由 2 个或 3 个压力分级室组成,分别抽空。由于电子枪室与熔炼室分开抽真空,使电子束冷床熔炼技术可在更大的真空范围内工作,可以熔炼气体含量较大的材料。熔炼室内的工作真空度,主要取决于熔化材料的放气量和熔炼速度,一般保持在 10^{-3} ~ 10^{-2} Pa,根据被熔炼材料的放气量和产品品质要求,按技术、经济统一的原则具体确定。熔炼室的真空系统一般由油扩散泵、机械增压泵(或油增压泵)和机械泵等组成。

②电子枪系统。目前所采用的电子枪通常是远聚焦式电子枪,通常称为皮尔斯电子枪,主要由电子束发生系统、电子束加速系统和电子束聚焦、偏转系统三部分组成。一般电子束冷床熔炼炉至少装备 2 支电子束枪,大型炉可达 6 ~ 8 支电子束枪,其单枪功率可达 800 kW。阴极是用钨或钽块制成的,采用间接加热方式。由阴极发射出的电子流经过加速阳极、磁聚焦和磁偏转系统均匀地轰击到料棒或熔池上。

③电子枪电源系统。电子枪电源系统主要包括灯丝加热回路、阴极加热回路、电子束加速回路以及聚焦和偏转磁场的激磁回路。电子束加速回路(阳极回路)采用负高压接法,输出端的负极接到阴极上,正极接到加速阳极上。这样,阳极和坩埚等都可以接地了。

④坩埚系统。坩埚系统主要由冷却水套和铜结晶器组成。冷却水套对冷却水起导向作用,保证对铜结晶器的冷却效果。一般铜结晶器的长度为铸锭直径的 1 ~ 1.5 倍。铜结晶器截面可为矩形或圆形,根据需要可以生产出截面为矩形、圆形的铸锭。拉锭速度根据熔化速度调整,以保证铸锭表面品质。

云南钛业股份有限公司引进美国 Retech 公司的电子束冷床熔炼炉于 2012 年 1 月热负荷试车成功,顺利拉出第一块钛板坯,最大板坯尺寸 8 200 mm × 1 400 mm × 210 mm,最大板坯质量为 10.5 t。图 6.43 所示为美国 Retech 公司的电子束冷床熔炼炉及熔炼出的钛方锭。

(a) 熔炼室照片　　　　　　(b) 冷床熔炼炉制备的钛方锭

图 6.43　美国 Retech 公司的电子束冷床(EB) 熔炼炉及熔炼出的钛方锭

6.1.5　等离子弧炉熔炼

1. 概述

等离子弧炉熔炼是 20 世纪 60 年代发展起来的一种新技术。1962 年,美国联合碳化物公司公布了第一台 140 kg、120 kW 的等离子弧炉的产生。之后世界上工业发达国家先后研制成功了多种功率、多种用途的不同结构的等离子弧炉,并已在工业中广泛应用。

等离子弧炉是利用温度高、速度快、纯净的等离子体的能量来熔化金属。一般等离子弧心的温度可达 24 000 ~ 26 000 K(而一般自由电弧的温度为 5 000 ~ 6 000 K),其速度最大可达 100 ~ 500 m/s。其特点是:可以在大气下或低压保护气氛中进行熔铸,而且熔炼温度高、能量集中、熔化速度快、合金元素损失非常小,适于熔炼含易挥发元素的钨、钼、钽、铌、钛、锆等合金,还可以用来熔炼合金钢、高速工具钢及钛合金废屑回收等。目前这种炉子最大功率为 2 000 kW,容量已达 90 t,一支等离子枪功率可达 500 kW,还在向大型化和采用交流电方向发展。

2. 等离子熔炼工作原理

众所周知,气体分子在受到强磁场或受到高速电子的撞击作用以后,会电离成自由电子和正离子。由电离后的自由电子、正离子、未电离的气体分子和原子组成的混合体称为等离子体。因为等离子体中存在着自由电子、离子,所以它能够导电,并且能受磁场的影响而改变其中自由电子和离子的运动方向。

等离子弧炉的工作原理示意图如图 6.44 所示。它是用直流电加热钍钨电极或中空阴极以产生电子束,电子束将阴极附近的惰性气体电离形成等离子束,再以高度稳定的等离子弧从枪口喷射到阳极炉料上使之加热熔化。

普通电弧炉中电弧也是等离子体,不过其电离的程度较低。由于等离子电热是以电弧电热发展起来的,可以认为是电弧电热的改进和强化。两者都是等离子体,都是气体自激弧光放电效应,本质和基本规律相同。但是形成方式和结构有差异,主要的差异是等离子束是

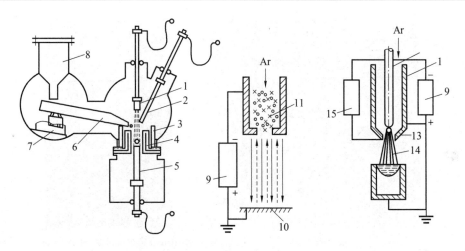

图 6.44　等离子弧炉的工作原理示意图

1— 等离子枪；2— 料棒；3— 搅拌线圈；4— 结晶器；5— 铸锭；6— 料槽；7— 振动器；8— 料仓；
9— 电源；10— 熔池；11— 等离子体；12— 钍钨电极；13— 非转移弧；14— 转移弧；15— 高频电源

用空心电极输入工作气体产生喷射流束，它的温度高，刚性好，并对合金有保护作用，可以大幅度改善合金熔炼效果。等离子弧炉是由炉体、等离子枪、水冷结晶器、给料装置、电源及真空系统等构成的。工业上用来产生等离子体的装置称为等离子枪。产生等离子体有两种方法：电弧法和高频感应法。等离子枪也分成电弧等离子枪和高频感应等离子枪两大类。其中，电弧等离子枪又有非转移弧式、转移弧式和中空阴极式等几种。在等离子炉上应用的多为转移弧式等离子枪及中空阴极式等离子枪。

产生等离子所用的工作气体有氩(Ar)、氦(He)、氢(H_2)、氮(N_2)、氩和氢的混合气体，氩和氮的混合气体等，其中以氩气用的最多，因为它是单原子气体，容易电离，又是惰性气体，对电极和被熔化的金属可以起到保护作用，另外它的价格也较便宜。

非转移弧式和转移弧式等离子枪的结构基本相同，由阳极和阴极组成。阴极要求用较低电子逸出功和较强的电子发射能力的难熔金属制成，通常是一根钨棒或表面涂有二氧化钍的钨棒（称为钍钨电极），也有用钨铈棒（称铈钨电极）的，加钍和铈是为了提高阴极的电子发射能力。阳极是一个水冷的铜电极，其端头做成喷口形状（图 6.45），工作气体由上面引入，从喷口喷出。工作时先用其他电源如火花高频发生器，在阴极和阳极之间触发电弧。这里的电弧放电过程和前面所讲的电弧炉放电是一样的，阴极发射的电子由于电场的加速而射向阳极，在途中撞击其他的气体原子而使之电离，产生等离子体。不同的是这里存在着工作气体的气流，该气流使等离子体从喷口喷出而形成等离子焰。等离子体在离开枪的喷口以后，其中的自由电子和正离子随即结合为气体的原子和分子，并放出原来在电弧中所吸收的能量，使等离子焰达到比电弧更高的温度。

转移弧式等离子枪，只是在起弧以后，电源的正极即从枪体的喷口转移到被熔化的金属上去。这时电弧也转移到枪的阴极和所熔炼的金属之间，而由工作气体产生的等离子体，便形成等离子流存在于阴极和作为阳极的被熔化的金属之间。事实上，在采用这样的等离子枪时，阳极所吸收的能量有 2/3 左右是由电弧中自由电子撞击阳极产生的。等离子流是以细束形状从等离子枪口喷出，由于等离子流的截面很小，并有很大的电流通过，因此等离子

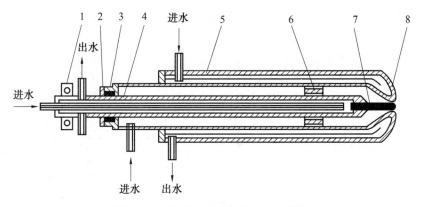

图 6.45　转移弧式等离子枪结构简图

1— 电线接头;2— 压盖;3— 密封填料;4— 阴极杆;

5— 枪体;6— 分流环;7— 钨钍阴极;8— 喷口

流的功率密度很高,其温度比一般电弧的温度要高得多。如一般炼钢电弧炉电弧最高温度达到 6 000 ~ 7 000 ℃,而氩弧等离子流的温度一般能达到 20 000 ℃ 左右。等离子流以极高的速度(100 ~ 500 m/s)射到被加热的材料上,除了将其本身的热能传给被加热的金属以外,还有自由电子和正离子复合所放出的大量热能,加上前面所说的电弧能量,金属即被迅速加热熔化。

中空阴极式等离子枪结构较简单,它只有一个发射电子用的空心阴极,一般用钽管,因为钽比钨更容易发射电子。这种枪一般也是利用高频电源来触发工作气体电离。工作气体一经电离,在阴极和作为阳极的熔炼金属之间就有电弧和等离子流通过。其工作原理同上述转移弧式等离子枪的工作原理完全一样,如图 6.46 所示。

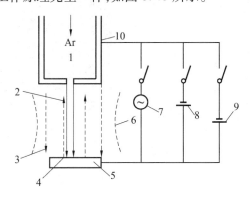

图 6.46　等离子枪的工作原理

1— 等离子区;2— 正离子流;3— 枪表面电子流;4— 等离子区电子流;

5— 阳极;6— 磁力线;7— 高频电源;8— 引弧电源;9— 主电源;10— 阴极

3. 等离子炉的分类

等离子弧炉在一些方面类似于电弧炉,在另一方面又类似电子束炉。就炉内结构来说,有像炼钢电弧炉那样采用耐火材料打结炉衬的,也有像真空电弧炉及电子束炉那样采用水冷铜结晶器的;从炉内气体压力来说,有炉内保持一个大气压的,也有把炉内抽成真空的;从

加料方式来说,有像炼钢电弧炉那样装块料
或散料的,还有像电子束炉那样从垂直方向
或横向进棒料或颗粒料的;从枪的支数来
说,有单枪的,也有多枪的。根据不同的炉
型结构和冶炼特点,可以把当前应用的等离
子炉分为三大类:等离子电弧炉、等离子电
弧重熔炉和等离子电子束熔炼炉。

(1)等离子电弧炉。

图 6.47 和图 6.48 所示为敞开式、密封
式等离子电弧熔炼炉的示意图。等离子电
弧熔炼炉由喷枪和炉体两大部分组成。

喷枪是由水冷铜喷嘴及水冷铈钨棒或
钍钨棒电极组成的。喷嘴对等离子流电弧
施加压缩作用,并作为辅助阳极,铈钨或钍
钨棒作为阴极。

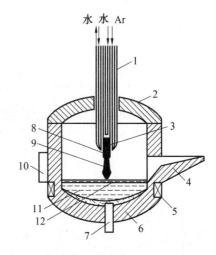

图 6.47　敞开式等离子电弧熔炼炉的示意图
1— 喷枪;2— 炉盖;3— 辅助阳极;4— 出料口;5— 电
磁搅拌器;6— 耐火材料炉衬;7— 阳极;8— 铈钨极;
9— 等离子焰;10— 炉门;11— 金属液;12— 液化渣

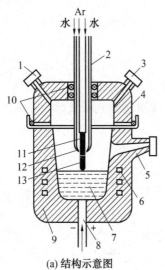

(a) 结构示意图

(b) 等离子电弧熔炼状态照片

图 6.48　密封式等离子电弧熔炼炉的示意图
1— 观察孔;2— 喷枪;3— 操作孔;4— 炉盖;5— 出料口;6— 电磁搅拌线圈;7— 金属液;8— 水冷
铜电极;9— 电炉镁砂炉衬;10— 密封层;11— 电极;12— 辅助阳极;13— 等离子焰

熔炼时,先在铈钨极或钍钨极与喷嘴之间加上直流电,再通入氩气,然后用并联的高频
引弧器引弧,高频电击穿空隙,将氩气电离,产生非转移弧。接着,再在阴极与炉底阳极之间
加上直流电,并降低喷枪,使非转移弧逐渐接近炉料。这样,阴极与金属炉料之间就会起弧,
此弧称为转移弧。待转移弧形成之后,喷嘴与阴极间引弧电路立即切断,非转移弧熄灭,转
移弧为工作弧。熔炼过程中,最重要的工艺参数为电弧电流、电弧电压和工作气体流量。随
着炉料的熔化,电流、电压会有所波动,这时可通过升降喷枪和控制饱和电抗器电流来控制
主弧电流,电流稳定后电压相应也就稳定了。氩气流量通过流量计控制。

炉子可以通氩气保护,也可以不密封进行氧化还原操作,在后一种情况下,要适当造渣覆盖合金表面,防止氧化、吸气。为了脱硫,还可以造碱性渣并采用换渣操作。由于熔炼过程中的化学反应速度快,为了更好地调整和控制成分,必须加速炉中取样分析过程。

等离子电弧炉熔炼有以下特点:

① 等离子电弧炉具有超高温及氩气保护。因此能熔炼难熔金属、活泼金属(W、Mo、Nb、Zr、Ti 等)和它们的合金。在熔炼过程中金属的损耗小,合金收得率高,尤其是易挥发元素的收得率优于其他的真空熔炼。

② 不增碳又能有效脱碳。等离子炉不像普通电弧炉那样,用石墨电极来熔化金属,当采用铜制水冷阳极时,在加热和熔炼中,没有增碳的问题。此外,由于等离子弧的超高温,除碳的速度快,对熔炼超低碳钢有重要意义。

③ 氩气保护下的熔渣精炼。等离子熔炼采用氩气保护,只要氩气纯度足够,产出的产品就会具有良好的纯洁度。等离子熔炼过程可以造渣,因而可以处理一些含杂质的金属,其精炼的效果好。

④ 放电气体对合金成分的控制。若在放电气体中掺入氮气或氢气,则可以有效地改变和控制合金的成分。

⑤ 等离子电弧熔炼产品纯洁度高,品质好。

(2) 等离子电弧重熔炉。

等离子电弧重熔炉,是在惰性气氛或可控气氛中利用超高温的等离子电弧来熔融(重熔)金属(棒料或块料)和炉渣,被熔化的金属聚集在水冷铜结晶器中,再拉引成锭。等离子电弧重熔炉的结构示意图如图 6.49 所示。

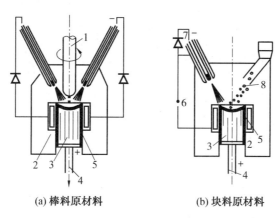

(a) 棒料原材料　　　　　　(b) 块料原材料

图 6.49　等离子电弧重熔炉的结构示意图

1— 电极棒;2— 渣皮;3— 合金锭;4— 拉锭系统;5— 金属熔池及渣池;

6— 交流电源;7— 小功率直流电源;8— 块料

等离子电弧重熔炉与等离子电弧炉相比较,最大的特点在于它采用了水冷铜结晶器,边熔炼、边结晶,锭子的熔炼与浇铸同时进行。如电渣重熔一样,金属熔池上面有渣池存在,形成渣皮,重熔金属具有良好的铸态组织。

由于等离子电弧重熔炉具有良好的冶炼品质,目前这一熔炼技术已被成功地应用于精密合金、耐热合金、含氮合金、特种滚动轴承和结构钢、活泼金属及其合金生产。

（3）等离子电子束熔炼炉（PEB）。

等离子电子束熔炼炉也称中空阴极式等离子炉，是20世纪60年代后期在美国和日本发展起来的一种等离子炉。这种等离子炉的等离子枪主要是一根用钽管做成的阴极，因为阴极是空心的，所以称为中空阴极。阳极是水冷铜坩埚（结晶器）。

工作时，当炉内真空达到0.1～10 Pa时，经钽管通入氩气，由于氩气流量很小（300 kW的炉子仅为1～2 L/min），不影响炉内的真空度。钽管内的氩气在高频电场（1～2）×10^9 Hz的作用下电离，形成低压等离子体。等离子体中的正离子飞向钽管，使之升温，电子则飞向阳极。随着钽管温度的升高发射出越来越多的热电子，形成电子束射向阳极，此时电流加大，电压降低。所以启动时先采用电压较高的引束电源，然后改用低压大电流的主电源。发射出来的电子束一部分射到阳极，一部分与气体（包括金属蒸汽）发生碰撞，不断激发气体分子和原子，使它们不断电离，又不断放出高能量的热电子，电子再进一步射向阳极使金属熔化；碰撞电离产生的正离子则射向钽管，维持钽管的温度在2 100～2 400 ℃范围内，能正常发射电子，保证了整个过程的连续进行，此时高频电源即可停止工作。

物料加热实际上依靠电子束的动能转换，电子束由三部分组成，即高频电离的电子（启动初期）、高温阴极发射的热电子和碰撞电离电子。维持钽管（阴极）高温靠碰撞电离的正离子，一般正离子流约为电子流的1/6，而总电流为电子束与正离子流之和。为保证电子束集中，还应设聚焦圈。

等离子电子束炉可以熔炼海绵钛、钛屑或其他钛残料，其熔炼原理如图6.50所示。熔炼的钛屑先进行破碎、去油，然后装入料仓，并在水冷铜坩埚内装上底料。炉子抽空后，往钽管中通入氩气，接通高频引弧电源，当弧焰产生，电流变大，电压降低后，切换成主电源进行正常熔炼。钛屑连续加入熔池内熔化、冷凝、拉出铸锭。

等离子电子束熔炼的速度（即加料的速度）可任意调节，相应的熔炼温度和时间也可调节控制。液面上的真空度，处于自耗炉熔炼和电子束炉熔炼之间，因此既可以提纯又可以减少合金元素的损失。其单位能耗比电

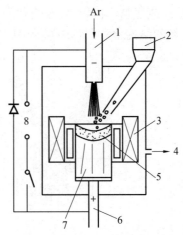

图6.50　等离子电子束熔炼原理示意图
1— 中空阴极；2— 加料器；3— 聚焦线圈；4— 真空系统；
5— 熔池；6— 拉锭系统；7— 铸锭；8— 高频引弧电源

子束炉低，比自耗熔炼炉稍高，但省掉了电极制备工序。此外，设备投资也比电子束熔炼炉低。

等离子电子束熔炼作为一种新的特种冶金方法，已在工业上得到了应用，炉子容量也在逐步扩大，是一种很有发展前途的熔炼方法。归纳起来有如下的特点：

① 可熔炼海绵钛、钛屑或各种难熔金属、回收的贵重金属废料。

②可获得高真空下才能获得的重熔金属纯洁度,当氩的纯洁度足够高时,脱气效果好。

③合金元素与金属材料损失少。

④热源稳定,热效率高,速度可通过调整电流或加料速度来控制,即凝固过程可控。

⑤和电子束炉相比,由于电压低,真空度低,设备较便宜,投资建造容易,操作方便,工作安全,生产成本低。

4. 等离子弧冷床炉

等离子体被称为物质的第四态,是由电子、离子和中性粒子组成的。虽然等离子体存在正、负电荷,但在整体上等离子体是中性的。形成等离子弧的工作气体一般用 Ar 气,因为其电离功率小,易于电离,是价格低廉的惰性气体,在钛合金熔炼过程中起到保护作用。但从热效率上说,He 气更是首选的介质,其熔炼速率大约是 Ar 气的 2 倍。但目前在国内,He 气成本相对要高得多。等离子枪是等离子冷床炉的核心部件,工业等离子熔炼炉在生产钛及镍基合金中采用转移弧式等离子枪。因为这些被熔化的合金都是导电的,使用转移弧等离子枪使输入的能量更多地用于熔化金属工件上,高效率的利用电能以获得高的熔化速率。此外,因为转移弧枪仅需要一个电极,易损件少相对经济。转移弧枪有一个比较宽的功率范围,其功率的范围是弧长和电流的函数。由等离子枪喷出的等离子弧焰,分为固定和螺旋形两种,其中获得螺旋形的弧柱是最佳的,弧柱更为稳定。

转移弧等离子枪的结构示意图如图 6.51 所示。它主要由电源、电极、气环和喷嘴组成。采用直流高压电源来维持等离子弧柱,能产生螺旋形等离子弧的电极,是用无氧铜制作的空心水冷电极。气环使工作气体 Ar 气或 He 气呈切线方向注入,产生要求的螺旋形气流。气体的螺旋运动在电极的整个内腔一直延伸至弧的终端。这种枪的特点是:

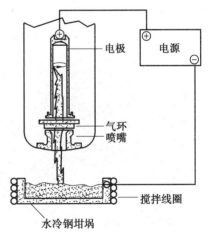

图 6.51　转移弧等离子枪的结构示意图

①气流的螺旋运动保证了获得稳定的可控的等离子弧柱,并适合于熔化不同形式的炉料,如散料、颗粒状和块状的炉料等。这时弧柱的长短宽窄变化比较大,弧柱能直接打在各种炉料上而不发生漂移。

②可以在环境气压很宽的范围内熔化金属,甚至可以在 25 ~ 304 kPa 的环境下维持正常工作。在 101 kPa 条件工作,可以改善熔化效率,而在较高的压力下可以使不同熔点的元素有效地合金化,特别是那些蒸汽压高的合金元素。

③这种螺旋形等离子弧柱能搅拌熔融金属。这种搅拌功能可以有效地使各种合金元素均匀混合。在有些情况下,等离子弧和磁场的交互作用可以改变熔池形状,并使凝固铸锭晶粒得到进一步的细化。此种转移弧式等离子枪,可以有效地工作 200 h 以上。

等离子冷床炉的结构和工艺与电子束冷床炉类似,其工作示意图如图 6.52 所示。其突出的优点是可以在很宽的真空度范围内工作,可以防止合金元素的挥发,特别适合熔炼合金成分复杂、合金元素含量高的合金,如钛铝合金。这是因为等离子冷床熔炼以等离子弧为热源,等离子弧与自由电弧不同,它是一种压缩弧,能量集中,弧柱细长。与自由电弧相比,等离子束具有较好的稳定性、较大的长度和较广的扫描能力。等离子枪是在接近大气压的惰性气氛下工作,可以防止 Al、Sn、Mn、Cr 等高挥发合金组元的挥发损失。

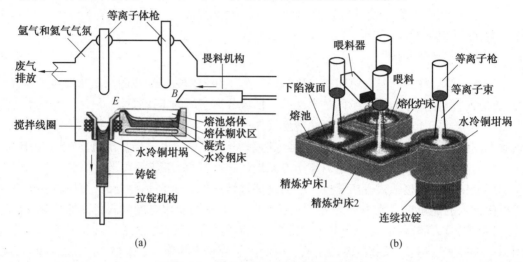

图 6.52　　等离子弧冷床炉工作示意图

图 6.53 所示为美国 Retech 公司生产的等离子冷床炉,采用这种冷床炉可以熔炼合金元素含量很高,其他熔炼方法难以达到要求的金属间化合物 Ti – Al 合金。

(a) 冷床炉照片

(b) 等离子枪熔炼照片

图 6.53　　美国 Retech 公司生产的等离子弧冷床炉

等离子冷床炉的用途很广泛,除可以拉铸不同形状的铸锭以外,还可以用于精密铸造,将拉锭坩埚改为底注式的坩埚,可以用于离心铸造和雾化制粉。

目前世界上能生产冷床炉的公司主要有 5 家,即美国 Retech 公司、Consarc 公司和德国 ALD 公司、KV Titan 公司。美国 Retech 公司装备了世界上大部分等离子炉。目前美国拥有世界上大部分等离子冷床炉,其冷床炉的熔炼能力已占美国钛总熔炼能力的 45%。美国钛铸锭年生产能力为 9 万 t,其中有 20% 是由冷床熔炼技术生产的。采用冷床熔炼技术生产的钛合金,已应用于美国海军 F/A – 18、F404、Y404、F – 15/16、F – 22 发动机上。

我国随着大飞机项目的启动,对航空发动机用优质高洁净钛合金的需求增加,冷床熔炼技术也开始发展和应用。为提升航空级钛产品的质量和应用水平,上海宝钢特钢事业部从美国 Retech 公司进口了等离子冷床炉,利用该设备可提高钛合金冶炼纯净度,产品质量将达到国际标准。

6.2　内热式熔炼技术

前面介绍的都是外热式熔炼技术,即对待熔的金属炉料来说,热量都是从外部传入金属材料内部的,传热需要过程并且在金属炉料内部必然会引起温度不均匀的现象。如果金属炉料的熔化是从金属材料内部产生的,这样金属炉料的温度基本是均匀的,这对金属的熔炼是非常有益的,这就是内热式熔炼技术的主要优势之一。目前内热式熔炼技术主要包括感应加热和微波加热,一种是利用电磁感应原理,另一种是利用微波原理,下面进行简要介绍。

6.2.1　感应加热熔炼

感应电炉熔炼是利用交流电感应的作用,使坩埚内的金属炉料本身发出热量,将其熔化,并进一步使液体金属过热的一种熔炼方法。感应电炉依其构造分为无芯式和有芯式两种类型;根据频率感应电炉又分为工频、中频和高频感应电炉;根据熔炼室气氛不同又可分为普通的感应电炉和真空感应电炉;根据坩埚材料的不同又单独发明出一种针对高活性金属材料的水冷铜坩埚感应熔炼炉。

有芯式感应炉主要适合熔炼铜、锌低熔点金属,普通的无芯感应炉可以熔炼钢铁和有色合金,真空感应炉主要用于熔炼镍基、钴基、铁基高温合金和精密合金,而不同频率的感应炉除频率不同外,其原理和熔炼基本工艺基本一致,因此本书将以炼钢为例介绍普通的工频和中频感应炉,以铜合金为例介绍有芯感应炉,以钛合金为例介绍水冷铜坩埚感应熔炼炉。

1. 无芯感应电炉熔炼

(1)概述。

炼钢用的是无芯式感应电炉,其工作原理如图 6.54 所示。在一个耐火材料筑成的坩埚外面,有螺旋形的感应器(感应线圈)。在炼钢过程中,盛装在坩埚内的金属炉料(或熔化成的钢液),尤如插在线圈中的铁芯。当往线圈中通以交流电时,由于感应作用,在炉料(或钢液)内部产生感应电动势,并因此感生感应电流(涡流)。由于炉料(或钢液)本身有电阻,故在涡流通过时会发出热量。感应电炉炼钢所需的热量就是利用这种原理产生的。感应电炉熔炼金属炉料时,炉料内吸收的功率与炉料直径 / 集肤层深度(d/δ)关系密切,如图 6.55。而坩埚内炉料在不同半径处所能产生的热量可用式(6.1)计算

$$\dot{q}_{in}(r) = \frac{\rho_e}{2} \cdot \frac{P \cdot \eta}{\pi \cdot \rho_e \cdot H \cdot (\delta/2) \cdot ((R - \delta/2) + (\delta/2) \cdot e^{(-2R/\delta)})} \cdot e^{2(r-R)/\delta} \quad (6.1)$$

$$Q = I^2 R t$$

式中　　ρ_e——炉料的电阻率,$\Omega \cdot m$;

　　　　P——外加功率,W;

η—— 炉子的加热效率；

H—— 炉料（熔体）高度，m；

R—— 坩埚半径，m；

δ—— 电流渗透深度，m。

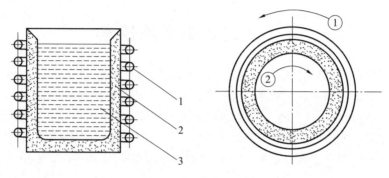

图 6.54　　无芯式感应电炉的工作原理

1— 感应器；2— 坩埚；3— 钢液（或炉料）

①— 感应器中瞬间电流方向；②— 钢液（或炉料）中产生感应电流方向

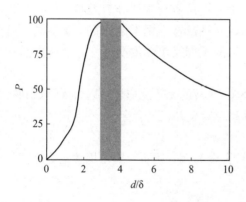 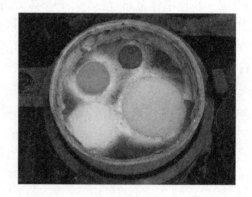

图 6.55 感应功率密度与 d/δ 的关系（频率不变、工件直径变化）

电流渗透深度为

$$\delta = \sqrt{\frac{\rho}{\pi \cdot f \cdot \mu_r}} \qquad (6.2)$$

式中　　ρ—— 炉料的电阻率；

　　　　f—— 电流频率；

　　　　μ_r—— 炉料的相对磁导率。

与电弧炉熔炼相比，感应电炉熔炼有以下的特点：

①加热速度较快。电弧炉炼钢中，熔炼所需的热量由电弧产生，通过空气和炉渣传给炉料和钢液。这种间接加热方式的速度较慢，而在感应电炉炼钢中，熔炼所需的热量是在炉料和钢液内部产生，这种直接加热方式的速度较快，特别是在炉料熔化成钢液以后，进一步使钢液过热的阶段中，感应加热更显出其优越性。

②氧化烧损较轻，吸收气体较少。与电弧炉炼钢相比，在感应电炉炼钢中，由于没有电

弧的超高温作用。使得钢中元素的烧损率较低。又由于没有电弧产生的电子冲击作用,空气中所含水蒸气不致被电离为原子氢和原子氧,因而减少了钢液中气体的来源。

③ 炉渣的化学活泼性较弱。在电弧炉炼钢中,炉渣的温度高,化学活泼性强,在炼钢过程中能够充分地发挥其控制冶金反应(如脱磷、脱硫、脱氧等) 的作用。而在感应电炉炼钢过程中,炉渣是被钢液加热的,其上面又与大气接触,故炉渣温度较低,化学性质较不活泼,不能充分发挥它在冶炼过程中的作用。

感应电炉炼钢工艺比较简单,生产比较灵活。近年来,感应电炉发展得很快,特别是一些生产铸钢件的中、小工厂和精密铸造厂,感应电炉炼钢的应用更为广泛。

(2)无芯感应电炉的构造。

无芯感应电炉主要由两个部分构成:炉体部分和电气部分。感应电炉炉体部分的构造图如图 6.56 所示。当交流电通过感应器时,在感应器的内部空间中便产生了交变磁通。交变磁通在金属炉料(或钢液) 内引起感应电动势,在垂直于磁通的平面上产生涡流,从而起加热作用。感应电动势的大小与磁通及电流频率有关,其关系式如下:

$$E = 4.44\Phi Nf$$

式中　　Φ—— 磁通,Wb;

　　　　N—— 感应器匝数;

　　　　F—— 交流电频率,Hz。

由上式可见,增大磁通和提高交流电频率,能够提高感应电动势。

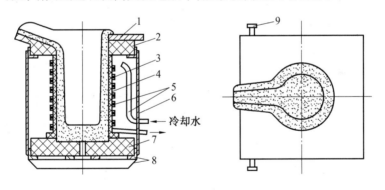

图 6.56　感应电炉炉体部分的构造图

1— 水泥石棉盖板;2— 耐火砖上框;3— 捣制坩埚;4— 玻璃丝绝缘布;5— 感应器;

6— 水泥石棉防护板;7— 耐火砖底座;8— 不锈钢制(不感磁) 边框;9— 转轴

应该指出,在炉料(钢液) 内部,磁通的分布并不是均匀的,而是越靠近外层(坩埚壁),磁通密度越大,越靠近坩埚的中心线,磁通密度越小,因此在外层中产生的感应电动势和电流比里层大,这就是所谓的“集肤效应”。由于这种电流密度不均匀现象的存在,使得坩埚内炉料(钢液) 外层的发热量大于内层。采用的电流频率越高,“集肤效应”越显著,则发热越集中于外层。因此,对于大直径(大容量) 的坩埚来说,如果采用高频率,则在炉料中将只有一个筒状的外层中发出较多的热量,而内层发热很少。在这种情况下,加热的效果较低。为此应使电流频率与坩埚直径(炉子容量) 相适应,即炉子的容量大时,所采用的电流频率应该低些,这即是感应电炉的用电频率与其容量之间有一定对应关系的道理。无芯感应电炉依照所采用不同的电流频率范围,可分为高频感应电炉、中频感应电炉和工频感应电炉三种类型。

① 高频感应电炉。采用的电流频率一般是 200 000 ～ 300 000 Hz,电炉容量一般是 10 ～ 60 kg。这种感应电炉一般是在实验室作科学研究用。

② 中频感应电炉。采用的电流频率一般是 1 000 ～ 2 500 Hz,电炉容量一般是 50 ～ 1 000 kg。国产的无芯式中频感应电炉的主要技术性能见表6.6。

③ 工频感应电炉。采用工业用电的频率(我国为 50 Hz),电炉容量一般是 500 ～ 10 000 kg。工频感应电炉一般用于熔炼铸铁。

表6.6　国产的无芯式中频感应电炉的主要技术性能

序号	技术性能		电炉型号			
			CGW – 0.06	CGW – 0.15	CGW – 0.43	CGW – 0.9
1	电炉容量 /kg		60	150	430	900
2	额定功率 /kW		50	100	250	500
3	感应圈电压 /V		750	1 000	2 000	2 000
4	相数		1	1	1	1
5	频率 /Hz		2 500	2 500	2 500	1 000
6	功率消耗 /(kW·kg^{-1})		0.83	0.66	0.58	0.55
7	工作温度 /℃		1 600	1 600	1 600	1 600
8	熔炼时间 /min		60	75	75	70
9	单位耗电量 /(kW·h^{-1}·t)		1 000	950	940	770
10	耗水量 /(m³·h^{-1})		1	1	5	4.5
11	坩埚尺寸	直径(炉口/炉底)	ϕ220/ϕ170	ϕ275/ϕ225	ϕ430/ϕ380	ϕ560/ϕ480
		高度/mm	360	520	555	800
12	炉体外形尺寸 /mm (长×宽×高)		1 245×1 030× 1 096	1 245×1 030× 1 096	2 280×1 920× 2 180	2 120×2 700× 3 800

感应电炉在熔炼过程中,感应器受到高温炉衬的强烈加热作用,为了避免其温度过高,一般都将感应器的铜导线设计成中空式的,制成异形铜管,以便通水冷却。

为了倾炉出钢的需要,感应炉的炉体是通过转轴装在炉架上,用机械或液压方式驱动,使炉体倾转。

感应电炉的电气部分的作用是供给感应器所需要的电流。高频电炉和中频电炉的电气部分都包括有变频的装置。变频可以采用不同的方法:高频感应电炉采用的是电子管振荡装置。中频感应电炉采用中频发电机或晶闸管变频装置。近年来,晶闸管变频的应用有了很大的发展。用晶闸管变频不仅电能的利用效率较高,而且结构较紧凑,噪声低,使用效果良好。

由于感应电炉的感应器是一个很大的电感,再加上磁通是经过空气而闭合的,因此感应电炉的无功功率相当大,功率因数(cos φ)相当低,其值一般只有0.10 ～ 0.11。因此必须采用相应的电容器与感应器并联,以补偿无功功率,提高功率因数。感应电炉的功率越大,则所需配上的电容器的容量也越大。

2. 有芯感应炉熔炼

有芯感应电炉最大特点是金属在熔沟中集中受热熔心,因此也称为熔沟式感应电炉。

熔沟式感应炉是熔炼铜、铝、锌合金时普遍应用的熔炉。熔沟式感应炉工作原理及结构如图 6.57 所示,它是按变压器的原理设计的,一次线圈绕于铁芯上,二次线圈是与熔池连通的环形熔沟。当工业频率的交流电通过一次线圈时,在周围产生交流磁通,于是在作为二次线圈的金属熔沟中产生感应电动势,因而有感应电流通过,使金属加热。

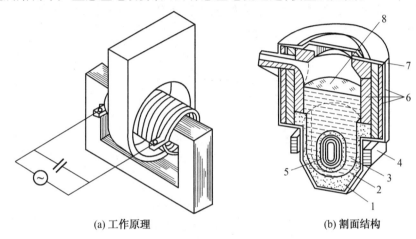

(a) 工作原理 　　　　　　 (b) 割面结构

图 6.57 　熔沟式感应炉工作原理及结构

1— 炉底;2— 炉底石;3— 熔沟;4— 铁芯;5— 感应器;6— 炉衬;7— 炉壳;8— 熔体

这种电炉最早出现在 1915 年,不久就在铜、青铜、黄铜、锌、铝等熔点较低的金属和合金的熔炼和保温方面得到广泛应用。据估计,全世界大部分的黄铜是在这种电炉中熔炼的。

这种炉子的优点是用工频加热,热电效率较高,电气设备费用较少。由于熔沟中金属感生的电流密度大,熔沟中金属迅速熔化而做为起熔体,热量产生在熔沟中被熔炼的金属自身内。所以热效率高,熔化速度快,生产率高。由于感应电流不断搅动,金属液在熔沟中运动,因此合金成分和温度均匀,质量较高。炉衬寿命一般较长,熔炼温度较低。熔炉容量已完成系列化(0.3 ～ 40 t),并进一步向大型化、自动化发展。其缺点是熔沟中必须始终充满合金液,不适用于经常更换合金牌号或间歇生产的车间;金属液翻腾,不宜熔化易氧化的合金。这种炉子最适合于连续操作、大量生产少数几种合金的铸铜车间。熔炼铜合金时,炉子容量在 0.15 ～ 50 t,最普遍是 1.5 t。

单熔沟感应炉的问题是熔沟中金属液流紊乱,局部过热严重。熔炼铜合金时,熔沟中金属液与上部熔池中金属液的温差可达 100 ～ 200 ℃。由于熔沟底部泄漏磁场对熔沟金属施加电磁力,会产生局域性涡流而出现死区。常处于过热状态的金属液在静压力作用下渗透到炉衬的空隙中,加热熔体的冲刷作用会降低炉衬的寿命,甚至会穿透炉衬而造成漏炉。为克服此缺陷,已发展出一种单向流动的单熔沟。这种熔沟断面呈非对称椭圆形结构,并由左向右上升流动。两侧熔沟断面面积以 $A:B=1:1.5$ 为宜,熔沟过大易损坏,熔沟过小熔体流动慢,热交换差。单向流动熔沟中熔体流最高,不仅可减小熔沟和炉用堂中熔体的温差,避免熔沟中金属过热,还可缩短熔炼时间,使熔炉生产率提高 10% ～ 30%,炉衬寿命增加 0.5 ～ 1 倍,提高电效率,降低电耗和成本。此外,采用多相双熔沟并立结构,也可得到单相流动的结果。它是利用中部公用熔沟和边部熔沟内磁场强度的差异,使中部熔沟中的熔体向下流动,两侧熔沟中的熔体向上流动。在熔沟耐火材料中加入少量冰晶石粉,将感应器外的耐火套改为水冷金属套,均有利于延长熔沟使用寿命。

　　有芯工频感应炉按炉型的不同分为立式炉和卧式炉两种。卧式炉具有结构简单、能够向两个方向有较大幅度的转动、拆换感应线圈方便等优点。一般大容量的炉子都采用卧式。图 6.58 所示为卧式有芯工频感应熔炼炉的结构图。

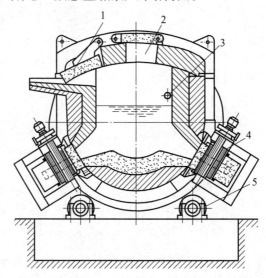

图 6.58　卧式有芯工频感应熔炼炉的结构图

1— 渣口盖;2— 装料孔;3— 出液嘴;4— 可拆卸加热单元;5— 回转支座

3.真空感应电炉熔炼

　　(1)真空感应熔炼炉的构造和工作原理。

　　真空感应电炉是一种无芯感应熔炼炉,其工作原理与中频无铁芯感应电炉相同,感应加热元件是安装在转轴上的螺旋形管式感应器。真空感应电炉的结构有立式和卧式两种,图 6.59 所示为立式真空感应炉,图 6.60 所示为卧式真空感应炉。立式真空感应炉适合容量较小的情况,而卧式真空感应炉一般适合大容量。两种结构的真空感应炉感应器、坩埚及待浇铸的铸型都安装在用不锈钢制成的炉壳内。炉料装在坩埚内,在真空条件下熔化,待炉料熔清、钢液温度达到要求后,即可倾炉出钢,将钢液浇入炉内的铸型中。可从炉盖上的观察窗查看炉内熔炼过程的情况。国产几款真空感应电炉的技术性能见表 6.7。

　　(2)真空感应电炉熔炼的优点

　　在真空条件炼钢的过程中,对温度和压力都能控制。与大气下炼钢相比,真空感应电炉炼钢有以下优点。

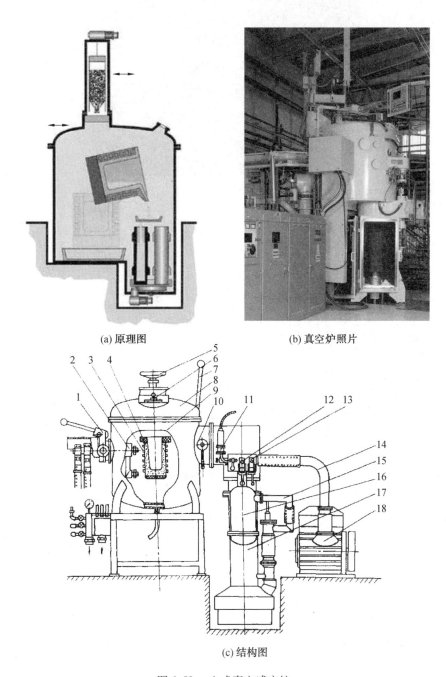

(a) 原理图　　　　　　　　　(b) 真空炉照片

(c) 结构图

图 6.59　立式真空感应炉

1— 真空密封回转轴承;2— 接线装置;3— 感应器;4— 炉衬;5— 加料器;6— 观察孔;
7— 加料翻斗;8— 炉盖;9— 炉壳;10— 测温装置;11— 真空计接头 12— 高真空控制
阀;13—低真空控制阀;14、15— 真空管道;16— 真空容器;17—高真空度抽气泵(扩散
式真空泵);18— 低真空度抽气泵(机械式真空泵)

(a)

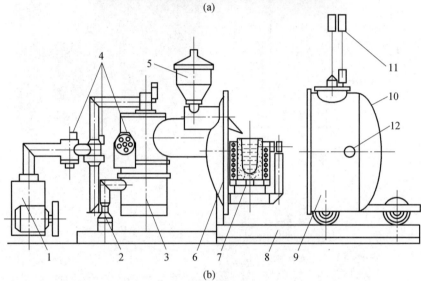

(b)

图 6.60　卧式真空感应炉

1— 机械泵;2— 油增压泵;3— 油扩散泵;4— 阀门;5— 加料箱;6— 固定炉体;7— 感应电炉的坩埚;
8— 轨道;9— 可动炉体;10— 观察孔;11— 捣碎杆;12— 测温装置

表 6.7　国产几款真空感应电炉的技术性能

参数	单位	型号		
		ZG – 0.5	ZG – 1	ZG – 1.5
容量	kg	500	1 000	1 500
最高工作温度	℃	1 600	1 600	1 600
极限真空度	Pa	1×10^{-1}	1×10^{-1}	1×10^{-1}
压升率	Pa/h	6.5	6.5	6.5
额定中频功率	kW	500	800	1 000
额定中频频率	Hz	1 000	500	< 500
中频电压	V	700	700	700
冷却水耗量	m^3/h	40	60	80
冷却水压力	MPa	0.3	0.3	0.3
外形尺寸	m	12.5 × 8.0 × 6.0	16 × 12 × 7.6	

① 能比较彻底地清除钢液中的气体。根据气体溶解度定律,对于双原子气体(H_2、N_2)来说,它们在钢液中的溶解量是与炉气中该种气体分压力的平方根成正比的,其间关系可表示为

$$[H] = k_1 \sqrt{p_{H_2}}$$

$$[N] = k_2 \sqrt{p_{N_2}}$$

式中 $[H]$、$[N]$—— 氢气和氮气在钢液中的溶解量;

p_{H_2}、p_{N_2}—— 炉气中氢气和氮气的分压力;

k_1、k_2—— 平衡常数。

由上式可见,当降低炉气中氢气和氮气的分压力时,钢液中的气体含量就会随之减少。如果炉中的真空度很高(即 $p_{H_2} \approx 0$,$p_{N_2} \approx 0$)时,则钢液中的含气量可以降到很低的程度。例如,当真空度达到 1.33 Pa(10 μmHg)时,钢液中氢的含量可降低至 1 ppm(10^{-6})以下。

② 钢中元素氧化程度轻微。由于炉料的熔化和钢液的过热是在真空条件下进行,故钢中元素的氧化程度轻微,极少生成夹杂物。因此,只要炉料清洁,炼得的钢液就很纯净。

③ 钢液中含氧量极低。在真空条件下,碳具有很高的脱氧能力,这是因为碳的氧化反应

$$C + FeO \longrightarrow CO + Fe$$

所生成的一氧化碳被抽走,故而使得反应进行得很彻底。所以,即使钢液由于某种原因(例如,炉料不很洁净)而受到氧化时,也会在碳的作用下将氧脱得干净。实际上,在真空感应炼钢中,无须加其他脱氧剂进行脱氧。

④ 炼钢工艺简单。由于不进行氧化和脱氧等操作,因此炼钢的冶金过程很简单,实际上是炉料重熔的过程。

由于上述优点,真空感应电炉适宜于冶炼高纯净度的以及要求严格控制化学成分的钢种。

(3)真空感应电炉炼钢中存在的问题。

① 金属元素的蒸发。钢液中每种元素都有一定的蒸气压,当蒸气压超过外界压力时,元素即会蒸发。在常压下进行的炼钢过程中,并不发生显著的蒸发现象。但在真空条件下冶炼时,钢中某些蒸气压较高的元素(主要是锰)就会发生显著的蒸发现象,从而导致化学成分控制的困难。在真空度为 1.33 Pa(10 μmHg)条件下炼钢时,锰的烧损曲线如图 6.61 所示。由此可见,在真空条件下炼钢时,锰的损耗是很显著的,且其损耗量与时间呈近于直线的关系。从图上也可看出,温度对于蒸发速度有重要的

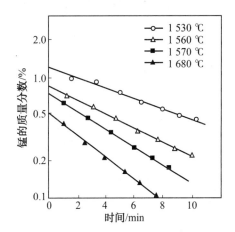

图 6.61   真空熔炼中锰的烧损曲线

影响。其原因在于,钢液中锰的蒸气压随温度的上升而增高。除锰以外,铜也比较容易蒸发,但蒸发速度则比锰小得多。铬、铁等元素蒸发甚微,实际上可以忽略不计。

② 钢液的沾污。在真空冶炼条件下,炉衬耐火材料会被钢液所浸蚀,这种浸蚀表现为耐火材料中的 SiO_2 成分被钢液中的碳所还原。其结果是还原产物 Si 进入钢液,使钢液的化学成分发生变化,这种现象称为钢液的沾污。其反应式可写为

$$2[C] + [SiO_2] \rightarrow [Si] + 2CO\uparrow$$

这一反应在大气冶炼条件下,由于炉气中 CO 的分压较高,故反应速度受到限制。而在真空条件下,反应程度显著。其结果是使钢的含碳量降低,而含硅量则增高。由于铝与氧之间的化学亲和力很强,故炉衬材料中的另一种成分 Al_2O_3 基本上不被还原,即不会发生钢液增铝的现象。在真空感应电炉炼钢中,对上述钢液化学成分变化的现象应给予重视。

（4）真空感应电炉熔炼技术要求。

为保证熔体质量和生产安全,首先要检查真空及水冷系统,使真空度和水压达到要求值,漏气率小于规定值。所用原材料的纯度、块度、干燥度均应符合要求。坩埚需经烧结和洗炉后方可用来熔炼合金。其次,为防上炉料黏结搭桥、装料应上松下紧,使之能较快地形成熔池。炉料中的碳不应与坩埚接触,以免发生相互作用,造成脱碳不脱氧而影响脱氧及去气效果。再次,熔炼期不易过快地熔化炉料,否则因炉料中的气体来不及排除,而在熔化后造成金属液大量喷溅,影响合金成分,增大烧损。精炼期主要是脱氧、去气、除去杂质、调整成分及温度。必须严格控制温度和真空度,采用短时高温、真空精炼法,加入少量活性元素时,以在较低温度下加入为宜。熔炼完毕后,静置一段时间,并调好温度,即可带电浇铸。真空铸造可适当降低浇铸温度,浇铸应先快后慢,细流补缩。收缩大的合金铸锭,也可在浇铸后破真空补缩。

总之,真空感应电炉的熔炼技术要求是:适当延长熔化期,用高真空度和高温短时沸腾精炼,低温加活性和易挥发元素,中温出炉、带电浇铸、细流补缩。

真空感应熔炼主要用来熔炼耐热合金、磁性材料、电工材料、高强度钢、原子能反应堆材料等。在熔炼这些合金时,其工艺和要求与真空感应炉炼钢要求基本类似。

4. 水冷铜坩埚感应炉熔炼

（1）概述。

在很多科学领域和工业部门,冷坩埚感应熔炼（Cold Crucible Induction Melting）被广泛应用在制备各种难熔材料和活性物质上,例如 Ti 合金、TiAl 合金、氧化物陶瓷和熔点高于 2 000 ℃ 的特种玻璃等。美国 BMI 公司在 20 世纪 50 年代开发出冷坩埚技术,实现了感应壳熔炼 Ti 合金。Duriron 公司在 20 世纪 80 年代初建造了第一套大型工业用熔炼和铸造活性金属的冷坩埚设备,并浇铸出多种合金和金属间化合物。俄罗斯科学院系统研究了冷坩埚熔炼理论,并将应用领域拓展到氧化物、玻璃和单晶材料制备上。我国于 20 世纪 80 年代后期开始发展冷坩埚技术,在活泼金属熔炼、单晶、磁性材料制备和玻璃固化等方面,也取得了不少先进成果。冷坩埚制备材料具有以下优点:水冷铜壁和感应壳避免了坩埚材料对物料的污染;熔体可以过热到较高的温度,有利于杂质的去除;电磁搅拌促进熔体的温度和溶质均匀化,减小热应力和成分偏析。

这种炉子原先采用导电坩埚熔炼金属,由于感应电流的集肤效应,坩埚上的感应电流过大,影响炉料的吸收,若用水冷坩埚,则所产生的热量大部分被水带走,炉料难以熔化。经改进,将坩埚开一条或几条缝,缝间加陶瓷绝缘,切断了坩埚中的感应电流回路,大大改善炉料

的熔炼效率。

（2）水冷铜坩埚感应熔炼炉及技术原理。

水冷铜坩埚感应熔炼工作原理如图 6.62 所示。真空供电系统中，主体由分瓣式结构的水冷铜坩埚和外部装套的感应线圈构成，线圈、坩埚外壁和分瓣之间的缝隙均为绝缘状态，避免导体之间发生短路。待熔炼的初始物料放置在坩埚内。施加功率后，线圈中通入一定频率的交变电流，使周围产生交变的电磁场，电磁场通过开缝区透入坩埚内腔作用于物料上，如图 6.62（a）所示。

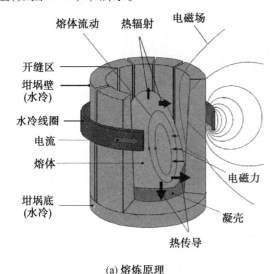

(a) 熔炼原理　　　　　　　　　　　　(b) 分瓣式冷坩埚

图 6.62　水冷铜坩埚感应熔炼工作原理

由电磁场原理可知，每个独立的水冷坩埚瓣会感生出与外部线圈相反的环形电流，相邻分瓣在开缝区的电流方向相反，在线圈电流和感生环形电流的共同作用下，开缝区的电磁场相对最强，开缝区起到了聚磁的作用。同理，物料集肤层内产生感应电流，方向与坩埚瓣内侧电流方向相反，越靠近导体表面，电流密度越大，如图 6.63 所示。

在感生电流作用下，物料集肤层内产生大量的焦耳热，使物料逐渐升温熔化。熔体形成后，在铜壁的激冷作用下形成凝壳，凝壳可以隔绝内部熔体和坩埚壁的化学反应，还能起到一定的隔热保温作用。内部物料进行合金化反应的过程中，电磁场对熔体始终起到感应加热和电磁搅拌的作用。图 6.62（b）所示为分瓣式冷坩埚，水冷系统从坩埚底部接入，容积为 8 L，可熔炼 20 kg 以上 Ti 合金或 TiAl 合金。冷坩埚熔炼过程中，加热频率 f 是其重要参数，有效加热柱状体所需的最小临界频率为

$$f \geqslant 3 \times 10^6 \rho/d^2$$

由于氧化物和一些卤族化合物在室温下是优良的介电体，通过上式可知，要使物料有效释放感生热量，需要很高的频率。例如，加热电阻率为 $10^6\ \Omega\cdot m$、直径 100 mm 的材料时，所需 f 为 3.0×10^8 Hz。由于设备水平的限制，实际中感应加热频率 f 一般不超过 10 MHz。由此，一般对高电阻率材料采用预热启熔方法，通过电阻加热或者热传导加热使高电阻材料升温，使其形成熔体后成为半导体或者导体，电阻率很低，此时可以很容易地实现高频熔炼。

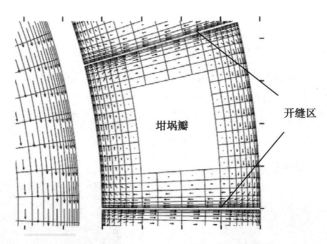

图 6.63　冷坩埚工作时的感应涡流分布特征

冷坩埚中的熔化过程和热坩埚中的熔化过程有很大区别。采用热坩埚熔炼时,坩埚本身就是热源,熔化过程从物料和坩埚壁接触的位置开始,熔化波逐层向内蔓延。冷坩埚熔炼时,由于物料和水冷坩埚壁接触发生换热,熔化波的传播受感应热源的影响,感应涡流通过熔体释放热量,一部分传递给相邻物料的固相层,对其加热熔化,另一部分被坩埚壁的换热消耗。研究表明,只有当向内传递的热量足够引起固相物料的逐层熔化时,熔化波才能向内持续蔓延。在这一过程中,物料发生化学反应产生的燃烧波可以促进熔化波的传递,而物料间的孔隙对熔化波的传递会起到阻碍作用。

俄罗斯 Кузьминов 等人系统地研究和建立了冷坩埚熔炼理论,针对氧化物的熔炼提出了建议的感应线圈功率因数:

$$\cos \varphi = P_m / \eta \cdot P_i$$

式中　　P_m——熔体中释放的功率;

　　　　η——常数;

　　　　P_i——进入感应线圈的功率。

P_m 可以用 Bessel 函数描述:

$$P_m = 0.5\pi \cdot \rho \cdot m^2 \cdot H_{me}^2 \cdot A(m) \cdot h$$

$$m = d / \sqrt{2}\delta$$

式中　　m——表征感应电流穿透物料的能力,m 越小,穿透能力越强;

　　　　H_{me}、$A(m)$、h、δ——材料表面磁场强度振幅、含有 Bessel 函数的多项式、物料高度和集肤深度。

研究表明,当线圈高度和熔体高度接近、并且 m 为 2 ~ 7 时,物料中的感应热能最有效释放。然而,由理论计算出的 m 值往往较小,实际过程中,为了提高制备体积,在功率满足的条件下,通常采用 1 ~ 2 倍最佳坩埚直径的设计。

电磁冷坩埚对感应线圈产生的高频电磁场有很强的屏蔽作用,磁力线无法有效透入坩埚内部加热物料。由此,进一步发展出感应器熔炼式冷坩埚,如图 6.64 所示,它的特点是将线圈和坩埚整合成一体,坩埚壁同时起到装载物料和感应线圈的作用,产生的交变磁场直接作用于物料,避免了坩埚壁的屏蔽效应,特别适用于高电阻率材料的熔炼,例如氧化物和难熔玻璃。

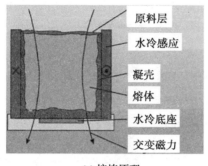

(a) 熔炼原理

(b) 感应器冷坩埚

图 6.64　感应器熔炼式冷坩埚工作原理和实物图

图 6.65 所示为 ALD 公司生产的工业生产用水冷铜坩埚感应熔炼炉,该设备主要由控制系统、气动系统、冷却水系统、反应惰性气体系统及中频电源等组成。ALD 所销售的 LEICOMELT 熔炉的熔化量可达 30 L,采用倾斜浇注和底注系统。采用静态、离心熔模铸造或由特殊合金制造的永久模铸造。这种设备已经广泛应用于合金熔炼、废料回收和铸造行业。

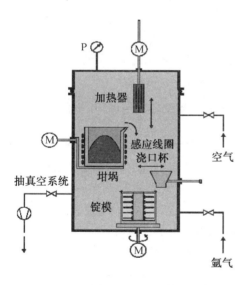

图 6.65　ALD 公司生产的工业生产用水冷铜坩埚感应熔炼炉

(3) 水冷铜坩埚感应熔炼技术发展。

随着冷坩埚技术的发展,20 世纪 90 年代中后期出现了底漏式结构设计,使冷坩埚的功能和应用领域扩大。图 6.66(a) 所示为底漏式冷坩埚,制备原理如图 6.66(b) 所示。高熔点合金在坩埚内进行熔炼过热后,卸载功率并移动底部堵口,熔体在重力作用下直接流入下部预热的型腔。因为坩埚上部可以继续添料,所以此方法可以熔炼制备比坩埚内腔容量更多的物料。

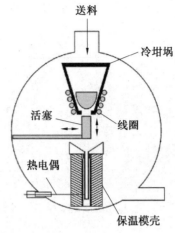

(a) 底漏式冷坩埚　　　　　　　　(b) 制备原理

图 6.66　底漏式冷坩埚实物图及制备原理

熔炼式冷坩埚技术经过了 50 多年的发展,在熔炼理论和相关材料的制取工艺上已日趋成熟,并广泛应用在制备活泼金属、高温结构材料、难熔材料和核废料玻璃固化等领域,见表 6.8。

表 6.8　冷坩埚制取材料应用领域

应用领域	材料制备
结构材料	钛合金、金属间化合物、超纯钢铁、陶瓷、高纯铝合金
核废料处理	核废料玻璃固化、放射性靶材
功能材料	多晶硅、特种玻璃、磁性合金、磁性材料、储氢电极合金
生物医用	医用生物材料、形状记忆合金

德国 ACCESS 研究所开展了冷坩埚熔炼制备 TiAl 合金汽车排气阀的研究,如图 6.67(a) 所示,其加速响应时间和降噪度明显优于传统钢铁材料。Hannover 大学对冷坩埚熔炼氧化物以及相关的物理场建模、计算方面进行了深入研究,在制备过程、熔体温度和流动形态等方面取得了很多成果,制备出的 ZrO_2 铸锭如图 6.67(b) 所示。俄罗斯科学院在介电体的冷坩埚熔炼理论和冷坩埚参数设计领域开展了大量工作,并对 Czochralshi 法生长单晶氧化物、$R_2O_3 - Al_2O_3 - SiO_2$(R 为稀土元素) 高温高纯特种玻璃、菲安尼特光学玻璃和部分稳定的 ZrO_2(PSZ) 陶瓷结构材料的制备进行了系统研究,在国际上首次制备出单晶状态的氧化物及相关晶体材料。在核废料处理领域,冷坩埚玻璃固化法是目前最为先进的手段,它将高放射性的核废料和玻璃基料一起放置在冷坩埚内进行熔炼,如图 6.67(c) 所示,最终浇铸成玻璃固化体,便于存放。日本主要集中研究超纯钢铁的冷坩埚悬浮熔炼和制取。我国于 20 世纪 80 年代后期开始引进并发展冷坩埚熔炼技术,哈尔滨工业大学于 1996 年从德国引进 30 kg 级水冷铜坩埚设备,对金属间化合物 ISM 熔炼过程中的物理化学反应机制和熔体成分控制进行了深入研究,制备出的 TiAl 合金铸锭如图 6.67(d) 所示。

(a) TiAl合金汽车排汽阀   (b) ZrO$_2$铸锭

(c) 核废料玻璃固化   (d) TiAl合金铸锭

图 6.67 熔炼式冷坩埚应用

6.2.2 微波加热熔炼

微波熔炼技术也属于内热式熔炼方法,最初由美国能源部的国家安全局应用于铀的熔炼,现在微波技术可应用于多种合金的熔炼以及大尺寸合金的熔炼。传统的加热方式是通过材料外部表面向内部传递热量,而微波技术可穿透材料表面,快速向材料内部输入高密度的热量。这种能量传递方式节省了时间和能源的成本。

微波技术加热大块金属材料需要 3 个基本的要素:多模微波谐振腔、微波吸收陶瓷坩埚和微波透明绝热箱。虽然金属应该是反射微波材料,但美国宾夕法尼亚州立大学研究人员发现,当温度达到熔点的 3/4 时,金属开始通过微波吸收能量和热量。微波技术熔炼示意图如图 6.68 所示。金属材料装入打开的(无盖)陶瓷坩埚中,绝缘箱放置在坩埚上方,以将开口的坩埚完全封闭。受热的坩埚通过辐射、传导和对流对金属材料快速加热。绝热箱通过捕获坩埚产生的热量增加了微波系统的能量效率。据初步计算,微波熔炼技术可以将常规熔炼的成本降低 30%。目前,德国和日本在微波高温成形技术以及微波辅助熔炼技术都处于世界领先的地位。

图 6.69 所示为功率 12 kW 微波熔炼炉的照片。采用微波熔炼具有以下优点:

① 不要求水冷。
② 同一个炉内可以熔化任何金属。
③ 节能约 30%。
④ 炉内可设计成真空或不同气氛。
⑤ 不要求大量熔体,仅单件浇注量。

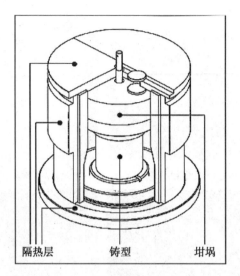

隔热层　　　　铸型　　　　坩埚

图 6.68　　微波技术熔炼示意图

图 6.69　　功率 12 kW 微波熔炼炉的照片

⑥ 将微波熔化用于高熔点、高活性金属,如 Ti 合金上,具有一些突出的优点。

⑦ 对钛晶粒组织有正面影响。

⑧ 熔体夹杂少。

⑨ 与陶瓷坩埚不润湿。

⑩ 节能 37% ～ 87%。

⑪ 炉内无水冷,更安全。

⑫ 节省设备空间。

⑬ 熔体可获得较高的过热度。

⑭ 适合钛合金薄壁件的生产。

　　微波熔化技术的未来重点应用领域包括利用微波焙烧矿石、热处理玻璃、金属工业中产生的灰尘和矿渣的去毒化以及净化含石棉废料。此外,密歇根理工大学正在研究使用微波、电弧及其放热反应的耦合来进行加热和冶炼钢铁。在钢铁领域,由于铁矿石和碳都是优异的微波吸收材料,因此微波技术可更有效地辅助电弧炉进行熔炼。

然而,在室温下,大块金属不容易直接与微波能耦合,因为它们是导电的,容易反射入射光能量。另外,微波熔化需要非常昂贵的 2.35 μm 辐射器,这限制了利用微波熔化技术一次成形及熔炼特殊合金,如熔模铸造和高温合金。

6.3　新型熔炼技术

6.3.1　太阳能熔炼炉

太阳能熔炼炉(日光炉)是采用大量的阵列镜子将太阳的能量集中至一个狭小的空间,并产生高的热通量和非常高的温度,日光炉加热实物图如图 6.70 所示。它可以实现的温度高达 33 000 ℃ 和产生超过 1 000 kW·h 的能量,可以熔化任何材料。日光炉的主要结构包括一个太阳能集中器、具有先进结构的镜子以及系统控制。其中,控制系统提供了全自动化操作,故障检测、数据采集以及通信等功能。太阳能集中器将太阳光集中至一个位于一定距离的接收器上,接收器收集太阳光并将其转入实验设备上。

日光炉具有很强的自动操作能力,无须操作员干预,甚至无须现场有人员的存在,它每天根据阳光强度自动开启。

图 6.70　日光炉加热实物图

6.3.2　浸入式加热(高温熔化)

浸入式熔化是将高温发热体直接浸入金属炉料中的加热熔化方式,浸入式熔化炉照片如图 6.71 所示。其优点是:熔化能效高,熔化速度快,可达 3.75 t/h;氧化较少;维护成本低等。其缺点是:仅适合低熔点合金,例如锌基合金,目前正在开发用于铝合金熔化的浸入式熔化炉;难以进行精炼和变质处理等。

图 6.71　　浸入式熔化炉照片

目前,浸入式加热器已经应用在锌合金的熔炼上,但其仍不适应熔炼高熔点的金属。保护性陶瓷涂层拥有很好的防热蚀效果,同时也降低了熔炼效率。正在积极推进这种技术的商业化。研发出适用于浸入式的先进材料,这些先进材料相比于金属材料,具有更低的密度、更高的强度以及更好的抗腐蚀能力。目前已经研究出应用于 Al 熔体以及其他轻金属熔炼的氮化物材料和碳化硅连续纤维增强陶瓷复合材料(CFCC) 的浸入管燃烧器。项目研究结果已经证实,CFCC 材料在 Al 熔体和燃烧的气体中是稳定的,并且在工业尺寸浸入式加热测试中,浸没管成功地在 Al 铸造炉中稳定存在超过了 1 000 h 和 31 次循环。在另外一个测试中,浸没管在气氛炉中成功稳定了 1 752 h。

目前也在尝试研究金属间化合物,这些金属间化合物拥有独特的环境抗力,从而对于提高能源的利用率以及减排产生有利的效果。最近,研究者们研发出了可以在 100 ~ 150 ℃ 服役的新型 Ni_3Al 合金,高于商业应用 Ni_3Al 合金的服役温度。目前正在研究的金属间化合物材料多是基于 FeAl 合金,这些合金比商业合金具有更强的抗碳化以及抗硫化的性能。另外,基于 Ni_3Si 的合金也正在研发,Ni_3Si 合金具有很好的机械性能和优异的抗氧化性能。在氧化条件下性能非常优异,例如在硫酸和海水中,以及 900 ℃ 的氨气条件下,因为这些金属间化合物材料可以抵抗任何的化学反应,所以它们都可以应用在浸没管中。

该方法也在向"等温熔炼"方向努力,研制出一个新型的模型,可以将热能的使用率提高至 97%。新材料的研发以及合理的技术结构保证了浸入式加热具有高的热量传输,外部的涂层保证了良好的性能以及化学成分的均匀性。新型加热器的设计是基于高的导电率、金属护套外侧的陶瓷涂层的抗冲击性能和导热性以及加热元素和金属护套之间的绝缘性能。这就保证了热量的传输是以热传导为主,而不是通过热辐射进行热传输。从而使这种新型的加热器比常规导电的浸没加热器更具有优越性。复合的耐火涂层具有较强的抗 Al 熔体冲击的能力,同时也具有足够的薄度提供高的热流量。

　　另一个发展方向是开发出一个整体改进的铝熔体清洁技术,主要是通过浸入式加热耦合金属循环系统来实现。目前,这项技术已经在反射炉中通过浸入式加热替代传统的辐射加热实现应用。该方案可适用于大部分现有的炉体尺寸,可实现经济高效的改造,减少新技术应用的经济障碍。

参 考 文 献

[1] 陆文华,李隆盛,黄良余.铸造合金及其熔炼[M].北京:机械工业出版社,2002.

[2] 铸造有色合金及其熔炼联合编写组.铸造有色合金及其熔炼[M].北京:国防工业出版社,1980.

[3] SMITH W F,HASHEMI J. Foundations of Materials Science and Engineering[M].北京:机械工业出版社,2005.

[4] 苏彦庆,郭景杰,刘贵仲.有色合金真空熔炼过程熔体质量控制[M].哈尔滨:哈尔滨工业大学出版社,2005.

[5] 陈光,崔崇.新材料概论[M].北京:科学出版社,2003.

[6] 郭景杰,傅恒志.合金熔体及其处理[M].北京:机械工业出版社,2005.

[7] 谢成木.钛及钛合金铸造[M].北京:机械工业出版社,2004.

[8] 库兹明诺夫,洛曼诺娃,奥西科.冷坩埚法制取难熔材料[M].贾厚生,等译.北京:冶金工业出版社,2006.

[9] 潘复生,张丁非.铝合金及应用[M].北京:化学工业出版社,2006.

[10] 黄恢元.铸造手册 – 铸造非铁合金[M].北京:机械工业出版社,1993.

[11] 陶令恒.铸造手册 – 铸铁[M].北京:机械工业出版社,1993.

[12] 丛勉.铸造手册 – 铸钢[M].北京:机械工业出版社,1993.

[13] 李晨希,王峰,伞晶超.铸造合金熔炼[M].北京:化学工业出版社,2012.

[14] 唐剑.铝合金熔炼与铸造技术[M].北京:冶金工业出版社,2009.

[15] 黎文献.有色金属材料工程概论[M].北京:冶金工业出版社,2007.

[16] 伊斯雷尔·贝科维奇.世界能源——展望2020年[M].上海:上海译文出版社,1983.

[17] 胡子龙.贮氢材料[M].北京:化学工业出版社,2002.

[18] 贡长生,张克立.新型功能材料[M].北京:化学工业出版社,2001.

[19] 大角泰章.金属氢化物的性质与应用[M].北京:化学工业出版社,1990.

[20] 马宏声.钛及难熔金属真空熔炼[M].长沙:中南大学出版社,2010.

[21] 陈振华.镁合金[M].北京:化学工业出版社,2004.

[22] 陈存中.有色合金熔炼与铸锭[M].北京:冶金工业出版社,2004.

[23] 田荣璋.铸造铝合金[M].长沙:中南大学出版社,2006.